遠藤 薫 著

報道・ネット・ドキュメンタリーを検証する

メディアは大震災・原発事故をどう語ったか

東京電機大学出版局

目次

序　章　東日本大震災が来た日 1
　　1. プロローグ 1
　　2. 3月11日14時46分 2
　　3. 帰宅途上 4
　　4. 破壊された日常 7
　　5. 災前と災後 8
　　6. 被災地 東京 9
　　7. 間メディア社会：マスメディアとネットメディアの連携 11
　　8. 個人と全体をつなぐ視座 11
　　9. 政治とメディア 11
　　10. 世界に向かって 12
　　11. 本書の構成 13

第1章　地震発生，そのときメディアは 15
　　1. メディア・イベントとしての東日本大震災 15
　　2. 地震発生 16
　　3. 津波発生 18
　　4. 官邸の動きはどのように報じられたか 23
　　5. 原発事故発生報道 28
　　6. 新聞は何を伝えたか 38
　　7. 明らかになった諸問題と今後の可能性 49

第2章　新しい情報回路
　　　──ソーシャルメディアと間メディア性 51
　　1. インフラの遮断とインターネット 51
　　2. 携帯・ネットを介した安否情報の交換 54

3. Twitter が媒介したテレビとネットの連携 58
　4. 新聞とネットの連携 65
　5. プラットフォームとしてのインターネット 69
　6. 一次情報のネット掲載 71
　7. 動画サイトのコンテンツ・プラットフォーム的役割 73
　8. 原発問題とメディア――科学ジャーナリズムの問題 79
　9. ネットメディアと復興支援活動の組織化 79
　10. 間メディア時代のメタ・メディアとしてのインターネット 83

第3章　その映像を撮ったのは誰か
　　　――釜石〈宝来館〉をめぐる被災者と報道者 85

　1. その映像を撮ったのは誰か 85
　2. 津波に襲われる釜石市 86
　3. 『津波にのまれた女将』 93
　4. メディアの中の〈宝来館〉 98
　5. 『ハマナスの咲くふるさとにもどりたい』 102
　6. 〈宝来館〉をめぐる多様なまなざし 107
　7. 〈宝来館〉の現実 111
　8. 〈釜石〉という豊饒 115
　9. おわりに――多様化する報道者 120

第4章　原発リスクと報道
　　　――混乱する情報とソーシャルメディア 122

　1. チェルノブイリ・9.11・福島原発
　　　――〈リスク〉の発現としての東日本大震災 122
　2. 何が問題だったか――落胆の連鎖 123
　3. 事故と報道の経緯 127
　4. そのときソーシャルメディアでは 136
　5. 原発リスクとグローバル世界 141
　6. 3.11 における原発情報の流れ――なぜ情報は流れなかったのか 144

第5章　福島第一原発事故はどのように語られたか？
　　　――テレビ・ドキュメンタリーの模索 191

1. 報道とドキュメンタリー 191
  2. 被爆, 核実験, ドキュメンタリー 194
  3. 原子力発電のこれまで 197
  4. 東日本大震災はどのようにドキュメンタリー化されたか 199
  5. 震災後3か月の原発事故ドキュメンタリー 205
  6. 原発問題の何が語られたか――NHKと民放の違い 218
  7. バラエティ番組とドキュメンタリー 221
  8. テレビ・ドキュメンタリーと記憶 226

第6章 福島第一原発事故で社会は変わるのか？
　　　――メディアと選挙・世論・脱原発運動 231
  1. 社会は変わるのか 231
  2. 福島第一原発事故と世界の動き 232
  3. 2011年4月統一地方選挙から11月福島県議会選挙まで 234
  4. 日本における〈世論〉の変化と不変化 240
  5. 原発を取り巻く諸問題――グローバル世界のなかで 252

第7章 世界からのまなざし
　　　――グローバル・メディアと東日本大震災 253
  1. 東日本大震災とグローバル世界 253
  2. 世界からのまなざしの二面性――支援と風評 254
  3. 欧米のメディアは何に注目したか 265
  4. アルジャジーラによる東日本大震災報道 274
  5. グローバル・コミュニケーションの明日 280

注 286
参考文献 295
あとがき 299
索引 301

序章

東日本大震災が来た日

「その時分はまだ暑かったのに，蚊がゐたのに，虫が鳴いてゐたのに，今では遠い山の端に雲が輝き，時雨が降り，柿の実が赤く，月が夜毎に白銀のやうな光をあたりを漲らした．

それにも拘らず，私達は未だにその話から，気分から，心持ちからまったく離れて来ることが出来なかつた．……『本當に何しやうかと思つた！この世の終わりかと思つた！今にも大地が裂けて，軀がその中に落ちて了たかと思つた！』」

(田山花袋，1924,『東京震災記』，p.3)

1. プロローグ

2011年3月9日正午少し前，私は神保町の高層ビル33階で講演をしていた．質疑の時間もそろそろ終わる頃，ぐらぐらと床が揺れた．

「地震ですか」「地震ですね」．

すぐまた質疑に戻ろうとしたが，ゆらゆらと揺れる感覚がおさまらない．ブラインドがフレームにあたるカーン，カーンという音が妙に不気味に響く．

「このビルも免震構造なので，わざと揺れるようにつくってあるのですよ．安全ですが，気持ち悪いですね」と担当の方がなだめるように言った．「そうです

ね．以前，六本木ヒルズの上層階で地震にあったときも，震度はたいしたことなかったのにとても揺れました」と，私も訳知り顔に答えた．

それにしても，地震は長く続いた．カーン，カーンというブラインドの音がいつまでも終わらない．この音はどこかで聞いたことがある，と私はぼんやり考えていた．でもそれが何の音だったかは思い出せなかった．

およそ20分も経った頃，ようやく揺れはおさまったようだった．

地上の街はとくになんの変化もなく，いつものように賑わっていた．

夕刊に「長周期地震動は高層ビルに大きな影響を及ぼす」旨の記事が載っていた．私が過剰に怖がっていたわけでもないんだな，となんとなくほっとした．

それが近づく災禍のプロローグだとは，誰も気づいていなかった．

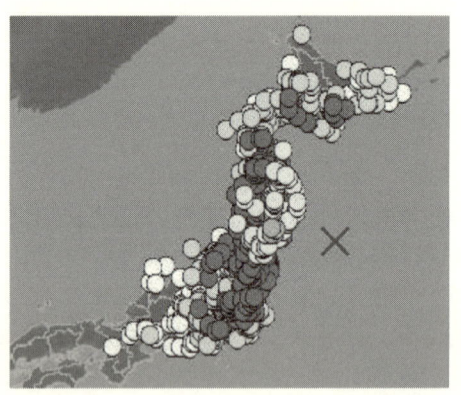

図0-1　2011年3月9日11時45分「地震情報」
(http://typhoon.yahoo.co.jp/weather/jp/earthquake/2011-03-09-11-45.html)

2.　3月11日14時46分

2日後，2011年3月11日午後，私は六本木のビル5階で会議に出席していた．

会議の途中で突然机がカタカタと鳴り始めた．「地震ですね」「最近多いですね」．言い交わすなか，地震はなかなか収まらない．むしろ，揺れは大きくさえなるようだ．10分以上経つ．出席者たちは携帯を取り出した．だが，誰の携帯もつながらない．A氏のスマートフォンが接続した．「宮城で震度6だよ」と彼は言った．「大きいですね」．われわれは顔を見合わせた．「外部との通信ができませ

ん，われわれにも何もわかりません．このままこの場にいてください．それが安全です」と，事務局の人が言った．

揺れはおさまるかと思うとまた激しく建物を揺らす．「震度7らしい」「阪神大震災と同じくらいじゃないか」．

揺れが止まらない．状況がわからない．事務局の人が，「ワンセグケータイは見られるようです」と小さな画面を見せてくれた．信じられないような光景がそこにあった．

時間が経つ．揺れが止まらない．ロビーにテレビを用意しました，と事務局の人が言った．われわれは呆然とテレビを見つめた．テレビは，すべての交通機関が止まったことを告げていた．

会議があるから，とB氏とC氏が言った．「電車は何も動いていませんよ」と皆が言った．それでも二人は「とにかく行ってみる」と，建物を出て行った．揺れ始めてから2時間経っていた．

携帯はどこにもつながらなかった．公衆電話ならつながるかも，と何人かの方々が公衆電話を探しに行った．しかし，ずらっと人が並んでいてとうてい無理だ，と帰ってきた．事務局の人が，ネットにつながるPCを貸してくれた．PCを持っている人には，無線LANのパスワードを教えてくれた．ネットから，勤務先やマンションのホームページにつながった．少し，情報が得られた．

誰もが家族と連絡を取りたがっていた．しかし，通信は途絶えていた．「明日は後期試験なんだ」と国立大の先生方が言った．しかし，新幹線は動いていなかった．次第に日が傾いていった．風が強くなってきた．いつもは人通りの少ない歩道をたくさんの人たちが歩いているのが見えた．

「今日は東京に泊まるしかないな」．遠方からいらした方々はネットの旅行サイトをのぞき込んで，ホテルの物色をはじめた．都内に自宅のある方々は，歩き出すべきか，もう少しこの場で様子を見るべきか，迷っていた．「孫を保育園にお迎えに行かなくちゃいけないんだ」とD氏が心配そうにつぶやいた．ご子息夫妻は，二人とも，遠方へ出張中なのだという．そして，この状態では，連絡はまったくつかない．

毎日新聞の報道によると[1]，この日の通信は，
- 地震と津波で，携帯電話大手3社の東北や関東地方の基地局は最大で，

NTTドコモ 6,720 か所，ソフトバンクモバイル 3,900 か所，au 3,680 か所が機能を停止．固定電話も約 136 万回線が不通．
- 基地局が無事だった地域でも，通話の集中でシステムがダウンすることを防ぐため，発信が一時規制された．発信規制は最大で，au 95%，ドコモ 90%，ソフトバンク 70%，NTT 東日本も 90%でほとんど接続不能．「災害用伝言板」すら接続困難．
- 公衆電話が 1 台もない区域が全国で約 6 割の約 13 万 7800 か所もあった．公衆電話がない区域は，宮城県 56%，岩手県 76%，福島県 69%，東京都 12%

という惨憺たる状態だった．そんななかで，ツイッターはインターネット上で交信するため，被災を免れた基地局のある地域では携帯電話の通話が集中した場合でも比較的つながりやすかった．

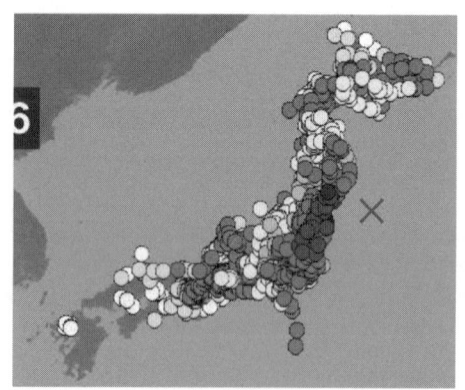

図 0-2　2011 年 3 月 11 日 14 時 46 分「地震情報」
(http://typhoon.yahoo.co.jp/weather/jp/earthquake/2011-03-11-14-46.html)

3.　帰宅途上

午後 5 時頃になって，私は帰路についた．

歩き始めた私は，しかし，まだまったく事態の重大性を理解していなかった．わかりたくなかったのかもしれない．

普段は人通りの少ない外苑東通りは，通勤時のターミナル駅のような人混みに

なっていた．それでもその時間，人びとの様子は，季節外れのピクニックのような，何となく非日常を楽しんでいるような，そんな気配もあった．

　私はぼんやりと阪神大震災のときのことを思い出していた．

　1995年1月17日，私は松本に単身赴任していた．未明にちょっとした揺れを感じて目覚めた．9時前に大学へ行くと，学生の一人が「関西で結構大きな地震があったみたいなんですよ．父が京都にいるんですけれど，連絡が取れなくて……」と少し不安げな顔で訴えた．「それは心配だね」と私は言ったが，まだそれほど重大なこととは思っていなかった．昼食に，大学近くの中華料理店に行った．店内のテレビに奇妙な光景が映し出されていた．街が，都市が燃えさかっていたのだ．そんな情景を，私は生まれてこの方見たことがなかった．恐ろしい光景だった．「死者十数名……」とテレビは告げていた（周知のように，その後死者数は6,434名にまで達した[2]）．

　繁栄を誇った大都市の無残な災禍の光景は目に焼き付いた．週末，東京の自宅に帰ったときにも，神戸の様子と東京が重なり合って，家族や街の無事な様子を確認するまで不安でたまらなかった．

　今回の災害は，東京にも打撃を与えていた．

　それでも，目に見えて街が崩れていると言うほどではなかった（後に，明るい陽のもとでよく見ると，街の各所に亀裂も確認できたが）．

　だから，東京が停電し，通信が遮断され，すべての交通機関がストップしてしまうという事態は，なにか絵空事のようにも感じられていた．

図0-3　徒歩で帰宅する人びと（2011年3月11日午後6時頃，港区一の橋交差点，遠藤撮影）

夕飯の買い物をする必要があった．家までの道すがら，何か買っていこうと思った．

ところが，驚いたことに，買い物はきわめて困難だった．大きなショッピング・モールは，いずれも「地震により営業を停止する」との掲示を出しただけで，電気を落とし，店の扉を固く閉ざしていた（図0-4）．いつもなら，何かしらのイベントで賑わっている六本木ヒルズのアリーナも，真っ暗だった．ただ，巨大スクリーンだけが，恐ろしい災害のニュースを映し出していた．若い女性二人が，身を寄せ合うようにして，暗がりの中，押し寄せる津波の映像に見入っていた（図0-5）．

それにしても，買い物ができないのは何とも困ったことだった．冷蔵庫を思い浮かべてもたいした買い置きはなかった．商店街に入ると，大型店はやはりぴったりと店を閉めていたが，小さな地元商店は店を開けていた．よく行く美味しいパン屋さんに入ると，店内は，仕事帰りらしい人びとでごった返していた．人気のある店だが，そんなに混んでいるのは初めて見た．客たちはとくに冷静さを失ってはいなかったが，パン棚はどんどん空になっていった．私もなんとか夕食と翌日の朝食分を手に入れてほっとした．

いつもはひっそりとしたたたずまいの小さな店に灯りがついていて，大勢の客が群がっていた．こんな日に営業すると儲かるんだな……と，私は気楽に考えていた．

図0-4 六本木ヒルズ エントランス　　図0-5 六本木ヒルズ アリーナ
（2011年3月11日午後5時半頃，遠藤撮影）

4. 破壊された日常

マンション1階のメールボックスには，いつもどおり夕刊が配達されていた．紙面（図0-6）を開くと，そこにはいつもながらの日常があった．地震のことは悪い白昼夢だったような錯覚に陥った．

図0-6　「朝日新聞」2011年3月11日夕刊

だが，自宅のリビングに足を踏み入れた瞬間，そんな考えは吹き飛んだ．

床一面に本や資料がぶちまけられていて，嵐のあとの海岸のような状態だった．幸い，本棚や家具が倒れているようなことはなかったが（都内でも，家具が倒れた例はあった），棚の上の置物がいくつか落ちて，床に傷がついていた．もちろん，そんなことは，震源に近い地域に比べればたいした被害ではない．とはいえ，私は生まれてこの方，そんな地震に出会ったのは初めてだった．

すぐにテレビをつけた．

さっき，六本木ヒルズに映っていたのと同じような映像が繰り返し流れていた．そして，ひっきりなしに「緊急地震速報」の警報が鳴り，部屋ががたがたと揺れ，余震の情報が伝えられた．

戦争中，空襲警報におびえる生活とはこんなふうだったのだろうか，と思った．非常持ち出し用のパッケージなどを玄関先にそろえた．普段まったく使わないの

で，ラジオや懐中電灯は見当たらなかった．電池もなかった．外に出る気力がなかったので，実際に使わねばならない事態が生じないよう，祈るばかりだった．

「臨戦態勢」という言葉が何度もフラッシュした．

家族との連絡はなかなか取れなかった．それでも家族は，東京にいる．その分だけ，不安にも余裕があったとはいえる．夜10時過ぎに，家族が徒歩で帰ってきた．安心した．

しかし，筆者の姪は，釜石の病院勤務で，震災後なかなか連絡が取れなかった．本当に不安であった．幸い無事だったが，その後も不眠不休で病院に詰めているとのこと．遠くから応援するだけであるのが何とも歯がゆかった．

図0-7　その日の自宅の惨状

5.　災前と災後

精神医学者のラファエルは，「災害体験はその関与者を特別な立場に置くだけでなく，特別な"時間的"枠組みを造り出す．つまり大災害を起点として，物事を被災前と被災後に分けて考える」（Raphael 1986=1995: 51）と指摘している．

翌朝からは，新聞も大震災一色になった（図0-8）．あらゆる事柄が吹っ飛んでしまった．昨日までの日常が，遠い日の思い出のように感じられた．何もかも変わってしまった．

予定されていた行事は，公式のものも私的なものも次々とキャンセルになった．

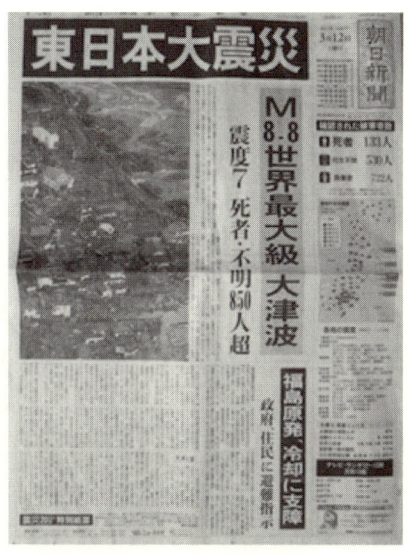

図 0-8　2011 年 3 月 12 日朝刊（左：「日本経済新聞」, 右：「朝日新聞」）

6. 被災地 東京

　被災地の早期復興をバックアップすべき政治の中心・東京も，あれ以来，不安定状態に陥ったままである（約 1 年経った現在も，十分に回復しているとはいえない）．

　震源から遠方であるにもかかわらず，震度 5 強と揺れはかなり激しく，建物の損壊も各所に見られた．千葉では液状化も発生した．日常生活はいまだに，余震，鉄道運休，停電など，かつてが夢のように思われるほどである．私たちの社会はこれほどまでに脆弱だったのか．

　東京の脆弱さを象徴するかのように，翌日，東京タワーの頂部がぐにゃりと曲がっているのを見た（図 0-9）．

10　序章　東日本大震災が来た日

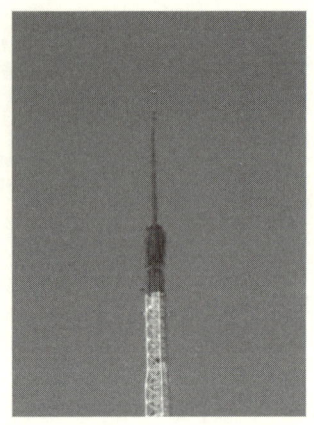

図 0-9　曲がってしまった東京タワー（2011 年 3 月 12 日，遠藤撮影）

　そして，停電．図 0-10 に示すように，東京電力管内の停電戸数は，驚くべきことには，東北電力管内には及ばないものの，阪神大震災時の関西電力管内の停電戸数を大きく上回っているのである．しかも，14 日からは，需給の逼迫を理由に，節電のみならず，「計画停電」という聞き慣れぬ言葉が，テレビから連呼されるようになった．
　そのうえ，「計画停電」は，計画どおりには実行されず，それがまた，生活者たちの神経をいらだたせた．

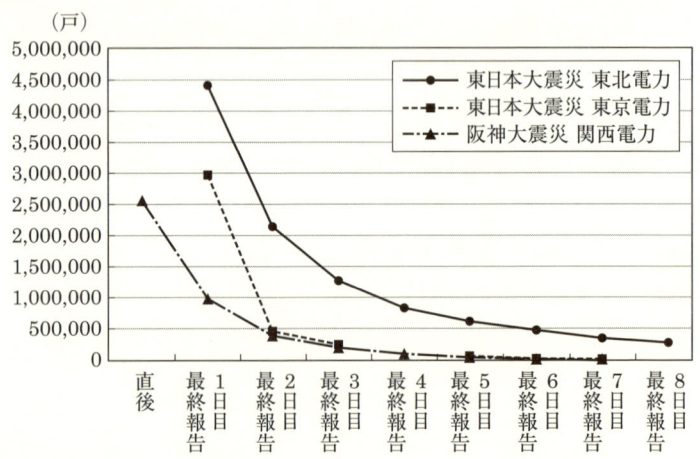

図 0-10　東日本大震災と阪神大震災における各電力会社の停電戸数推移（データ：東北電力，東京電力，関西電力公式サイト）

7. 間メディア社会：マスメディアとネットメディアの連携

しかし，力を合わせてこの災禍を乗り越えなければならない．そのためにまず必要なのは，正確な情報の共有である．情緒的な煽りではなく，冷静で具体的な行動の指針である．それを伝えるのがマスメディアのはずだ．

この震災では，早い時期に，テレビニュースがネット上でも見られたり，またいくつかの新聞がネット上にPDF版を掲載したりなど，マスメディアとネットメディア[3]の境をこえて情報を人びとに届けようとする努力が見られた．これは素晴らしいことである．

その一方，とくに民放テレビでは，被災地への取材が偏っていたり，配慮が足りなかったり，悲惨な映像が過剰に繰り返し放映されるなど，問題点も多く指摘されている．

8. 個人と全体をつなぐ視座

筆者の視点から特に問題と感じたのは，報道の視点が個人の側に過度に偏っていることである．

たとえば，被災地の報道にあたっても，個々の被災者の哀しみにばかり焦点をあてるために，被災者も視聴者も辛さのなかに埋もれてしまうように感じられることもあった．無論，リアルな思いを語ることは重要だが，困惑を解きほぐす「事実」や，具体的な対応策もまた切迫して必要とされている．一人ひとりのリアルと全体の未来ビジョンとをつなぐ視座を忘れないことが重要だろう．

9. 政治とメディア

その意味で，政府，保安院，東京電力などからの情報発信はこの上なく重要である．

当初，枝野官房長官の語りは，安定感と誠実さを感じさせると人びとから信頼を得た．

しかし，その裏付けとなるべき東京電力や保安院からの情報は，曖昧であり，

不十分であり，事後的であり，つねにもどかしい感じを抱かせ，時間が経つにつれてかえって人びとの不安や疑心暗鬼を煽ることになった．

緊急時の責任主体は，人びとに，あくまで冷静で科学的で，自分に不利になるかもしれない事実も隠さず，わかりやすく公開する義務を負う．このようなリスク・コミュニケーションについて，企業も政治家も，そして国民も，平常時から十分なリテラシーを身につけておくことが必要である．

10. 世界に向かって

最後にもう一つ．東日本大震災とそれに続く原発事故は，世界中の注目を集めた．

震災直前まで，日本のみならず世界のトップニュースは，アラブ諸国の騒乱であった．そのアラブのメディアであるアルジャジーラでさえ，3月12日から数日間は，日本の地震と津波がトップニュースとなっていた．

他の国々でも同様である．とくにアメリカでは，オバマ大統領が繰り返し日本への支援について演説を行っている．ホワイトハウスの公式サイトのトップにも，「日本への支援」が掲げられた．

だが，こうした海外の動きがどの程度国内で報じられただろうか．海外における誤報や認識不足なども含め，日本政府は支援への感謝，そして現状に関する公式の情報と見解を継続的に世界に発信すべきだろう．

とくに福島原発事故は，日本国内の災害というにとどまらず，放射能汚染をめぐって，世界中に大きな不安を巻き起こしている．世界各地で原発反対運動が大きくなり，3月27日に投開票が行われたドイツ州議会選では原子力に対する懸念から与党が敗北し，政府のエネルギー政策は大きな転換を迫られた．こうした動きは世界中に拡大している．

こうした情勢を十分踏まえて，日本政府とメディアは，グローバル社会への誠意ある，科学的根拠に基づいた情報を発信することで，失われた信頼を取り戻す必要がある．

11. 本書の構成

以上を踏まえて，本書は以下のように構成される．

まず「第1章　地震発生，そのときメディアは」では，テレビを中心に，地震発生，津波発生，原発事故発生がどのように報じられたかを追う．

東日本大震災で新しいメディアとして注目されたソーシャルメディアの動きを考察する．しかし，この震災では，むしろ，既存マスメディアとインターネット上のメディアとが連携することで，新しい動きが起こったことが重要であった．「第2章　新しい情報回路――ソーシャルメディアと間メディア性」では，ソーシャルメディアとマスメディアの連携（間メディア性）の様相を分析する．

東日本大震災に関する報道の中で大きくクローズアップされたのは，報道者も被災者であったということである．「第3章　その映像を映したのは誰か――釜石〈宝来館〉をめぐる被災者と報道者」では，被災しながらの報道という行為が直面する葛藤と意義を，検証する．一方，デジタルビデオが普及した今日では，プロの報道者以外の被災者が撮影した動画も多数報道に使われた．そこには，映像報道の新しい可能性も見られる．

東日本大震災からの回復をさらに困難にしたのは，震災を引き金にして起こった福島第一原発事故だった．「安全神話」に守られて，これまで誰もが予想していなかった「原発事故」は，重大な社会的混乱を引き起こした．人びとを事故から守る媒介となるべきメディアも，必ずしも十分な対応ができなかった．「第4章　原発リスクと報道――混乱する情報とソーシャルメディア」では，この問題を考える．

東日本大震災では，第1章や第2章でも見るように，マスメディアのあり方が厳しくに問われた．しかし，東日本大震災では，あらゆることが「未曾有」で「想定外」であったため，何が正しくて，何が誤った情報なのか，判断はきわめて難しかった．とくに第4章で見るように，原発事故は，情報は遅れ，専門家の意見も大きく分かれている．そうしたなかで，報道者がそれぞれに事故の真実に肉薄しようとして制作したのが，「ドキュメンタリー」番組であった．「第5章　福島第一原発事故はどのように語られたか？――テレビ・ドキュメンタリーの模索」では，日頃は地味な存在である「ドキュメンタリー」番組が「原発」をどのよう

に語ったかを検証する．

　福島第一原発事故は，海外のエネルギー政策にも大きな影響を及ぼすこととなった．事故後，ドイツやイタリアでは，脱原発の世論が盛り上がったため，政府は，エネルギー政策を大きく転換させることとなった（その結果，ドイツでは，2011年末，再生可能エネルギーが原発による発電量を上回ることとなった）．「第6章　福島第一原発事故で社会は変わるのか？──メディアと選挙・世論・脱原発運動」では，こうした世界の動きを見つつ，日本において原発事故がどの程度選挙や世論に影響を及ぼしたか（及ぼさなかったか）を検証する．

　最終章である「第7章　世界からのまなざし──グローバル・メディアと東日本大震災」では，世界のメディアから見た東日本大震災を考える．東日本大震災は，決して日本国内の出来事にとどまらない大きな影響を世界に与えた．世界のメディアは，当初から，東日本大震災を大きく報じ，大きな関心を寄せた．コミュニケーション・メディアがグローバルに張り巡らされた現代では，「日本ムラ」に閉じこもることはできない．にもかかわらず，日本メディアは，そして私たちは，世界からのまなざしをどの程度意識しているだろうか．第7章では，この点について考える．

第1章

地震発生，そのときメディアは

1. メディア・イベントとしての東日本大震災

　東日本大震災を「3.11」と呼ぶようになったのはいつからだろう．
　震災後まもなくこの呼び方がうまれ，それはすぐに定着していった．
「3.11」という呼び方は，「9.11」に対応している．いずれも，世界のセンター的な役割を担う〈場所〉が，恐るべき暴力に襲われた出来事であった．無論，9.11は人為的なテロであり，3.11は自然災害である．しかし，現代社会では，人災と天災の違いは必ずしも重要ではない．精緻に組み立てられた現代の巨大社会システムにおいては，天災であれ，人災であれ，破局的なリスクとなる．
　3.11と9.11には，もう一つ，重要な共通項がある．それは，まさにはじめから，カタストロフがメディアの眼前で，メディアとともに展開していったという点である．情報が完全に遮断されてしまった被災地以外において，3.11＝東日本大震災は，「メディアを通じてその全経過が国民的あるいは世界的な注視のもとに置かれる」という意味で，「メディア・イベント」[1]となったのである．
　ただし，「メディア・イベント」としての3.11にはいくつかの顕著な特徴があ

る．
(1) メディア・イベントを構成するメディアとして，インターネットの存在感が増大した．
(2) 震災発生時，首都圏でも揺れが激しかったこともあり，マスメディアの初動にかなり混乱があった．
(3) ことに被災地は，かなり長い期間，メディアから遮断された．
(4) 逆に，グローバル・メディアによって，3.11は世界規模のメディア・イベントとなった．

本章では，こうした特徴を踏まえつつ，東日本大震災では，実際に「何が何をどのように伝えたか」を概観する．

2. 地震発生

　地震が起こったのは，2011年3月11日金曜日14時46分．平日の昼下がりで，テレビの前にいた人びとはそれほど多くはなかった．民放連（日本民間放送連盟）の調査によれば，地震直前の世帯視聴率は，29％であった．この数字は，図1-1からもわかるように，まだ多くの人が就寝中だった阪神大震災発生時よりははるかに高いが，人びとが活動している時間帯の中では低い値である．
　NHKは，国会中継の最中であった．参議院決算委員会で審議が白熱していた．
　画面に突然，緊急地震速報がカットインした．すぐに激しい揺れが来た．議員たちが天井を仰いだ．
　NHKの画面は直ちに地震報道に切り替わった．「スタジオも揺れています」とアナウンサーは落ち着いた声で伝えた．しかし背後から「揺れてるよ！東京の絵，撮って！」という上ずった音声が聞こえた．ただならぬ事態だった．一方，民放は必ずしも即応しなかった．4分以上，CMを含む通常放送を続けた局もあった．その間に，すでに大津波警報が出されていた（NHKでは，約3分30秒後に大津波警報を報じた）．宮城の予想高さは6mにも達していた．
　東日本大震災の場合，首都圏自体が，東北ほどではないとはいえ，かなりな揺れであったため，放送局もまた混乱が激しかった．そのことからすれば，このような遅れもやむを得ないとはいえる．しかし，地震のとき，現代では，誰でもま

ずテレビから情報を得ようとする（今回の震災に関して筆者が7月末に行った調査によれば，震災当日，最も重要だった情報源としてテレビを挙げたのは，首都圏で67.7%，被災地で29.4%であった[2]）．テレビの使命と責任は重い．

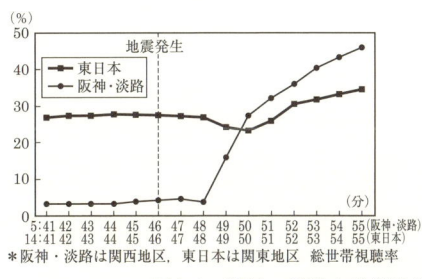
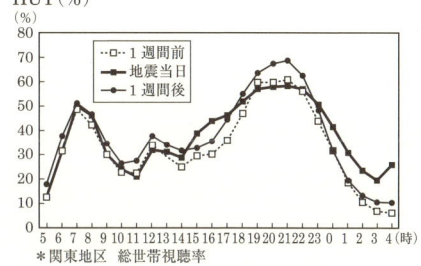

図1-1　阪神・淡路大震災時と東日本大震災時の世帯視聴率[3]

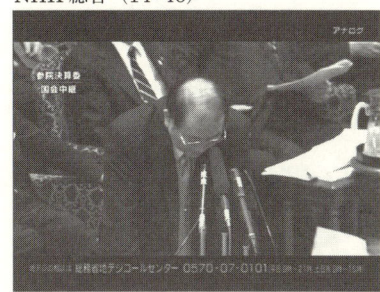

図1-2　地震情報が出る直前の首都圏各局画面

この後，NHKと在京民放キー局は特別編成で災害に対応した．民放各局は，CMを入れずに緊急特別番組を放送し続けた．放送体制の切り替えは，テレビ東京が最も早く，12日深夜から通常体制に戻り，CMも始めた．他の民放局もテレビ朝日を除き，14日早朝からCMを再開した．しかし，東京電力の福島第一原子力発電所3号機で水素爆発が起きた同日午前11時以降，テレビ東京以外の各局は引き続き特番を放送した[4]．

3. 津波発生

東日本大震災で特徴的だったのは，地震被害がそれだけにとどまらなかったことである．われわれが強大な地震エネルギーの衝撃に圧倒されている間に，背後でひっそりとしかし確実に，津波の脅威が忍び寄っていた．

津波警報さらには大津波警報は，地震直後から出ていた（表1-1，表1-2）．岩手には津波はすでに達していると報じられ，宮城には15時頃到達すると伝えられた．しかし，14時52分頃NHKが中継していた宮城・気仙沼の海は，まだ一見穏やかに見えた．そして，その威力にテレビが気づいた時間にはバラツキがあった．筆者が録画（東京キー局）から確認したところでは，地震発生からおよそ30分後の15時14分，NHKが初めて異変に気づいたようだ（図1-3-1）．

これに対して，たとえば民放C局は，この時点では，被災地の市役所と電話で

表1-1　2011年3月11日14時49分　気象庁は津波警報（大津波）を発表[5]

津波予報区 発表時刻	11日14時49分	11日15時14分	11日15時30分
北海道太平洋岸東部	0.5m	1m	3m
青森県太平洋岸	1m	3m	8m
岩手県	3m	6m	10m以上
宮城県	6m	10m以上	10m以上
福島県	3m	6m	10m以上
茨城県	2m	4m	10m以上
千葉県九十九里・外房	2m	3m	10m以上

話そうとして（通信状態が悪いため）悪戦苦闘していた．そして，さらに18分後，C局が津波に気づいたとき，画面にはすでに大波に翻弄される漁船が映し出されていた（図1-3-6）．

表1-2　日本国内の津波観測施設で観測された津波の観測値[6]

津波の観測値（検潮所）	最大波の到達時間	最大波の高さ
えりも町庶野	15:44	3.5m
八戸	16:57	4.2m 以上
宮古	15:26	8.5m 以上
大船渡	15:18	8.0m 以上
釜石	15:21	4.2m 以上
石巻市鮎川	15:25	7.6m 以上
相馬	15:51	9.3m 以上
大洗	16:52	4.2m

NHK総合&教育（最速）　　　　　　民放C局

15:14

「岸壁を乗り越えて…岩手県釜石市の様子です…海水が…ではここで東京から…」

図1-3-1　15時14分時点でのNHK総合と民放C局の画面

20　第 1 章　地震発生，そのときメディアは

NHK 総合＆教育　　　　　　　　　　　　民放 C 局

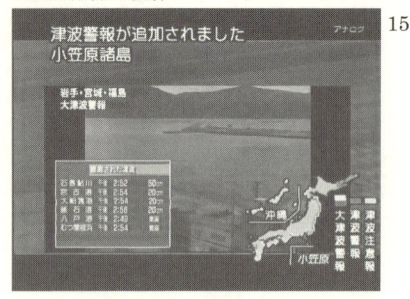 

15:17

「テレビの映像は，大船渡の今の様子です．えー，波だっているのがわかります．逆流してきています．この川をですね，逆流してきている様子が確認できました」

「えー，画面上はですね，お台場の上空からの映像をご覧いただいています」

図 1-3-2　15 時 17 分時点での NHK 総合と民放 C 局の画面

NHK 総合＆教育　　　　　　　　　　　　民放 C 局

15:18

「岩手県の釜石の様子．えー，水が，海水があふれています．多くの車が海水につかって，えー，完全に沈んで…一部が大きく沈んでいる車が，何台も見えます」

「…東京は震度 3 ですね．えー，それでは東京台場の上空を飛んでいる松永さん，上から何が見えますか？」

図 1-3-3　15 時 18 分時点での NHK 総合と民放 C 局の画面

3. 津波発生　21

NHK総合＆教育　　　　　　　　民放C局

15:21

「波の勢いが増しているようです．高い所まで，漁船が道路の方まで流されています．…大きな水しぶきが上がっています」

「現在ご覧いただいているのは，宮城県気仙沼市の様子です．ただこの気仙沼市の港にはですね，もうすでに津波が到達しているとの情報が入っています．この映像からはですね，潮位の変化とか，被害がもたらされている様子は見て取れません」

図1-3-4　15時21分時点でのNHK総合と民放C局の画面

NHK総合＆教育　　　　　　　　民放C局

15:28

画面に映っているのはNHKと同じなのに，一切，言及なし

「宮城県気仙沼の現在の様子です．大きな船が岸壁のあたりまで流されています．白い波と一緒に大きな船が流されています．また，船の前方にはですね，港の道具でしょうか，さまざまな箱が流されています」

「現時点で入ってきている警視庁の情報をお伝えします．警視庁に入っている情報によりますと，千代田区の九段会館の壁が崩れ，多数のけが人が出ているということです．また足立区でも，住宅火災が発生しているということです…」

図1-3-5　15時28分時点でのNHK総合と民放C局の画面

NHK 総合＆教育　　　　　　　　民放 C 局

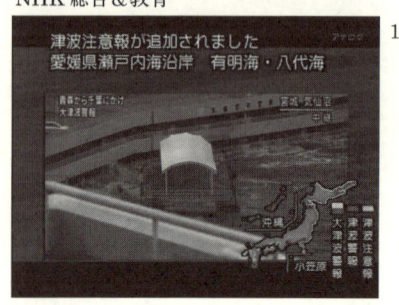

15:32

18分後にようやく津波の被害が出始めていることに気づいた

「宮城県気仙沼の現在の様子です．桟橋が流された模様です．桟橋が流されて，建物のあたりに，止まっています．そこへさらに，大きな漁船ですね，いま，衝突しそうです…」

「え，さて，原発の状況が入ってきました．東北電力によりますと，宮城県にあります女川原発は，現在，1号機から3号機まですべて，自動停止し，…あ，あ，いま，津波の状況が入ってきました．小名浜港の津波です．あ，あー，この陸に停車していたトラックの荷台が津波によってさらわれていくという…」

図 1-3-6　15 時 32 分時点での NHK 総合と民放 C 局の画面

何を報じていたのか

　なぜこのようなことが起こったのか．先にも述べたように，東日本大震災が東北から関東にいたるきわめて広い範囲に被害をもたらしたため，キー局はまずは首都圏の状況に目を奪われていた．15 時頃には，各局ともお台場の火事や九段会館の天井落下を大きく取り上げていた．

　このことは，図 1-4 のデータからもわかる．これは，15 時から 15 時 10 分に放送された映像のうち，東京，東北，スタジオがどのくらいの割合を占めたかを表したものである．NHK では，東北と東京がほぼ半々だが，フジテレビでは，約 3 分の 1 にすぎなかった．

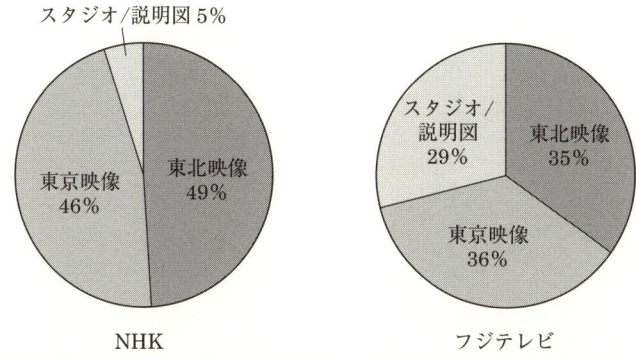

図1-4 NHKとフジテレビが2011年3月11日15時から15時10分に放送していた映像

15時30分頃，津波の被害が認識されると，報道の対象は大きくそちらに舵を切る．テレビの画面を怒濤のように津波の映像が占めるようになるのである．図1-5は，21時から22時に放送された映像のうち，東京，東北，スタジオがどのくらいの割合を占めたかを表したものである．NHKでは66％，フジテレビでは70％が東北の映像で占められた．

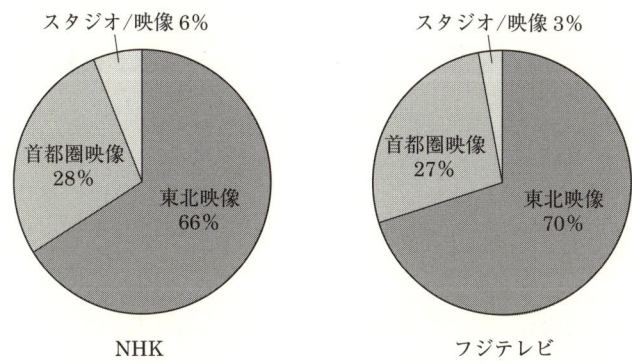

図1-5 2011年3月11日21時から22時に放送された映像の割合

4. 官邸の動きはどのように報じられたか

これに対して，当初，原発についてはなかなか報道されなかった．それどころではなかったのかもしれない．

しかし，その前にわれわれは，震災時における政府の動きをチェックしておくべきだろう．

大きな事件が勃発したとき，政治的リーダーが何をしており，事件について知った瞬間に何をしたかは，しばしば大きな政治問題となる．

たとえば，阪神大震災発生時，「内閣総理大臣であった村山富市には地震の一報がかなり早い時点で入ったものの，これは村山が地震発生直後にテレビでニュースをたまたま見ていたこと（午前6時のNHKニュース）によるもので，秘書官等から詳細な情報を上げることは遅くなった（首相への第一報は7時30分とされる）．村山は総理公邸[7]におり，8時26分に首相官邸に歩いて様子を見に行き待機したが，誰もおらず特に情報も入らず，また公邸に戻った[8]．その後，不完全ながらも随時上げられる情報により未曾有の大災害であることが明らかになりつつある中でも，村山首相は開会が差し迫った通常国会への対応や懸案となっていた新党問題，財界首脳との食事会など予定通りの公務をこなす傍ら災害対応を行ったため，十分な対応を行わなかったのではないかという疑念を生んだ」[9]．「さらに，村山は，地震発生3日後に開かれた衆議院本会議の代表質問に対する答弁の中で，政府の情報収集の遅れと危機管理体制の不備を問われ，「何分初めての経験でもございますし，早朝の出来事でもございますから，幾多の混乱があったと思われまする」と答えたため，強く批判され」[10]，「翌月に支持率は2.9%下落し，不支持率は5.2%上昇している」[11]．

また，「森首相が「えひめ丸」と米潜水艦の衝突事故との際に見せた対応は森内閣の支持率を16.4%（2001年2月）から9.6%（同3月）へと更に低下させることになった」[12]．

9.11同時テロの際には，支持率が低かったブッシュ政権が，「テロからアメリカを守れ」という国民意識を結集して，驚異的な高さの支持率を集めた．

では，菅内閣はどうだったか．

表1-3に，3月11日の官邸の動きを示す．

表1-3　2011年3月11日の政府の動き[13]

14:46頃	宮城県北部で震度7の地震．震源地は三陸沖で，マグニチュード（M）8・8は観測史上最大
14:49	気象庁が岩手，宮城，福島，青森，茨城，千葉の太平洋沿岸などに大津波警報発令

14:50	首相官邸危機管理センターに官邸対策室設置．菅直人首相は直後に国会から官邸へ戻る
14:52	岩手県知事が陸上自衛隊に災害派遣を要請．その後，宮城，福島，青森の3知事も．陸海空の計約8千人が出動
15:00	東北電力女川原発が地震直後に自動停止．東京電力福島第一原発，第二原発，日本原子力発電東海第二原発も合わせ，停止は計11基に
15:14	警察庁が緊急災害警備本部を設置．首相官邸危機管理センターで緊急災害対策本部
15:15頃	茨城県の鉾田で震度6弱の地震．震源地は茨城県沖でマグニチュード（M）7・4
15:27	総理指示「総理から防衛大臣へ指示 自衛隊は最大限の活動をすること」政府から「災害応急対策に関する基本方針」出される
15:37	第1回緊急災害対策本部 平成23年宮城県沖を震源とする地震緊急災害対策本部関係閣僚会議
16:00	第2回緊急災害対策本部
16:00	気象庁が1回目の記者会見．M8・8の地震を「平成23（2011）年東北地方太平洋沖地震」と命名
16:54	菅内閣総理大臣記者発表
16:57	官房長官記者発表
17:40	官房長官記者発表「首都圏の皆様への発表について」
18:51	政府調査団が自衛隊ヘリで防衛省から宮城県に出発
19:03	原子力緊急事態宣言
19:23	第3回緊急災害対策本部
19:30	北沢俊美防衛相が原子力災害派遣命令
19:44	官房長官記者発表「原子力緊急事態宣言について 緊急災害対策本部について」
20:10	内閣官房長官指示「帰宅困難者の対策に全力を挙げるため，駅周辺の公共施設を最大限活用するよう全省庁は全力を尽くすこと」
20:50	福島県対策本部は，福島第一原子力発電所1号機の半径2kmの住人に避難指示
21:23	内閣総理大臣より，福島県知事，大熊町長および双葉町長に対し，東京電力（株）福島第一原子力発電所で発生した事故に関し，原子力災害対策特別措置法第15条第3項の規定に基づく指示を出した ・福島第一原子力発電所1号機から半径3km圏内の住民に対する避難指示 ・福島第一原子力発電所1号機から半径10km圏内の住民に対する屋内待避指示
21:52	官房長官記者発表「原子力災害対策特別措置法の規定に基づく住民への避難指示について」
24:00	緊急災害対策本部「平成23年（2011年）東北地方太平洋沖地震に伴う帰宅困難者の一時滞在施設について」
24:15	官房長官記者発表
24:15〜約10分間	オバマ大統領と菅総理との電話会談

何が報道されたか——たとえば菅総理記者会見と枝野会見（16時台）

　このような官邸の動きのうち，どの程度をわれわれは知っているだろうか．メディアでは報道されただろうか．

　上記のうち，官邸の最初の動きである「対策本部設置」に関しては，キー局で唯一官邸に記者が詰めていたテレビ東京のみである．

　また，16時55分から菅首相による記者会見が行われたが，これに関しては，NHKは小窓表示であり，日本テレビ，テレビ東京は報道しているが，いずれもきわめて短時間であった（表1-4，図1-6，図1-7）．

　地震発生以降，次から次へと新たな非常事態が勃発していた（詳しくは第4章「表4-5 原発事故報道タイムライン」参照）．報道機関は事態を追いかけるのに必死だったということができる．しかし，この間，福島第一原発でも，事態は悪化しつつあった．15時42分には，全交流電源喪失と判断され，10条通報（原子力災害対策特別措置法第10条による特定事象が発生したとの通報）がなされた．10条による特定事象とは，「臨界事故の発生またはそのおそれがある」「原子炉冷却剤の喪失」などの異常事態が起きたことを意味する．さらに16時36分には，福島第一原子力発電所1，2号機で同法第15条事象（「臨界事故の発生」「すべての非常用炉心冷却装置の作動に失敗」など）が発生したと判断され，16時45分に通報が行われた．

　この事態を最初に報道したのはNHK（16時47分）であった．ただしそれも10条通報を「冷却用の非常用ディーゼル発電機の一部が使えなくなった」という表現で音声による報道をしたにとどまった．

表1-4　15時30分から17時までの事態の推移と報道

時間	事実	報道
15:30	大熊町に津波到達	
15:35	千葉県のコスモ石油精油所から出火	
15:41	ディーゼル発電機故障停止	
15:42	全交流電源喪失，福島第一原発1～3号機10条通報→16時30分頃までに東電より大熊町に電話連絡	

15:45	オイルタンクが大津波で流出	
16:00	福島県が陸上自衛隊に災害派遣要請	
16:12	全閣僚出席の緊急災害対策本部	
16:34		テレビ東京，総理官邸より記者レポート
16:36	ECCS注水不能（1，2号機の緊急炉心冷却装置が使用不能に）→福島第一原子力発電所1，2号機にて同法第15条事象発生判断（16:45通報）	TBS，「菅総理間もなく会見」の下テロップ
16:36		テレビ東京，総理官邸より記者レポート
16:40		テレビ朝日，総理官邸より記者レポート．緊急災害対策本部の映像（〜43）
16:40		日本テレビ，総理官邸より記者レポート．緊急対策会議の映像（〜42）
16:47		NHKで，東電の「全交流電源喪失」通報を，「冷却用の非常用ディーゼル発電機の一部が使えなくなった」という表現で報道（音声のみ）
16:48		日本テレビ，総理会見会場のライブ映像．「総理記者会見は55分からの予定」（一瞬）
16:50		テレビ東京，総理官邸より記者レポート
16:53		TBS，右上テロップで「速報　菅総理が間もなく会見」
16:53		日本テレビ，記者会見会場ライブ（〜57）
16:53		テレビ朝日，記者会見会場中継（〜54）
16:54	菅首相が記者会見し「国民の安全確保と被害を最小限に抑えるため政府として総力を挙げる」と強調	NHK，右下小窓で総理記者会見中継（〜58）
16:57	引き続き枝野長官記者会見	
16:59		日本テレビなど各局，枝野長官会見中継

図 1-6　NHK の官邸報道（2011 年 3 月 11 日）

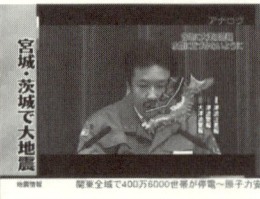

図 1-7　日本テレビの官邸報道（2011 年 3 月 11 日）

5.　原発事故発生報道

何が報道されたか――たとえば 2km／3km 圏内避難指示は

　東日本大震災は，さらに追い打ちをかけるように，新たな災禍をもたらした．福島第一原発の事故である．

　当初，津波による被害が取りざたされたのは，女川原発の火災だった．だが，官邸は，19 時 3 分になって，福島第一原発で冷却装置が機能しないことから，原子力緊急事態宣言を出し，19 時 44 分，枝野官房長官がこの件についての記者会見を開いた．

　ところが，この記者会見が放映されたのは，テレビ東京で 19 時 45 分，テレビ朝日では 19 時 58 分，NHK も 19 時 47 分からであった．ただし，この記者会見で枝野官房長官は，「緊急事態宣言は，あくまでも，万が一の場合に備えてのこ

5. 原発事故発生報道

と」と繰り返していた．

　しかし，約1時間後の20時50分，福島県対策本部は，福島第一原子力発電所1号機の半径2kmの住人に避難指示を出した．さらに，約30分後の21時23分，官邸から，福島第一原発1号機から半径3km圏内の住民に対する避難指示と，福島第一原発1号機から半径10km圏内の住民に対する屋内待避指示が出された．そしてこれらの件に関して，21時52分から枝野官房長官が記者会見を行った．事態は想定外に逼迫しており，とくに住民への指示は緊急であった．

　にもかかわらず，このニュースのテレビ報道も各局きわめてばらついていた（表1-5参照）．フジテレビは21時10分に，テレビ東京は21時16分に，テレビ朝日は21時19分に「2km圏内避難要請」を伝えた．21時23分になると，TBS，フジテレビ，少し遅れて日本テレビが「2km圏内避難指示」を伝えた．またある局は，21時25分に速報として「2km圏内退避」を報じた．21時52分に枝野官房長官の記者会見が始まると，民放各局は会見をライブ中継し，ここではじめて「3km圏内避難指示，3〜10km圏内屋内退避」の情報がそろった．NHKでは，21時53分，突然枝野官房長官の会見がカットインするまで，福島原発に関する言及はなかった[14]．

　この会見でも枝野官房長官は「これは念のための指示」であり，「環境に危険はない」と述べているが，いずれにせよ，「指示」の伝達が迅速に行われるべきことは言うまでもない．

図1-8　日本テレビ（2011年3月11日 21:25）

図1-9　TBS（2011年3月11日 21:23）

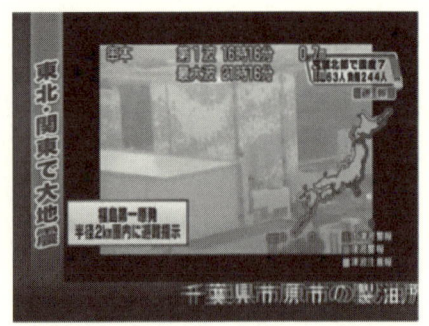

30　第1章　地震発生，そのときメディアは

図1-10　フジテレビ（左：2011年3月11日21:20，右：2011年3月11日21:23）

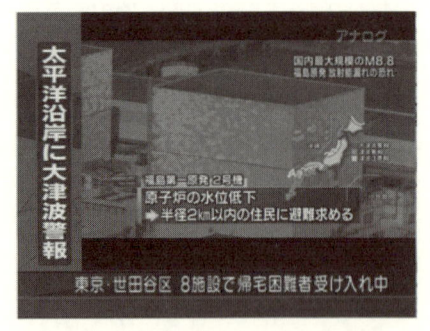

図1-11　テレビ朝日（2011年3月11日21:19）

図1-12　テレビ東京（左：2011年3月11日21:16，右：2011年3月11日21:47）

5. 原発事故発生報道

表1-5　2011年3月11日19時3分以降の情勢推移と報道

時間	事実	報道
19:03	原子力緊急事態宣言	TBS，福島県富岡町（福島第一原発）の津波の映像
19:11		フジテレビ，富岡町津波発生時映像（19:17，18にも再度）
19:15		テレビ東京，災害伝言板アドレス表示
19:23	第3回緊急災害対策本部	
19:30	自衛隊に原子力災害派遣命令	
19:44	官房長官記者発表「原子力緊急事態宣言について　緊急災害対策本部について」	
19:45		テレビ東京，枝野長官会見中継（～53），福島第二原発のライブ映像，かなり浸水
19:45		TBS，枝野長官会見ライブ「16時36分，第15条通報」（～52），アナ「まとめますと，放射能が漏れていることはない．万全の方策をとっている」
19:45		フジテレビ，枝野長官記者会見（～56），8:01まで解説
19:45		テレビ東京，枝野官房長官記者会見（～53）
19:45		TBS，枝野長官記者会見（～52）
19:47		NHK，枝野長官記者会見（～53）
19:51		日本テレビ，枝野長官記者会見（～51）
19:52		日本テレビ，総理官邸記者レポート，与野党会談（18:20），映像（～54）
19:53		NHK，原発関連ニュース（福島第一原発映像）（～59）
19:56		テレビ朝日，総理官邸から記者によるレポート
19:57		テレビ朝日，テロップで「政府「福島第一原発で放射能漏れの恐れ」」
19:58		テレビ朝日，枝野会見映像（～59），枝野「繰り返しますが，放射能が現に漏れているとか，現に漏れるような状況になっているということではございません．しっかりと対応をすることによって，何とかそうした事態に至らないようにという，万全の措置を，今，対応をしているところでございます．ただ同時に，そうした最悪の事態に備えた場合も万全を期そうということで，緊急事態宣言を発して，対策本部を設置をしたということ

		でございますので，くれぐれも落ち着いて」
20:00頃	1号機，圧力容器破損（保）	
20:02		フジテレビ，福島テレビから中継「東京電力から県の災害対策本部に入った情報によると，放射能漏れはなし．国の安全保安院によると，福島県内の原発はすべて運転停止．ECCS作動」．20:09〜スタジオ，解説，藤田祐幸「原子炉が止まったとしても，冷却しないと，「メルトダウン」という状態になる．原子炉自体が溶けて，水に触れたりすると，水蒸気爆発という大変な災害になる．電源車が向かっていると思われるが，すでにメルトダウンが始まっているのではないかと心配している」「こうした事態は1分1秒で進行する．すでに6時間経っているので非常に心配」（〜12）
20:10	内閣官房長官指示「帰宅困難者の対策に全力を挙げるため，駅周辺の公共施設を最大限活用するよう全省庁は全力を尽くすこと」	
20:22		テレビ東京，総理官邸記者レポート「午後7時過ぎから原子力に関する会議を開催」．7:45からの枝野会見の録画映像．「枝野長官は放射能漏れはない，と説明．また，原子力安全委員会の班目委員長は施設の損壊はないと述べた」．6:20からの与野党党首会談の録画映像（〜24）
20:49		テレビ東京，20:22の報道とほぼ同じ内容．議員会館の様子（〜53）
20:50	福島県対策本部は，福島第一原子力発電所1号機の半径2kmの住人に避難指示を出した（2km以内の住人は1,864人）	
21:08	1号機，建屋内で高放射線量	
21:10	福島県が東京電力福島第一原発2号機から半径2kmの住民に避難を呼びかけ	
21:10		テレビ東京，総理官邸記者レポート「官邸では，官邸の地下にある危機管理センターで緊急対策本部．陸上自衛隊派遣．総理の記者会見の説明．政府機能は問題ない．首都圏の公共交通機関が麻痺しているので，枝野長官は無理に帰宅しないよう呼びかけ」（〜12）

5. 原発事故発生報道　33

21:10		フジテレビ,「福島県によると, 燃料棒が露出, 放射能漏れの恐れ, 近隣住民に避難要請」(～21:14)
21:16		テレビ東京,「福島原発 今後放射能漏れの可能性」「福島県 半径2km以内の避難要請」(～21:17)
21:18		テレビ東京, 2:16の報道とほぼ同じ (～21:19)
21:19		テレビ朝日, ニュース速報テロップ「福島第一原発2号機の半径2キロの住民に避難要請　放射能漏れの恐れ」, 続いて古舘キャスターが原稿読み上げ
21:22		テレビ朝日, KFB福島放送の中継.「福島第一原発2号機は原子炉の水位低下により, 半径2km以内の住民に避難要請」
21:23		テレビ朝日, 下テロップ「枝野官房長官「福島原発　放射能漏れの状態ではない」」「東京電力「福島第2原発1号機で緊急炉心冷却装置が作動」. 21:24「福島第一原発「放射能漏れの恐れ」周辺住民に避難要請」
21:23	国が3km圏内避難指示, 10km圏内屋内退避を指示. 陸自化学防護隊が出動→大熊町, 国・県から連絡なし. テレビで知る	TBS,「福島県は福島第一原発から半径2km以内に避難指示」(～21:24) フジテレビ,「福島県は第一原発から半径2km圏内の住民に避難指示」(～21:24)
21:25		日本テレビ, 速報「福島第一原発2号機「半径2km以内は避難を」」(～21:27)
21:27		テレビ朝日, 官邸から記者レポート「今官邸には, 菅総理, 枝野官房長官のほか, 原子力担当の海江田経産相大臣や, 防災を担当する松本防災担当大臣もいて, つい15分前ですけれども, 原子力安全委員会の担当者二人が急遽官邸に入って, 福島の問題について対応を協議しています. 政府としては, 緊急事態宣言を発出していますが, 放射性物質が外部へ漏れたということはないとしていて, 冷静に対応するよう求めています」
21:31		日本テレビ, 速報「福島第一原発2号機「半径2km以内は避難を」」「燃料棒露出の恐れ. IAEAは国際緊急センター立ちあげ」(～21:33)
21:31		フジテレビ,「まもなく官房長官記者会見」「福島県は第一原発から半径2km圏内の住民に避難指示」(～21:35)
21:36		テレビ朝日, 枝野官房長官記者会見会場映像 (無人)(一瞬)
21:33～22:00	大熊町, 防災行政無線などで周知	
21:40		テレビ東京, 官邸レポート「まもなく枝野記者会見. 官邸では, 海江田大臣と原子力安全委員会が, 菅総理に原発の状況を説明」
21:44		テレビ朝日, KFB記者とライブ

時刻		内容
21:44		TBS,「福島県は福島第一原発から半径2km以内に避難指示」(～21:46)
21:47		テレビ東京,「福島原発 今後放射能漏れの可能性」「福島県 半径2km以内の避難要請」「現時点では放射能漏れはない」．その後解説 (～21:48)
21:51		フジテレビ，経産相前から保安院レポート「放射能漏れ恐れなし」．引き続き枝野記者会見ライブ「半径3km以内屋内退避，3～10km屋内退避」(～22:01)
21:52	官房長官記者発表「原子力災害対策特別措置法の規定に基づく住民への避難指示について」	日本テレビ，枝野官房長官記者会見ライブ中継 (～21:56)．その後解説 (～22:03) テレビ朝日，枝野長官会見「21時23分，3km以内避難指示．3～10km屋内退避」 テレビ東京，枝野長官会見「放射能漏れの恐れも．半径3km以内避難指示．3～10km屋内退避」＋説明 (～22:02)
21:53		NHK，官房長官「半径3km以内屋内退避，3～10km屋内退避」
21:54	2号機，水位計が復帰．原子炉内の水位低下を確認	
22:13		日本テレビ，福島中央テレビと中継．「福島第一原発3km以内避難指示」(～22:15)

何を放送していたのか

では，この間，テレビはいったい何を放送していただろうか．

3月11日21時から22時の放送内容を見たのが，図1-13，図1-14である．

報道対象となっている被災地域を見ると，地域別では，首都圏が4分の1，東北地方が約3分の2となっている．残りがスタジオ映像である．スタジオ映像は主に，解説委員や識者による解説である．

また，オンエアしている映像が録画かライブ映像かという観点で見ると，録画が半分以上を占めている．ここから，印象的な場面が繰り返し放映されていることがわかる．

録画映像では，東北地方の映像が圧倒的に多い．一方，ライブ映像では首都圏の映像が4割近くを占める．

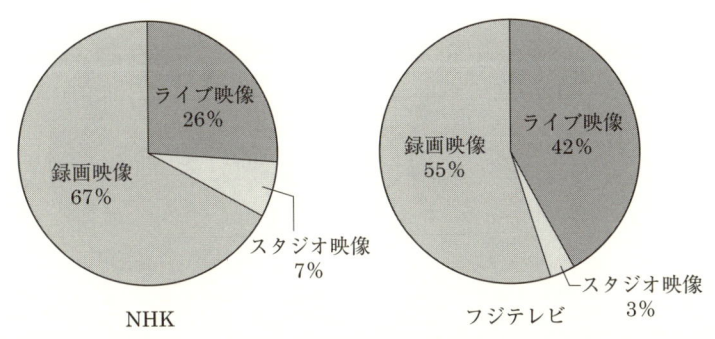

図1-13 NHKとフジテレビが2011年3月11日21時から22時に放送していた映像

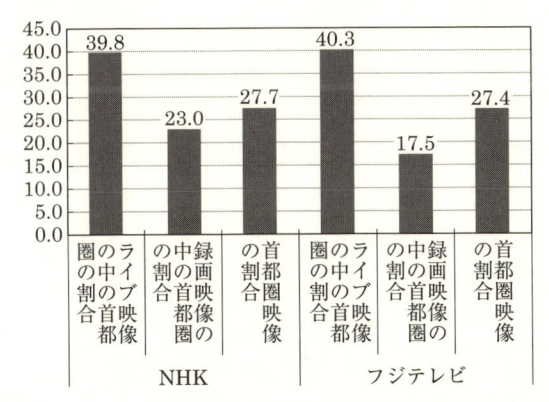

図1-14 NHKとフジテレビが2011年3月11日21時から22時に放送していた映像

報道内容の変化

　福島原発の異変により，22時から23時における報道内容は，図1-15のように変化した．この後，福島原発関連報道がどんどん増えていった．
　状況の変化に応じて，報道内容の構成が変化していくのは当然と言える．
　しかし同時に，次々と生ずる新たな事態に，メディアが雪崩を打って集中し，結局，状況の中で右往左往し，同じような情報を各メディアが一斉に垂れ流していたのだとすれば問題である．今後，いっそうの検証が必要だろう．

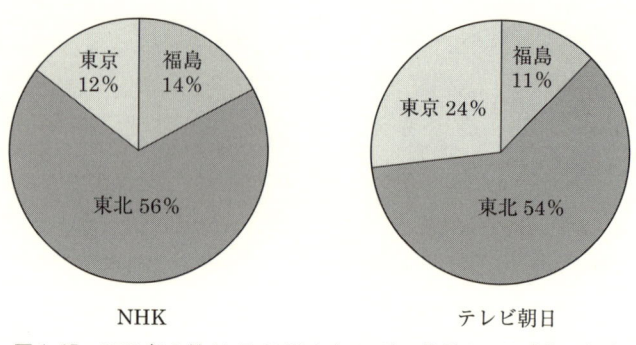

図1-15 2011年3月11日22時から23時に放送された映像の割合

報道の多元性

　3.11大震災は，現実のすさまじさとともに，メディアに対する社会認識に大きな転換を迫るものでもあった．本章では，そのいくつかの代表的な様相を見てきた．そのなかで，報道メディアが，電気や水道とならぶ「ライフライン」であることも痛感された．今後，「想定外」の状況にさらに迅速・的確に対応できるよう努めていくべきだろう．

　そして，ライフラインとしての報道であればこそ，テレビ局や新聞社の多様性を有効に活かすことも重要である．肝要な事項（避難指示など）はすべての媒体によって確実に国民に伝えられるべきだが，事柄によっては，媒体の特性や個性に応じて役割分担することも考えられてしかるべきだろう．

　すべての媒体が同じような画面を流しているような報道は，資源の浪費である．

　また先に，3月11日21時から22時のNHKとフジテレビにおけるライブ映像と録画映像の割合を図1-13に示した．いずれも，録画映像の割合がかなり高く，震災被害のなかでも特にインパクトの強い映像が，まだ被害が進行中でもある状況の中で，繰り返し放送されていたことになる．こうした映像から二次的な心的影響を受けるおそれもないとはいえない．今後，留意すべき点だろう．

震災発生から24時間のテレビ報道の推移

　震災発生から24時間のテレビ報道の推移については，田中・原（2011）も詳し

い分析を行っている．

　前項まで述べた遠藤の分析方法は，連続的な映像を「〇〇分〇〇秒〜〇〇分〇〇秒：釜石港映像」といった風に愚直に手作業で内容分析したものである．しかし，これは大変な作業で，効率はかなり悪い．田中・原論文では，「標本抽出の考え方をとり，1分間に1秒ずつ画面を抽出し，その画面を分析対象」（田中・原 2011: 2）としている（そのため結果はやや異なる）．

　田中・原論文の分析による，原発報道の割合の推移を図にしたものが，図 1-16 である．局ごとのバラツキは大きいものの，全体として原発報道の割合が増加していることがわかる．

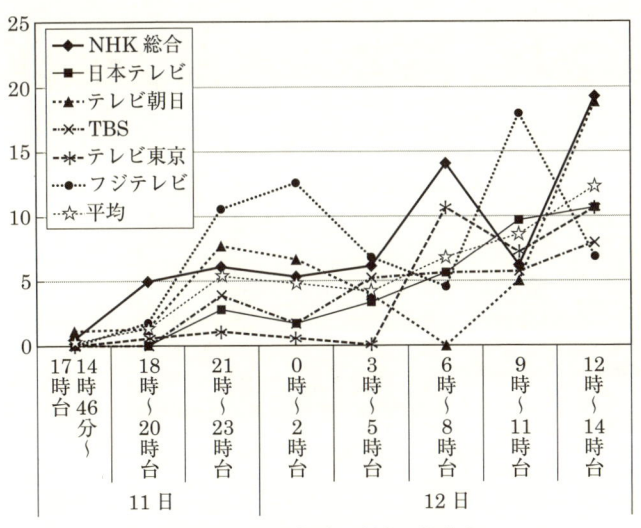

図 1-16　原発報道の割合の推移[15]

NHK 教育テレビの安否情報への特化

　こうしたなかで，NHK 教育テレビが安否情報に特化したことは評価できる．
　NHK 教育テレビは，地震発生時，『情報 A』という高校教育番組を放送していたが，NHK 総合テレビとともに，地震発生と同時に地震情報の放送に切り替わった．この状態が3時間程度続いた後，18時頃から，安否情報を NHK に寄せるよう呼びかけを開始し，18時45分頃から安否情報を流し始めた．

その内容は，図 1-17 に見られるように，ただ安否確認の文字情報を流していくものであったが，それでも，総合テレビとまったく同じ情報を流し続けることは電波の無駄であること，災害時の視聴者にとって安否情報が何より重要な情報であることを考えれば，優れた判断であったと考えられる（この後，安否情報は，ソーシャルメディアと連携して報道されることになる．その点については第 2 章で改めて考察する）．

2011 年 3 月 11 日 14:46
速報

2011 年 3 月 11 日 18:00
安否情報呼びかけ開始

2011 年 3 月 11 日 18:45
安否情報開始

2011 年 3 月 11 日 14:48
総合テレビと同期

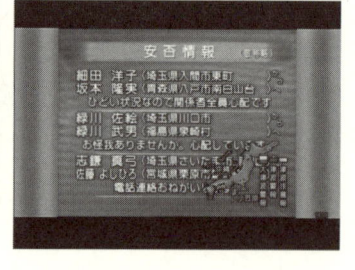

図 1-17　NHK 教育テレビの安否情報

6.　新聞は何を伝えたか

記録するメディアとしての新聞

テレビがダイナミックなリアルタイム・メディアだとすれば，新聞は，確定情報を記録／記憶するメディアだといえよう．そのような新聞の特性は，一見すると時々刻々状況が変わっていく緊急時には，テレビなどに遅れをとるかに見える．

しかし，新聞は記録性においてはテレビに勝る．たとえば，安否情報や支援情

報などは，一瞬で情報が流れ去ってしまうテレビよりも，紙という媒体上に印字され，いつでも誰でも繰り返し情報を確認できる新聞の特性は重要である．

また，震災から数か月経って，各新聞社は震災時の新聞の縮刷版や記録写真集を出版している．「新聞」は，単に「新しいこと」を伝えるだけでなく，人びとの思いを記憶するための媒体でもある．

図1-18は，筆者が2011年7月28日から8月2日の期間に行ったインターネットモニター調査（以下，「7月末調査」）で，それぞれの時点の「重要な情報源」（複数回答）を被災地と首都圏について尋ねた結果の一部である．新聞が，震災を経て，わずかではあるが重要性を増していることがわかる．とくに被災地において新聞が評価されている．

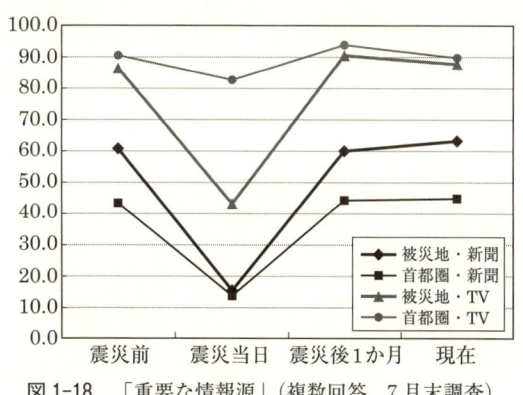

図1-18 「重要な情報源」（複数回答，7月末調査）

全国紙と地方紙——号外から

とはいえ，大きな事件に際しては，緊急の報道を行う．それが号外である．3.11に際しても，いち早く，各紙が号外を出した．全国紙では，「巨大地震・津波による被害」「首都圏も被災」「福島原発事故」が大きな三本柱となっている．全体をバランスよく報じようとする態度がここからだけでもうかがわれる（図1-19，図1-20，図1-21）．

一方，より切実に情報を必要としていた被災地では，地域によって号外でも大きな違いが見られる．図1-22は宮城県を主たるエリアとする河北新報の3月11日と13日の号外である．11日号外では，紙面は地震と大津波の情報で占められ

ている．13日号外では，その結果として生じた被災状況を生々しく報じ，生活情報などを提供している．これに対して，福島民友では，12日の号外であるが，一面で原発事故を大きく報じ，後の面で浜通りの津波被害を伝えている（図1-23）．地方紙の地域密着型特性がよく現れている．

図1-19 「朝日新聞」号外（2011年3月11日）

図1-20 「読売新聞」号外（左から，2011年3月11日，12日，14日）

図1-21 「日本経済新聞」号外（2011年3月11日）

図1-22 「河北新報」号外（2011年3月11日，13日）

図1-23 「福島民友」号外（2011年3月12日）

全国紙と地方紙──3月12日と13日

　号外だけでなく，各紙朝刊にも，違いははっきりあらわれている．

　全国紙である朝日新聞，読売新聞，日本経済新聞では，一面大見出しは，12日は東日本大震災，13日は福島原発事故である．12日の紙面構成は，3紙ともほぼ同じである．読売新聞の見出し文字がやや大きいことが違いといえる．13日は，

朝日新聞と読売新聞の大見出しが「福島原発で爆発」，日本経済新聞は「原発の炉心溶融」と大見出しにはっきり打ち出している．これに対して，朝日新聞では3番目に大きい見出しで「炉心融溶」と断言し，読売新聞では2番目に大きい見出しで「炉心溶融の恐れ」とやや弱いトーンである．さらに，原発の写真は，読売新聞は鮮明な爆発写真を掲載している．爆発の瞬間をビデオ撮影していたのが，日本テレビ系列の福島中央テレビだからであろう．これに対して，朝日新聞では，爆発の映像を報道するテレビ画面の写真を掲載している．日本経済新聞では，東京電力が提供した爆発後の建屋の画像が掲載されている．大見出し文字は，読売新聞が最も大きく，日本経済新聞が最も小さい．

図1-24　朝日新聞（2011年3月12日（左）と13日（右））

6. 新聞は何を伝えたか　43

図 1-25　読売新聞（2011 年 3 月 12 日（左）と 13 日（右））

図 1-26　日本経済新聞（2011 年 3 月 12 日（左）と 13 日（右））

図 1-27　岩手日報（2011 年 3 月 12 日（左）と 13 日（右））

図 1-28　河北新報（2011 年 3 月 12 日（左）と 13 日（右））

図 1-29　福島民報（2011 年 3 月 12 日（左）と 13 日（右））

　地方紙では，違いはさらに大きい．岩手県の岩手日報では，12 日も 13 日も津波被害一色である．宮城県の河北新報は，12 日は津波と津波による沿岸部の石油コンビナート火災，13 日は，大見出しは「福島第 1 建屋爆発」だが，写真は津波によって壊滅した市街である．他方，福島県の福島民報は，12 日の紙面でも，大きさは小さいものの，中央に「原子炉圧力，設計値の 1.5 倍」との見出しが出ている．13 日になると，「福島第一原発で爆発」「放射性物質拡散か」との大見出しである．ただし，河北新報が「初の炉心溶融」と書いているのに対して，福島民報では「燃料一部溶融」と表現は抑えられている．

地方紙の苦闘

　1995 年の阪神大震災と同様，被災地の新聞社は新聞発行さえ困難となる．3.11 では，輪転機が使えない，製紙工場が津波で被害をうけた，交通が遮断されているなど，阪神以上の苛酷な状況におかれた．それでも，東北でも被災しなかった地域の新聞社の援助を受けて，発行を続けたという．

　「でもね，いろんな人の協力で新聞を刷ってもね，もう，被災地では配達所も購読者の家も流されてしまっているんですよ．だから，行ける人間がね，新聞をもっていって，誰でもそこにいる人に配るんです．とにかく，誰かに何かを伝えようという気持ちですね」．筆者がインタビューした岩手日報の方の言葉である．辛い話だが，メディアの原点がそこに現れている．

地域紙に見る報道の原点——石巻日日新聞,三陸新報,東海新報

　河北新報や岩手日報などは,「県紙」[16]とも呼ばれる,「県全域」を読者層とする地方紙であるが,それよりも小さな地域を対象として活動する地域紙もある.県紙などでは,新聞社間のネットワークによる支援のおかげで,東日本大震災にあっても,なんとか新聞の発行を続けることができた.しかし,もっと小さな地域を対象として発行されている地域紙では,あらゆる機材を奪われ,徒手空拳のまま取り残されたものも少なくない.

　たとえば,石巻日日新聞は,大正元年(1912年)に創業した,8ページ構成の夕刊紙である.3月11日,石巻は地震と津波によって壊滅的な被害を受けた.石巻市の発表によると,2012年2月10日午前8時時点で,死者3,280人,行方不明者557人に上っている.石巻日日新聞社も被災し,輪転機を使えなくなった.それでも新聞用ロール紙が水没を免れたことから,これをカッターで切って,フェルトペンによる手書きの壁新聞をつくり,避難所などに張り出した.「今,伝えなければ,地域の新聞社なんか存在する意味がない」[17]という思いからだったという.この壁新聞は,その後,世界に紹介され,東日本大震災のひとつのシンボルともなった(第7章参照).

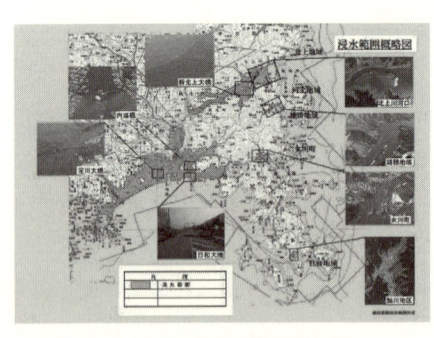

図1-30　石巻市の被害状況[18]

図1-31　3月12日石巻日日新聞・壁新聞[19]

大きな被害を受けつつも，何とか活字で新聞を発行した地域紙もある．石巻日日新聞とも提携している三陸新報は，昭和21年（1946年）創刊，宮城県の気仙沼市と本吉郡をエリアとする地域紙であるが，文字情報だけとはいえ，3月12日に号外を出し，コピー配布することができた．

また，東海新報は，昭和33年（1958年）創刊，岩手県の大船渡市，陸前高田市，住田町をエリアとする地域紙だが，震災翌日から輪転機を回して新聞を発行し続けた．この新聞社は，1960年チリ地震の教訓を活かして，機材を備えておいたために，新聞発行を続行できたという．社員のツイートは，次のようにその背景を語っている：

> 「50年前のチリ地震大津波のとき，東海は浸水で機械が壊れて，一週間も新聞が発行できなかったんだ．俺は高校生だったけど，それがくやしくて申し訳なくて…」といつも言っていた社長は，町外れの高台に社屋を移し，一昨年には借金をたんまり作って自家発電装置を整備した．
>
> (laughmaker1979, 2011/03/25 12:37:50)

> 「あんな不便なとこさ行って無駄な買い物して…」とよそ様や身内に笑われても，「地元が大変な時に出せねんだら，地域紙に存在価値なんかねぇんだぞ」と社長は反対意見を一蹴した．51年前には一週間も身動きできなかった新聞社が，今回は震災当日に号外を作り，翌日から輪転機を回していた．
>
> (laughmaker1979, 2011/03/25 12:56:05)

東海新報では，3月12日にはA3判の号外をカラーコピーして2,000枚配布し，3月13日には，4ページの新聞を輪転機で印刷して10,000部発行したという．

このほかにも多くの地方新聞社は，それぞれに苦境の中で闘った．それを支えた使命感には頭が下がる．

図1-32 三陸新報と東海新報の2011年3月12日号外[20]

地方紙への評価

　地方紙の紙面は，全国紙とは異なり，まさにその場での現実に焦点があてられている．岩手・宮城では津波，福島では原発事故である．日本全体を見渡す全国紙，地域の現実に密着したきめ細かな情報源としての地方紙．双方がそれぞれの役割を果たしつつ，相互に連携することが重要であろう．

　図1-33は，筆者が行ったインターネットモニター調査（7月末調査）で，被災地と首都圏で，地元紙と全国紙の情報源としての重要度を尋ねた結果（「重要と答えた人の割合」）である．被災地では地元に密着した地方紙が，首都圏では，全体の状況を報じる全国紙の重要性が高いと認識されていることがわかる．

　その一方，地方紙の発行に携わる人びとからは，「震災時には使命感から懸命に新聞を発行したが，その後，被災地から人が流出したり，被災地の人びとの生活が窮乏することで，新聞の売上が減少する」という不安の声が聞かれる．先に見た東海新報でも，被災前の発行部数が17,500部だったのに対して，2011年10月1日時点で13,500部と，2割以上減少しているという．

　2012年1月9日付け朝日新聞によると，「岩手，宮城，福島の3県の沿岸部と原発事故の避難が続く計45市町村の人口減が6万5千人に達したことが分かっ

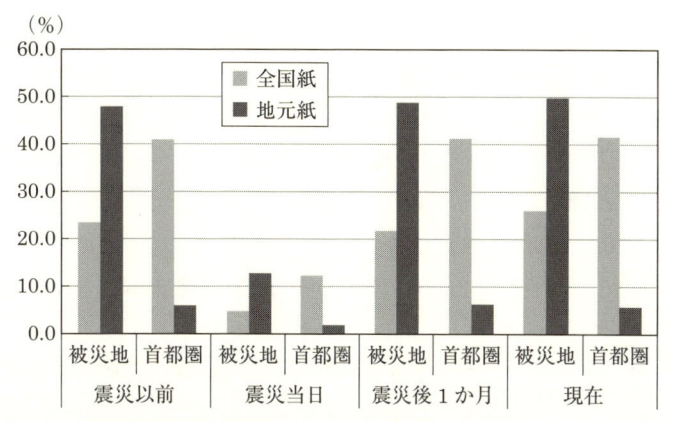

図1-33 全国紙と地元紙の重要度（重要と考える人の割合，%，7月末調査）

た．うち8割近い4万9千人を30代以下の世代が占めた」という．今後，地方紙の経済基盤をどのように確保していくかは，大きな課題であろう．

7. 明らかになった諸問題と今後の可能性

　以上，本章では，初動期のテレビ，新聞の動きを主に見てきた．ここからは，いくつかの問題が指摘できる．

　第一に，緊急時の対応体制が，必ずしも十分ではない．大きな災害が起こったとき，とにかく頼ろうとするのがテレビであろう．しかし今回の地震では，停電によって見られなかったり，また局側の対応が不十分であったりと，さまざまな不備が露呈した．メディア自身が被災したり，災害の大きさが「未曾有」であったりと，酌量すべき点は多々あるが，社会的責任の観点からは，弁解は認められない．今後は，東日本大震災レベルの災害が，首都圏や関西圏を襲っても，対応できるよう，万全の体制を整えるべきであろう．

　第二に，本章では主として東京キー局の動向を考えてきたが，首都圏と被災地では，緊急度や，何が緊急課題であるかは，大きく異なっていた．また，被災地の中でも違いは大きかったと言えるし，被災地として取り上げられなかった地方でも，被害が大きかった例もある．このような状態に迅速に対応するには，現在衰退がささやかれるローカルメディアにより大きな力を持たせる体制を考えてい

くことも必要であろう．

　第三に，新聞の役割はなんなのだろうか，と改めて考える必要があるということである．時々刻々と変わる事態に，新聞はリアルタイムで応じることはできない．また，印刷設備や配信網などが壊滅状態になって，発行自体が危ぶまれる状況も多々あった．他方，新聞の情報蓄積機能や，落ち着いて情報を確認できる機能などが，人びとに必要とされたことも確かである．新聞は改めて，新聞メディアの特性を見極め，自己のメリットを活かす方向性を考えるべき時に来ているかもしれない．

　その一方で，マスメディアによるプッシュ型情報流通の必要性を改めて認識したという声もある．震災後も，広域にわたって，余震は長く続いた．震度の高い余震も予想されていた．こうした状態では，地震に関する情報を確実に手に入れようとするなら，テレビが最も容易に確実に情報を入手できる手段であった．その意味では，テレビ的機能をさらに有用なものとしていくビジョンが必要とされるだろう．

　こうしたことを考えるためにも，次章では，新しいメディアであるインターネットとの連携について考えよう．

第2章

新しい情報回路
――ソーシャルメディアと間メディア性

1. インフラの遮断とインターネット

　地震が起こったのは，2011年3月11日金曜日14時46分．平日の昼下がりであった．

　人びとはすぐメディアのスイッチを入れ，情報を求めた．しかし，広域にわたって電力が停止し，通信も途絶えた．図2-1は，筆者が2011年7月28日から8月2日に実施したインターネットモニター調査（以下，「7月末調査」と呼ぶ）[1]で，震災以前，震災当日，震災後1か月，2011年7月末のそれぞれの時点で，各メディアが「重要だった」と答えた人の割合（％：以下，同調査における「重要度」はすべて同じ）を示したものである．

　震災当日，被災地では，テレビ，ネット，新聞がかなり打撃を受けていたことがわかる．反対に，ラジオは，頼りになるメディアとなった．また，携帯やスマートフォンも，ふだんより重要度を増した．首都圏でも同じ傾向が見られる．ただし，テレビ，ネットの落ち込みはそれほど大きくはないが，新聞はかなり低下している．ラジオは目立った変化がなく，携帯やスマートフォンは，ふだんより

52　第2章　新しい情報回路

	震災以前	震災当日	震災後1か月	7月末
TV	86.3	43.0	91.0	88.0
新聞	60.3	15.0	60.3	63.3
ラジオ	26.7	70.3	56.3	34.7
ネット	71.3	21.3	59.0	74.0
携帯・スマホ	14.7	31.0	19.0	16.3
ワンセグ	6.7	23.0	9.7	7.7
家族・知人	30.7	27.3	33.3	32.3

被災地

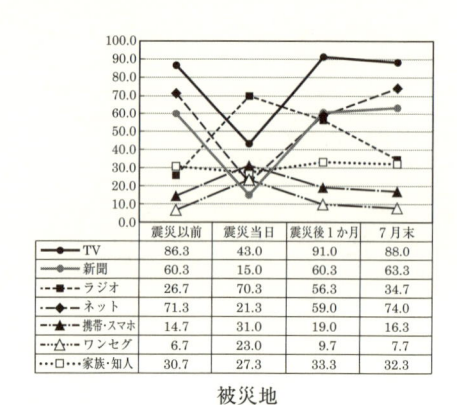

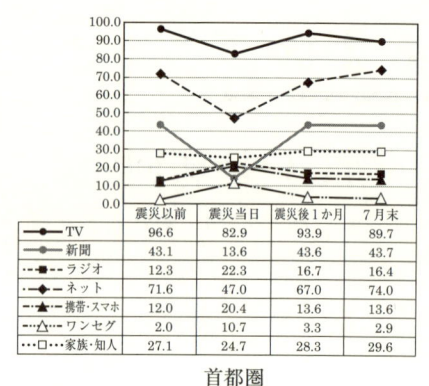

	震災以前	震災当日	震災後1か月	7月末
TV	96.6	82.9	93.9	89.7
新聞	43.1	13.6	43.6	43.7
ラジオ	12.3	22.3	16.7	16.4
ネット	71.6	47.0	67.0	74.0
携帯・スマホ	12.0	20.4	13.6	13.6
ワンセグ	2.0	10.7	3.3	2.9
家族・知人	27.1	24.7	28.3	29.6

首都圏

図2-1　各時点における各メディアの重要度（7月末調査）

やや重要度を増した.

　また，メディア重要度を年代別に集計して，震災当日の状況をみたのが，図2-2である．これによると，高年齢層がテレビや新聞を重要と見なすことは当然ともいえるが，同時に，ネットについても驚くほど高い割合で重要性を認めている．ネットの中では，ソーシャルメディアは若年層が断然高いものの，ネット上の報道サイトは高年齢層もかなり高い割合で重要と感じている．

　さらに，7月末時点の状況をみたのが，図2-3である．少しずつ落ち着いてきた7月末になると，高年齢層で新聞の重要性が高いことはよく知られたこととして，ネットについても，必ずしも若年層に遜色ない重要度認識である．今後，この点には十分注意する必要があるだろう．

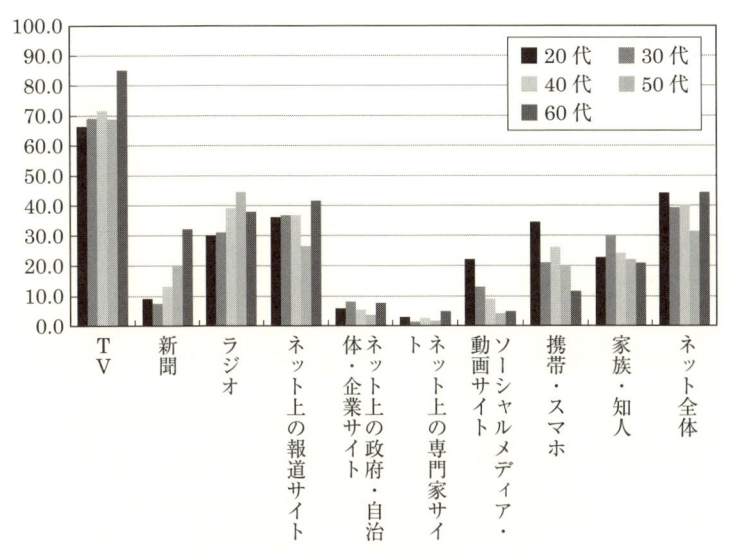

1. インフラの遮断とインターネット　53

図 2-2　震災当日の年代別メディア重要度

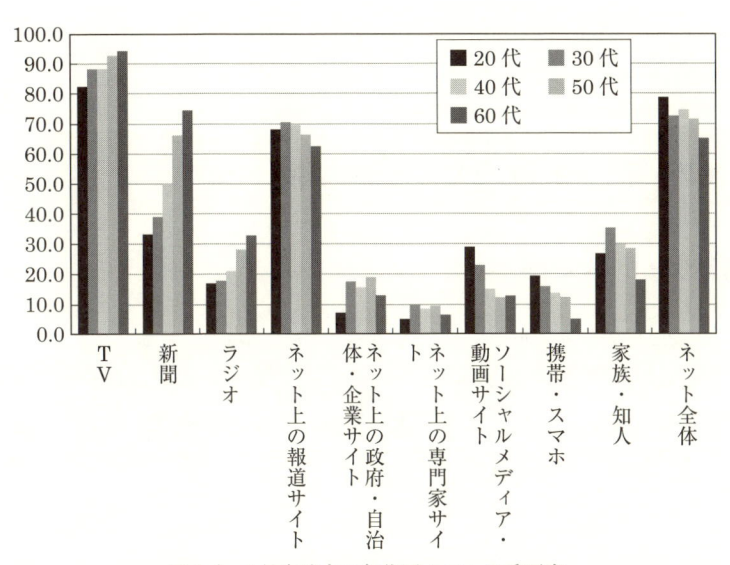

図 2-3　7月末時点の年代別メディア重要度

ネット利用の活発化

　東日本大震災の情報を求めて，ソーシャルメディアを含むネット上の各種サイトの利用が活発化したことは，各サイトへのアクセス数が激増したことからもうかがわれる．

　表2-1は，ビデオリサーチインタラクティブ社が公表した，3月にアクセス数が急増したサイトの一覧である．

　東北電力や東京電力など，通常あまりアクセスのない震災関連企業のサイトが，大幅にアクセス数を増やしていることがわかる．

　各自治体のサイトもアクセス数が急増している．人びとが，報道を待っていられず，より直接的に一時情報を得ようと行動したことがうかがえる．

　先に挙げた7月末調査からもわかるように，報道各社のサイトもアクセス数が非常に多くなっている．テレビや新聞などの既存報道各社のサイトだけでなく，ソーシャルメディアも通常に比べてはっきりと活発化している．Twitterのまとめサイトであるtogetter.comや動画配信サイトであるustream.tvへのアクセス数（表2-1）は大きく増加している．

2.　携帯・ネットを介した安否情報の交換

安否情報サービスの動き

　震災後，人びとは真っ先に家族や友人の安否を気遣った．多くの人が，携帯やネットを通して知りたかったのは，そのことだ．近しい人びとの安否を知り，自分の状態を知らせることを，何より先に望む人が多いだろう．残念なことに，災害時には通信回線も破壊されることが多い．さらに，大量の通信需要が発生するために，それがネックとなる場合も多い．そのために，阪神大震災の頃から開発されてきたのが，電話やネットを介した伝言板サービスである．

　東日本大震災でも，地震発生直後から，固定・携帯電話各社が災害伝言板サービスを開始した．携帯5社が協力して5社一括検索を行ったこともあり，利用類型は膨大な数に上った（表2-2参照）．

2. 携帯・ネットを介した安否情報の交換　　55

表 2-1　ビデオリサーチインタラクティブ調査：3 月の急上昇サイト[2]

ドメイン名	前月比	3月の推定接触者数（万人）
tohoku-epco.co.jp（東北電力）	3490%	108
tepco.co.jp（東京電力）	1271%	893
pref.miyagi.jp（宮城県）	1077%	107
jrc.or.jp（日本赤十字）	704%	132
kahoku.co.jp（河北新報社）	510%	109
gogo.gs（ゴーゴーラボ）	405%	108
cnn.com（CNN）	353%	110
mozilla.jp（Mozilla Japan）	306%	180
asahi.com（朝日新聞社）	269%	997
tokyo-np.co.jp（東京新聞／中日新聞社）	260%	117
nikkei.com（日本経済新聞社）	256%	426
ntt-east.co.jp（NTT 東日本）	240%	118
response.jp（イード）	227%	137
sankeibiz.jp（産経新聞社）	227%	228
togetter.com（Twitter まとめ）	220%	133
jreast.co.jp（JR 東日本）	220%	469
afpbb.com（AFPBB NEWS）	215%	977
jma.go.jp（気象庁）	207%	301
rbbtoday.com（イード）	202%	110
jr-central.co.jp（JR 東海）	201%	125
ustream.tv（Ustream）	193%	285
news24.jp（日本テレビ放送網）	176%	146
tokyodisneyresort.co.jp（東京ディズニーリゾート）	176%	189
nhk.or.jp（日本放送協会）	176%	1073
chunichi.co.jp（中日新聞社）	175%	144
mainichi.jp（毎日新聞社）	172%	916
aeon.jp（イオン）	172%	130
searchina.ne.jp（サーチナ）	171%	236
47news.jp（Press Net Japan）	170%	368
jiji.com（時事通信社）	166%	566
gigazine.net（GIGAZINE）	166%	270
machi.to（Machi-BBS）	164%	107
daily.co.jp（デイリースポーツ）	163%	395
ntt.com（NTT コミュニケーションズ）	159%	113
rocketnews24.com（ロケットニュース 24）	159%	147
metro.tokyo.jp（東京都）	156%	226
fresheye.com（ニュースウォッチ）	155%	346
itmedia.co.jp（アイティメディア）	154%	349

表 2-2　安否情報サービスの動き[3]

日	時	サービス	1か月登録累計	1か月利用累計
3月11日	14時55分	ソフトバンクモバイル，災害用伝言板（5社一括検索）開始	904,498	4,289,793
	14時56分	ウィルコム，災害用伝言板（5社一括検索）開始	9,632	87,082
	14時57分	NTTドコモ，災害用伝言板（5社一括検索）開始	1,479,702	2,615,328
	14時57分	イーモバイル，災害用伝言板（5社一括検索）開始	450	347,000
	15時21分	KDDI（au），災害用伝言板（5社一括検索）開始	1,067,315	5,378,492
	15時46分	NTT東日本・西日本，災害用ブロードバンド伝言板（web171）開始	83,800	165,900
	（発災約2時間後）	Google Person Finder 開始（〜10月30日）		登録者 600,000 以上
	17時47分	NTT東日本・西日本，災害用伝言ダイヤル（固定電話）開始	2,726,300	551,200
	18時	NHK安否情報放送情報受付開始（放送開始は18時45分）		約 31,000
3月12日	1時49分	赤十字国際委員会，ファミリーリンク（災害時伝言板）開始		登録者 5,914

　NTT東日本・西日本は，電話だけでなく，インターネット上で災害用ブロードバンド伝言板 web171 を開始した．

Google Person Finder サービス——安否情報のプラットフォーム

　東日本大震災でとくに注目を集めたのが，グーグルの Google Person Finder サービス（以下，GPF）であった．GPF は，それ自体が安否確認情報サービスであるだけでなく，他の安否情報サービスの集積地——プラットフォームとなることで，雪だるま式に情報効果を高めることができた．

　グーグルは 2011 年 3 月 14 日に，「避難所名簿共有サービス」を開始した．その時点では，避難所名簿は，避難所ごとに手作業で作成された手書きのポスター上のものしかなかった．被災者たちは，避難所を回って，張り出された名簿から，家族や知人の名前を探し当てるより方法がなかった．グーグルでは，この手書きの名簿を写真に撮ってデジタル化し，集約して，共有するシステムを作ろうとした．それが「避難所名簿共有サービス」である．写真に写された名簿をデジタル・データ化する作業には，多くのボランティアが参加したという．この「避難所名

2. 携帯・ネットを介した安否情報の交換

簿共有サービス」を，3月14日から岩手県庁と，17日から宮城県庁と，20日から福島県庁と，連携して運用を始めた．

こうして協力関係を結んだことで，グーグルは，行政機関からGPFに情報提供を受けることになった．

一方，グーグルが提供するサービスのひとつである動画投稿サイトYouTubeは，3月18日から「消息情報チャンネル」[4]を開設した．「消息情報チャンネル」は，被災者たちのメッセージを動画で提供するサービスである．「消息情報チャンネル」には，YouTubeとパートナー関係にあるTBSテレビ，テレビ朝日から情報提供を受けた．この結果，「消息情報チャンネル」を通じて，TBS，テレビ朝日もGPFと連携することになった．NHKは発災直後から安否情報サービスを行っていた（第1章参照）が，16日から，GPFと連携することで情報価値を高めることとした．

携帯電話事業者各社も，前項で見たように，災害伝言サービスを行っているが，ここに収集された情報をGPFと共有することに意義を認めた．

さらに，朝日新聞と毎日新聞もこれに加わって，GPFは巨大な幅広い情報プラットフォームとして機能することが可能になった．

GPFのようなサービスにはまだ課題も多い．今後より洗練するために衆知を集めることが重要であろう．

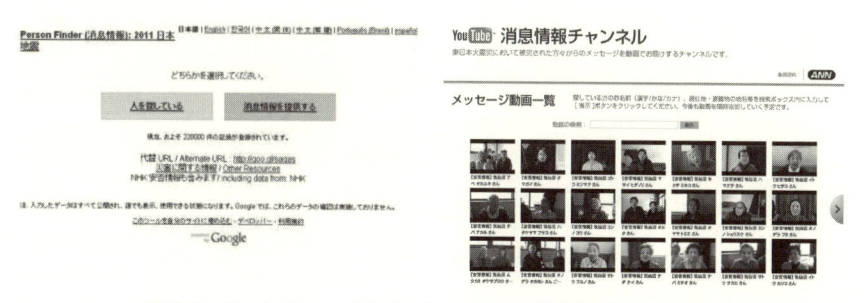

図2-4　Google Person FinderとYouTube消息情報チャンネル

3. Twitter が媒介したテレビとネットの連携

Twitter が果たした役割

　しかし，東日本大震災で明らかになったネットメディアの有用性は，単独の機能というより，ソーシャルメディアが，他の多様なメディアの媒介となるという点である．3.11 では，マスメディアとネットメディアが相互補完しつつ緊急情報の報道に努力した．これは素晴らしい動きである．

　その発端は，こんな風に始まった．

　2011 年 3 月 11 日，@NHK_PR という id の Twitter アカウントは，いつものようにのんびりとしたつぶやきをアップしていた．このアカウントは NHK 広報局のものだが，カッコ書きに「(NHK についてゆるく案内)」とあるように，NHK らしからぬ気ままな感じの書き込みが特徴だった．たとえば，こんな風だ：

> 総合 22:00「必ずヒーローになってやる〜サッカー日本代表 李忠成」密着ドキュメント．22:55「Biz スポ・ワイド」最終回．BShi では，深夜 0:10 から「外事警察」1〜6 話を連続再放送．あっ！もう別件へ向わないといけないので，続きは後ほどっ！... ﾀﾀﾀｯヘ(;･･)ノ（2011 年 3 月 11 日 9 時 27 分のつぶやき）

　それが，同日 14 時 47 分，震災発生から 1 分後，突然緊迫したトーンに変わった：

> 緊急地震速報が発表されています！東北地方です．火の元にご注意ください！！！！（14:47:40）

> 緊急地震速報が出ています．宮城，岩手，福島，秋田，山形です．大地震です．ご注意ください！！！！ご注意ください！！！！！！（14:48:37）

> 大地震が発生しております．火の元にご注意ください．上から落ちてくるものなどにご注意ください．壁から離れて下さい！！！！！（14:49:14）

大津波警報も出ております．海岸，河口，沿岸部には絶対に近づかないでください！！！（14:51:11）

NHK_PRのつぶやきは，矢継ぎ早に，さまざまな情報，伝言板，消防庁など関連機関のサイトURLやツイッターアカウントを発信していった．外国人向けに，英語のつぶやきも発信された．そして，フォロワーに，重要情報の拡散も依頼する：

停電でテレビがご覧になれない方も多くいらっしゃいます．津波情報を出来るだけ拡散して下さい．ラジオでも地震情報をお伝えしていますので，ぜひ各地のラジオニュースをご確認下さい．なお，インターネットラジオ放送radiko.jpは，現在非常にアクセスしづらい状態となっているそうです．（17:18:16）

これに応えて，フォロワーの一人から，こんな情報が寄せられる：

@NHK_PR は ust で NHK が見られることをツイートしたらどうなの？ ここだよ → http://t.co/XaympNk〔後略〕（17:20:51）

NHK_PRは直ちにこれをリツイート（自分のフォロワーに再送信，RT）する：

情報感謝！RT　（後略）　（17:20:51）

この行為に対して，他のフォロワーたちから疑問が寄せられた：

現時点でNHKではUstreamなどでの配信を許可されているのですか？いろいろなところで配信されているのですがいいのですか？（17:38:39）

ユーザーによる放送の再配信は違法行為とされている．だが，NHK_PRは即答する：

私の独断なので，あとで責任は取ります．（17:38:50）

停電のため，テレビがご覧になれない地域があります．人命にかかわることですから，少しでも情報が届く手段があるのでしたら，活用して頂きたく存じます（ただ，これは私の独断ですので，あとで責任は取るつもりです）．（17:40:51）

このツイートはフォロワーたちの共感を呼び，次々とRTされて，ネットのなかに拡散していった．膨大なフォロワーをもつネット・セレブである津田大介らもNHK_PRのこの態度を賞賛した（図2-5）．NHK_PRのフォロワーは急増した（図2-6）．2011年3月10日時点で123,033人，3月11日時点で123,185人であったフォロワーが，3月13日には253,240人と倍増し，4月11日には330,372人に達している．

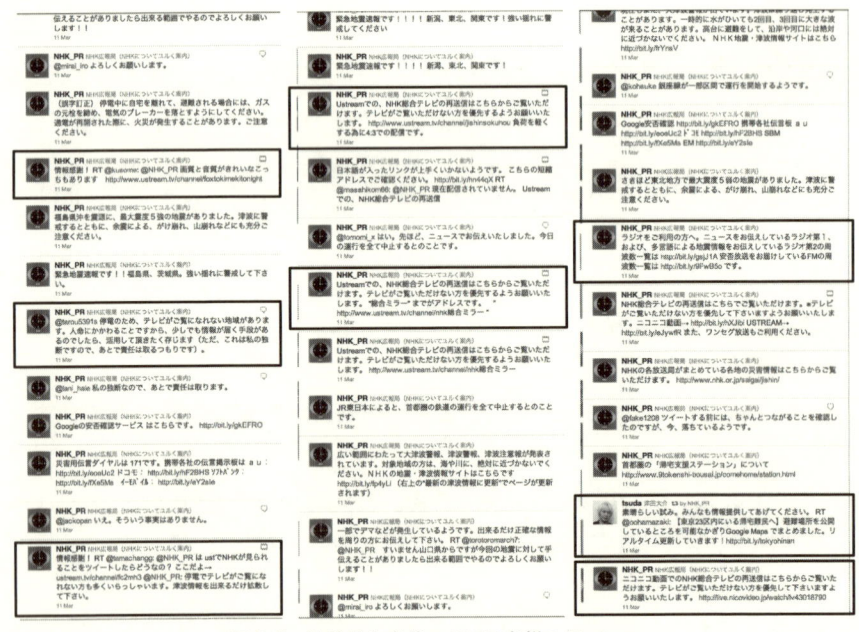

図2-5 地震発生直後のNHK広報のTwitter

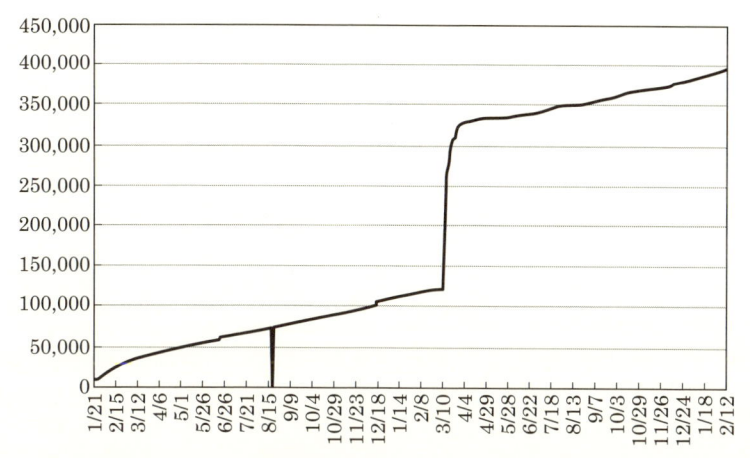

図2-6 ＠NHK_PRのフォロワー数推移（Twilogによる，http://twilog.org/NHK_PR/stats）

震災直後からUstream上の勝手再配信は始まった

　NHK_PRが媒介したUstream上の放送再配信は，誰が始めたのだろうか．震災直後の2011年3月11日15時3分，広島県の中学生が，スマートフォンを使って，勝手にNHKの災害報道をUstream[5]上で再配信しはじめた．このような再配信は，通常なら，テレビ映像の無断使用として削除される．しかし，このときは非常時でもあり，Internet Watchの記事によれば，Ustreamは通常とは異なる対応をとった：

　　配信自体は暴挙であるが，番組に付随するコメントなども監視したところ，テレビが見られずに困っている人の多さ，非常時における多様な報道手段の確保を認識させられたという．このため，Ustreamでは異例の対応として，NHKの経営企画部にメールで現状を報告．「（違法とはいえ）現実に必要とされている以上，この情報の流れを止めないで欲しい．もしくはNHK自身でネット向けの配信を実施してくれないかとお願いしたところ，15分ほどで『本メールをもって再配信を許諾したと思ってもらってかまわない』と返答いただいた」と，中川氏はその舞台裏を明かす．その後，正式な再配信が開始された．[6]

　NHKだけでなく，この後，フジテレビ，テレビ朝日など13のテレビ・ラジオ

表 2-3　テレビ放送の同時配信を行った事業者[7]

放送局名 (チャンネル名)	放送エリア	Ustream 開始	Ustream 終了	ニコニコ生放送 開始	ニコニコ生放送 終了	Yahoo! 開始	Yahoo! 終了	備考
NHK 総合	全国 (関東広域)	3.11 21:30	3.25 24:00	3.11 19:40	3.25 24:00	3.13 0:04	3.25 24:00	3.18 までは24時間体制で同時配信 ニコ生・延べ視聴者約1046万人
NHK 教育	全国					3.14 23:05	3.18 24:00	
NHK ワールド	海外	3.13 0:30	3.25 19:30	3.14 19:30	3.25 24:00			公式サイトでの同時配信は以前から実施 ニコ生・延べ視聴者約92万人
TBS ニュースバード	全国	3.11 17:42	3.18 15:00	3.16 17:30	3.18 15:00			YouTube でも同時配信 ニコ生・延べ視聴者約23万人
フジテレビ	関東広域	3.11 20:45	3.14 4:00	3.11 20:45	3.14 4:00			ニコ生・延べ視聴者約204万人
テレビ朝日	関東広域	3.12 0:30	3.14 11:25					
IBC 岩手放送	岩手県	3.17 10:05	4.11 10:50					自社制作の震災報道番組を同時配信
岩手めんこいテレビ	岩手県	3.15 19:00	3.15 23:00					自社制作の震災報道番組を同時配信
TBC 東北放送	宮城県			3.16	3.22			ニコ生・延べ視聴者約12万人
IBS 茨城放送	茨城県			3.15	3.19			ニコ生・延べ視聴者約11万人
テレビ神奈川	神奈川県	3.11 19:10	3.23 17:40					3.11 夜は震災ニュースを配信. 翌日以降はL字画面を配信
とちぎテレビ	栃木県	3.12 10:00	3.18					

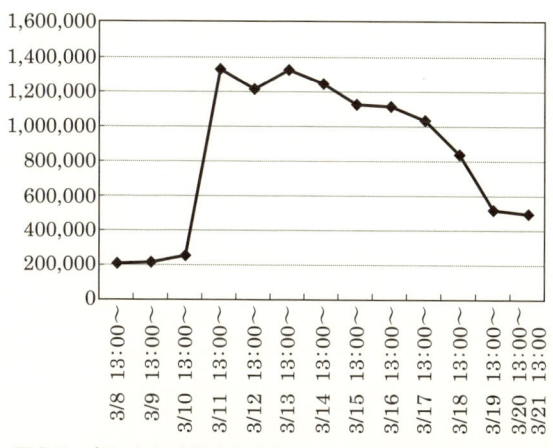

図 2-7　東日本大震災発生前後の Ustream 視聴者数の変化[8]

　放送局が Ustream 上で再配信を実施（表 2-3 参照）し，視聴回数は延べ 680 万回を超えたという．また，震災前後の Ustream 視聴者数の変化は図 2-7 のようであり，ユーザーにとって同時配信がいかに重要な情報源として受け止められたかがわかる．

　Ustream の後を追うように，ニコニコ生放送（ニコ生．（株）ニワンゴのニコニコ動画サービスの一部）も，NHK に震災報道の配信許諾を求めた．（株）ニワンゴ社長の杉本（2011）によれば，NHK 側は驚くほどの速さで許諾の回答を返し，さらに，コメント表示機能についても現場の判断に委ねるとの回答を出した．このあと，ニコ生でも，NHK 以外にも多くのテレビ，ラジオ局が同時配信を行った（表 2-3）．同時配信期間中，最もアクセスが多かったのは NHK の同時配信で，総来場者数 10,464,404 人，総コメント数 12,288,485 に達した．フジテレビも，総来場者数 2,048,507 人，総コメント数 2,380,197 に上った．3 月 11 日から 3 月 25 日までの間に，ニコ生で同時配信を視聴したユーザーは，延べ約 1400 万人に及んだ．

　3 月 13 日からは，Yahoo! も NHK の同時配信を開始した．

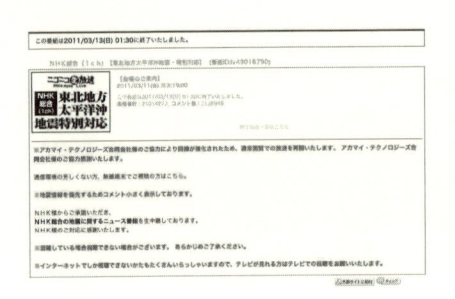

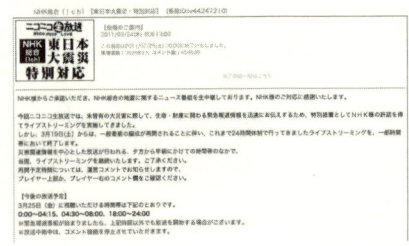

来場者数：2,101,428人，コメント数：2,128,946
http://live.nicovideo.jp/watch/lv43018790

来場者数：369,683人，コメント数：456,695
http://live.nicovideo.jp/watch/lv44247210

図 2-8　NHK ニュースの再送信をするニコニコ生放送

NHK からの同時配信告知

Ustream やニコ生からの同時配信許諾要請を受けて，3 月 11 日，NHK 側からも Twitter を介して再送信の告知が行われた：

> NHK_onair @NHK_onair
> ニコニコ生放送での，NHK 総合テレビの再送信をご覧いただけます．テレビがご覧いただけない方を優先するようお願いいたします．http://live.nicovideo.jp/watch/lv43018790 Ustream は→ http://bit.ly/ezHM97

> NHK_onair @NHK_onair
> ユーチューブに NHK ニュース　東北地方太平洋沖地震　"宮城県名取川の被害" と "地震発生時の NHK 仙台放送局" の映像を公開しました　http://www.youtube.com/nhk?gl=JP&hl=ja&gl=JP&hl=ja

> NHK_onair @NHK_onair
> Ustream ですが，NHK-TV として NHK 総合テレビのストリーミングを開始しました．http://www.ustream.tv/channel/nhk-gtv

また，正規のテレビ放送でも，同日 21 時 49 分に NHK 総合で，ネット配信が正式に告知された（図 2-9，表 2-4）．ある意味，これまでマスメディアとネット

図 2-9　ネットでの配信を告知する NHK 画面（2011 年 3 月 11 日 21 時 49 分）

表 2-4　告知文

「今回の地震で，NHK は，停電などでテレビが映らない人たちのために，総合テレビの放送をインターネットでも流しています．放送を流しているのは，インターネットの Ustream とニコニコ動画です．被災地では，停電の影響などで，テレビの見られない状況が続いていますが，インターネットの放送なら，パソコンやスマートフォンでも見ることができるため，NHK は，インターネットに放送を流すことにしました．NHK では，このほかにも，携帯電話などのワンセグでも，災害に関するニュースを伝えています．」（3 月 11 日 21 時 49 分）

メディアの間を遮断してきた「ベルリンの壁」が崩れた瞬間だったかもしれない．

通常時におけるネットでの放送配信が実現するには，まだ制度上の問題が山積しているが，流れは始まったと言っていいかもしれない．

4.　新聞とネットの連携

新聞の PDF 化

新聞もまた，災害時のさまざまな問題に対応するため，新聞との連携を図った．

たとえば，日本経済新聞や毎日新聞などは，配達の遅滞が予想されたことから，紙面を PDF 化してネット上で新聞が読めるようにした（図 2-10）．

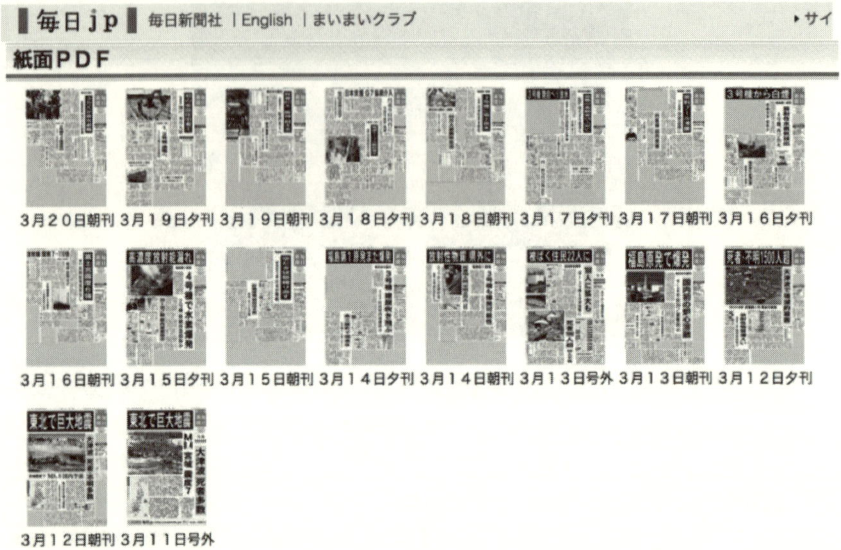

図2-10 毎日新聞のPDF化（http://mainich.jp/select/weathernews/20110311/etc/pdf.html）

また，号外で，ネットを通じた安否情報サービスを紹介したのも今回の新しい試みだった（図2-11）.

安否情報確認サービス「パーソンファインダー」や，ビジネス支援チャンネル「東日本営業中」の運営では，これまでともすれば敵対関係にあると見られていたグーグルと既存マスメディアの連携も行われた（本章第2節，第9節も参照）.

今後のメディア環境の方向性を示唆する重要な動きである.

図 2-11 朝日新聞の安否情報に関する号外（2011 年 3 月 11 日）

新聞とソーシャルメディア

　新聞社自身が，ソーシャルメディアを通じて，被災情報を迅速に伝える試みも行われた．

表 2-5　朝日新聞社の Twitter 概要（Twilog による）

Web http://www.asahi.com 自己紹介　朝日新聞社会グループのアカウントです．東日本大震災の被災者向けの情報，被災者支援に関する情報をお届けしています．お寄せいただいた情報は，社会グループの記者が一つ一つ確認した上で発信しています．確認に時間がかかったり，確認できず発信できないこともありますが，ご了承ください． フォローしている　18 フォローされている　48,641 リスト　6,050 Twitter 歴　106 日（2011/02/24 より） 投稿数 6,099（57.5 件 / 日）	記録期間　2011/03/12〜2011/06/09（90 日間） 総つぶやき数　6,153 件 つぶやいた日数　90 日 つぶやかなかった日数　0 日 一日の平均つぶやき数　68.3 件 一日の最高つぶやき数　263 件（2011/03/13） つぶやき文字数　635,223 文字（103.2 文字 / 件，7,058 文字 / 日） Twitter 登録日時　2011 年 02 月 24 日 16 時 39 分 05

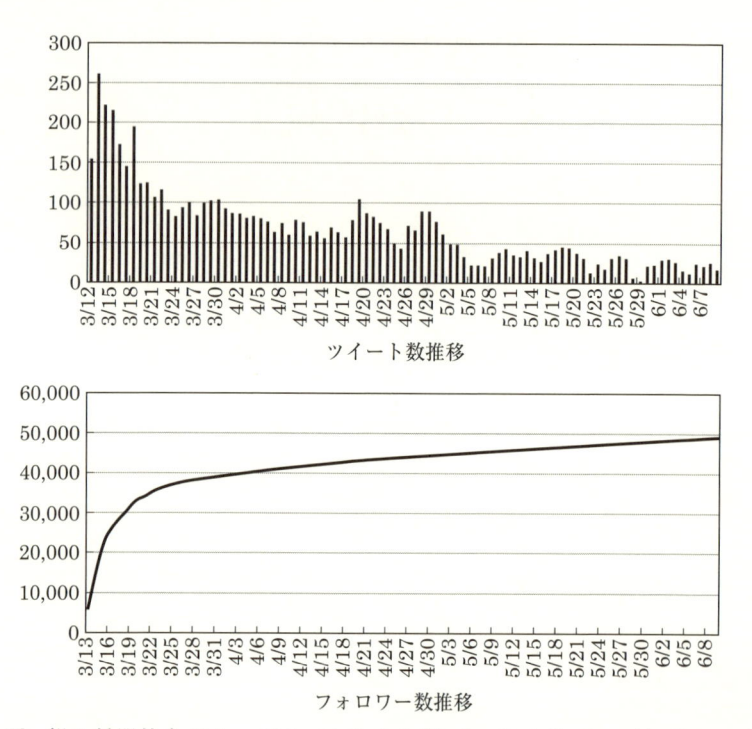

図 2-12 朝日新聞社会グループ Asahi_Shakai（Twilog による．http://twilog.org/Asahi_Shakai/stats）

被災地の地元メディアとソーシャルメディア

ネットとの連携を活用したのは，全国規模のメディアだけではない．

被災地の報道機関も，停電や紙の調達困難などのさなかで，ネットを補完的に活用する努力が多く見られた．たとえば，河北新報は，自社で運営する地域 SNS「ふらっと」を最大限利用しただけでなく，Twitter からも多くの情報を発信した（図 2-13 参照）．フォロワー数も震災後急増し，開設後約 2 週間で 15,000 を超えた．

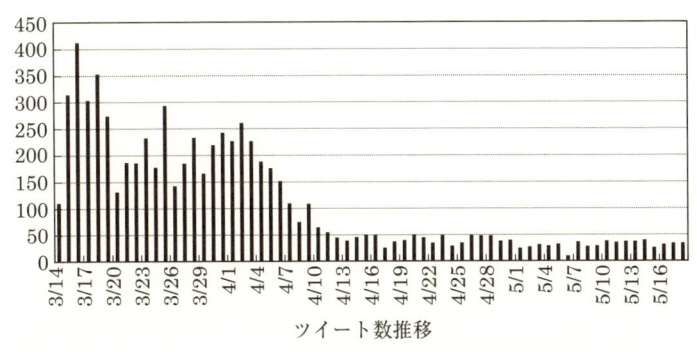

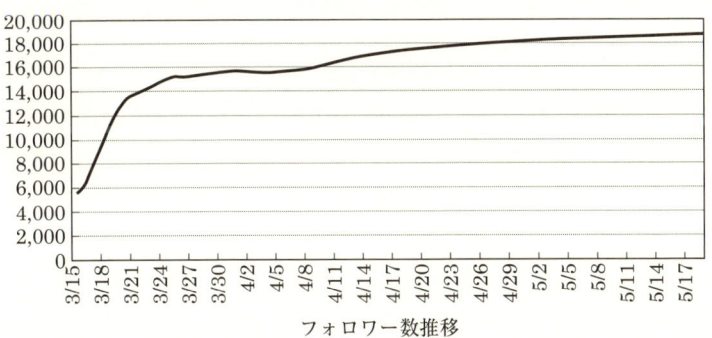

図 2-13　河北新報の Twitter 数推移（Twilog による，http://twilog-org/kahoku_shimpo/stats）

5. プラットフォームとしてのインターネット

インターネット上のさまざまなサービス

　東日本大震災では，発電所が大きなダメージを受けたため，被災地ではテレビや新聞が壊滅的な状況となった．携帯などは首都圏でもほぼ瞬時に遮断され，用をなさなくなった．

　わずかにインターネット回線だけは使える場合が多かった．筆者も，地震発生時，インターネットを通じて何とか最小限の連絡を取ったり，状況を知ったりする経験をした．そのため，インターネット・メディアに社会的関心が集まった．実際，図 2-1 からも，「震災当日の被災地」を除いて，ネットがテレビに次いで重要と認識されていることがわかる．

第2章 新しい情報回路

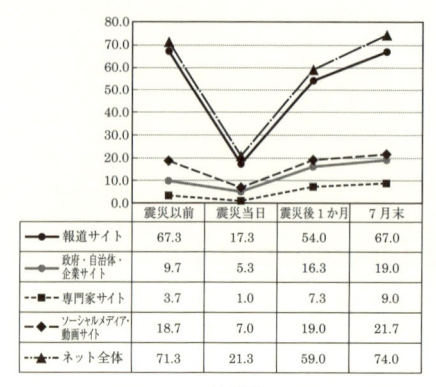

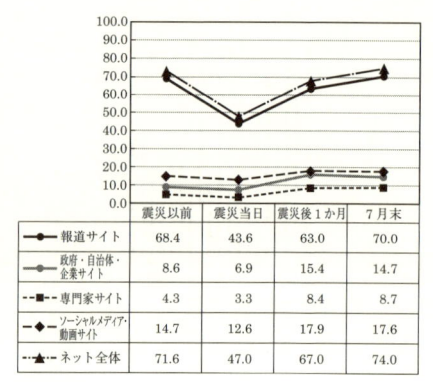

	震災以前	震災当日	震災後1か月	7月末
報道サイト	67.3	17.3	54.0	67.0
政府・自治体・企業サイト	9.7	5.3	16.3	19.0
専門家サイト	3.7	1.0	7.3	9.0
ソーシャルメディア・動画サイト	18.7	7.0	19.0	21.7
ネット全体	71.3	21.3	59.0	74.0

被災地

	震災以前	震災当日	震災後1か月	7月末
報道サイト	68.4	43.6	63.0	70.0
政府・自治体・企業サイト	8.6	6.9	15.4	14.7
専門家サイト	4.3	3.3	8.4	8.7
ソーシャルメディア・動画サイト	14.7	12.6	17.9	17.6
ネット全体	71.6	47.0	67.0	74.0

首都圏

被災地,首都圏とも報道サイト.ソーシャルメディアも

図2-14 ネットメディアの重要度(「7月末調査」による)

ただし,ネット上にはさまざまなタイプのサイトがある.遠藤の行った「7月末調査」からどのサイトが「重要」と感じられたのを見たのが,図2-14である.最も有用だったのは,Yahoo!やマスコミ各社のなどのニュースサイトである.次に挙げられたのが,「ソーシャルメディア・動画サイト」であった.

ソーシャルメディアにおける情報交換

「ソーシャルメディア」とは,広くは,会員登録したメンバー間で情報交換をするサービスを指し,mixiなどのSNS,Twitter,Facebookなどが含まれる.3.11では,ソーシャルメディアに大きな注目が集まった.個々のユーザーが投稿する具体的な情報が集積されることによって,安否情報や,被災情報,救援要請などが,きめ細かく伝えられた.励ましあいや,呼びかけあいにも大きな力を発揮した.ソーシャルメディアの情報を集約する「まとめサイト」には,通常の数倍のアクセスが集中した.

ただし,図2-15に見られるように,被災地ではソーシャルメディアへの接続は難しく,むしろ,ラジオやワンセグなどが有用だったことにも留意する必要がある.

	震災以前	震災当日	震災後1か月	7月末
ラジオ	26.7	70.3	56.3	34.7
ソーシャルメディア	10.3	4.3	10.3	12.3
動画サイト	11.3	3.3	11.7	13.0
ワンセグ	6.7	23.0	9.7	7.7
携帯やスマホ	10.0	11.7	11.7	10.7
家族や知人	30.7	27.3	33.3	32.3

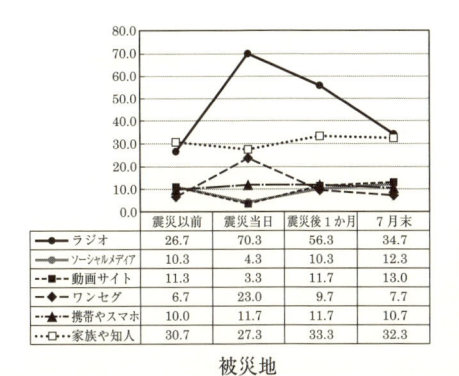

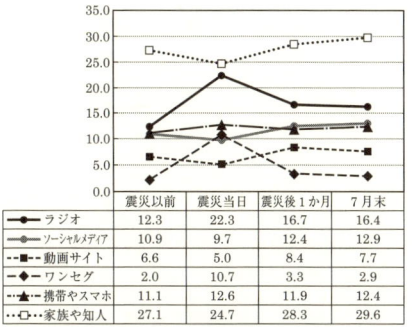

被災地

	震災以前	震災当日	震災後1か月	7月末
ラジオ	12.3	22.3	16.7	16.4
ソーシャルメディア	10.9	9.7	12.4	12.9
動画サイト	6.6	5.0	8.4	7.7
ワンセグ	2.0	10.7	3.3	2.9
携帯やスマホ	11.1	12.6	11.9	12.4
家族や知人	27.1	24.7	28.3	29.6

首都圏

図2-15　各種サービスの重要度（「7月末調査」による）

6.　一次情報のネット掲載

首相官邸からの発信

　東日本大震災でも，災害の状況に関する情報は，テレビ，新聞だけでなく，インターネットを通じて流れていった．とくに，2000年代半ばから登場したTwitterやFacebookが，今回，ひろく活用された．「ソーシャルメディア」とも呼ばれるこれらのネットサービスは，個人が利用するだけではない．政府や自治体もこれらを用いて，積極的に情報の公開や，意見収集を行っている．

　たとえば，図2-16は，東日本大震災に関して，政府がどのように情報をネットに流していたかの概念図（2011年3月25日時点）である．左下が官邸サイトのトップページであるが，震災についての首相の記者会見ビデオが中央に提示され，その上部には赤文字で「東北地方太平洋沖地震への対応」と書かれている．この部分をクリックすると，「首相官邸災害対策ページ」（図の中央上）へジャンプし，さらにこのページの各項目はより詳しい情報へとリンクしている．またこの災害対策ページは，Twitterの首相官邸（災害情報）アカウントともリンクしており，そこからのつぶやきは官邸の動静（たとえば，枝野長官の記者会見動画など）を随時発信している．

　官邸や各省庁だけでなく，自治体からも，インターネットを介して多くの情報

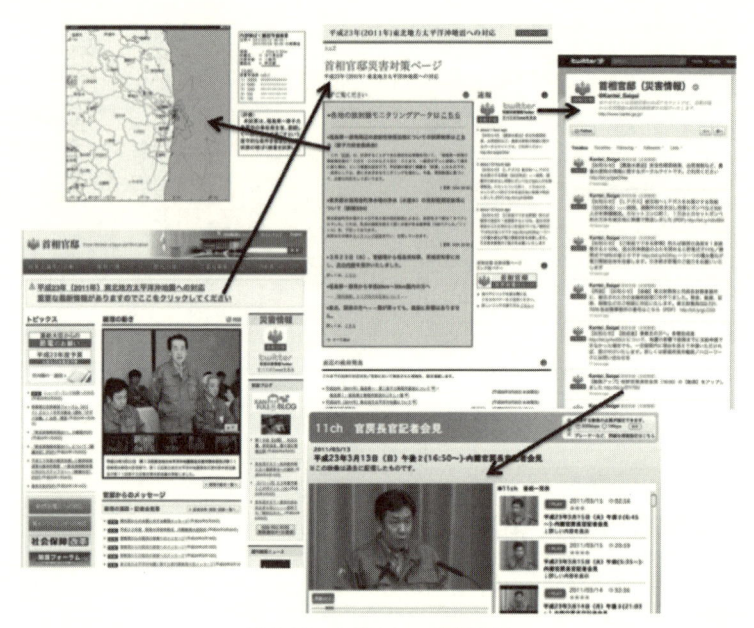

図 2-16　官邸からの情報発信

発信がなされている．

　あたかも，政府・自治体が報道機関になったかのような印象さえ与える．

SPEEDI

　関連各省庁も，一次情報をネットから発信した．

　たとえば，文部科学省では，福島第一原子力発電所の事故が発生した 2011 年 3 月 11 日以降，緊急時の対応として，SPEEDI を緊急時モードにし，単位量（1 ベクレル）放出を仮定した場合の予測計算を行った．また，文部科学省による支援が求められた場合に，迅速かつ臨機応変に対応できるよう，仮想的な条件を設定し SPEEDI による試行的計算を行っている．その計算結果は，図 2-17 のようなかたちで，ネット上に掲載された．

　しかし，その情報提供が遅れたことから，多くの批判を浴びた．技術やシステムが存在しても，有効に使われなければ何の意味もなく，かえって国民の不信感を募らせる結果となった．

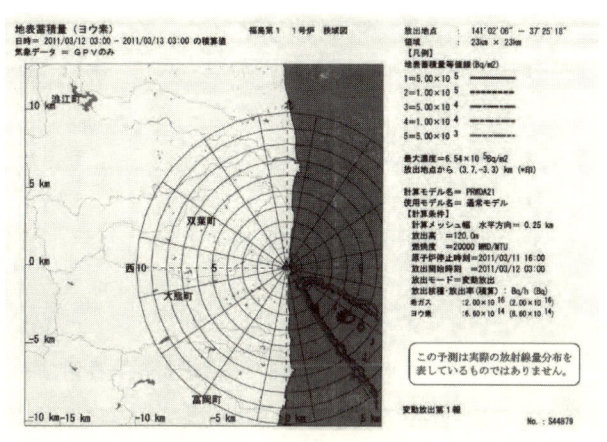

図 2-17　福島第 1 原子力発電所 1 号炉（仮想事故 1 割）［平成 23 年 3 月 12 日（土曜日）］
(http://radioactivity.mext.go.jp/ja/distribution_map_SPEEDI/)

7.　動画サイトのコンテンツ・プラットフォーム的役割

公式機関からの直接情報発信媒体としての動画サイト

　ここで「動画サイト」と呼ぶのは，YouTube，ニコニコ動画（生放送），Ustream などのサービスで，ユーザーが投稿した動画を多くの人が見られるようにするものである．

　すでに本章第 3 節で見たように，東日本大震災では，動画サイトが，緊急時にはマスメディアの代替報道メディアとして機能することがわかった．

　しかし，当然のことながら，動画サイトは，マスメディア報道だけでなく，あらゆるコンテンツを配信できるものである．

　ニコニコ生放送では，ニコニコ生放送独自の「震災特別番組」も三夜にわたって放送した．とくに第一夜には，100 万を超える来場者数があった（表 2-6）．

　また，東京電力や原子力安全・保安院，枝野官房長官などの記者会見も時間制限なく動画サイトで送信された．第 1 章でも見たように，テレビでは，チャンネル数が限られているうえ，キー局は主要なニュースをすべて網羅しようとするため，かえって個々の情報は断片的になりがちである．記者会見などは，長時間か

かる場合も多く，エッセンスだけ取り出そうとすると聞き落としが生じたり，あるいは「大本営発表」のようになるおそれが多々ある．その点，動画サイトでは，そのすべてを放送することができる．表2-6からもわかるように，こうした番組にもかなり万を超える来場者数がある．

政治家や専門家が，マスメディアではなく，動画サイトで意見を述べたり，討論することも行われる．この場合も，時間を気にすることなく，また独自の構成で視聴者と向き合うことができるメリットがある（図2-18，表2-6）．

しかも，動画サイトでは，事情の許す限り，リアルタイムで番組を見ることだけでなく，過去にさかのぼって番組を見ることができる．番組はそのまま記録として残るのである．これも大きなメリットであろう．

こうした流れを見ると，今後，動画サイト（あるいはインターネット全体）が，メディア・プラットフォームとして機能していくと予想される．

表2-6 3月11日から14日にニコニコ生放送で放送された震災関連番組

開演	終了	番組名	来場者数	コメント数
3月11日15時40分	3月12日17時59分	ニコ生 東北地方太平洋沖地震・特番	1,062,807人	1,839,729
3月12日19時	3月12日25時57分	ニコ生 東北地方太平洋沖地震・特番(第二夜)	244,331人	305,265
3月12日28時	3月13日7時	経済産業省 原子力安全・保安院 記者会見	30,937人	58,018
3月13日17時	3月13日18時30分	原子力資料情報室の福島原発に関する記者会見／videonews.com	6,061人	5,405
3月13日20時	3月13日24時22分	ニコ生 東北地方太平洋沖地震・特番(第三夜)	103,394人	93,678
3月13日20時	3月13日23時3分	清水正孝 東京電力社長 記者会見	129,496人	137,173
3月14日16時45分	3月14日18時19分	経済産業省 原子力安全・保安院 記者会見	13,818人	10,036
3月14日17時	3月14日17時43分	岡田克也 民主党幹事長 記者会見 生放送	6,329人	5,819
3月14日18時	3月14日18時52分	首都圏連合に関する記者会見(石原慎太郎東京都知事主催)	36,041人	22,152
3月14日18時30分	3月14日19時15分	国境なき医師団 記者会見	6,076人	2,279
3月14日21時45分	3月14日22時58分	経済産業省 原子力安全・保安院 記者会見	21,654人	25,313

7. 動画サイトのコンテンツ・プラットフォーム的役割　75

図 2-18　ニコニコ生放送の震災対応番組表

【3/16・10:32 開始】東京電力
記者会見

【3/14・16:45 開始】経済産業省
原子力安全・保安院 記者会見

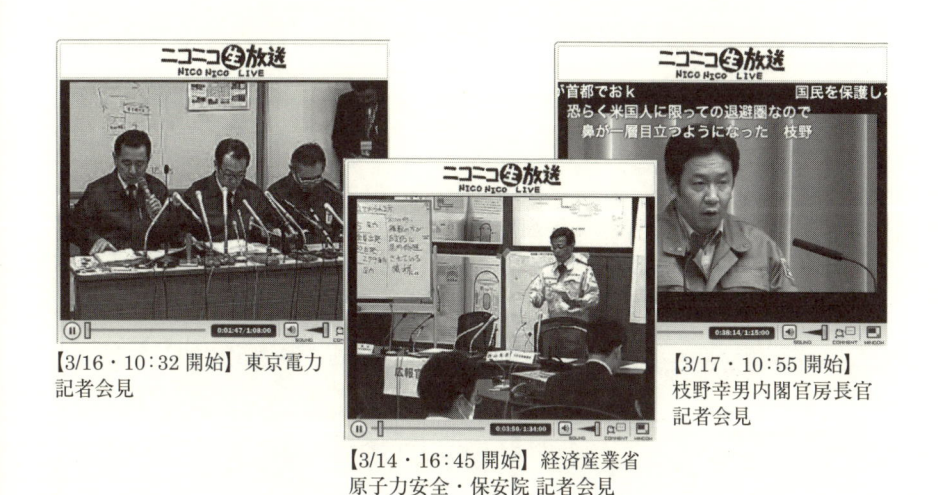

【3/17・10:55 開始】
枝野幸男内閣官房長官
記者会見

図 2-19　ニコニコ生放送で生放送された，東京電力，原子力安全・保安院，枝野官房長官（当時）
の記者会見

個人からの情報発信

動画サイトは，発信者を選ばない．したがって機関だけでなく，個人でも容易

に情報発信を行うことができる．

東日本大震災では，一般ユーザーからも多くの記録すべき目撃動画が寄せられた．津波が街をのみ込む瞬間や，液状化のプロセス，都心の高層ビルの大きな揺れなど，動画サイトは「ユーザーによる報道」のひとつのかたちを見せてくれた．

「専門家」もまた，肩書きに頼ることなく，一人の個人として情報を発信する．図 2-20 は，物理学者の早野龍五氏の Twitter である．福島第一原発事故が勃発したとき，多くの人が最も困惑したのは，正確でかつわかりやすい状況分析を得ることが困難であったことだ．

人びとが混乱するなか，何人かの専門家が，個人の立場で，ネットからわかりやすい科学情報を発信し，多くの人に歓迎された．早野龍五氏もそのひとりであった．

また図 2-21 は，dekasuginop というハンドルネームの人物が，先に挙げた文科省の SPEEDI のデータを動画化して，YouTube にアップロードしたものである．

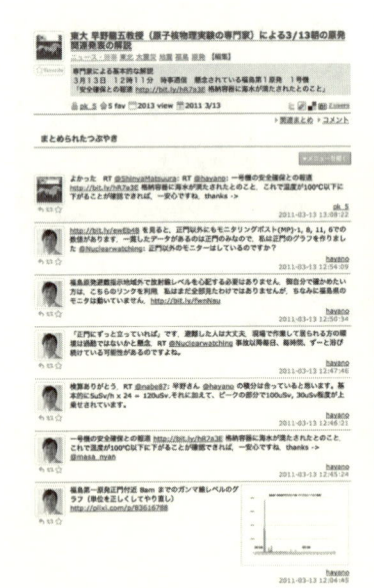

図 2-20　早野龍五氏の Twitter
　　　　（http://twitter.com/hayano）

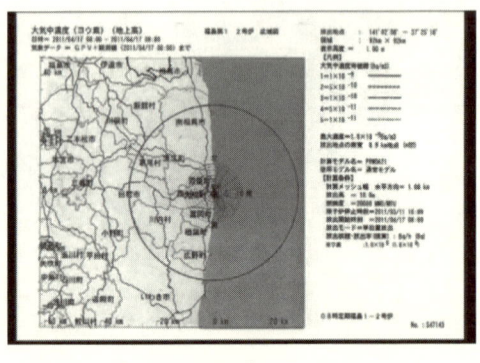

図 2-21　【SPEEDI 動画】3/11-16:00〜4/26-23:00（ヨウ素）
dekasuginop さんが 2011/04/27 にアップロード（http://www.youtube.com/watch?v=zOEIQEesxbE）

地域から日本を飛び越えて世界へ

　地域自治体の首長が，YouTube を介して，直接国際世論に訴えるというケースもあった．

　福島県の南相馬市は，津波被害とその後の福島原発事故によって大きな被害を受け，住民の多くは市外へ自主退避した．しかし，まだ残っている住民はおり，桜井市長は，彼らのための支援を，世界に向けて，訥々と訴えたのである．

　その訴えは多くの反響を呼び，図 2-22 からもわかるように，世界の人びとがこの動画を視聴し，南相馬市への支援を表明した．

SOS from Mayor of Minami Soma City, next to the crippled Fukushima nuclear power plant, Japan

http://www.youtube.com/watch?v=70ZHQ--cK40

2011/03/26 にアップロード
再生回数 421,991（2011 年 5 月 18 日時点）

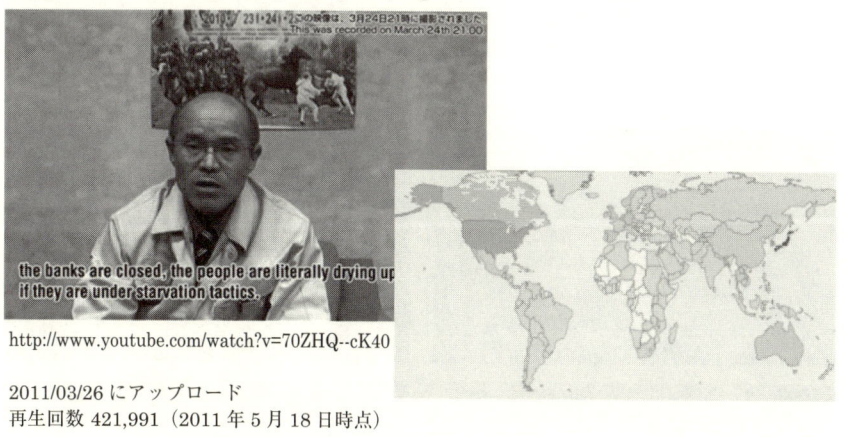

　図 2-22　桜井南相馬市長が YouTube に掲載した SOS メッセージとその高視聴地域[9]

世界から日本へ

　また，世界のメディアも，独自の視点で東日本大震災と福島原発事故を報じた．

　図 2-23 は，アメリカの三大ネットワークのひとつである ABC テレビが，朝の人気情報番組「Good Morning America」のトップニュースとして取り上げた，フクシマ・ヒーローズのトピックである．

　「メルトダウンを回避するための内部での闘い――家族が沈黙を破る」という

タイトルのコーナーでは，爆発事故を起こした福島原発内部に残留して，事故処理に従事する作業員たちの存在を紹介し，彼らの家族のTwitter上での発言や，作業員から家族にあてたメールなどが紹介されている．

福島原発に残留している，あるいは新たに作業に就く人びとについては，日本国内のメディアではほとんど言及がなく，ネット上で近親者の発言が散見されるだけであったため，海外での評価は日本社会にショックを与えた．

このように，海外のメディアで大きく問題化され，その後，日本にその情報が，動画サイトやソーシャルメディアを介して伝えられる事象は，東日本大震災では，かなり目についた．これも，グローバルに情報を流通させるネットメディアの一般化がもたらした現象と言えるだろう．

先に挙げた桜井南相馬市長のメッセージや，その後非常に有名になった石巻日日新聞なども，まず海外メディアが着目し，それを日本メディアが後追いしたと言えなくもない．こうした事例については，第7章でまた取り上げる．

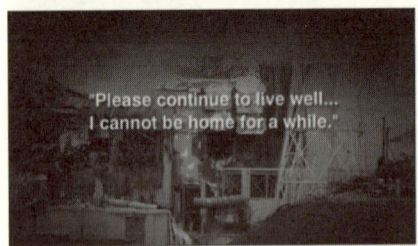

図2-23　2011年3月17日に放送されたアメリカABCテレビの朝の情報番組より[10]

8. 原発問題とメディア——科学ジャーナリズムの問題

「原発」を語れるのは誰か

　先にも簡単に触れたが，福島原発事故にあたっては，それを適切に分析し，解説できる専門家が，メディアに少なかったことが，大きな問題として浮上した．

　それはそもそも，「安全神話」によって，専門家も含め，多くの人びとが，原発のリスクに目を閉ざしてきたことにもよる．「ありえない」とされてきたリスクが突然現実化したとき，誰も彼も右往左往して，ひたすら「安全である」との強弁を続けるか，誰も彼も，何もかも信じられないというパニックに陥るかの，大混乱が起こったのであった．

　事故の（できる限り）正確な予測とわかりやすい説明のできる，健全な科学ジャーナリズムの必要性を改めて再認識しなければならない．

出版界の試み

　そんななかで興味深い試みをとったのが，岩波書店，講談社などいくつかの出版社だった．これらの出版社は，過去に出版した関連書籍を，無料でオンライン公開したのである．こうした行為は，電子書籍の普及にともない「本の文化」の存亡が問われている状況にも，一石を投じるものであった．

9. ネットメディアと復興支援活動の組織化

ネットメディアとボランティア活動の組織化

　東日本大震災においてネットが果たしたこのような多様な役割は，すでに遠藤（2000, 2004 など）が指摘してきたように，ネットが多様なコミュニケーション行為を媒介するプラットフォーム的機能（メタ・メディア）をもつことによる．

　そこで媒介されるのは，情報のみならず，人間の活動自体もつなぎ合わされるのである．このことは，2008 年のオバマ選挙などでも顕著に見られた傾向であった（遠藤 2011 参照）．

東日本大震災では，地震発生直後から，多くの人びとがネット上で支援を呼びかけたり，また支援を申し出たりした（海外からもすぐにこうした動きがあった．第7章参照）．

人びとは「自分にできること」を求めてソーシャルメディアに向かった．

たとえば，震災直後から危惧された電力不足を乗り切るため，Twitter をベースに「ヤシマ作戦」とよばれる節電呼びかけが多くの賛同者を集めた．「ヤシマ作戦」とは，アニメ「新世紀エヴァンゲリオン」に登場した作戦名で，電気を多く使う炊飯を午後6時前に済ませるピークシフトへの協力など，節電の呼びかけを拡散させた．NEC ビッグローブが発表した Twitter 調査によると，12日には「ヤシマ作戦」を含むツイートが15万 3,928件あったという．

また，これに続いて，「ウエシマ作戦」と呼ばれる呼びかけも Twitter 上で広がった．これは，コメディアンの上島竜兵のギャグ「どうぞどうぞ」にちなんで，生活必要物資を譲り合うことを訴えるものである．

さらに，3月18日には，人びとの「助け合い」をつなぐためのサイトとして，「助け合いジャパン」が開設された．サイトには，その主旨を次のように述べている：

> 大切な人の安否をさがす声があります．避難所で生きようとする多くの人がいます．避難所以外でも，困難な毎日を送る人がいます．ボランティアとして現地に入ることを望む多くの人がいます．物資の提供をしたいという人や企業があります．
> 「なるべく正確な情報をたくさん集めて，被災地の人たち（被災者，自治体やボランティア）と被災地以外の人たち（物資を送ろうとしている人，ボランティアに行こうと思っている人）に届けること」．
> 足りない物資，足りている物資，やってほしいこと，やらなくていいこと．このサイトは，内閣府震災ボランティア連携室からの情報提供を受けながら，可能な限り信頼できる情報を集めて掲載していきます．
> また，現地に入っているボランティアが，目の前にいる人を助けようとして直面する個別の様々な課題の解決をサポートする，知恵やノウハウも提供します．
> そして被災地の人たちへの祈りや励ましが見えるように，届くようにしていきます．　　　　　　（http://tasukeaijapan.jp/?page_id=3014）

「助けあいジャパン」以外にも，たとえば「復興支援 東日本大震災－Yahoo!

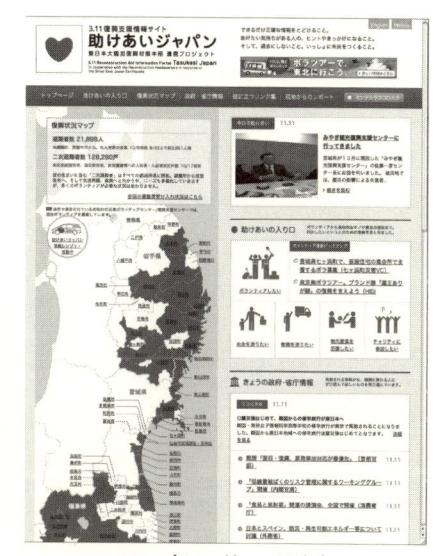

　　　　　　　　　　　2011年3月27日時点　　　　　　　2011年11月13日時点
　　　　　　　　図2-24　助け合いジャパンのサイト（http://tasukeaijapan.jp/）

JAPAN」[11]など，さまざまなかたちで，被災地支援のボランティアや協業（コラボレーション）のための情報プラットフォームがつくられたのは，東日本大震災後の特徴である．そこでは，マスメディアとネットメディア，対面メディアの境を越えた間メディア性が発揮された．また，政府，企業，生活人の境も越えて，支援の交換が目指された．

　災害時だけでなく，日常的に，このような情報プラットフォームが社会に埋め込まれ，活用されていくことが望まれる．

ネットメディアと復興ビジネス支援

　災害時に必要とされる支援は，時間の経過とともに変化していく．

　災害発生時にはまず，救援や安否情報が必要とされるが，その後，生活支援が求められるようになる．さらにしばらくすれば，地域を復興させ，経済的基盤を回復させるための「仕事」支援が必要になる．

　グーグルは，2011年4月27日に，被災地の商店や企業の情報を提供する「ビジネスファインダー」というサービスを開始した．これは，2010年4月からサービ

ス開始した，店や企業に関する情報をまとめて掲載する「Google プレイス」を元にしたサービスであった．ビジネスファインダーは，オーナーや事業主が情報を登録するとともに，ユーザーからのクチコミ情報も合わせて掲載するという特徴を持っていた．2011年6月7日，Google は，ビジネスファインダーをさらに改良した「「東日本営業中！」Google 東日本ビジネス支援サイト」のサービスを開始した．このサービスは，2011年5月16日にサービスを開始した「YouTube ビジネス支援チャンネル」（東日本の地方紙[12]）と連携したサービスである．

また Yohoo! JAPAN は，2011年6月15日に，「いいものいっぱい！ 魅力再ハッケン！ 東北物産展」というサービスを開始した．これは，「改めて東北地方の商品を紹介することで東北の魅力を再発見していただき，商品をご購入いただくことで復興を応援していこうというプロジェクト」（Yahoo! JAPAN の広報）である．

いずれも，ネット上のコミュニケーションを，単なるコミュニケーションだけでなく，多様なメディア，多様な活動のコラボレーションを編成するものとして位置づけているところに特徴がある．

これらだけでなく，震災を機に，インターネットをプラットフォームとするさまざまなプロジェクトが生まれつつあることは，注目に値する．

図 2-25 「東日本ビジネス支援サイト（東日本営業中）」[13]と「東北物産展」[14]のサイト

震災関連プラットフォームの活況と今後

こうした震災関連プラットフォームは，単なる理想に終わることなく，多くのアクセスを集めている．図 2-26 は，ニールセン・ネットレイティングス社が 2011 年 4 月 27 日に発表した，2011 年 3 月の震災関連サイトへのアクセス数である．

大震災という辛い出来事が，少しでもポジティブな社会性の編成へ結びつけ，ネットメディアを新たな社会的インフラとして発展させる契機になればと願うものである．

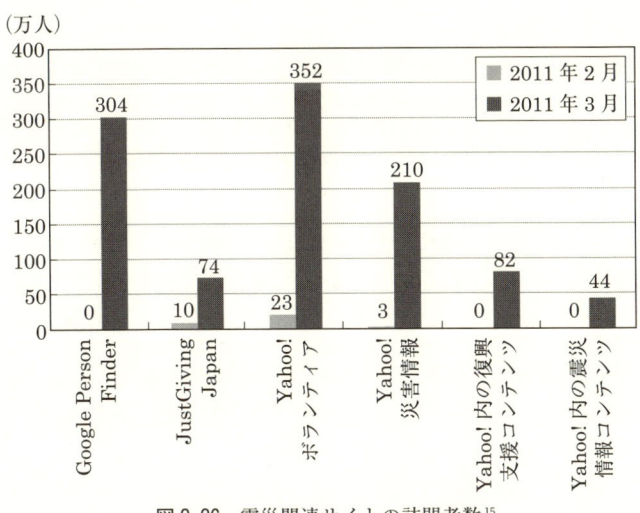

図 2-26　震災関連サイトの訪問者数[15]

10. 間メディア時代のメタ・メディアとしてのインターネット

東日本大震災は，「メディア」の重要性を再認識させ，また，新しいメディア環境に人びとが刮目した事件であった．また同時に，メディア社会と呼ばれる今日，緊急時におこるデマや風評などの問題があらためてクローズアップされもした．

非常時，人びとにとって，正確，迅速な情報が，生死を決めることさえ稀では

ない．しかし，非常時は非常時であるがゆえに，情報流通は疎外されがちである．

東日本大震災では，発電所が大きなダメージを受けたため，最も被害の大きかった地域を越えた広域にわたって停電が起こった．被災地では，テレビや新聞が壊滅的な状況となった．携帯などの通信回線は首都圏でもほぼ瞬時に遮断され，用をなさなくなった．

わずかにインターネット回線だけは使える場合が多かった．筆者も，地震発生時，インターネットを通じて何とか最小限の連絡を取ったり，状況を知ったりする経験をした．そのため，ソーシャルメディアに（時には過剰なほどの）社会的関心が集まった．阪神大震災のときに，パソコン通信がクローズアップされたのと似た動きとも考えられる．

しかし，東日本大震災で明らかになったソーシャルメディアの最も大きな特性は，ソーシャルメディア単独の機能というより，ソーシャルメディアが，他の多様なメディアの媒介となるという点である．第2節に述べたように，東日本大震災では，マスメディアとソーシャルメディアが相互補完しつつ緊急情報の報道に努力した．これは素晴らしい動きである．また，第9節で述べているように，ソーシャルメディアは，リアルなボランティア活動や復興支援活動を編成するためにも大きな力を発揮した．このように，異なるメディアの間を情報が行き来することを，筆者は「間メディア性」と呼んでいる．また，間メディア性が一般化した社会を「間メディア社会」と呼ぶが，まさに今後，社会の間メディア化が進行していくことになるだろう．

第3章

その映像を撮ったのは誰か
――釜石〈宝来館〉をめぐる被災者と報道者

1. その映像を撮ったのは誰か

　あの3月11日以来，われわれはどれだけ多くの災害映像を見てきただろうか．
　筆者は，11日の帰宅以後，家にいる限り，テレビをつけ放しにしていた．東京でも大きな余震が頻繁に起こっていた．地震情報が直ちにわかる状況にいないと怖かった．しかも，震災後，さまざまなイベントが中止になり，自宅にいる時間は通常に比べてずっと長くなっていた．このような状況にあった人もかなり多かったのではないだろうか．
　第1章でも述べたように，震災発生後，少なくとも関東以北では各テレビ局は，緊急特別報道体制をとり，CMもほとんど挟まない状態で，連日，震災関連の映像を流し続けた．
　なかには，何度も何度も流されるために，被災していない視聴者の記憶にも，反復される悪夢のように焼き付けられるものもあった．
　たとえば，筆者にとって，名取川を逆流してくる津波の映像は，それが筆者の最初に見たリアルタイムの震災映像であったためかもしれないが，まるで，強大

な神獣が大地を禍々しい舌で舐めていくようなイメージで，心に焼き付けられてしまった．いまでも，夢の中にふっと現れて来たりする．

東日本大震災では，テレビ局が放送する映像だけではなく，YouTube やニコニコ動画で，無数と言えるほど多くの映像を見ることができた．

報道機関によって撮影されたものだけでなく，海上保安庁や陸上自衛隊などの公的組織によって撮影されたものや，その現場で被災していた個人によって撮影されたものも数多くアップロードされていた．

それらの映像を見るとき，われわれは映像の語ることしか思わない．しかし，その背後には，映した人がいて，映すにいたった経緯があり，その映像にこめた思いがあるはずだ．そして映された人にも，映された映像の背後には，それ以前とそれ以後がある．

本章では，これら撮影された映像と，それを撮った人，さらに撮られた事実の関わりを追うことから，東日本大震災を考えてみたい．

2. 津波に襲われる釜石市

3月13日『緊急報告 東北関東大震災』(NHK) に現れた映像

大地震発生から2日後の3月13日，NHK はいち早く大震災の全体像を集約して考える『NHK スペシャル 緊急報告 東北関東大震災』という特集番組を作った．

この番組は，いくつかの大きな被害にあった土地を中心に，災害発生の瞬間映像とその後の状況とを組み合わせるかたちで構成されていた．取り上げられた場所は，名取川流域，釜石，宮古，陸前高田，久慈，大船渡などであった．

なかでも，番組の中で最も長く取り上げられたのは，名取川周辺の状況と福島の原発事故であった．また，最も繰り返し取り上げられたのは，気仙沼，宮古と釜石などだった．釜石の映像は，少なくとも，番組が始まってから，1分29秒後から約16秒間，(2分8秒～約17秒間)，9分15秒後から10分37秒後まで，9分15秒後から10分37秒後まで，33分43秒後から34分11秒後まで，1時間49分36秒後から1時間49分50秒後までの5回，ほぼ同じ映像の長時間バージョ

ン，短縮バージョンが放映されている．

　最も長い映像（1分21秒）の内容は次のようである[1]．

　　映像：沖合から波が盛り上がってくる．
　　子どもの声「波，あー来たぞ，波ー」
　　ナレーション「津波が町を破壊する力，その怖さを見せつけられる映像を，NHKのカメラがおさめました．地震の30分後，穏やかだった湾内に，異変が起きました」
　　映像：町になだれ込んでくる海水．
　　カメラマン「釜石の街の映像でーす．港の境を超えて，津波が町に入ってきていまーす」
　　映像：町はどんどん津波にのみ込まれていく．波に押し倒されていく家々．
　　映像：高台の避難所から町の様子を見ている人びと．
　　男性「すーごいなぁ」．女性「こんなにねぇ」
　　子ども「地震が来たから，ここに逃げたの．お兄ちゃんと一緒に」
　　映像：泣き出す子ども．抱きしめる母親．

　見るたびに心を揺さぶられる映像である．カメラマンの声が，自分自身も逃げながら撮影していたのであろうカメラマンの姿が思い浮かぶ．

図3-1　2011年3月13日『NHKスペシャル 緊急報告 東北関東大震災』より釜石の映像

3月13日『NNN緊急特番 東日本大震災』（日テレ系列）の釜石映像とその撮影者

　同じ3月13日，日本テレビ系列では，『NNN緊急特番 東日本大震災 バンキシ

ャ！スペシャル』を18時から放送した．この番組でも，名取川流域，陸前高田市，宮古などとならんで，釜石の津波の瞬間を映した次のような映像が繰り返し流された．

> 2011年3月13日 18:06:12（全1分25秒）
> 映像：釜石の高台の避難所から釜石港を見る人びと．
> 　　　沖合から津波が押し寄せてくる．
> ナレーション（以下，ナ）「地震発生から30分あまりで岩手県釜石市に津波が到達．その想像を絶する破壊力を，われわれは目撃した」
> 　　　高台の避難所から津波を見る人びと．
> 　　　釜石港内に津波が押し寄せてくる．
> 人びと「逃げてー，逃げてー」
> 　　　津波が町に進入してくる．
> カメラマン（以下，カ）「車が波にのみ込まれています」
> 　　　波はどんどんふくれあがって町をのみ込んでいく．
> カ「お，家まで……」
> カ「家が流されています」
> 人びと「わー」
> 　　　濁流となって氾濫する津波．
> 人びと「いやー」
> 　　　押し倒され，流されていく家々．
> カ「次々と家が倒れていってしまいます」
> 　　　泣き叫ぶ避難所の子どもたち．
> 　　　年少の子どもたちをなだめようとする年長の子どもたち．
> 　　　瓦礫となった家々を流していく津波．
> ナ「一瞬にしてすべてをのみ込んだ津波」
> 　　　呆然と津波に流されていく町を見つめる人びと．

映像のアングルなどは違うものの，NHK映像のカメラマンとテレビ岩手（日本テレビ系列）映像のカメラマンが，同じ場所で撮影していることがうかがわれる．撮影場所は，釜石市の避難所に指定されている高台の場所なので，両カメラマンともども，避難する市民たちと一緒にそこへ走ってきたのだろう．彼らは何

2. 津波に襲われる釜石市　89

図 3-2　2011 年 3 月 13 日『NNN 緊急特番 東日本大震災 バンキシャ！スペシャル』(日テレ系列)より釜石津波映像

かそこで語り合っただろうか．

　さて，NHK スペシャルではカメラマンについてはとくに触れていないが，バンキシャ！スペシャルでは，各地の映像が一巡したところで，釜石の津波瞬間映像を撮影した柳田カメラマンに中継で話を聞いている．

　　2011 年 3 月 13 日 18:23:55　シーン：スタジオ
　　福澤キャスター（以下，福）「ここで釜石市と中継で結びたいと思います」
　　　「柳田記者は，ご自身も釜石市で被災していらっしゃいます」
　　　「現地の柳田さん，大変な状況でしたね」
　　柳田カメラマン（以下，柳）「はい．当時私は海岸に近いテレビ岩手釜石報道部のほうにいまして，地震発生後 10 分で近くの避難道路に移動し，さらに 10 の 10 分後津波が押し寄せてきました」
　　　　先ほどの釜石映像．
　　柳「その第 1 波がこちらです」
　　福「先ほどの映像は，柳田さんが自らの町をカメラに収めているということになりますが，どういうようなお気持ちで撮影されていたんですか？」
　　柳「ええ，あの，避難道路のほうにもですね，あの，えー，知り合いの方とかが多数いましてですね，あの，ほんと，表現のしがたいような気持ちになりました」
　　福「えーと，地震が起きた後，その直後に警報が出されたと思いますけれど，警報のあと何分くらいで津波は襲ってきたんですか？」
　　柳「おおよそ 25 分後に襲ってきて，辺り一帯の車や家屋を次々と倒していきまし

た」
　　　　　津波に襲われている町で，ひとりの女性が車に乗り込もうとしている映像．
福「えー，避難はできていたんでしょうか？」
柳「えー，同じビルに入っている会社の方とかは，あのー，避難道路で会うこととかはできましたけれども，えー，避難道路にあがってきて，まだ避難が完了していない方も，えー，見受けられましたので，その安否が気になるところでした」
福「あのー，柳田さん含め，まわりの方々は，何か持って逃げることはできたんですか？」
柳「と，私に関しては，カメラだけ持って逃げました．えー，逃げてきた人たちも，身体ひとつで，防寒着も着ていない状態で，着の身着のままで逃げてきている状況でした」
女性キャスター（以下，女）「柳田さんが撮影しているその場所というのは，高さはどのくらいだったんでしょうか？」
柳「高さは，20数メーターですね」
女「ビルの屋上から撮影されたような」
柳「で，海からの距離が250メーターありました」
福「あの，柳田さんのそばでね，今も泣き叫ぶ子どもの映像がありますが，えー，3時過ぎということもありますから，子どもたちは学校，授業を終えて，えー，みんな，家に着いていた頃なんでしょうか？」
柳「えー，そうですね．釜石報道部があるビルの1階には児童館がありまして，そこにいた子どもたちもいましたので，えー，大人が率先して避難道路に連れてくる状況でした」
　　　　　（中略）
福「釜石市のみなさんは，今，何を一番必要とされていますか？」
柳「その，昨日まで私，釜石にいたんですけれども，私がいた避難場所では，あの，市議会場で一夜を明かした人もいて，あの，毛布や，防寒着とか不足していたんで，あの，そのあたりが不足していると思います」
福「そうですか．くれぐれも，あの，気持ちを強くもたれて，この後も安全に取材活動を続けてください」
柳「はい」

　柳田カメラマンの訥々とした語り口は，その瞬間の恐怖や悲しみを声高に表現することはなかったが，抑えられた深い思いが感じ取れた．

「津波から生還した女性」──釜石津波瞬間映像の後日談（2011年3月29日）

　柳田カメラマンの映した津波映像の中には，津波が迫ってくる中で車に乗り込もうとする女性の姿が映っていた．その映像を見た人は，誰でも，この女性が次の瞬間津波にのみ込まれたと想像しただろう（13日にオンエアされた映像では，乗り込もうとする姿が一瞬だけ映ったのだった．そして，彼女に関する言及は一切なかった）．

　しかし，彼女は生きていた．

　3月29日に放送された夕方の情報番組 news every. で，彼女のその後が取り上げられた．

> 2011年3月29日午後5時52分
> 映像：釜石港の風景（きのう）．
> ナレーション（以下，ナ）「5000隻あまりの船が入港していた岩手県釜石市」
> 右上テロップ「"奇跡の脱出" カメラに　車ごと津波に襲われ…　「ただただ運がよかった」」
> 　　　　　（中略）
> 菊池さん（以下，菊）「あそこの上の避難道路からみんな騒いでいたみたいなの．「車に乗るな」「速く逃げろー」って．それがわかんなくて」
> 　　　津波が釜石を襲う瞬間の映像（柳田カメラマンが撮影した映像）．
> ナ「その避難道路から撮影された津波の瞬間映像」
> ナ「地震からおよそ30分後．漁港に流れ込んだ津波は，住宅や車を一気に押し流しました．そのとき……」
> 柳田津波映像：（避難道路からの声）「逃げてー，逃げてー，危ない」．津波の迫る町で車に乗り込もうとする女性（菊池さん）．（避難道路からの声）「車じゃなくて」「おーい」
> ナ「菊池さんは，車の右奥にある自宅にいる18歳の息子を心配し，仕事場から戻ったと言います」
> 柳田津波映像：車に乗り込もうとする菊池さん．
> 菊「「津波が来る　逃げろ」って騒いでたときに，で，びっくりして，急いで車に戻ったんですよ．で，車に乗ったんですよ」

菊「そしたら，水がバーッと来て，で，もう，車ごとそのまま持って行かれて……」
柳田津波映像：車に乗り込もうとする菊池さん．
柳田津波映像：津波が勢いよく町に進入してくる．（避難道路からの声）「来た来た来た……大変だ」
ナ「津波は，想像をはるかに超える破壊力で，次々と家を押しつぶしました」
柳田津波映像：津波が家々を押しつぶしていく．（避難道路からの柳田カメラマンの声）「家が流されていきます」
ナ「この直後，菊池さんが乗っていたシルバーの車も，津波にのみ込まれ，手前の緑色の建物の方向に押し流されたのです．わずか数秒で，車は濁流の中に沈みました」
菊「水かさがどんどん増えていって，ああもうこれじゃあダメだと思って，完全に車がこんなんなっちゃって（垂直になってしまって），でもうダメだと思ったときに，あの，後ろのね，後ろのあそこのところがちょうど（車の窓の）ガラスが割れてて，そこからこう，飛び出して，あの，プールのしたにいるような感じで，空が青くって，瓦礫が見えてて，とにかく上に上がらなきゃって感じでしたね．……瓦礫を伝わりながら，あそこから中に入って，屋上に上がって，上がったときは，この辺全部海で，もう見たときに，うん，あん時はもう，息子が死んだと思ったんですよ．それで一生懸命この屋上から，息子の名前を叫んだんですよ」
（そのときを思い出して声を詰まらせる菊池さん）
　　　　（後略）

　奇跡のように津波から逃れた菊池さんが，屋上から，変わり果てた釜石の街を眺めている様子も，報道カメラにおさめられていた．幸いにも，菊池さんが助けに戻ろうとした次男も，自宅の屋上からさらに別の建物の屋上に逃れて無事だった．偶然にも，カメラは彼の姿をも捉えていた．菊池さんは翌日，役所職員に無事救助された．
　それは，辛い災害映像の中で，なんとも優しい灯のようなエピソードであった．

3. 『津波にのまれた女将』

宝来館へ向かう柳田カメラマン

　釜石の町を津波が襲う瞬間の映像を撮影した柳田カメラマンは，地元のテレビ岩手の派遣社員だった．彼自身，この津波で，ひとりで自宅にいた母を亡くした．そんななかで彼は『津波にのまれた女将』というドキュメンタリーの撮影をした（ディレクターは晴山浩）．この作品は，2011年4月5日のNNNドキュメント'11の枠で放送され，ギャラクシー賞の月間優秀賞を獲得した．

　それはこんな風に始まる：

> テロップ（中央）「3月11日午後2時46分　大地震発生」
> 　　柳田カメラマンの映した，3月11日の釜石津波瞬間映像．
> ナレーション（以下，ナ）「その日，カメラマン柳田は事務所を飛び出し，避難所に向かっていた．警報がけたたましく鳴り響く．……一昨日も津波注意報が出されたが津波は40cmだった．この日，震度6弱を記録したが，釜石の街はなんとかもちこたえた．そのせいだろうか．津波もたいしたことないんじゃないか，という空気が漂っていた．……しかし，徐々に，いつもとは違うことに気づき始める．……柳田は，撮影しながら，目の前で起きていることを実況し始めた．……津波は，柳田の母の命をのみ込んだ．間違えて押された録画ボタンが，柳田の動揺の大きさを物語る．悲しみに暮れるまもなく，柳田はこの後も，震災の取材を続けた」

　ここからは，釜石市根浜海岸の「宝来館」という旅館の女将に会いに行く柳田の目線による語りとなる．

> 　　　　浜辺．打ち寄せる波．瓦礫が打ち上げられた浜辺．「釜石・根浜海岸」
> ナ「柳田が向かったのは，過去に何度も取材に訪れた，海辺の宿．女将の岩崎昭子さんとは旧知の仲．無事だろうか」
> 　　　車から降りてくる女将「宝来館女将　岩崎昭子さん」
> 柳田「やー」

女将「柳田さん，生きてた？」
柳田「流されたんだって？」
女将「流されたって，まあさ，少しだけだけどさ」
　　「生きる，生きるって思ったの」「よかった．生きてて」
　　　宝来館に避難している人びと．
ナ「家族や家を失った大勢の人が，女将を頼って，宝来館に身を寄せた」
ナ「ここで，被災者を助けるのは，他ならぬ被災者だ．そのすがたを写し撮るのは，被災者・柳田のカメラだ」
女将「お魚のみりん，どうぞー」
タイトル「東日本大震災から1か月　津波にのまれた女将」
　　　テントの中に集まっている被災者たち．中心にいる岩崎さん．
　　　浜辺の松林．宝来館遠景．
ナ「宝来館のある根浜海岸の高台は，古くから津波の避難場所とされていて1933年の昭和三陸地震でも，人びとはここに避難した．宝来館も，津波避難所に指定されていた．この場所は安全．誰もがそう思っていた．しかし，今回の津波は宝来館の2階にまで到達した．一階に押し寄せた津波は，天井をえぐった．宿のフロントもこの有様に」
ナ「津波が押し寄せる前に宿にいた全員が建物の裏山に避難できた」

津波にのみ込まれた女将

　いったん裏山に避難したものの，近所の人数人が逃げ遅れたのを見つけた女将は，裏山を下りてしまう．女将は彼らに駆け寄り，「早く，来てー」「早く，あがってきてー」と叫ぶ．山の上から男たちが津波が迫っていると叫ぶ．「来た，来た，来たー」「早く，早く，早く」．そのとき津波は，宝来館駐車場の車をのみ込む．女将たちの姿も消える．山の上の人びとの悲鳴……．
　宝来館従業員の伊藤さんが，この一部始終を，ビデオカメラで撮影していた．伊藤さんはそのときを振り返って語る：

　　伊藤「おかみさんの娘さんが二人いたんですよね．で，ちょうど見てたみたいで．のまれる瞬間を．お母さん，て叫んでるんですよね．えー，で，下の娘さんは，もう探しに行くって．自分で飛び込もうとしてたのを必死で抑えて．はい．ね

え．もうその時は，完全にダメかなって気持ちでしたね．みんな」「そうしたらー，なにやら下の方から声がするんですよ．女将の声だー．生きてる生きてる！っていうことで，必死にのぼってきているところだったのを，みんなで肩貸して，助け上げたっていう感じでしたね」

閉ざされた共同生活

こうして，道路が寸断され，半壊状態の宝来館で，40名ほどの人びとの共同生活が始まる．自衛隊の支援が来るまでの丸2日間は，みんなが協力して，瓦礫の下から食材をかき集め，泥だらけの米を風呂の残り湯で洗い，炊いた．

2週間の間，こんな生活が続いた．

2週間後，携帯が回復し，風呂も使えるようになった．

それとともに，共同生活の不満や，喪失の悲しみがうずき出す．

避難所・宝来館の解散

県の指導により，電気も水道もない宝来館での共同生活は解散することになった．

解散をきいて，女将の知り合いが訪ねてくる．女将は，以前から約束していた「山のカフェ」を「元気の一番はじめにやることにしよう」という．

女将は以前から，新しい郷土料理の開発など，地域のために，旅館のお客さんのために，働いてきたのだ．

その象徴のような大漁旗．「大漁旗振ってね，みんなをお迎えしたり送ったりしてたの．だからもう一回復活復活したいから，これだけはね，流れ着いたの，とっといたの．大丈夫．またみんな戻ってくるから」と女将はいう．かつての日々と同じように，大漁旗を振って，避難者たちを送り出す女将．そして，女将自身も宝来館を離れる．

> 女将「一回ここを離れるって，あの，ひとつの区切りだねえ．離れるってことは絶対にないと思ってたけどねぇ．宝来館に誰もいないってことは絶対にないことだったんだけどねぇ．ほんでも，がんばんなきゃいけないからねぇ．みなさんの力を借りて，がんばろう．そうね．前に行くしかないんですから，がんばります」

宝来館の再生に向けて

　避難所としての役割を終えた宝来館の再建を目指すため，女将が動き出す．
　工事費用を銀行から借りるために，建物の図面を探し出し，工事費用の見積もりをとる．しかし，何もかもが潮をかぶってしまった旅館を建て直すための費用は，1億円と見積もられた．女将が希望を失ってしまうのではないかと心配する柳田カメラマンに，女将は，リンゴを加工して販売するアイディアを語り，さっそく実現に向けて動き出す．
　そんな女将のもとに，東京から，釜石の広報活動にかかわっていて，女将とも親しい，モデルのライさんがやってくる．

>　女将「私たちは生き残ったから，いっぱいお花を植えて，死んだ人たちに，ここを明るいところにして慰めてあげたい」
>　ライさん「それねー，女将さんにいっぱい花を植えてもらいたいと思ってタネを持ってきたの」
>　女将「ありがとう．私，あんまり泣けなかったんだけれど，泣く余裕ができてきたね」「今まで泣けなかったのよ．涙も出なかった．でもね，私たちがいつも思ってやらないとさ，死んだ人が寂しいと思っちゃいけないから，供養してやろう」

元気を渡し続ける女将

　女将が，市の対策本部に向かう．

>　ナレーション「不眠不休で被災者の支援に当たっている職員が，いちばん温かいものを食べていないと，被災者が，逆に行政に炊き出しだ．今度は職員みんなが女将から元気をもらった」
>　ナレーション「カメラマンの柳田も同じだ．柳田は，元気な女将を撮ることで，母を亡くした一番辛い時期を乗りこえているのかもしれない」

　『津波にのまれた女将』は，雪の舞う瓦礫の山になった根浜集落を見つめる女将が，やがて身をすくめながら歩き出す姿で終わる（図3-3）．その姿は，「今日も女将は，どこかで誰かに元気を渡し続けている」というナレーションの最後の言

図3-3　2011年4月5日『津波にのまれた女将』のラストシーン

葉とは裏腹に，心細く，切なげに見える．だがおそらく，「元気を渡す」という行為は，身を切る悲しみにみちた行為なのかもしれない．

『津波にのまれた女将』の全体構成

　本稿は，『津波にのまれた女将』というドキュメンタリーの作品論を目的とするものではない．本稿は，ドキュメンタリーという形式の作品が描き出そうとする〈現実〉と，その〈現実〉を描く作者の立ち位置と，そしてその作者の創り出した作品との関係を考えることによって，メディア（あるいは〈報道〉という営み）の意味に接近することを，目的とする．

　この目的にしたがって，まず，『津波にのまれた女将』という〈物語〉の構成を筆者なりに要約すれば次のようであろう．

　災禍によって，物語は始まる．

　集落の人びとを救おうとして津波に立ち向かった女将を中心として，濃密な共同生活が始まる．

　しかし，この災害ユートピア生活には限界があり，共同生活は解散する．

　より現実的で，持続可能な共同体の再生を目指して動き出す．

　それは，被災者と支援者の枠組みを超えた，より普遍的な共同性を目指すことにほかならない．

　この構成を，図3-4に示した．この〈物語〉が，共同体の〈死と再生〉の物語を目指していることが読み取れる．「目指している」というのは，〈再生〉がいまだ可能性の状態にとどまっているからだ．

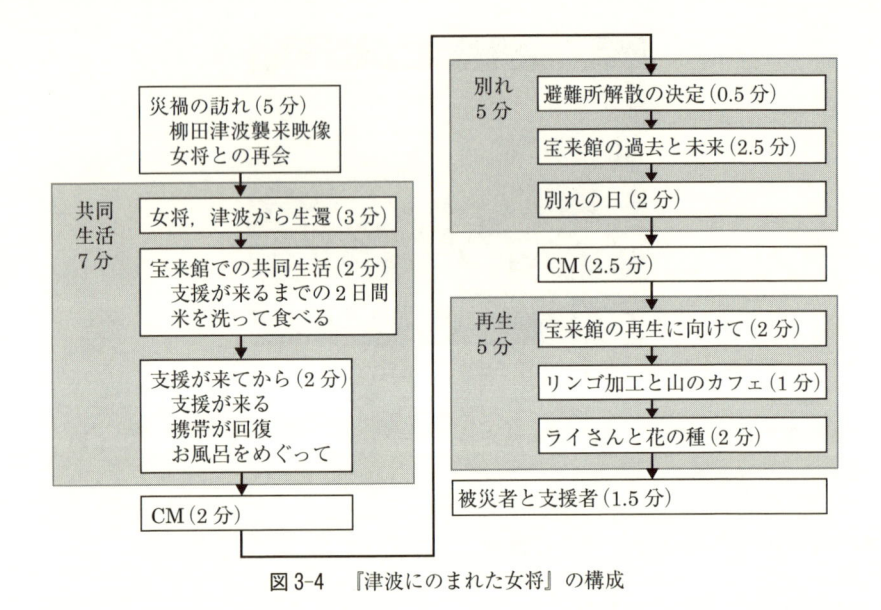

図3-4 『津波にのまれた女将』の構成

共同生活 7分
- 災禍の訪れ（5分）
  - 柳田津波襲来映像
  - 女将との再会
- 女将，津波から生還（3分）
- 宝来館での共同生活（2分）
  - 支援が来るまでの2日間
  - 米を洗って食べる
- 支援が来てから（2分）
  - 支援が来る
  - 携帯が回復
  - お風呂をめぐって
- CM（2分）

別れ 5分
- 避難所解散の決定（0.5分）
- 宝来館の過去と未来（2.5分）
- 別れの日（2分）
- CM（2.5分）

再生 5分
- 宝来館の再生に向けて（2分）
- リンゴ加工と山のカフェ（1分）
- ライさんと花の種（2分）
- 被災者と支援者（1.5分）

4. メディアの中の〈宝来館〉

映される女将

　実は，この宝来館の女将は，東日本大震災に関するさまざまな報道のなかで繰り返し取り上げられている．

　筆者の見た限り，表3-1に示すような番組で取り上げられている．その取り上げられ方はさまざまである．「ドキュメンタリー」と呼べる長さでまとまっているのは，先に挙げた柳田カメラマンの『津波にのまれた女将』（30分）と2011年5月8日に放送された『ハマナスの咲くふるさとにもどりたい』（45分）である．

　情報番組のなかで紹介されたエピソードの内容を簡単に見ておこう．

表3-1 宝来館を取り上げた番組（筆者が確認したもの）

放送日	番組
2011年3月21日	スーパーモーニング（テレビ朝日）
2011年3月23日	クローズアップ現代（NHK）
2011年3月28日	やじうまテレビ！（テレビ朝日）
2011年3月28日	スーパーJチャンネル（テレビ朝日）（2分程度）
2011年4月1日	スーパーモーニング（テレビ朝日）
2011年4月4日	次週予告（日本テレビ）
2011年4月10日	NNNドキュメント'11『津波にのまれた女将』（日本テレビ）
2011年4月15日	news every.（日本テレビ）（10分程度）
2011年4月19日	みのもんたの朝ズバッ！（TBSテレビ）
2011年4月20日	とくダネ！（フジテレビ）（10分程度）
2011年5月8日	『ハマナスの咲くふるさとにもどりたい』（NHK）

「老舗旅館の女将の奮闘」——2011年3月28日『スーパーJチャンネル』

　3月28日に放送されたのは，『スーパーJチャンネル』の2分足らずのエピソードである．

　このエピソードでは，津波で流されずにすんだ老舗旅館「宝来館」に避難した40人の住民たちの絆と，「世界一のガンバリ」を見せるという女将の前向きな姿勢がテーマとなっている．

　柳田作品との比較でいうなら，主に，「支援が来るまでの宝来館での共同生活」をレポートしたものである．最後の女将の「みなさんは「うちのおかげで」と，そういうことおっしゃってくださるんですけれど，それはまったく反対の意味もあって，みなさんがここで，一緒に過ごしてくださることで，宝来館ていうものが残ったと思います．世界最大の災害って言われているので，「世界一のガンバリをみせようねって……」「あそこに帰ろうよ，って言われるようなところを，ゼロから作れるっていういいチャンスをもらってるからね，そんな風になりたい」」という言葉が，印象深い．

「高台に迫る大津波の瞬間映像」――2011年4月20日『とくダネ！』

　4月20日の朝の情報番組『とくダネ！』で放送された宝来館・岩崎さんのエピソードは，10分と比較的長い．視聴者へのアピールの眼目は，「大津波の瞬間映像」「九死に一生を得た女将」「住民たちの命を救った"避難道"」の3点である．
　まず小倉キャスターが，「さて，避難する住民に迫る大津波の映像を新に入手しました」と，その衝撃映像性を訴える．その映像とは，実は，柳田カメラマンの『津波にのまれた女将』の中でも使われていた，宝来館従業員の伊藤さんの撮影した映像である（番組内では，YouTubeにアップされていた映像と説明されている）．
　この映像に続いて，「九死に一生を得た女将」と，宝来館に避難した人びとのインタビューが続く．
　しかし，このコーナーで最も特徴的なのは，女将や集落の人びとが逃げるために使った宝来館裏山の避難道の紹介である．番組によれば，この避難道は，女将が，集落の人びとや宿泊客のまさに「命綱」として作ったものだという．こうした日頃から「想定外への準備」をしておくことが重要であるというのが，この番組のメッセージであった．

『クローズアップ現代』――2011年3月23日（午後8時〜8時45分）

　エピソードというよりも，事例として取り上げたのは，3月23日の『クローズアップ現代』だった．『クローズアップ現代』は，震災後，震災関連のテーマを取り上げ続けていた．この日のタイトルは，『被災地の人々は今　岩手・釜石ドキュメント』というもので，津波被害の大きかった釜石における三つの事例を取り上げている．
　第一の事例は，『岩手・釜石　奔走する市職員』というサブタイトルで，2009年にこの『クローズアップ現代』で「釜石の基幹産業，製鉄業の縮小という町の危機を乗りこえようと，企業誘致に奔走する」市職員として取り上げた佐々さんが，いま，震災からの釜石復興に不眠不休で取り組んでいる姿を描いている．
　第三の事例は，『大打撃に向き合う　企業経営者』というサブタイトルで，釜石で水産加工業を営んできた小野昭男さんを取り上げて，産業の再建と雇用確保の

問題を描いている．

そして，間に挟まれた第二の事例が，『命をつないだ集落のきずな』というサブタイトルの，宝来館の事例である．

まず，司会の国谷裕子の次のような言葉からレポートが始まる：「釜石市には66か所の避難所があるんですけれども，もともと災害時の避難所として指定されていたところばかりではありません．なかにはかろうじて逃げ込んだその場所が，避難所として使われているところもあります．そのひとつが，根浜地区にあります旅館です．この根浜地区，ほとんどの家屋が失われたなかで，多いときには80人，現在は40人の方がこの旅館に避難しています．取材陣が，避難所となったこの旅館に到着したのは，震災から5日後のことでした」．『命をつないだ集落のきずな』というサブタイトルどおり，この事例にあてられた10分間の全体を貫くテーマは，災禍を生き延びるうえで，集落の「絆」が重要な役割を果たしたし，これからも果たすだろうということである．

全体は大きく三つの部分からなる．

最初は，宝来館の女将を中心とした共同生活の様子が語られる．その中には，支援が来るまで，泥まみれの米を風呂の水で洗い，炊いてしのいだエピソード，娘を亡くした夫婦の悲しみを集落全体で分け合うエピソードがある．

第二の部分は，県職員からの要請によって，宝来館での共同生活が解散に向かう過程を描く．集落の絆が切れてしまう不安を胸に抱きつつ，解散を決定した人びとの気持ちを，女将の「ここからどう再生していくかというのは，みんながいろんな思いを持って，夢を持って，悲しみもいっぱいだけど，夢を持って，自分たちで創って行かなきゃいけないんだべね．ひとにつくってもらった町じゃいけないだろうからね」という言葉でまとめる．

最後の部分は，このレポートを踏まえて，東京のスタジオで，識者が論評する．「コミュニティの自主性を尊重する」「コミュニティの絆を維持するような支援策が重要である」というのがその結論である．

この事例のテーマは，この後3月28日にオンエアされた『スーパーJチャンネル』（既述）と同じく，「集落のきずなが人びとの命を守った」ということであろう．この事例に関するスタジオのトークも，「コミュニティ」の重要さということを中心に語っているようだ．

しかし，コミュニティがそのままコミュニティとして存続できないという現実がそこにある．女将を中心とした集落のきずなも，その現実に晒されて風前の灯となっている．宝来館女将の「結局移転して，みんなで集まろうねってあれほど団結しながら，1か所離れてしまうとバラバラで，お墓はあるけれども，お墓参り来るだけの，本当に誰もいない町になる」という言葉に，答えられるものはいない．

そして，「コミュニティ」というものは，人びとがそこにいれば自然発生的に生まれるものではなく，リーダーシップをもった具体的な「人物」を核として初めて成立するものである．そうした〈現実〉をないがしろにして，「コミュニティ」とか「絆」とか「命」とかいう言葉を振りかざしても，そこからは何も生じない．

3月23日の『クローズアップ現代』で取り上げた3人の人物は，それぞれ，コミュニティの核として働こうという意思を持った人物であった．震災以前にも，やはり釜石のために働く人物として，彼らが取材されていたことからも，彼らのリーダーシップが時間的重みを持っていることがうかがわれる．

この後，『クローズアップ現代』は，2011年4月28日にも釜石を取り上げた．4月28日放送分では，3月23日に取材した市職員の佐々氏と水産加工会社経営者の小野氏のその後を追っている．

一方，宝来館の女将については，『クローズアップ現代』とは異なる枠で，ドキュメンタリー作品として2011年5月にオンエアされた．

5.　『ハマナスの咲くふるさとにもどりたい』

「ハマナスさ，復活するね」

宝来館をテーマとしたNHK制作のドキュメンタリー作品は，2011年5月8日17時からNHK総合テレビでにオンエアされた．

この作品を撮ったのは，NHK福岡から応援に来た百崎カメラマンである（ディレクターは石田涼太郎・山森英輔）．

タイトルは，『ハマナスの咲くふるさとにもどりたい〜岩手県釜石・根浜地区〜』（以下，『ハマナス』と略記）とされ，まさに，宝来館に避難した根浜集落の

住人たちが，離ればなれになって生活するなかで，根浜の再興を望む45分の物語である．

オープニングは，全体の構成を要約した，フラッシュバックのような3分の映像である．根浜海岸で女将が，瓦礫の中に小さな芽吹きを見つけて，「あ，ハマナス，ハマナスさ，復活するね」と少女のように叫ぶ．「故郷への思いを胸に，歩き出そうとする人びとを追いました」というナレーションがかぶり，美しい海とハマナスの映像が映し出される．この場面が，全体の基調をなしている．

3月17日取材班の到着と共同生活

タイトル画面に続いて，海辺の根浜地区に向かう取材班の車から見える風景が映し出される．「震災発生6日後の岩手県釜石市．瓦礫の撤去が進んでおらず，震災の爪痕がいたるところに残されていました．市の中心から車で30分ほどのところに，小さな漁村，根浜地区はあります．一つの建物が見えてきました．唯一，津波に流されずに残った旅館，宝来館です」というナレーション．

宝来館の庭で，炊き出しや片づけ作業にいそしむ人びと．支援物資の整理に駆け回る女将．

女将が宝来館を人びとに開放し，人びとの中心となって働いていることが語られる．

支援の来ない3日間

取材班の知らない，震災直後の3日間．完全に孤立していた宝来館の人びとは，泥まみれの米を風呂の水で洗い，炊いて食べた．男たちは，倒れた家々の柱を薪にして，暖をとった．「自衛隊が来るまでの3日間，その苛酷な日々を団結力で生き抜いたのです」とナレーションは語る．女将は，「誰かを待つんじゃなくて，自分たちでかまどを用意した．ガスボンベを用意した．洗うチームは洗う，食材探すチームは探す．そういう風にして，動ける人はみんな，自分たちができることで動いたから，頑張ろうよって励まし合った何日間かな」と，苛酷な日々を振り返る．

生活の糧の壊滅と失われた命

　女将が人びとの共同生活を懸命に支えている間，自治会長の前川さんは，根浜の経済を支えてきた漁業が壊滅状態になっていることに打ちのめされている．漁業を再建するには，時間も費用もかかる．再建は不可能かもしれない．
　妻の良子さんは，津波で行方不明になってしまった娘を捜しつづける．
　ある日，娘さんの写真が見つかる．良子さんは，娘の写真を集落の人びとに見せて歩く．そして，写真が見つかったことに，娘の死を予感して嘆き悲しむ．集落の人びとは，良子さんの底知れぬ悲しみを共有する．

インターバル

　　　　浜辺．打ち寄せる波．童謡「ふるさと」が流れる．
　　　　かつての根浜地区の写真．
　　テロップ（以下，テ）「かつて根浜地区には，2キロに及ぶ美しい砂浜が広がっていた」
　　　　ハマナスの写真．
　　テ「そこに咲く一面のハマナスを人々は大切に守り育ててきた」
　　テ「地名「根浜」の語源ともいわれるハマナス」
　　　　波の映像．
　　テ「その美しい風景も津波で奪われた」

避難所解散の決定と別れ

　宝来館の避難所は，ライフラインが不十分であり，地震や津波の危険もあることから，解散の要請が来た．
　人びとは互いに離れ離れになることに不安を感じるが，同時に，このままここに居続けることにも不安を感じて，動揺する．女将もまた，宝来館での共同生活を続けたいと思いつつ，その限界も感じている．
　数か月後には，集落の人びとが一緒に暮らせる仮設住宅を造るという条件を提示されて，避難所の人びとは解散を決定する．
　別れの日，これまで離れ離れになったことのない根浜の人びとは，それぞれの

新たな避難所へと去っていく．再びともに暮らす日が来るか，不安を抱きながら．

女将は大漁旗を振って，再開を約す．

行方不明だった自治会長夫妻の娘が，遺体で見つかった．自治会長夫妻も根浜を去る．

最後に，女将が宝来館を閉める．女将も，釜石市内の親戚宅を借りて暮らすことにした．

再生に向けて

女将は，釜石市内で，自治会長夫妻と共同生活を送っている．家族がいることが大事なんだと女将はいう．

女将は盛岡の旅館に避難している集落の人たちに会いに行く．

釜石の避難所にも会いに行く．

トラさんはこんな風に気持ちをぶちまける：

> トラ「なんとかして根浜に戻れてえって腹はあるよ．ここさ来てもね．海，見ないとさ，なんて言えば，気が晴れないっていうの，あんなに恐ろしいことやった海だけど，でも海，見たいんだよな．それが俺のふるさとなんだ．帰りたい，帰りたい，帰りたいんだよな．でも帰れないんだよな，そう簡単に」

女将は離れ離れに暮らす根浜の人たちのために「ねばま通信」という手作りのかわら版を作り始める．

自治会長は，ふたたび，ワカメ養殖に取り組む決心をする．

女将は宝来館再建のために動き出すとともに，従業員には，一時解雇を告げる．

根浜の浜に，砂が少しずつ戻り始めている．瓦礫の中からハマナスが芽吹いている．それを見つけた女将が，「あ，ハマナス．ハマナスさ，復活するね」と叫ぶ．

根浜海岸に穏やかな波が打ち寄せている．童謡『ふるさと』が流れる．

図3-5　2011年5月8日『ハマナスの咲くふるさとにもどりたい』のタイトル画面

『ハマナスの咲くふるさとにもどりたい』の全体構成

『津波にのまれた女将』(以下,『津波』)と同様,『ハマナスの咲くふるさとにもどりたい』(以下,『ハマナス』)の構成も考えてみよう.

『ハマナス』では,災禍ではなく,報道者の訪れによって,物語は始まる.

宝来館では,女将を中心とした親密な共同生活が営まれている.

しかし,その背後には,漁業の壊滅や,余震・津波の危険などの問題が山積しており,将来への展望は見えない.

市や県からの要請により,人びとは避難所の解散を決定する.女将は〈共同体〉がなし崩し的に消滅することに危機感を持っているが,数か月後に再びともに暮らせる仮設住宅の建設を県が約束したことで,解散を受け入れる.

しかし,バラバラに暮らす人びととの絆を維持するために,女将は「ねばま通信」でコミュニケーションを確保し,海岸に「ハマナス」を植えるプロジェクトを始める.

この構成を,図3-6に示した.

この〈物語〉もまた,『津波』とおなじく,共同体の〈死と再生〉をテーマとしているが,物語としての重層性よりも,共同体の〈絆〉の維持という側面に重点が置かれているようだ.砂浜に根を張る〈ハマナス〉は,その絆の消滅と再生の象徴として使われている.

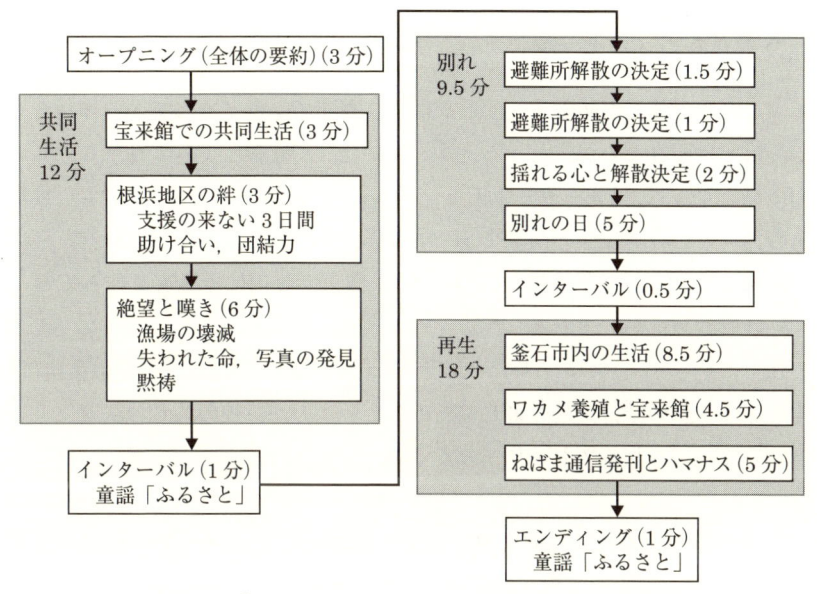

図3-6　『ハマナスの咲くふるさとへもどりたい』の構成

6. 〈宝来館〉をめぐる多様なまなざし

なぜ，宝来館が取り上げられたのか

　しかし，なぜ，繰り返し，宝来館は取り上げられたのだろう？
　いったん，メディアに載ると，各報道機関が安易に，集中的にその題材を取材しようとすることは，しばしばあることである．宝来館に対しても，そうした「メディア・スクラム」的な傾向があったと指摘する関係者もいる．
　だがそれより，ここでは，〈宝来館〉の多義性に注目したい．〈宝来館〉という事態の中には，さまざまな要素が混交しており，それゆえに，要素の組み合わせ方によって，柔軟に異なる文脈の中に位置づけることができるといえる．

映した者たちのメッセージ

　ではこれらの作品が語るメッセージはさまざまである．そしてどの作品も，決して一言では語れないが，とりあえず，単純化して比較してみよう．
　先に見たように，『スーパーJチャンネル』（3月28日）では，"小さな集落の団結の力"という心温まる美談であった．『とくダネ！』（4月20日）は，"津波から生還した女将"の衝撃性と，"非常時に備えて裏山に避難道を作っていた女将"という教訓性が，核であった．
　これらに対して，『クローズアップ現代』（3月23日）では，「地域の復興には，人間関係（絆）の維持が最も重要である」というのが，後の識者の議論によってもフレーミングされるストーリーのようだ．
　『クローズアップ現代』（3月23日）を撮影したのは，『ハマナス』の百崎カメラマンであると思われる（同じ映像が使われている）．おなじNHKでの放送でもあり，『クローズアップ現代』（3月23日）と『ハマナス』のメッセージは，共通した面をもっている．しかし，『クローズアップ現代』（3月23日）が単独の論点に絞っているのに対して，『ハマナス』はもっと重層的である．前者が説明画像の域をあまり超えないのに対して，後者は「作品」として成立している．

撮る者と撮られる者

　〈宝来館〉が多義的であるということは，それがドキュメンタリー作品化されたとき，そこには製作者／撮影者側のさまざまな思いが反映されるということでもある．
　ここではカメラマンの視点から考えてみる．
　『津波』を撮った柳田カメラマンは，釜石市に生まれ育ち，地元のテレビ局に勤務する青年である．東日本大震災は，まさに彼から，彼自身の生きる場と，そして最愛の母とを奪った．津波が釜石の街を襲った瞬間，彼は高台から，町と町の人びとが押し流され，奪われていくのを映していた．そこから彼の自宅までは約5km．母のいる自宅が流されているのではないかという不安を抱えながらの撮影だったろう．そして不安は現実となってしまった．だから，彼は，何よりもまず，自分自身を，その喪失（死）から，救い出さなければならなかったはずだ．

彼が宝来館へ向かったのは，(仕事上のさまざまな都合があったにせよ)，そのためだったとも考えられる．宝来館で身を寄せ合って津波から生き延びてきた人びとは，まさに彼自身と〈死〉を共有する人びとだった．彼らは，彼自身だった．

そして，彼が，彼＝彼らの〈再生への意思〉を投影させたのが，〈女将〉であった．〈女将〉は，逃げ遅れた仲間を死も恐れず救いに戻り[2]，彼らを救って生還した．少なくとも〈女将〉は死から戻ってきたのだ．

彼女は極限状態の中で〈共同体〉を再生した．集落の人びとは，そこで生き延びた．しかし，この極限的〈共同体〉はまもなく解散を余儀なくされる．〈共同体〉は再び〈死〉ぬ．人びとは去っていく．誰も，〈共同体〉の再生を信じることはできない．そんななかで，〈女将〉だけが，流されずに残った大漁旗を振って，〈再生への意思〉を掲げ続けるのである．

そんな〈女将〉のもとへ外部（東京）からやって来た友人が，(ハマナスの)花の種をもってくる．それは，〈女将〉の「私たちは生き残ったから，いっぱいお花を植えて，死んだ人たちに，ここを明るいところにして慰めてあげたい」という思いに応える贈り物だった．

〈ハマナス〉は，ここでは，〈喪われたものたち〉，美しい風景，海のみのり，親しい者たちの命，日々の暮らし，そうしたものすべての象徴であり，〈ハマナス〉を再び植えることは，そうした喪われたモノたちすべてを，呼び戻し，再生させるよすがとなるべきものなのである．

しかも，それが外部からもたらされたということは，根浜集落の再生が，根浜集落という地域の中に閉じることなく，外部に向けて開かれたかたちで再生されることを意味する．

それが本当に実現するのか．空しい幻なのか．わからなくても歩き出すしかない．柳田カメラマン自身のそんな思いが，雪の中の〈女将〉を美しく映し出しているのだろう．

柳田カメラマンの立ち位置が〈宝来館〉の内部にあるとすれば，百崎カメラマンはあくまで〈宝来館〉の外部にいる．

『ハマナス』を撮った百崎カメラマンは，NHK福岡に勤務している．ただし，福岡が地元というわけではない．かつて4年間NHK仙台にも勤務していた．転勤が多いので，妻子は東京に住んでいる．釜石に入ったのは3月16日．2年前に

『クローズアップ現代』で宝来館を取り上げたときのディレクターから示唆を受けて根浜に来たという．

柳田カメラマンが地域に根ざして生きてきたのと反対に，今日，多くの日本人がそうであるように，百崎カメラマンは，根ざすべき地と切り離されて生きている．

だから，震災前まで〈共同体〉の絆がしっかりと残っていた根浜集落は，また，震災後もその絆によって結びついた宝来館の共同生活は，懐かしいふるさととして百崎カメラマンの前に立ち現れる．しかし，かつては当たり前であった〈共同体〉は，産業構造の変化などによって次々と消失していった．ハマナスの根のように親密な共同性を維持してきた根浜集落も，震災によって，浜のハマナスが根こそぎ流されたように，よって立つ基盤を失い，離散しかかっている．

〈共同体〉を守るには，浜にハマナスの根を張るように，人びとの関係性を維持し続け，産業基盤を復興させる必要がある．女将の「ハマナスさ，復活するね」という少女のような叫びを映すとき，美しいハマナスの花は，まさに失われた〈共同体〉を体現するかのように映し出されるのである．

だが，果たして，〈共同体〉は復活するのか．

全編に流れる文部省唱歌『ふるさと』は，1914年（大正3年）の尋常小学唱歌の第6学年用として発表され，作詞者は高野辰之といわれる．

　　兎追ひし　かの山　小鮒釣りし　かの川
　　夢は今も　めぐりて　忘れがたき　故郷
　　如何にいます　父母　恙なしや　友がき
　　雨に風に　つけても　思ひ出づる　故郷
　　志を　はたして　いつの日にか　帰らん
　　山は青き　故郷　水は清き　故郷

と歌うその歌詞は，一般には美しいふるさとをたたえる歌として了解されている．だが，よく読めば，この歌でふるさとを懐かしんでいる人物は，志を果たすために都会へ出，父母や友人とも疎遠になっていくのである．

それは明治期からの日本の近代化過程で，日本全国で起こった潮流であり，まさに地域共同体を解体に導いた動向なのである[3]．

ただし，ここで言いたいことは，内部視点と外部視点の優劣ではなく，その相互補完性である．さらには，東日本大震災が引き起こした災禍に対する，より多様なまなざしの交差が，より多様な言葉の響き合いが，バランスのとれた社会再生の基盤になるであろうということである．

7.　〈宝来館〉の現実

その後の根浜海岸

こうして，撮る者たちによって，さまざまなかたちで焼き付けられた，撮られた者たち．

だが，撮られた者たちにとっての生きる時間は，そこで終わっているわけではない．視聴者の目からは消えたにしても，ドキュメンタリーフィルムとは別の空間で，彼らは生き続けている．

宝来館に関していえば，『津波』では暗示的に，『ハマナス』では明示的に述べられているように，『ハマナス』放送の直前の5月3日，根浜海岸にハマナスを植えようという「根浜海岸ハマナス復興プロジェクト」の一環として，ボランティアによる根浜海岸清掃活動が行われている．そのことは，当日のテレビ岩手「ニュースプラス1いわて」のシリーズ『立ち上がれ！女将』（最終回）や翌日の岩手日報でも取り上げられている．それ以降も，宝来館がかかわっているさまざまな根浜復興プロジェクトは，全国メディアでも取り上げられている．

【釜石】根浜海岸で清掃活動　ハマナスも植樹

2

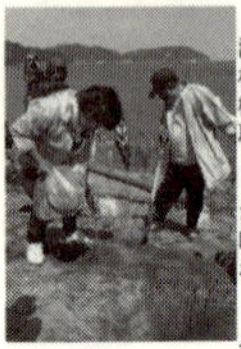

津波で大きな被害を受けた釜石市の根浜海岸で３日、市民とボランティアが松林の清掃活動を行い、ハマナスの苗木を植樹した。市民らは釜石が誇る景勝地を取り戻そうと共に汗を流した。

「第１回根浜海岸松林・はまなす再生お花畑プロジェクト」と題し同市鵜住居町の旅館宝来館などが企画。県内外からボランティアら約１３０人が参加した。

参加者はマスクやヘルメットを着け、がれきで埋め尽くされた松林を約２時間半かけ清掃。砂に埋まった木材やロープなどを次々と拾い上げた。

札幌市から訪れた本宮大輔さん（３３）、瑞穂さん（３２）夫婦は「とてもきれいになった。復興にはたくさんの人の力が必要だと実感した」と語った。

清掃後には復興への思いを込め、住民がハマナスの苗木５本を植樹。宝来館おかみの岩崎昭子さん（５４）は「たくさんの人に助けていただき、感謝の気持ちでいっぱい」と笑顔を見せた。同プロジェクトは今後も随時開催する予定。

【写真＝地元住民らの手によって５本のハマナスの苗木が植樹された】

(2011.5.4)

図 3-7　2011 年 5 月 4 日付け岩手日報記事「根浜海岸復興プロジェクト」

『とくダネ！』(7 月 11 日)では，小倉キャスターが宝来館を訪れ，(このときも前振りとして津波映像（伊藤撮影）が使われているが)，女将に復興の状況を尋ねる 2 分ほどのコーナーである．女将は，旅館再建のための銀行から融資を受けることはできたが，二重ローンの状態で苦しんでいること，また，根浜海岸沿いの釜石市道が復旧しないために根浜集落の孤立状態が解消されないことなどを訴えている．それとともに，小倉は，8 月上旬に，宝来館前の海岸で，世界的に有名な

表 3-2　その後の宝来館あるいは根浜の復興プロジェクトを取り上げた番組（遠藤が確認したもの，全国放送）

日時	番組
2011 年 7 月 11 日	とくダネ！（フジテレビ）
2011 年 8 月 7 日	24 時間テレビ「ネバマ海岸復興プロジェクト」(日本テレビ)
2011 年 8 月 9 日	ワイド！スクランブル「鎮魂演奏会（佐渡裕)」(テレビ朝日)
2011 年 8 月 10 日	とくダネ！（フジテレビ）
2011 年 9 月 8 日	みのもんたの朝ズバッ！（TBS テレビ）

指揮者である佐渡裕による「東北鎮魂演奏会」が開催されることを告知している.
そしてその鎮魂演奏会も，8月9日放送の『ワイド！スクランブル』(テレビ朝日)，8月10日放送の『とくダネ！』などで，紹介された．

現実としての宝来館

このように〈宝来館〉がメディアに継続的に取り上げられるのは，『津波』や『ハマナス』でも触れられているように，そもそもこの宝来館の女将が，過疎と高齢化に悩む根浜集落を活性化するための活動を積極的に行っており，宝来館が地域のセンター的役割をしていたことにもよる．柳田カメラマンも，そうした活動を通じて，以前から，女将とは懇意な関係であった．『クローズアップ現代』(3月23日)で取り上げたのも，このときコメンテーターを務めていた玄田有史東京大学教授が，それ以前から「希望学」プロジェクトで女将の活動とつながりをもっていたからである[4]．玄田教授はこの後，「宝来館を支援する募金活動」なども展開している．

女将は，岩手県の釜石地方振興局，鵜住居川流域，栗橋の住民グループ，企業など計41団体で構成される「鵜住栗地域環境保全の会」(2007年設立)の主力メンバーの一人として，地域の環境問題にも積極的に取り組んできており，2008年には毎日新聞社主催のグリーンツーリズム大賞も受賞している．「釜石ウギャルプロジェクト」「釜石魅力発信協議会」「A&Fグリーン・ツーリズム実行委員会」「釜石シーウィブスRFC」「釜石はまゆりトライアスロン国際会議」などでも重要な役割を果たしている．

彼女は，優しげに見えるが，決して，地域の共同体の暮らしを守るだけの人ではなく，新しい動向を積極的に取り入れて，釜石の活性化のために，外部に向けての企画や広報を行ってきた人物なのである．

宝来館は，ホームページはもとより，ブログやTwitterも開設しており，震災後も，継続的に復興のためのイベントを開催していることがわかる．

ざっと見ても，
 2011年5月1日　「おばぁちゃんの山のカフェ」(『津波』で触れている)
 2011年5月3日　根浜海岸　松林・はまなす復興お花畑プロジェクト（既述）

2011年5月14〜15日　いわて三陸　復興食堂　釜石栗林小学校店
2011年7月23日　いわて三陸　復興食堂　宝来館店
2011年9月12日　「鵜住神社」の鳥居の復活
2011年9月22日〜24日　「にわか漁師すっぺし！わかめボランティア・スタディツアー」（NPO法人ねおすと宝来館の協力開催）
2011年10月31日　ごはんや松の根亭（仮店舗）オープン

など，『津波』や『ハマナス』でも暗示的に言及されている計画を，少しずつ実現していることがわかる．

　また，メディアの取材ばかりでなく，女将自身が講演をする機会も増えているようだ．宝来館を応援する「アーキエイド」（東日本大震災における建築家による復興支援ネットワーク）のサイト[5]によれば，「メディアへの露出度が上がるにしたがって，周りの人との考え方の違いも出始めたが，女将はあえて拒否する事無く，なるべくメディアに出て，少しでも釜石の現状を伝える事を選択した」という．女将自身から直接うかがったわけではないが，女将の積極的な生き方に似合った言葉のように聞こえる．

図3-8　宝来館のホームページ（2011年12月7日，http://houraikan.jp/）

図3-9　宝来館のTwitter（2011年12月7日，http://twitter.com/#!/horaikan）

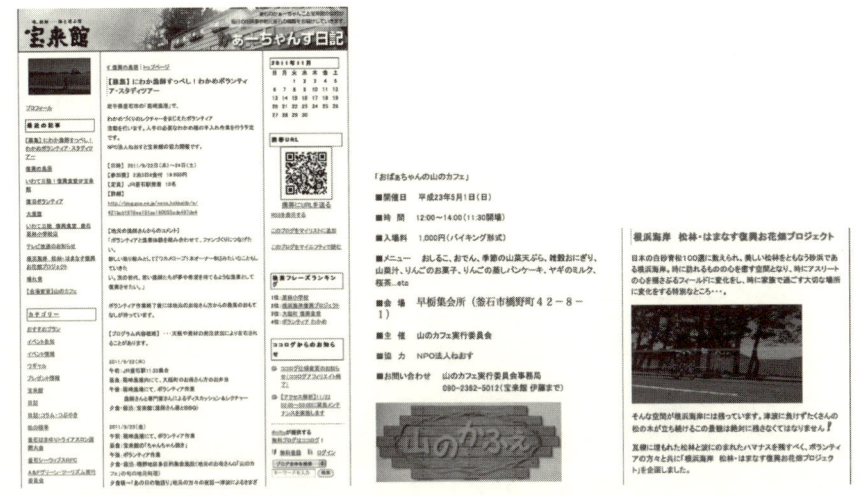

図 3-10　宝来館のブログ（http://houraikan.cocolog-nifty.com/blog）

8.　〈釜石〉という豊饒

〈物語〉にひそむ社会の再生神話

　〈宝来館〉はまさに現代の現在進行中の現実である．しかし〈宝来館〉をめぐる語りには，どこかもっと深い，力強さが宿っている．

　その源泉の一つは，登場人物たちの人間性だろう．彼らはなんと魅力的なことか．

　苦しみながらも，集落の人びとのために身を挺して奮闘する女将を中心として，悩み続ける自治会長，失われた命を嘆き続けるその妻，トリックスター的なトラさんたちは，どこか，昔話や，太古の神話の登場人物たちを彷彿とさせる（『津波』では，女将以外の3人の役回りが，トラさんに集約されているようだ）．

　このような象徴性は，おそらく，〈宝来館〉ドキュメンタリーの作り手たちが，意図的にシナリオを書いたわけではあるまい．

　苛酷な現実に押しつぶされそうになったとき，社会は自らを再び社会として再生させる形式を創出するのかもしれない．それは，社会形成の最も原始的な形式であるのかもしれない．

導き手の風貌は，宝来館の女将だけに見出されるものではない．
　次男を救おうとして津波にのまれ，生き延びた菊池さんも，ただひたすら息子を思って理性を失う母親のように見えるが，その穏やかで優しげな立ち居振る舞いにもかかわらず，明治時代から続く水産加工販売業を営む経営者である．今回の津波で，家族は助かったものの，家と工場は失われた．涙をぬぐいながらも，「あとできっと，何年か後に，あんときはああだったねと言えるように，うん，まあ，ここでがんばるしかないですね」（『news every.』3月29日）と，さらりと言い切るのである．
　〈釜石〉の物語は，〈宝来館〉以外でも紡がれている．
　TBSテレビの『報道の魂』は，6月5日深夜，3時間半にも及ぶ『3・11大震災　記者たちの眼差し』というオムニバス番組を放送した．震災報道にかかわった，全国のJNN系列報道記者が作った8分の短編ドキュメンタリーを集めたものである．そのエピソード22は，南日本放送の大久保記者が，応援のために岩手に赴き，かつて住んだことのある釜石を取材したものである．
　津波は市の中心部をも全滅させた．かつて釜石の製鉄所で働く男たちで賑わった呑兵衛横町も，瓦礫の山と化していた．町の男たちは，「自然にはかなわない」「再建は無理だろう」と絶望のつぶやきを漏らす．
　大久保記者はかつて取材したことのある呑兵衛横丁の名物店「お恵」の女将・菊池さんを訪ねる．震災の日，菊池さんは孫の入学式のために釜石を離れていて，難を逃れたのだという．すでに72歳の菊池さんにとって，呑兵衛横町は，80年代に製鉄所の縮小によってかつての賑わいが失われ，そして東日本大震災によって物理的にも失われたのだった．「ショックだね．ショックです．まさかこれほどまでにひどいと思ってなかったものね」．
　それでも彼女は，瓦礫の中から店のカウンターを見つけ出す．思い出がよみがえる．「ここへ来たんだね．みんな．思い出なんてもんじゃないね．カウンターだけ40数年替えなかった」．「うーん，みんなこのカウンターで，立って，飲んだり食ったりしたんだよね．みんな．すわっとこもねくてさぁ，ほんとにねぇ」．
　そして，自然に言葉が口をつく．「うーん．私はここで生まれて育ってるから，ずっとここにいたいと思う．なんか少しくらいなんかしていきたいと，そう思う．この辺からでもねぇ，電気つけていきたいと思うけどねぇ」．そして，呑兵衛

横町の組合長でもある菊池さんは，夏にも店を再開すると告げるのである．

宝来館の女将も，息子を救おうとした菊池さんも，「お恵」の女将の菊池さんも，(言い方は変だが)，失うことによって再生の力を身に帯びた．

柳田が，『津波』の最後でいみじくも描いたように，支援者や報道者に力を与えるのは被災者なのである．柳田にとって宝来館の女将は彼が亡くした母親の再生であり，百崎にとっては彼が見失ったふるさとの再生なのかもしれない．

〈言葉〉にひそむ力

それにしても，女将たちの言葉の，なんと豊かで，美しく，力強いことだろう．津波が来る瞬間を，女将はこんな風に語る：

> 「海も真っ黒，空も真っ黒．何匹もね，龍がうねっているような……．地獄絵図ってこういうことなのかなって思った．真っ黒なんだもん，昼間なのにねぇ．パッて見て，「見たくない」って目そらした．生き物だったから，海が」(『とくダネ！』4月20日)

それは原初のカタストロフだった．人間が見ることのかなわない始原の混沌だったはずだ．私たちは，そのことを認め，受け入れなければならない．女将はその状況を，まるで巫女のように〈言葉〉にする．

> 菊池「水かさがどんどん増えていって，ああもうこれじゃあダメだと思って，完全に車がこんなんなっちゃって(垂直になってしまって)，でもうダメだと思ったときに，あの，後ろのね，後ろのあそこのところがちょうど(車の窓の)ガラスが割れてて，そこからこう，飛び出して，あの，プールのしたにいるような感じで，空が青くって，瓦礫が見えてて，とにかく上に上がらなきゃって感じでしたね．うん，そう，なんかね，気持ちがすーっとこう，なえるっちゅうか，そういうときがあって，そういうとき，身体が沈んでいくんです．でも，「ああここで死んでられない」って思って，必死になって，また，こう，立ち泳ぎみたいな感じで，上に上に上がってつかまったら，丈夫な瓦礫につかまれたので，そこに上半身こうやって，少し休んで，カーテンが出てるあそこですね，あそこのとこまで水が

来てたので，瓦礫を伝わりながら，あそこから中に入って，屋上に上がって，上がったときは，この辺全部海で，もう見たときに，うん，あん時はもう，息子が死んだと思ったんですよ．それで一生懸命この屋上から，息子の名前を叫んだんですよ」（そのときを思い出して声を詰まらせる菊池さん）（『news every.』3月29日）

　息子を救おうとして原初の混沌にのみ込まれた母は，瓦礫の向こう側に，あまりにも青い空を見る．それは「生きること」そのものの美しさを彼女に知らせる．「ああここで死んでられない」と彼女は思う．萎えそうになる心を奮い，「上に上に」と浮かび上がってくる．そこは一面の海．息子を求めて，母は息子を呼び続ける（そしてまさに奇跡のように，息子は彼女のもとへ戻ってきたのである）．

　　女将「みんなで何ができっか考えよう」
　　女将「みんなでやろうね．何がいいか，みんなの意見聞きながらやろう．頑張る」
　　（『ハマナス』『津波』）

　女将は，よく「頑張る」という．最近では，「頑張れ」という言葉は心理的負担になるからいわない方がいい，とよくいわれる．しかし，女将は，「頑張れ」ではなく「頑張る」という．小声で自分に言い聞かせるように「頑張る」という．笑いながら「頑張る」という．「頑張る」しかないとき，「頑張る」という言葉以外残されていない．女将の「頑張る」には，そんな切ない強さがこめられている．

　　良子「娘も津波にのまれてどこにいるかわからない．一番心配なのは，それなんだけど，でも生きていかなきゃなんないので．全部，写真も思い出も何も，全部なくなってしまいました．お金はいらないけど，子どもたちと過ごした時間とか風景とか，海や山，川，それが悔しいです」（『ハマナス』）

　根浜の自治会長の妻である良子さんは，娘を津波に奪われた．その喪失は，何によっても癒されることはない．母は嘆き続ける．どこまでも泣き続ける．しかし，それでも良子さんは生きる．あまりにも深い喪失を抱きつつ，喪ったものの記憶さえ失われる極限的喪失のなかで，彼女は嘆き続け，そして生き続ける．

> 女将「このガラクタをね，早く片づけたい．……ガラクタか」(『ハマナス』)

　宝来館での避難生活に人びとが疲れ始め，女将もまた限界を感じるようになる頃，宝来館を埋め尽くす瓦礫の山の女将はいらだち，「このガラクタさえなければ」との思いを口に出す．だが，口に出した瞬間，女将は「ガラクタ」という言葉に躓く．今は瓦礫になってしまったそれらは，かつての宝来館の日々の一部であった．それらを「ガラクタ」と呼ぶことは，かつてあった日々を否定し，永遠に喪ってしまうことにつながる……．『ハマナス』の中でも，このシーンは最も胸を衝かれる．

> 女将（県職員に）「結局移転して，みんなで集まろうねってあそこまで団結しながら，1か所を離れてしまうとバラバラで，そしたら，お墓はあるけども，お墓参りに来るだけの，本当に誰もいない町になる」(『ハマナス』)

　今日では，多くの地域が，コミュニティ感覚を失った町になっている．お墓もない町が増えている．お墓参りにさえ行かなくなる町が増えている．震災をそんな契機にしてはならない．

> 女将「ただ生きたいと，私も流されて山を必死で上がったんだけど，そのときは生きることしか考えなかったから．生きたいと思ったから，今こうやって生きてっからさ．だから，生きっぺしさ．なくなったみんなのためにも，その分，生きっぺしさ」(『ハマナス』)

　言葉の力によって，事実が物語になっていく（しかも，その言葉が，地域に深く根ざした言葉であるとき，その響きはなんと優しいことか）．
　物語は，幻を現実にすることはないが，未来に向かうかたちをつくる力を持つ．報道者は，現実の潜在態としての物語を可視化する役割を担う語り部なのである．

9. おわりに――多様化する報道者

　先にも述べたように，東日本大震災で映像を撮影し，記録し，公表したのは，プロフェッショナルとしてのカメラマンやジャーナリストだけではなかった．

　女将が隣人たちを助けに戻り，押し寄せる津波にのみ込まれ，そしてその中から奇跡のように生き延びた一切を映していたのは，宝来館従業員のビデオカメラだった．女将が散り散りになった集落の人びとに向けて語りを紡いだのは，女将が中心になって創刊した「ねばま通信」だった．宝来館は，ホームページやブログや Twitter からも，復興に向けての情報を全国へと発信した．

　もちろん，宝来館だけではない．ニュース報道にも，さまざまなドキュメンタリーにも，「視聴者撮影」という映像が使われている．いや，もっと端的に，YouTube やニコニコ生放送，Ustream などのサイトには，あふれんばかりの，プロではない撮影者たちの映像があふれている．東日本大震災は，予告もなしにやってきた．そして，思いもかけぬ被害を，思いもかけない場所に，もたらした．だから，そのとき起こったことを記録に残せたのは，プロアマを問わず，その場にいたものでしかなかった．むろん，そんなことは，太古の昔からそうであったに違いない．だから，過去においては，多くの記録は残されることもなく，あったとしても存在が知られぬままに散逸していっただろう．

　ビデオが一般人にも容易に手に入るものとなり，容易に操作できるものとなり，録画映像の編集も容易になり，そして，インターネットを通じて多くの人に容易に発信することのできるものになったとき，誰もが報道者となる可能性が大きく開かれた．

　東日本大震災で，最も災禍のそばにいたのは，まさに被災者であった．だから，被災者は報道者であり，報道者も被災者であるという状況が，クリティカルに立ち現れた．それは，今後ますます当たり前のことになっていくだろう．

　そうした流れの中で，「報道」という行為の根源が，あらためてその姿を現そうとしているのかもしれない．

【付記：その後】

2011年12月23日付け読売新聞によると,「東日本大震災の津波で全店が流された岩手県釜石市の飲み屋街「呑ん兵衛横丁」が,場所を移してJR釜石駅近くでよみがえり,5店が23日,プレハブ店舗で営業を再開した」という.

また,2012年1月5日には,TBS『みのもんたの朝ズバッ!』,ANNニュース(テレビ朝日『ワイド!スクランブル』),NHK総合『お元気ですか日本列島』などが,この日,宝来館の「関係者らが餅つきを行い,10か月ぶりの再開を祝った」というエピソードを伝えた.宝来館の再開は,宝来館のブログでも1月5日付けの記事で自ら報告されており,さらに1月11日付けの記事では,あの大震災の日から宝来館再開までをコンパクトにまとめた動画もアップされている.プロが描き出した宝来館ドキュメンタリーとこの宝来館自作の動画とは,相互に異なる位相に位置しつつ,同時に,相互に共鳴しあって,これからの〈釜石の現実〉を創り出していくのだろう.

釜石のますますの再興を願うばかりである.

第4章

原発リスクと報道
――混乱する情報とソーシャルメディア

1. チェルノブイリ・9.11・福島原発――〈リスク〉の発現としての東日本大震災

9.11と3.11――破局と〈リスク〉

　東日本大震災はしばしば3.11と呼ばれる．その背後には，10年前の9.11同時テロ事件の余韻が響いている．実際，2011年9月11日前後には，9.11と3.11を並列的に述べた記事やテレビ番組が数多く見られた．

　しかし，9.11は明らかに人為的な事件であり，3.11は自然災害である．なぜこれらが似た印象を与えるのだろう？　新聞やテレビはこの点を等閑にしたまま二つの出来事を併置していた．

　二つの出来事に共通するのは，そのきわめて「黙示論的（終末論的）」な相貌である．第1章で述べた「カタストロフ」性といってもいい．

　それらは日常のなかに突然暴力的に現れ，「あり得ない」「信じられない」「まさかそんなことが」と判断停止状態にある人びとの眼前で，大規模な破壊と殺戮を，あたかも壮大なスペクタクルのように遂行した．

そのため，出来事を「天の下した罰」と論ずるファナティックな人びとが登場する一方で，「ハリウッドのパニック映画の再現」のようと観ずる人もいた（たとえば，フランスの社会思想家ボードリヤールは，9.11に際して映画『タワーリング・インフェルノ』をもじって，『パワー・インフェルノ』という著作を書いた）．

そして，いずれの出来事も，そのようなカタストロフがなぜ未然に防げなかったのか，リスク管理の不備が問題にされた．また，このような「未曾有の国難」に対して，国民の結集が強く訴えられたのも共通していた．

2. 何が問題だったか——落胆の連鎖

リスク・コミュニケーションの失敗

日本社会が，東日本大震災から生じた原発事故に対して強い無力感を感じてしまうには，いくつかの理由が考えられる．

第一は，政府・東京電力（以下，東電）のリスク・コミュニケーションの失敗である．

リスク・コミュニケーションは，一時，流行語になるほど人口に膾炙した（多分，東海村 JCO 臨界事故に端を発したのではなかったか）．人びとの安心・安全感を確保し，パニックを避けるにはどうしたらよいかということが，さんざん語られた．そしてその鉄則は，「状況を明らかにして，人びとの疑心暗鬼を引き起こさないこと」だったはずである．

にもかかわらず，今回の原発事故に際して，政府も東電も，その基本をあっさり忘れて，最悪のコミュニケーションを行った．すなわち，問題が発生すると，「大丈夫だ，問題はない．すぐ解決する」と主張し，しかしその後すぐに，それが重大であり，解決困難な問題であることが発覚する，というパターンを繰り返したのである．その結果，人びとは，平常心を保ちパニックに走らないどころか，政府に対しても，東電に対しても，また報道各社や専門家たちに対しても，不信，不安の念を拡大再生産していったのである．

このパターンに陥ったとき，潜在的にさらに問題なのは，実際には東電や政府や報道が正しく，正当な発言をした場合でも，それらは意識されにくくなる．そ

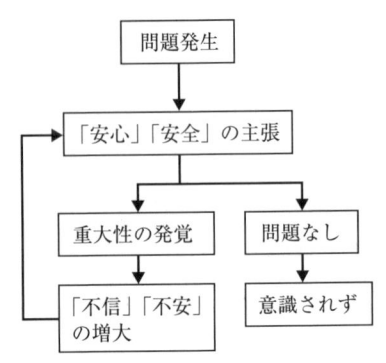

```
       ┌─────────┐
       │ 問題発生 │
       └────┬────┘
            ▼
   ┌──────────────────┐
┌─▶│「安心」「安全」の主張│
│  └────┬─────────┬───┘
│       ▼         ▼
│  ┌─────────┐ ┌────────┐
│  │重大性の発覚│ │ 問題なし │
│  └────┬────┘ └────┬───┘
│       ▼           ▼
│  ┌─────────┐ ┌──────────┐
└──│「不信」「不安」│ │ 意識されず │
   │  の増大  │ └──────────┘
   └─────────┘
```

図 4-1　東日本大震災におけるリスク・コミュニケーションの失敗

の結果,「情報がすべて隠蔽されている」「情報は嘘ばかり」というように,人びとの意識は負の方向へ加速度的に走っていくのである.

戦後日本を支えてきた「アイデンティティ」のゆらぎ

　落胆の連鎖は,実は,政府や東電の発表を素直に信じていた国民にとって,実際以上の衝撃を与えた.

　高度成長期以降,日本人の多くは,日本の科学技術は世界でトップレベルであると信じてきた.だから,当初,政府や東電が,事故について「すぐに解決できる」と発表したとき,何の不思議もなくそれを信じたのではないか.「スリーマイルやチェルノブイリなどとは比較にならない軽微な損傷」といわれたとき,当然だと考えた.「直ちに処置を行う」と官房長官が語るとき,震災にうちひしがれた心に,「日本の技術は震災などには負けない」という自信を取り戻したいという思いを重ねたのではないか.

　3月19日,福島第一原発に大規模な放水が行われたとき,夜7時のNHKニュースは29%を超える視聴率を記録した(ビデオリサーチ調査).それも,こうした気持ちの現れと考えられるのではないか.

　しかし,原発に対する処置は,素人目にも,場当たり的で,効果が薄いように見えた.それは単に原発事故に対する恐怖というだけでなく,日本という国に対する信頼不安,いいかえれば日本のアイデンティティ不安を引き起こしたように思われる.「安全神話の崩壊」はさまざまな局面で起こっていた.

混乱する報道

　報道もまた混乱していた．第1章でも述べたように，報道機関も被災しており，情報の流れは分断されていた．また，原発が大きな問題となってきたとき，原発に関する専門知識を持った記者が非常にまれであることも露呈した．発生している事態に，報道機関が報道機関なりの判断や解説を行うことが非常に難しいという状況が出来したのだ．

　その結果，報道は，単に原子力安全・保安院や東電の発表を右から左に伝えているだけのように見えた．また，今後の展開についても，何ら予測や提言を行うことができなかった．

　報道に対する信頼が薄れたのは，この結果とも言える．

　そうしている間に，期待された放水は大きな効果を上げず，原子炉は次々と爆発したり損傷したりし，当初レベル4とされた原発事故の程度は史上最悪のチェルノブイリとならぶレベル7に引き上げられ，問題ないとされた福島の農産物の一部から放射能汚染が発見されるという，落胆の連鎖が拡がっていったのである．

誰も知らない

　だが，問題はリスク・コミュニケーションの形式的な側面にとどまるのだろうか？

　大震災の翌々日，ある政治家が「日本人のアイデンティティは我欲になった．政治もポピュリズムでやっている．津波をうまく利用してだね，我欲を1回洗い落とす必要があるね．積年たまった日本人の心のアカをね．これはやっぱり天罰だと思う」と発言して物議を醸した．この政治家は翌日にはこの発言を取り消し，謝罪した．

　ただし，自然災害を天が下した罰だと考える（「天譴論」と呼ばれる）ことは（デマと同じように）大きな災禍に際してよく現れる社会心理的反応である．社会心理学者の仲田誠によれば[1]，関東大震災のときにも，「天譴論」が多く見られたという．

　ところが，歴史をさかのぼると，「もともと天譴論は儒教主義に基づく思想で

あり，すでに奈良時代から存在していたといわれる．その原義は，災害（地震）を，「王道に背いた為政者に対する天の警告」とみなす思想であった」[2]．つまり，近世以前の日本社会では，災害は施政者に対する天からの警告だと理解されていたのである．だから，大地震などの自然災害が起こったら，施政者は自らの執政の不備を反省し，政治を改めるとともに，施政者のいわば「とばっちり」で被災した「民」には手厚い救済措置をとるというのが，常道だったのである．「天譴」に対する解釈が「文明開化」以降になぜこのように逆転したのかを考察することは，興味深いが，本稿の範囲を超える．

　ここで指摘しておきたいことは，「天譴」という考え方自体が非合理であることはもちろんであるが，関東大震災以降の「天譴論」は，天災によってあらわになった社会システムの不具合の原因を，ミクロレベルの問題に押しつけ，大衆の振る舞いのせいにすることで，真の問題から目をそらすことになりかねないということだ．

　大災害のときには，陰謀論や英雄待望論も人びとを引きつけるらしい．

　陰謀論とは，災禍は誰か（大物や政治家，組織など）の謀略によって引き起こされたものだと解釈する議論である．東日本大震災では，「東日本大震災は，某大国が開発した巨大地震作動技術によって引き起こされたものだ」といった荒唐無稽な流言が流れた（関東大震災のときも同じようなうわさが流れたという）．

　これとは逆に，東日本大震災後，なかなか対策が進まず，復興が遅れているのは，政治家のリーダーシップが不足しているからだ，まともな政治家であれば，かゆいところに手の届くような，すぐにも災害から復興できるような政策を実行できるはずだ，という議論が拡がることも多い．確かに，非常時には政治家の能力がシビアに問われる．優れた政治家が求められるのは当然だし，政治家なら自らの能力の限りを尽くして，社会の再建に取り組むのは当然である．

　とはいえ，「神」のごとくにすべてを解決できる政治家などいない．そんなことを僭称する政治家がいたら，そのことのほうが危険な徴候である．

　政治家に限らない．専門家と呼ばれる人びとも，ジャーナリストたちも，普通の人びとも，誰も社会のために役立ちたいと考えているだろうが，誰も限られた能力しか持っていない．

　限定的な能力しか持たない政治家たちや，専門家たちや，普通の人びとたちが，

それぞれなりに「社会」のために力を尽くすことしか，解決策はないのである．

同じ理由で，陰謀論も十分に信用するに足るものはない．なぜなら，理想を何でもかなえることができる「英雄」がいないと同様に，いかなる「悪」をも可能にするような「陰謀家」はいないからである．そんな「陰謀」を恐れて疑心暗鬼になるくらいなら，建設的な改善策を考えることに頭をひねろう．

3. 事故と報道の経緯

3月11日：福島原発事故はなかなか報じられなかった

東日本大震災が，未曾有の巨大地震，未曾有の巨大津波である以上に，われわれと世界に恐怖と無力感を与えつづけているのは，二次災害としての福島第一原子力発電所の事故のせいである．

3月11日，激しく，長く続く揺れは本当に恐ろしかった．そして，地震によって誘発された巨大津波のすさまじさは，あまりにも人智を超えているように見えた．こんなことが現実に起こるなんてあり得ない，おそらく多くのひとがそう感じたに違いない．

それでも，恐怖に震えながら，悲嘆に沈みながら，途方に暮れながら，地震や津波は，われわれの感覚の延長線上にあった．すさまじい破壊に対して，少なくともわれわれはどう対抗すればいいか，わかっていた．ひどく簡単に言ってしまえば，壊れたものを片づけ，新しく作り直すこと．それは困難な道であるけれど，こつこつとがんばり続けることによって，いつかは復興できるはずの辛さであった．阪神大震災のときも，あるいは，第二次世界大戦の焼け跡からも，われわれは「奇跡の復興」を成し遂げてきたのだった．

だが，東日本大震災は，さらなる悪夢を潜ませていた．そして悪夢は，いまだ覚めていない．

3月11日原子力安全・保安院の14時46分現在の「地震による原子力施設への影響について」という情報[3]によれば，女川原子力発電所，福島第一原子力発電所，福島第二原子力発電所，東通原子力発電所，東海第二原子力発電所は，定期点検停止中のもの以外は，自動運転停止し，浜岡原子力発電所，柏崎刈羽原子力

発電所、泊原子力発電所は、定期検査中のものを除いて運転続行中とのことであった。ところが、16時15分の第二報[4]で、福島第一原子力発電所の1, 2, 3号機で原子力災害特別措置法第10条通報の事態が発生し、さらに「16時36分、東京電力福島第一原子力発電所において、原子力災害対策特別措置法第15条1項2号の規定に該当する事象が発生し、原子力災害の拡大の防止を図るための応急の対策を実施する必要があると認められたため、同条の規定に基づき、原子力緊急事態宣言が発せられ」[5]た。「原子力災害対策特別措置法第10条第1項の規定に基づく特定事象」とは、「本日、当社・福島第一原子力発電所1号機(沸騰水型、定格出力46万キロワット、2号機および3号機(沸騰水型、定格出力78万4千キロワット)は定格出力一定運転中のところ、午後2時46分頃に宮城県沖地震により、タービンおよび原子炉が自動停止しました。上記3プラントにおいて、2系統ある外部電源のうちの1系統が故障停止し、外部電源が確保できない状態となり、非常用ディーゼル発電機が自動起動しました。

その後、午後3時41分、非常用ディーゼル発電機が故障停止し、これにより1, 2および3号機の全ての交流電源が喪失したことから、午後3時42分に原子力災害対策特別措置法第10条第1項の規定に基づく特定事象[6]が発生したと判断し、第1次緊急時態勢を発令するとともに、同項に基づき経済産業大臣、福島県知事、大熊町長および双葉町長ならびに関係行政機関へ通報」[7]したということらしい。また、「原子力災害対策特別措置法第15条第1項の規定に基づく特定事象」とは、上記に加えて、「その後、1号機および2号機の非常用炉心冷却装置について、注水流量の確認ができないので、念のため午後4時36分に、原子力災害対策特別措置法第15条第1項の規定に基づく特定事象が発生したと判断しました。同項に基づき経済産業大臣、福島県知事、大熊町長および双葉町長ならびに関係行政機関へ通報」[8]したことを指すようである。

まだるっこしい書き方をしたのは、上のように要約した情報が、単独の情報源からまとめて読み取ることができず、さまざまな推理を重ねたうえで、東京電力の「プレスリリース/ホームページ掲載情報2010年度(平成22年度)」[9]というページと、経済産業省原子力安全・保安院の「緊急時情報ホームページ」[10]というページと、「官房長官記者発表 平成23年3月」[11]というページから、該当する情報を探り当て、それらを組み合わせてようやく流れが理解できることを示したかっ

たからである（リテラシーと根気がなければ決してたどり着かない情報である）．

　この結果，「21時23分，原子力災害対策特別措置法の規定に基づきまして，福島県地域，大熊町，二葉町に対し，住民の避難の指示をいたしました．福島の原子力発電所の件で，3km以内の皆さんに避難の指示，3kmから10kmの皆さんに屋内での退避，という指示」[12]が出される．

　しかし，第2章にも書いたように，この指示について，（当該対象住民にはきちんと伝えられたと信じたいが）多くのひとが知ったのは，21時52分頃からの枝野官房長官の会見のテレビ報道であったろう．実際には，15時41分には異常が検知されており，16時36分には冷却装置の異常も認識されていた．そして，22時頃，ようやくテレビが会見を報道した後も，われわれはまだ「たいしたことにはならないさ．日本の技術力は高いのだから」と高をくくっていた．政府発表も，テレビの解説者たちも，事態に過剰反応しないようにと言い続けた．

福島原発爆発の朝

　けれども，原発の異常は悪化の一途をたどっていた．

　2011年3月12日0時30分，福島第一原発1号機の原子炉格納容器の圧力が設計上の最高値を超えた可能性が示唆された．さらに「午前0時49分，原子力災害対策特別措置法第15条第1項の規定に基づく特定事象（格納容器圧力異常上昇）が発生した」[13]．3月12日3時に東京電力は格納容器の圧力弁を開放する方針を決め，3時20分過ぎに海江田経産相，枝野官房長官がこれを記者発表した．格納容器の圧力はさらに上昇し，4時30分に，原子力安全・保安院は，第一原発1号機の格納容器の圧力が設計値の7倍に上昇，と発表した．

　こうした状況の推移を受けて，3月12日5時44分，原子力災害対策特別措置法に基づき，福島第一原子力発電所から半径10km圏内の住民に対する避難指示が出された．

　しかし，この避難区域の拡大は，なかなか報道されなかった．6時前の各局ニュースは，「3km以内の避難指示．3km〜10km以内の屋内退避」を伝えていた．

　3月12日6時8分，菅総理はヘリで福島原発視察に向かう直前，会見を行った．すべてのキー局がこの会見をライブ中継した．この会見の中で，菅総理は，「現在，10キロ内の避難を命令，指示をしたところであります」と，避難区域拡大

に言及した．しかし，言い方が唐突だったためか，中継していたほとんどの局が，この言葉を聞き逃した．改めて避難区域拡大が報道されたのは，数分から十数分後だった．

福島原発爆発と建屋崩壊

　3月12日14時からのNHKニュースは，福島第二原発のライブ映像をフィーチャーしつつ始まった．続いて，福島第一原発のライブ映像も映し出された．ヘリコプターが原発から10km以上離れた地点から撮影していると解説された．画面では，第一，第二原発とも素人にわかるような変化はないようだった．14時15分，新しい状況のアナウンスがあった．「経済産業省の原子力安全・保安院によりますと，福島第一原子力発電所内の1号機の周辺で，核分裂によって発生するセシウムという放射性物質が検出されたことから，1号機の炉心の燃料が溶け出たと見られる」．その後，津波被害の情報など挟みつつ，炉心燃料についてのニュースが繰り返された．

　15時24分から30分，原子力安全・保安院の会見が中継された．その内容は，「原子力安全・保安院会見『東電は14時からベント，1号機の圧力急降下．モニタリング値は上昇．ベント成功と考えられる』」というむしろ明るい内容だった（ただしこのとき，画面左上のテロップには「福島第一原発1号機 "燃料溶け出たか" 保安院」と書かれていた）．

　しかし，まさにこの会見と同じ時間に，福島では深刻な事態が起きていた．15時29分，福島第一原発の敷地境界の放射線量の値が制限値を超えた．その値は，一般人が1年間に浴びることを許される放射線量にわずか1時間で達してしまうレベルであった．東京電力がこれを「原子力災害対策特別措置法第15条第1項の規定に基づく特定事象（敷地境界放射線異常上昇）」と判断したのは同日16時17分，通報したのは17時だった．

　だが，この東電の判断より速く，15時36分，福島第一原発1号機は，ドーンという大きな爆発音とともに白煙を上げた．東電社員ら4人が負傷した．

　ただし，この事実はすぐには報道されなかった．

　NHKでも，16時6分のニュースでは，「核燃料が溶け出た可能性はあるが，格納容器の圧力は徐々に低下中である」と，15時30分頃の保安院会見の内容を繰

り返していた.

　福島原発に関する新しい NHK ニュースが流れたのは，16 時 52 分 30 秒であった.

> 　いま，原子力発電所に関する新しい情報です．経済産業省の原子力安全・保安院などによりますと，福島第一原子力発電所で，今日，午後 4 時頃，1 号機のあたりで，爆発音が聞こえた後，煙のようなものを目撃したという情報が，原発にいた人から寄せられました．原子力安全・保安院は，まだ詳しいことはわかっていないということで，状況を調べています．東京電力福島事務所は，先ほどから会見し，午後 3 時半頃，福島第一原発の周辺で，ドンという爆発音がした．その 10 分後に白い煙のようなものが見えるという情報が入った．作業員数人がけがをしている．と話しています．また，福島県警察本部が，情報の確認を進めています．（NHK ニュース，2011 年 3 月 12 日，遠藤聞き取り）

　このとき，はじめて 16 時 40 分頃の福島第一原発の映像が画面に映し出された．左端の建物の形状が奇妙に見えた．しかし，その後の解説では，この異変に関する言及はなかった．

　18 時前から行われた原子力安全・保安院の会見でも，記者からの「ニュースの映像によりますと，建屋は崩壊しているように見えるんですけれど，データって，どのように評価されてますか？」という質問に対して，「えー，ああいうかたちで映像を見るかたちでございますので，私どもとして，閉じ込める機能について，えー，どのようなかたちで評価をすればいいのか，評価をするにあたっての，…の状況であるとかですね，えー，それ以外の損傷の状況でありますとか，ま，そういったものをよく調べて，情報を入手して，判断をする必要があるかと思います．そういったものを，いま，収集等務めているところでございます」と答えるにとどまった（図 4-2 はこのときの画面）．

図 4-2　NHK ニュース画面（2011 年 3 月 12 日 18 時 6 分 57 秒）

爆発瞬間の映像

しかしこの時点ではすでに，福島第一原発 1 号機が大規模な爆発を起こし，福島中央テレビがその瞬間をビデオに収めていた．この映像は，15 時 40 分には福島中央テレビのローカル放送でオンエアされていた．そしてそれはさらに，NNN 緊急特番のなかで，16 時 49 分全国に向けて放送された．

表 4-1 に，そのときの放送の内容を筆者が聞き取ったものを示す．

突然のことに，東京のスタジオが混乱している様子がわかる．そして，解説をしている専門家も，これを「不慮の爆発ではなく事故対応の一環」すなわち「非常事態ではない」として説明しようとしている．

表 4-1　NNN 緊急特番（3 月 12 日 16 時 49 分から）

時間	メイン画面	テロップ
16:49	スタジオの男女司会者 「続きまして福島から伝えてもらいます．福島中央テレビからお願いします」	右上「国内観測史上最大 M8.8　首都圏交通徐々に回復」
16:49	福島のスタジオ　女性 MC「福島からお伝えします」「えー，原発に関するニュースをお伝えします．福島第一発電所のトラブルで，正門の付近では，通常の約 20 倍の高い放射線量が確認されました．え，そして，共同通信によりますと，その放射線量はさらに増大し，通常の 70 倍に達したと	右上「国内観測史上最大 M8.8　死者不明 1,400 超」

16:50	【福島第一原発の爆発映像】 伝えています．国の原子力安全・保安院によりますと… え，ご覧いただいているのは，ほぼ3時36分の福島第一原発の映像です． 【福島第一原発の爆発映像（反復）】 え，水蒸気と思われるものが，福島第一原発から，ぽんと吹き出しました．水蒸気と思われるものが出たのは，福島第一原発1号機付近とみられます」 「ご覧いただいている映像の向かって左側が，福島第一原発，1号機がある建物です．こちらから，水蒸気と思われるものが出ました」 「新しい情報が…」 【福島第一原発の爆発映像】	左下「福島第一原発　20倍の放射線量確認」
16:50	東京のスタジオ・男女の司会者 「福島から伝えてもらったように，福島の原発に大きな動きがあったようです．先ほど，映像が流れましたけれども，何か爆発のような，煙が上がるような…」	
16:51	カメラ下がる 男女司会者のとなりにもう一人の人物． もう一人の人物「と，その前の＊＊の説明のときに，爆破弁というのを，あのディスクのようなものを破壊して流すような，弁のタイプですね」 （中略）	「東工大　有富教授」 左下「福島第一原発　20倍の放射線量確認」
16:52	【福島第一原発の爆発映像】（繰り返し） 司会「あれは蒸気ですか？」 教授「蒸気です」 司会「こちらの絵ですね」 教授「なんか爆破されるような感じで，あのー，蒸気が，蒸気だと思いますけれど，出てきましたね」 司会「われわれが見ると心配するんですけれど，あの爆破弁というものを使って，蒸気を出した，という意図的なものだと考えていいんですね？」 教授「そう，意図的なものだと思いますよ．で，普通だったら，あの，立っているスタグというところから放出するわけですよ．煙突のようなものがありますね？」 （中略） 教授「あそこから，あれが排気筒なんですけれども，あそこから，出る場合にはフィルターを通しますので，こんな勢いよく出るということはないと思うんですね」 司会「いままでの先生のご経験の中には，ありますか？」	右上「国内観測史上最大　M8.8　死者不明1,400超」 左下「福島第一原発　20倍の放射線量確認」
16:53	教授「あー，まー，いや，僕は知りませんね．こうい	右上「国内観測史上最大

	う出し方，爆破弁を使って出すというのも，尋常なやり方ではないもんで，あの，知りません」 女性司会「緊急避難的なもの…」 教授「そう，緊急避難的なものだと思います…」 男性司会「そして，先ほど，福島からの報告にありましたように，放射線のレベルが通常の20倍ということがありましたが…」 教授「だから，あのー，そー，もしかして，それだけの量をいっぺんにフィルターを通さずに出せば，そのくらい上がる可能性は十分にありますよね？」 【福島第一原発の爆発映像】（繰り返し） 司会「えー，いまご覧いただいている映像は現在の映像ではなく，午後3時36分です．午後3時36分ですから，今からちょうど，1時間20分ほど前ですね．1時間20分ほど前に行った，ガスを抜くような作業で，激しくこのように，…」 （中略） 司会「あのー，危険性というのはどうなんでしょう？」	M8.8　死者不明1,400超」 左下「「爆破弁」使い内圧下げた可能性」
16:54	映像：スタジオ 教授「えーとー，いわゆるあの，一番最悪の危険性というのは，たとえば，格納器の破壊だと思いますので，それを救うという意味では成功したと思います．ただ，これをやる前に，もう少し前に，あの，なんていいますか，スタグを，放出を，バルブを使って，」 【福島第一原発の爆発映像】（繰り返し） 徐々に徐々に，できなかったのかなぁと，…」 司会「いま，情報が入りまして，東京電力によりますと，この原子炉内の数値は，異常ではない，と発表しました」 （中略） 教授「あの，原子炉内の数値っていうことは，もし，異常ではないのならば，あの，原子炉は，炉心は溶融していないと思います」 司会「はい．3時36分頃の出来事でしたが，この直後に，まあ，念のためというんでしょうか，半径10キロ以内にお住まいの方の避難を呼びかけたということもありました．ありがとうございました」 司会「続いて，宮城テレビに伝えてもらいます」	右上「国内観測史上最大 M8.8　死者不明1,400超」 左下「「爆破弁」使い内圧下げた可能性」

　だが，この爆発の瞬間映像は，ニコニコ生放送などの動画投稿サイト，そして，BBC，CNN，Russia TV などの外国テレビ局の手によって放映されていった．

　なぜ，その公式発表が遅れているのか，人びとの不安は高まっていったのである．

図 4-3 福島第一原発 1 号機爆発の瞬間（NNN ニュースより）

不安の高まるなか，人びとはマスメディアの情報を求めつつ，Twitter 上で情報の交換や心情の吐露を行っていた．

Fukushima 劇場

このあたりからようやく，われわれの眼に，恐るべき現実がはっきりと姿を現し始めた．

保安院は「心配しないように」と繰り返し語ったが，翌々日の 3 月 14 日午前 11 時には 3 号機が水素爆発し，3 月 15 日午前 6 時には 4 号機が水素爆発した．同じ日，2 号機からも爆発音が聞こえた．

一連の爆発に対応するため，3 月 19 日には，東京消防庁による地上からの 3 号機への放水が行われた．この措置に対する国民の期待の高さを表すかのように，この日の NHK ニュース 7 の視聴率は 29.8％にまで達した．しかし結果は思わしいものとは言えなかった．20 日には自衛隊による地上からの 4 号機への放水，21 日には東京消防庁による 3 号機への放水，自衛隊による地上からの 4 号機への放水などが引き続き行われた．人びとの不安や苛立ちは高まり，情報への渇望も高まった．

それは，むしろ，日本在住の外国人にとってのほうが切実であっただろう．日本から自国民を退避させる外国大使館の動きも目立つようになった．

そして外国のメディアや，研究機関から多くの情報が流れるようになった．

日本側がなかなか明確に答えてくれない放射能の流れについても，フランスやドイツの機関が行ったシミュレーション画像が，YouTube などを通じてひろく視聴された．これらについては，データが必ずしも正確でないなどの批判もあったが，人びとはあらゆる情報を求めていた．

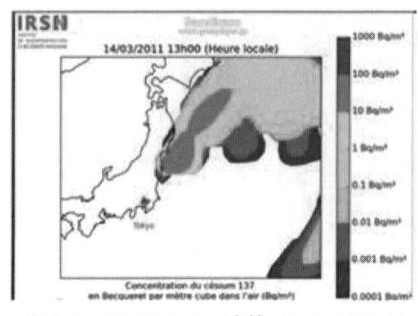

図 4-4　フランスの研究機関 IRSN によるシミュレーション動画[14]

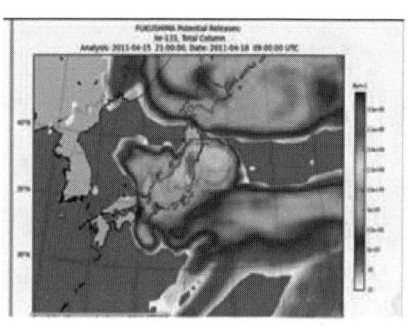

図 4-5　ノルウェー気象研究所によるシミュレーション[15]

4. そのときソーシャルメディアでは

Twitter

時計の針を 3 月 12 日午後に戻そう．

何か異変が起きているらしいと，Twitter には膨大な情報があふれた．「情報」と言えるかどうかはわからない．みなが情報を求め，聞き知った情報の破片を伝えあった．

そして，少なくともそうして相互に情報の参照が行われることで，何かしら伝えられていない情報があることに，みなが敏感になっていった．

表 4-2 は，当時のそうしたツイートの一部である．不安，苛立ち，情報を求めようとする気持，そうした心理が入り交じってあらわれている．

表 4-2　2011 年 3 月 12 日午後の「＃福島第一原発」のツイート（抜粋）[16]

原発避難指示 半径 10 キロに拡大（NHK ニュース）　http://j.mp/dIxgGn（中略）宮城の女川の上空をヘリで撮影しているが，原発はなぜか写さない．家は倒壊しかなりの被害が出ているが，番組では「原発は大丈夫でしょう」とコメント．情報公開求む！posted at 13:34:24
経産省は，福島第一敷地内で核分裂によって発生する「セシウム」という放射性物質が検出されたことから，一号機で炉心の燃料が溶け出たと発表．NHK 速報posted at 14:18:22

福島第一原発1号機，溶融開始か　爆発的な反応の恐れも（朝日新聞）http://j.mp/fp83T8
posted at 14:47:06

NHK・テレ朝が，福島第一原発を多く取り上げいる．テレ朝は「炉心溶解が始まった」として，通常は地震があって停電になれば，ディーゼル発電が作動するが，今回は作動せず冷却できなかった．長野智子氏が「以前，取材した時にそれがあるから大丈夫だと言われた」と一刺し．
posted at 15:13:06

福島原発の情報は地震発生当初から「安全です．大丈夫だ」という情報を垂流してきた．時間が経過する度にどんどん状況は悪くなっている．最悪の事態を考えて避難誘導などすべきなのに，まだ安全だと言っている．何か隠しているのではと，つい疑いたくなるのは今までの隠蔽体質からだ．
posted at 15:45:46

福島：相馬火力発電所に取り残された1000人が，新地高校に順次避難しているとのこと．
posted at 15:49:06

福島第一原発1号機で爆発音，白煙上がる：社会：YOMIURI ONLINE（読売新聞）http://t.co/q9zFVhk via @yomiuri_online
posted at 16:59:56

（テレ朝）東京消防庁のハイパーレスキュー隊28人を長距離の水を送ることができる機材と一緒に福島第一原発に送るとのこと．持ち込んだとのこと．
posted at 17:00:45

NHK 速報午後3：30頃，福島第一原発で爆発音．複数の作業員が負傷との情報．
posted at 17:02:21

原子炉を強制的に停止する「ホウ酸」の準備へ．（フジテレビ）福島第一原発一号機で爆発音．白い煙の目撃情報．中性子の核分裂反応を抑えるホウ素を含んだ水を注入する．
posted at 17:09:08

福島原発一号機の外壁がなくなり骨組みだけになっている！！（NHK）
posted at 17:12:22

大量の放射性物質が屋外に排出された可能性もあり，福島第一原発で3：36，直下型のドーン

という揺れの爆発音がなった．原子炉のある建家かタービン建家かはわからない，とのこと．(NHK) 東電と原子力保安院は何してるんだ！！すぐに公表しろ！！
posted at 17:27:52

こうしている間に，どんどん放射線物質は放出されている可能性あり．念の為に 10 キロ圏外の方も屋内に入り換気扇やエアコンを切る．窓をしめ，テレビ・ラジオなどで情報を得てください．NHK．ほんと政府と東電はナニしてるんだ！！もう爆発して 1 時間．
posted at 17:34:25

緊急に周辺の自治体は放射線物質の計測をすべき．既にかなりの距離に飛散しているかもしれない．なんか安全だ安全だと呪文のように唱え，洗脳させられてきたが，この期に及んで…枝野会見，待たせ過ぎだが，情報なさすぎ，情報把握と分析に全力で当たっている．だけか．
posted at 17:47:56

ニコニコ生放送と Ustream

　一方，ニコニコ生放送や Ustream は，これまでになかった新しい情報源となっていた．第 2 章でも見たように，これらのサイトでは，政府の記者会見や東電の記者会見などを全中継し，「編集の入らない生情報」を流していた．そして，そうした生情報に，数万以上のアクセスが集まっていた．
　さらに，これらのサイトでは，日頃マスコミによく出ている人たちとは異なる評論家たちが，解説番組や討論番組を，自主的に，あるいは企画によって展開した．そこで交わされる議論は，通常，マスメディアの気にする「正確性」とか，「社会を混乱させないよう」といった配慮にとらわれないものが多かった．
　先にも述べたように，ニコニコ生放送では，3 月 11 日の震災発生約 1 時間後の 15 時 40 分から翌日 3 月 12 日 17 時 59 分まで『ニコ生 東北地方太平洋沖地震・特番』を放送した．さらに 1 時間後の 3 月 12 日 19 時から『ニコ生 東北地方太平洋沖地震・特番（第二夜）』を放送した．ちょうどこの頃，視聴者は，福島第一原発 1 号機の異変に不安を募らせていた．
　ニコニコ生放送では，図 4-6 に見られるとおり，放送の進行とともに，視聴者がコメントを投稿できる．そこには，「今は余震や津波よりも原発の被害がガチでやばい」「マジで日本どうなんの？」「半径 20 キロ拡大」「はいどんどん拡大い

図 4-6 ニコ生 東北地方太平洋沖地震・特番（第二夜）[17]

きますね―」「念のためだろ」「説明できないからじゃね」などと思い思いの書き込みが投稿されている．

　番組は，津田大介の司会で進行するが，番組自体で視聴者からの投稿が大きな位置を占めている．発信側と視聴者側の双方向性を前提とした，新しいかたちのジャーナリズムが生まれつつあるといえる．同時に，このような形式が成果を上げられるか否かは，発信者側と視聴者側の協力と信頼関係に依存するのだろう．

　一方，Ustream は，ニコ生のように事業者側が番組を提供することは少ない．ユーザー側が自由に番組を配信することを主眼としている．たとえば，ビデオニュース・ドットコムは，1999 年にビデオ・ジャーナリストの神保哲生が開局したニュース専門インターネット放送局であるが，ニコニコ生放送や Ustream を使っての配信も行っている．

　東日本大震災の発生後，原子力資料室の福島原発に関する記者会見の模様を Ustream で配信するなどもしている．3 月 12 日 20 時 3 分からの原子力資料室会見には，視聴者数 137,431 に達した．

　内容は，東芝の元原子炉格納容器設計者である後藤政志氏による事態の推測であった．このなかでも「爆発の報道が 1 時間半も遅れた．これはおかしい」といった疑念が語られた．ちなみに，2011 年 3 月 11 日から 15 日に，ビデオニュース・ドットコムが Ustream で配信した番組は表 4-3 のとおりである．

表 4-3　2011 年 3 月 11 日から 15 日にビデオニュース・ドットコムが Ustream で配信した番組

日時	時間〔分〕	タイトル	視聴数
3 月 12 日 20 時 3 分	138:25:00	原子力資料情報室の福島原発に関する記者会見／videonews.com	137,431
3 月 13 日 16 時 59 分	99:00:00	原子力資料情報室の福島原発に関する記者会見／videonews.com	49,561
3 月 13 日 19 時 35 分	100:46:00	外国特派員協会で原子力資料情報室が記者会見／videonews.com	86,969
3 月 14 日 19 時 33 分	102:44:00	元東芝原発設計者の後藤氏が外国特派員協会で会見／videonews.com	30,257
3 月 15 日 15 時 4 分	110:26:00	福島原発事故でわれわれが知っておくべきこと part1／videonews.com	14,497

外国報道の参照

ソーシャルメディアのユーザーたちは，次第に，日本のメディア報道に強い不信感を抱き始めたようだ．

その結果，ネット上でのコミュニケーションと情報検索によって，自ら必要な情報を獲得しようとし始めた．

これまで異端視されてきた反原発の立場の専門のサイトに多くのアクセスが集中したり，政府や東電，メーカーなどの一次情報にも多くの人が集まった．

それとともに，外国のメディア報道にも，人びとは殺到した．アメリカはもとより，フランス，イギリス，ドイツなどの報道各社の出す情報が，たちどころに人びとに伝えられ，またそれを翻訳して仲介する人もいた．

それらによって，政府や東電の公式見解でない情報を知ることができた．また，異なる視点からの分析も知ることができた．グローバル・メディアとしてのインターネットの特質がまさに活かされたのだ．

反面，それは非常に奇妙な状況だった．

日本国内の緊急事態の情報が，日本の責任ある機関から流れずに，海外を迂回して入ってくるのだ．日本の情報流通のありかたに根本的な欠陥が見えてしまったのは確かだった．

やがて一部には，日本の報道は信用しないが，外国の報道機関の情報なら何で

も鵜呑みにしてしまうような風潮さえ現れた．だが，当然のことながら，海外から来る情報も玉石混淆であった．

5. 原発リスクとグローバル世界

スリーマイル～チェルノブイリ——〈リスク〉と現代世界

　しかし，20から21世紀，こうした〈未曾有〉で〈想定外〉の事件は繰り返し起きている．

　ドイツの社会学者ベックは，『危機（リスク）社会』[18]で次のように述べている：

> 　二十世紀は破局的な事件にことかかない．たとえば，二つの大戦，アウシュビッツ，長崎，ハリスパーク（スリーマイル島原発事故）とボパール（インドの化学肥料工場事故）があった．それに今やチェルノブイリである．（中略）それぞれの事件がどのような歴史的意義をもっているか考えざるを得ない．人間が人間に与えてきた苦悩，困窮，暴力にあっては，いままで例外なく「他者」というカテゴリーが存在していた．（中略）しかし，それはチェルノブイリ以来実質的にはもはや存在しなくなったも同然である．それは「他者」の終焉であり，人間同士が相互に距離を保てるように高度に発展してきた社会の終焉であった．（Beck 1986 = 1998: 1）

　世界に大きな衝撃を与えた原子力発電所の事故としては，過去に，スリーマイル島原発事故，チェルノブイリ原発事故，東海村JCO臨界事故などがある．

　スリーマイル島原発事故は，1979年3月28日に起きた．作業中，冷却装置に問題が生じ，炉心溶融（メルトダウン）が生じた．世界が，初めて原子力発電所のリスク発現を意識した瞬間だった．ただし，この事故では，明確な人的被害は認められなかった（危険レベル5）．

　1986年4月26日，チェルノブイリ原子力発電所4号炉が炉心溶融（メルトダウン）ののち爆発し，放射性降下物によってウクライナ・白ロシア（ベラルーシ）・ロシアなどが汚染された．ソ連政府の事故対応が悪かったため，事故が大規模化したともいわれる．被災者数は明確ではないが，事故時に多数の死者が出ただけ

でなく，土壌汚染によって膨大な数の人びとが身体に異常を発しているといわれている．ただし，現在に至るまで，その全容は明らかでない．

　ベックが前記『危機（リスク）社会』を出版したのは，まさにチェルノブイリ事故が起こった年であった．

　ベックの指摘する〈リスク〉は，現代世界システムの高度な複雑性によって生じる「可能性としての危険」であり，その発現の可能性はきわめて低い（「想定外」）が，いったん発現すれば恐ろしい破局をもたらすような危険である．またその危険が発現したとき，（これまで一般に考えられてきた社会問題とは異なり）被害者と加害者が区別されない，すべての人がその被害を受けてしまうような危険をさす．チェルノブイリも，9.11 も，福島原発事故も，この「発現してしまった〈リスク〉」なのである．

　チェルノブイリ事故は，その後，1989 年の予兆となるものであった．

　9.11 は，一時的に時の大統領ブッシュの求心力を高めたが，その後のアメリカの衰退の予兆となった．

原子力とリスク社会

　福島第一原発事故で，誰もがすぐ思い浮かべたのは 1986 年のチェルノブイリ原発事故であった．

　奇しくも，東日本大震災の起きた 2011 年は，チェルノブイリ原発事故 25 周年にあたっている．チェルノブイリ原発事故は，原子力エネルギーの脅威の底知れなさを改めて見せつけた．またこのとき，初動において事故に関する情報を隠蔽しようとする動きがあったと批判され，1991 年のソ連崩壊の伏線となったとも評されている．

　チェルノブイリ原発事故と同じ 1986 年，ドイツの社会学者ウルリッヒ・ベックは，「リスク社会」という重要な概念を提示した．ベックは次のように 20 世紀末から始まる「リスク社会」を論じている：

> 二十世紀末近くになって，自然は征服され，誤った利用がなされた．そして，それに伴い，人間の外側の現象であった自然が内側の現象へと変化し，昔から存在していた自然現象が造られた現象へと変化したのである．（中略）その結果，自然は産

業システムの内部に組み込まれた．（中略）産業システムの内部に組み込まれた第二の自然がもたらす脅威に対しては，われわれはほとんど無防備である．（中略）危険は，風や水と共に移動し，あらゆる物とあらゆる人の中に潜り込む．そして危険は生命にもっとも不可欠な物の中にも潜んでいる．例えば，呼吸のための空気，食料，衣服と住居の中に．（Beck 1986 = 1998: 4-5）

この著作が事故以前に書かれたものであるにもかかわらず，読者たちにとって，この記述はチェルノブイリ原発事故についてまさに書かれたものであると受け止められた（そのためこの本は，学術書であるにもかかわらず，数万部を売上げるベストセラーとなった）．

ベックはさらにいう：

ありとあらゆるものの中に潜むことができる危険は，生きていく上で必要な空気，食物，衣服，住まいの調度品などとともに厳しく監視されている危険の保護区内に入り込んでしまう．この点に，危険と社会的な富との相違が見られる．富は魅力的であるが，忌み嫌って所有しないことも可能である．（中略）これに対して，危険や被害は知らない間にそこかしこに忍びこんで，個人の自由な（!）決定に阻まれることもない．この意味で，危険が今までとは異なった形で強制的に割り当てられることとなったのであり，いわば一種の「文明社会の宿命としての危険状況」が生じている．（Beck 1986 = 1998: 59）

この性格により，現代社会の「リスク」は，いったんそれが発現すると，特定の国家や地域に限定されない．あらゆる境界を越えて，グローバル世界に拡散していく．原発事故による放射能汚染の問題は，まさにこの種の「リスク」であり，世界のすべての国がその影響におびえるのである．

日本における原子力リスク——東海村JCO臨界事故

原子力にかかわるリスクに関しては，日本も悲しむべき経験を有している．
ヒロシマ，ナガサキの原爆投下を，われわれは忘れることはできない．
最近では，1999年9月30日に，茨城県那珂郡東海村の株式会社JCO核燃料加工施設内で核燃料を加工中に，ウラン溶液が臨界状態に達し核分裂連鎖反応が発

生した．日本国内で初めて，事故被曝による死亡者を出した臨界事故であった．

　この日，筆者はたまたま北関東の大学で講演をしていた．帰宅しようとすると，常磐線が動いていないらしい．理由がよくわからないまま，なにやら物々しい雰囲気があたりに立ちこめていた．いらいらしながら混雑し始めた駅で立ち尽くしていると，やがて，風のように「東海村が爆発したらしい」「死者が出ているようだ」「このあたりにもすでに放射能が来ているんじゃないか」「われわれも助からないのか」「このあたりまで，首都圏から遮断されるらしい」といったささやきが聞こえてくる．

　家族や知人に電話することもままならず，遠くで響いているサイレンらしき音を，不安のなかで聞いていたことを覚えている．

　この事故に関しては，1999年12月24日，原子力安全委員会から「ウラン加工工場臨界事故調査委員会報告」が出された．その「概要」[19]では，提言として「自己責任による安全確保の向上を不断に目指す社会システムの構築」が挙げられ，冒頭に「原子力の「安全神話」や観念的な「絶対安全」から「リスクを基準とする安全の評価」への意識の転回を求められている．リスク評価の思考は欧米諸国において既に定着しつつあるが，我が国においても，そのことに関する理解の促進が望まれる」と主張されている．

　今回の「福島第一原発事故」において，あたかも初めてのことのように，「安全神話の崩壊」がいわれるのは，いささか無責任のそしりを免れないだろう．

6.　3.11における原発情報の流れ──なぜ情報は流れなかったのか

なぜ福島中央テレビだけが爆発瞬間映像を流したのか

　先にも見たように，福島中央テレビだけは福島第一原発1号機の爆発の瞬間を撮影していた．いいかえれば，この爆発の瞬間の映像は，福島中央テレビのビデオカメラで映されたものしか存在が知られてない．なぜ，NHKを含む他局が，それぞれ，ヘリコプターなどでも撮影隊を出していたにもかかわらず爆発映像が撮れなかったのかという点については，この爆発の直前に発生したかなり大きな地震によって機材が損傷し，撮影機能が失われたためであると説明されている．

一方，福島中央テレビは，原発から 17km 離れた山中に気象情報を得るための情報カメラを設置していた．福島中央テレビにインタビューさせていただいたところでは，1999 年に東海村 JCO 事故があったとき，事故の際には近くに近付けないことがわかった．そこで 2000 年にこの位置にカメラを取り付けたという．もっと原発に近い海沿いに設置されていた他局のカメラは地震の影響で撮影不能になってしまった．福島中央テレビの情報カメラも映す方向をコントロールできなくなっていたが，たまたま爆発した 1 号機の方向を向いていたために，爆発の瞬間映像が映ったのだという．

福島中央テレビは，この件に関して，2011 年 9 月 11 日『原発水素爆発，わたしたちはどう伝えたのか』という短い自己検証番組を放送した．その内容[20]を表 4-4 に示す．ここから見えてくるのは，当時，得られる情報がきわめて限られており，ようやく得られた情報についても，さまざまな考えや思惑が交差している様子である．

しかし，それでも福島中央テレビは，躊躇を超えて，爆発映像を放送した．9 月 11 日の検証番組でも語っているように，「原子力緊急事態宣言が出されている中で，地元のテレビ局としては，あの原発構内で起こったことは，些細なことでも異常があれば，すぐさま報じるべきと考えました．たとえば，あれが火災の小さな炎であったとしても，です．ただ，情報はあれしか，あの映像しかなかった」．それでも，彼らは報道したのだった．

一方，系列キー局である日本テレビの決断はそれより 1 時間以上遅れ，他のテレビ系列の報道はさらに遅れた．

朝日新聞に連載されている「プロメテウスの罠 官邸の 5 日間」（2012 年 1 月 31 日朝刊）によれば，福島中央テレビは日本テレビに全国放送するよう何度も要請していた．これに対して，日本テレビの広報担当部長は，「福島中央テレビは速報性を重視した．日テレにもすぐに映像は届いていた．だが，何が起こっているのか，その分析がない中で映像を流すと，パニックが起こるのではないかと危惧した．映像を専門家に見てもらい，解説を付けて放送した」という（その解説放送の内容が，表 4-1 に示したものである）．

この点について，筆者もいくつもの他の局の方に質問した．「マスメディアは正確な情報を報道しなければならないと教育されてきた．あの時点で，爆発のよ

うに見える映像はあっても，それが本当に爆発なのか，どの程度の被害をもたらすものなのか，わからなかった．裏付けのとれない情報を安易に流すのは望ましくないと考えた」という主旨の回答をほぼ一致してしていただいた．

確かにこれまで，マスコミは「情報の信頼性」に強い自負を抱いていた．マスコミが，ネットやクチコミから自らを差異化するのは，「情報の信頼性」であった．「非常時にパニックを起こさないために，大衆は正確な情報だけを信じなければならない」というのは，パニック研究の基本テーゼである．そして，これまで，その「正確な情報」を媒介するのはマスメディアであると，マスメディアは自らをアイデンティファイしてきた．そこには，正統的な手順をふめば「正しい情報」に到達できるとの前提があった．

しかし，東日本大震災では，すべてが「未曾有」で「想定外」であった．担当者も専門家も，全体の状況をはっきりと理解できてはいなかった．「誰にもわからない」ままに，事故は進行していたのである．そうした暗闇での手探り状況の中では，各人が自らの社会的役割をはたすために，自らの責任において決断を下すしかない．福島中央テレビは，まさにそのような決断をした．福島中央テレビの自己検証番組からは，そうした現場の思いがひしひしと伝わってくる．

だが，現場から遠ざかるほど，事実との対峙よりも，踏み出すことへのためらいの方が先に立つらしい．キー局の報道が遅れ，報道しても「これは爆発であるとは必ずしもいえない」といった曖昧な解説がなされるばかりであったのは，こうした「現場との距離」に帰因するのだろう．

表4-4 2011年9月11日『原発水素爆発，わたしたちはどう伝えたのか』（福島中央テレビ）[21]

経過	映像・音声	テロップ
0:00	3月12日福島第一原子力発電所1号機の爆発の瞬間の映像．ナレーション（以下，ナ）「福島中央テレビの情報カメラが捉えた，福島第一原子力発電所1号機の水素爆発の瞬間です．それは，十万人以上が避難し，放射能汚染の不安と戦う日のはじまりでした」	3月12日　福島第一原子力発電所　1号機
0:25	3月14日福島第一原子力発電所3号機の爆発の瞬間の映像．ナ「2日後には3号機も大きな爆発を起こします．世界に大きな衝撃を与えたこれら原発事故の瞬間を，メディアで唯一撮影していました」	3月14日　午前11時1分　3号機

6. 3.11 における原発情報の流れ　　147

0:40	モニターテレビを見るテレビ局員たち． ナ「この事故を，地元テレビ局としてどう伝えようとしたのか，震災から4日間を検証します」	
0:50	3月12日福島第一原子力発電所1号機の爆発の瞬間の映像． タイトル「原発水素爆発——私たちはどう伝えたのか」	
1:07	スタジオ．福島中央テレビ報道部長小林典子． 小林「原子力緊急事態宣言が出されている中で，地元のテレビ局としては，あの原発構内で起こったことは，些細なことでも異常があれば，すぐさま報じるべきと考えました．たとえば，あれが火災の小さな炎であったとしても，です．ただ，情報はあれしか，あの映像しかなかったんですけれども」	原発水素爆発——私たちはどう伝えたのか
1:30	福島中央テレビ局の外観． ナ「午後3時40分，福島中央テレビは，県内の放送を決めます」	原発水素爆発——私たちはどう伝えたのか
1:37	福島中央テレビの3月12日3時40分のローカル放送映像． アナウンサー「先ほど，1分前，福島第一原発1号機から，大きな煙が出ました．大きな煙が出まして，そのまま，えー，北に向かって流れているのがわかるでしょうか」	午後3時40分
1:58	アナウンサー大橋聡子「はい，福島からお伝えします．えー，原発に関するニュースをお伝えします．福島第一原子力発電所のトラブルで，正門の付近では，通常のおよそ20倍の放射線量が確認されました」	NNNで全国放送 午後4時49分
2:19	3月12日福島第一原子力発電所1号機の爆発の瞬間の映像． 大橋「国の原子力安全保安院によりますと，えー，ご覧いただいているのは，午後3時36分の福島第一原発の映像です．えー，水蒸気と思われるものが，福島第一原発から，ぽんと吹き出しました」	NNNで全国放送
2:37	山林．設置された情報カメラ． ナ「世界で初めてとなる原発爆発の瞬間を記録したのは，福島第一原発から17キロ離れた山の中に設置した情報カメラです．福島中央テレビも含め，民放各局やNHKが，もっと原発の近くに設置したカメラが，地震の影響で撮影できなくなる中，このカメラだけが，唯一，撮影し続けたいたのです．あの映像がなかったら，目に見えない放射能の拡散を，私たちはどれだけ実感できたでしょう．そして，政府の発表はいったいどれだけ遅れたのか．私たちは改めて，映像の力を思い知りました」	爆発を撮影した福島中央テレビの情報カメラ
3:28	スタジオ． 小林「世界を駆け巡ることになったこの映像は，福島の人びとの，これまであった平穏な暮らしを，一瞬にして変えてしまった瞬間の映像ともなりました．それだけに私たちは，被災した人たちの気持ちを考えて，この映像の使用を，	

	数日経ってからは，必要最小限に抑えようと決めました．しかし，それがかえって，インターネット上などでは，何らかの圧力があってあの映像を放送しないのではと，憶測を生むなど，映像と情報を伝えることの，さまざまな側面を考えさせられる特別な映像ともなりました」	
4:09	福島市の遠景． ナ「今回お伝えしたのは，わずか 4 日間の検証です．ここから始まった福島と放射能との闘いは，今も続いています」	

首相も知らなかった．住民も知らされなかった．

　もちろんそれは，マスメディアの報道の問題だけではない．

　前掲の朝日新聞連載「プロメテウスの罠」によれば，菅総理すら 1 号機の爆発を知ったのは，3 月 12 日 16 時 49 分に日本テレビが全国放送した爆発映像によってだったという．それまでは単に「白煙が上がっている」とだけ知らされていた．テレビを見た菅総理は，それまで「水素爆発はありえません」と繰り返すばかりだった原子力安全委員会班目委員長を叱責するいとまもなく，直ちに情報収集を命じたという．

　もし，福島中央テレビの映像がなかったら，指導者の耳にさえ，爆発の情報が伝えられるのはどこまで遅れたのだろうか．

　総理にさえ知らされなかった情報は，まさに，福島原発のすぐそばに住んでいる住民たちにも知らされていなかった．

　第 5 章に述べる NHK スペシャル（2011 年 6 月 5 日放送）によれば，そのとき乳児のために給水の行列にならんでいた母親は，突然，背後でポンという音を聞いたという．それが爆発だった．そして何も知らされないまま，「とにかく逃げて」と言われ，逃げたという．爆発によって空気中に拡散した放射性物質がどの方向に流れるのか，その時点で予測されていた（第 2 章参照）にもかかわらず，それも知らされないまま，まさに放射性物質が流れていく方向へ逃げたという．

3 月 11 日から 15 日の原発情報の流れを再考する

　本書の中で，問題のすべてを検証することはできない．

　今後の検討のために，表 4-5 に，3 月 11 日から 15 日までの原発関連情報の流

れの概要をまとめてみた．

　いかに情報の流れが錯綜し，混乱し，伝達が遅れていたかがわかる．

　とくに問題なのは，原発事故の情報が，近隣の市町村に迅速に届いていないことである．まさに生命の危険が迫っている人びとに，自分たちがおかれている状況が知らされていないのは，あまりにも問題である．

　同時に，全体の指揮を執る者に，現場の情報が迅速に正確に伝えられていないことも重大な問題である．

　つまり，東日本大震災と福島第一原発事故のプロセスから明らかにわかることは，現場にいる人びとが懸命な努力を続け，危険を知らせるための情報を発信しているにもかかわらず，それを伝える回路がきちんと機能しなかったことである．なぜ機能しなかったのか．必ずしもそれは，回路を支える人びとが無能であったり，無責任であったりしたからとはいえないかもしれない．ただ，状況を「安全」「問題はない」と信じたい気持ち，「もし問題があると伝えれば危機が現実化してしまう」との恐れが，情報伝達を少しずつ遅らせたという方が正しいだろう．「パニックを回避する」という自己正当化が，本来の意味のリスク・コミュニケーションと取り違えられたといってもいいかもしれない．

　本来のリスク・コミュニケーションとは，ネガティブな情報，つまり自分が信じたくない情報，あり得ないと思う情報についても，冷静に，きちんと，社会全体で共有していく態度をいうのである．

　今後，十分な検証と反省，リスクを正しく伝える情報伝達システムの整備が望まれる．

表 4-5　原発事故報道タイムライン

■3月11日

	事実	東電	国	自治体	報道	ネット
14:46	地震発生		地震と同時に原子力安全・保安院に災害対策本部設置		NHK, 直後に地震報道	ニコ生, 東北地方太平洋沖地震・特番(11日15:00頃～12日17:59)
	1～3号機, 地震により自動停止				各局, 地震報道	
14:48			地震により国会審議中断			
14:49			岩手, 宮城, 福島の各県に気象庁が大津波警報			
14:50			首相官邸危機管理センターに官邸対策室設置		フジテレビ, 地震報道	
14:52				岩手県知事が陸上自衛隊に災害派遣を要請。その後, 宮城, 福島, 青森の3知事も, 陸海空の計約8千人が出動		
14:55						ソフトバンクモバイル, 災害用伝言板(5社一括検索)開始
14:56			菅首相, 官邸に戻る			
14:57						ウィルコム, 災害用伝言板(5社一括検索)開始
15:03						NTTドコモ, イーモバイル, 災害用伝言板(5社一括検索)開始
15:14			警察庁が緊急災害警備本部を設置, 首相官邸危機管理セン			一人の利用者が, NHKの放送画面をUstreamで配信

6. 3.11における原発情報の流れ

時刻	原発・技術事象	連絡・対応	政府・その他	メディア	通信
		ターで緊急災害対策本部			KDDI(au)、災害用伝言板(5社一括検索)開始
15:21	大熊町に津波到達				
15:30	千葉県のコスモ石油精油所から出火				
15:35	ディーゼル発電機故障停止				
15:41	1～3号機10条通報				
15:42	全交流電源喪失	→16:30頃までに東電より大熊町へ電話連絡			
15:45	オイルタンクが大津波で流出				
15:46					NTT東日本・西日本、災害用ブロードバンド伝言板(web171)開始
16:00		気象庁が1回目の記者会見。M8.8の地震を「平成23(2011)年東北地方太平洋沖地震」と命名 福島県が陸上自衛隊に災害派遣要請			
16:12		全閣僚出席の緊急災害対策本部			
16:25			石原都知事、記者会見		
16:34		→17:10、県から大熊町へ電話連絡		テレビ東京、総理官邸より記者レポート	
16:36 (16:45 NHK)	ECCS注水不能(1、2号機の緊急炉心冷却装置が使用不能に)	福島第一原子力発電所1、2号機にて同法第15条事象発生判断(16:45通報)		TBS、「菅総理開始もなく会見」のテロップ	
16:36				テレビ東京、総理官邸より記者レポート	
16:40				テレビ朝日、総理官邸より記者レポート、緊急災害対策本部の映像(～43)	
16:40				日本テレビ、総理官邸より記者レポート、緊	

事実	東電	国	自治体	報道	ネット	
				急対策会議の映像（~42）		
					（発災約2時間後 Google Person Finder 開始（~10月30日）	
				NHKで、東電の「全交流電源喪失」通報を、「冷却用の非常用ディーゼル発電機の一部が使えなくなった」という表現で報道（テレビで最初）（音声のみ）		16:47
				日本テレビ、総理会見会場のライブ映像「総理記者会見は55分からの予定」（一瞬）		16:48
				テレビ東京、総理官邸より記者レポート		16:50
				TBS、右上テロップで速報 菅総理animが間もなく会見		16:53
				日本テレビ、記者会見会場ライブ（~57）		16:53
				テレビ朝日、記者会見会場中継（~54）		16:53
		菅直人首相が記者会見し「国民の安全確保と被害を最小限に抑えるため政府として総力を挙げる」と強調		NHK、右下小窓で総理記者会見中継（~58）		16:54
		引き続き枝野長官記者会見				16:57
				日本テレビ、枝野長官会見中継		16:59
		「官房長官記者発表「首都圏の皆様への発表について」			NHK_PRがNHK震災報道のUstream、ニコ生を介した同時再送信をツイート	17:40
					TBS、Ustreamで「ニュースバード」を公式同時配信	17:42
					NTT東日本、西日本、災害用伝言ダイヤル開始	17:47
				NHK安否情報放送受付開始（18:30 放送開始）	NHK、Ustreamに特別措置として放送画面の同時配	18:00

6. 3.11における原発情報の流れ　153

時刻				信を認める旨連絡
18:08	福島第二原子力発電所1号機(炉心損傷開始), 第10条通報			
18:20		官邸で与野党首会談		
18:33	福島第二原子力発電所1, 2, 4号機, 第10条通報			
18:51		政府調査団が自衛隊ヘリで防衛省から宮城県に出発		
19:00				ニコ生, NHK総合(1ch)【東北地方太平洋沖地震・特別対応】(〜13日1:30)
19:00		福島県南相馬市で多数の家屋が倒壊と警察庁		ニコ生, フジテレビ(8ch)【東北地方太平洋沖地震・特別対応】(12日17:34)
19:00			テレビ東京, 総理官邸記者レポート	
19:03		原子力緊急事態宣言		
19:10				テレビ神奈川, Ustream同時配信開始
19:11			TBS, 福島県富岡町(福島第一原発)の津波の映像	
19:15			フジテレビ, 富岡町津波発生時映像(19:17, 18にも再度)	
19:20			テレビ東京, 災害伝言板アドレス表示	
19:23		第3回緊急災害対策本部		
19:30		自衛隊に原子力災害派遣命令		
19:40				NHK, ニコ生で同時配信開始
19:44		官房長官記者発表「原子力緊…」		

154 第4章 原発リスクと報道

	事実	東電	国	自治体	報道	ネット
			緊急事態宣言について 緊急災害対策本部について			
19:45					テレビ東京、枝野長官会見中継(〜53)。福島第一原発のライブ映像 かなり浸水	
19:45					TBS、枝野長官会見ライブ16時36分。第15条通報」(〜52)、アナ「まとめますと、放射能が漏れていることはない。万全の方策をとっている」	
19:45					フジテレビ、枝野長官記者会見(〜56)、801まで解説	
19:45					テレビ東京、枝野官房長官記者会見(〜53)	
19:45					TBS、枝野長官記者会見(〜52)	
19:47					NHK、枝野長官記者会見(〜53)	
19:51					日本テレビ、枝野長官記者会見(〜51)	
19:52					日本テレビ、総理官邸記者レポート、与野党会談(18:20)、映像(〜54)	
19:53					NHK、原発関連ニュース(福島第一原発映像)(〜59)	
19:56					テレビ朝日。総理官邸から記者によるレポート	
19:57					テレビ朝日、テロップで「政府「福島第一原発で放射能漏れの恐れ」」	
19:58					テレビ朝日、枝野会見映像(〜59)	
20:00頃	1号機、圧力容器破損(保)					
20:02					フジテレビ、福島テレビから中継。「東京電力から県の災害対策本部に入った情報によると、放射能漏れはなし。国の安全保安院によると、福島県内の原発はすべて運転停止。ECCS作動」	

6. 3.11における原発情報の流れ　155

時刻					
20:10			20:09〜スタジオ、解説、藤田祐幸「原子炉は止まったとしても、冷却しないと、「メルトダウン」という状態になる。原子炉自体が水に触れたりすると、水蒸気爆発という大変な災害になる。電源車が向かっていると思われるが、すでにメルトダウンが始まっているのではないかと心配している」「こうした事態は1分1秒で進行する。すでに6時間経っているので非常に心配」(〜12)		
20:10	気仙沼で大規模火災発生を陸上自衛隊ヘリが確認				
20:22		内閣官房長官指示「帰宅困難者の対策に全力を挙げるため、駅周辺の公共施設を最大限活用するよう全省庁は全力を尽くすこと」			
20:45			テレビ東京、総理官邸記者レポート		
20:49			テレビ東京、総理官邸記者レポート	フジテレビ、Ustreamとニコ生で同時配信開始	
20:50					福島県対策本部は、福島第一原子力発電所1号機の半径2kmの住人に避難指示を出した(2km以内の人は1,864人)
21:00	首都圏ターミナル駅で通勤客足止め(警視庁発表)				
21:08	1号機、建屋内で高放射線量				
21:10			テレビ東京、総理官邸記者レポート		
21:10					福島県が東京電力福島第一原発2号機から半径2kmの住民に避

時刻	事実	東電	国	自治体	報道	ネット
21:10				難を呼びかけ	フジテレビ、「福島県によると、燃料棒が露出、放射能漏れの恐れ、近隣住民に避難要請」（~21:14）	
21:16					テレビ東京、「福島原発　今後放射能漏れの可能性」「福島県　半径2キロ以内の避難要請」（~21:17）	
21:18					テレビ東京、「福島原発　今後放射能漏れの可能性」「福島県　半径2キロ以内の避難要請」（~21:19）	
21:19					テレビ朝日、ニュース速報テロップ「福島第一原発2号機の半径2キロの住民に避難要請　放射能漏れの恐れ」	
21:22					テレビ朝日、KFB福島放送の中継。「福島第一原発2号機は原子炉の水位低下により、半径2km以内の住民に避難要請」	
21:23					テレビ朝日、ドラロップ「福島原発　放射能漏れの状態ではない」「東京電力「福島第2原発1号機で緊急炉心冷却装置が作動」」21:24「福島第一原発　放射能漏れの恐れ、周辺住民に避難要請」	
21:23			国が3km圏内避難指示、10km圏内屋内退避を指示、陸自化学防護隊が出動	→大熊町、国・県から連絡なし、テレビで知る	TBS、「福島県は福島第一原発から半径2キロ以内に避難指示」	
21:23					フジテレビ、「福島県は第一原発から半径2キロ圏内の住民に避難指示」（~21:24）	
21:25					日本テレビ、速報「福島第一原発2号機　半径2km以内は避難を」（~21:27）	
21:27					テレビ朝日、官邸から記者レポート。「今官邸には、枝野官房長官のほか、原	

6. 3.11における原発情報の流れ

時刻						
21:30	子力担当の海江田経産相大臣や、防災を担当する松本防災担当大臣もいて、つい15分前ですけれども、原子力安全委員会の担当者二人が急遽官邸に入って、福島の問題について対応を協議しています。政府としては、緊急事態宣言を発出したということ＝外部へ漏れたことはないとしていて、放射能物質が外部へ漏れたことはないとしていて、冷静に対応するようにもとめています」					NHK、Ustreamで同時配信開始
21:31		日本テレビ、速報「福島第一原発2号機「半径2km以内は避難を」」燃料棒露出の恐れ。IAEAは国際緊急事態レベル立ち上げ」（～21:33）				
21:31		フジテレビ、「まもなく官房長官記者会見」「福島県は第一原発から半径2キロ圏内の住民に避難指示」（～21:35）				
21:36		テレビ朝日、枝野官房長官記者会見映像（無人）（一瞬）				
21:33～22:00			大熊町、防災行政無線などで周知			
21:40		テレビ東京、官邸レポート「まもなく枝野記者会見、官邸では、海江田大臣と原子力安全委員会が、菅総理に原発の状況を説明」				
21:44		テレビ朝日、KFB記者とライブ				
21:44		TBS、「福島県は福島第一原発から半径2キロ以内に避難指示」（～21:46）				
21:47		テレビ東京、「福島原発 今後放射能漏れの可能性」「福島県 半径2キロ以内の避難要請」「現時点では放射能漏れはない。その後解説」（～21:48）				

	事実	東電	国	自治体	報道	ネット
21:51					フジテレビ、経産相前から保安院レポート「放射能漏れ恐れなし」。引き続き枝野記者会見ライブ半径3キロ以内屋内退避、3〜10キロ屋内退避」(〜22:01)	
21:52			官房長官発表「原子力災害対策特別措置法の規定に基づく住民への避難指示について」		日本テレビ、枝野官房長官記者会見ライブ中継(〜21:56)、その後解説(〜22:03)	
21:52					TBS、枝野長官会見「21時23分、3キロ以内避難指示、3〜10キロ屋内退避」(〜22:01)	
21:52					テレビ朝日、枝野長官会見「21時23分、3キロ以内避難指示、3〜10キロ屋内退避」	
21:52					テレビ東京、枝野長官会見「放射能漏れの恐れ、半径3キロ以内避難指示、3〜10キロ屋内退避」+説明(〜22:02)	
21:53					NHK、官房長官ライブ半径3キロ以内屋内退避、3〜10キロ屋内退避指示+まとめ・解説(〜22:02)	
21:54	2号機、水位計が復帰、原子炉内の水位低下を確認					
22:13					日本テレビ、福島中央テレビと中継。「福島第一原発3km以内避難指示」(〜22:15)	
23:00	1号機、タービン建屋内で高放射線量					

■ 3月12日

	事実	東電	国	自治体	報道	ネット
0:00頃				大熊町、電話連絡「国		

時刻						
0:00	1号機、非常用設備で原子炉冷却。2号機、仮設電源で原子炉推移の安定を確認	緊急災害対策本部「平成23年(2011年)東北地方太平洋沖地震に伴う帰宅困難者の一時滞在施設について」	文省がバス70台手配			
0:15		官房長官記者発表 非常用炉心冷却装置による注水が不能な状態が続いておりますが、放射性物質の放出はありません。現在、復旧に向けて関係機関が全力を挙げております」		各局、官房長官記者会見ライブ中継		
0:30	1号機、原子炉格納容器内の圧力が設計上の最高値を超えた可能性				テレビ朝日、Ustreamで同時配信開始	
0:36		菅首相は地震を受けて、オバマ大統領と約10分間、電話で会談				
0:49	1号機の格納容器圧力異常上昇					
1:20		1号機、15条通報	大熊町に連絡なし			
1:49					赤十字国際委員会 ファミリーリンク(災害時伝言板)開始	
2:20				NHK、「福島第一原発1号機の格納容器内の圧力上昇、損傷の恐れ」と報道		
3:00	格納容器内の圧力を弁を開放して下げる方針	オバマ米大統領が記者会見で「心が痛む」と地震の犠牲者に哀悼の意を表明				
3:22	第一原発1号機の格納容器内の圧力を下げるために弁を開	海江田万里経済産業相が福島				

160　第4章　原発リスクと報道

	事実	東電	国	自治体	報道	ネット
3:25			〈と発表（共同）〉官房長官記者発表「内部の圧力を放出する措置」		NHK、官房長官記者会見	
4:09		新潟県の柏崎刈羽原発は運転継続と東京電力				
4:10	正門付近で0.5μSv/h					
4:15	圧力容器の圧力上昇					
4:30			原子力安全・保安院が、第一原発1号機の格納容器の圧力が設計値の7倍に上昇、と発表			
5:22		福島第二原子力発電所1号機、第15条通報				
5:30	第一原発1号機圧力容器破損					
5:32		福島第二原子力発電所2号機、第15条通報（第二原発圧力抑制機能喪失と判断）				
5:44	首相10km圏内避難指示		原子力災害対策特別措置法に基づき、福島第一原子力発電所で発生した事故に関し、内閣総理大臣より関係地方公共団体に対し、福島第一原子力発電所から半径10km圏内の住民に対する避難指示			
5:48					日本テレビ、午前3時の枝野会見を放送	

6. 3.11における原発情報の流れ　161

時刻					
5:54					13キロ以内の避難、10キロ以内の屋内退避」字幕も
5:57					フジテレビ、「菅首相まもなく視察へ」、ヘリのライブ映像
6:00		首相補佐官から大熊町長に電話			TBS、「東電、容器弁の開放を検討。3キロ以内の避難指示。10キロ以内の屋内退避」
6:01	福島第二原発の原子炉3基でも冷却装置異常と国に通報			保安院が、第一原発正門前の放射線量が通常時の約8倍、1号機の中央制御室で約千倍と公表	
6:07	福島第二原子力発電所4号機、第15条通報				
6:08			菅総理、ヘリ視察直前会見「現在、10km圏内避難指示を出した」と言及		TBS、菅総理会見中継（ヘリ視察）（〜6:09）、フジ（6:08〜6:11）、日本テレビ（〜6:10）、テレビ朝日（〜6:09）、いずれも避難区域拡大に言及せず
6:10					NHK、菅総理会見映像「10キロ圏内避難指示」放送
6:13					TBS、飛び立つヘリの映像。14分明「10キロ圏内避難指示」に言及。ただし、混乱しており、曖昧なまま
6:14		首相が陸自ヘリで原発視察に出発（サンケイ）			日本テレビ、総理「10キロ圏内避難指示」報道
6:19		首相が福島第一原発などヘリ視察するためヘリコプターで官邸を出発（共同）			
6:19		原子力安全・保安院は、菅直人首相の指示により午前5時44			

162　第4章　原発リスクと報道

事実	東電	国	自治体	報道	ネット
6:25		分、福島第一原発周辺の避難指示区域を半径3kmから10kmに拡大と発表			
6:25		原子力安全・保安院は福島第一原発の正門付近の放射線監視装置で通常の8倍以上の放射線量検出と発表			
6:26				日本テレビ、東京電力によると圧力容器の圧力上昇.」総理「10km圏内避難指示」報道	
6:30〜8:00			大熊町、防災行政無線で周知		
6:36				NHK、「10キロ圏内避難指示」報道	
6:38		原子力安全・保安院によると、福島原発1号機の中央制御室で検出された放射線量は通常時の約千倍		TBS、速報第一発正門で通常の8倍の放射線量」	
6:38				テレビ朝日、速報「福島第一原発の放射線量が上昇。政府は6時前に避難指示を半径10キロまで拡大」引き続き首相官邸前から記者レポート	
6:39				日本テレビ（福島中央テレビ）、「福島第一原子力発電所ではトラブルが起きまして、国が住民に避難を指示し、東京電力が復旧作業を進めています。圏内にニつある原子力発電所のうち、福島第一原発の1号機では、原子炉を格納する格納容器の圧力が上昇しています。このまま圧力が上昇し続ければ、容器が壊れる恐れがあるとしまして、容器の中の放射性物質を含んだ水蒸気を外へ放出して圧力を下げる作業を検討しています。水蒸気はフィルターを通すため、放出される放射性物質はわずかだということで	

6. 3.11における原発情報の流れ

時刻					
6:40〜				海江田経産相が原子炉等規制法に基づき、原子炉等への災害防止措置を東京電力に命令	す。同じ第一原発の2号機と3号機でも圧力が上昇している恐れがあります。東京電力が対応を検討しています。国の指示に従い、避難や屋内に退避したりすれば、安全は確保されると説明しています。いずれも熊町と双葉町の住民に避難指示が出ています。福島第一原発の半径3キロ以内から、これまでの半径10キロ以内の住民に拡大されました」
6:42	浪江町、防災行政無線・広報車で周知				
	浪江町、避難所に住民誘導				
6:48		日本テレビ（福島中央テレビ）、6時39分の情報を反復			
6:50			テレビ朝日、テロップの\ル福島第一原発\ル放射能数値8倍に」。ただしメイン放送は、仙台上空からのヘリリポート		
6:53			NHK、原子力安全・保安院「放射性物質が漏れはじめているが直ちに人体に影響はない」		
6:53			フジテレビ、保安院第一原発1号機中央制御室で通常の千倍の放射線量。正門近くて8倍」		
6:57			日本テレビ、「保安院によると、内部で通常の千倍の放射線量を計測。10キロ以内の人は地元自治体の指示に従って避難してください」		
7:00	首相、ヘリから被災地状況把握				

第4章 原発リスクと報道

時刻	事実	東電	国	自治体	報道	ネット
7:05					NHK、「南三陸町の学校庭に SOS」をヘリから発見	
7:11			首相が福島第一原発に到着			
7:16					TBS速報、「保安院による中央制御室で通常の千倍の放射線量」	
7:21					日本テレビ、「東電と保安院によると、正門付近で通常の8倍、中央制御室の漏れがあると思われるが、健康への被害はない」	
7:40	正門付近で5.1μSv/h					
7:40		福島第二原発の1、2、4号機で、非常時の冷却機能を喪失したと国に報告と東京電力				
7:45			内閣総理大臣より、福島県知事、広野町長、楢葉町長、富岡町長および大熊町長に対し、福島第二原発から3km圏内避難指示、10km圏内屋内避難指示			
7:48					テレビ東京、「保安院によると、正門付近で通常の千倍の放射線量。中央制御室の漏れがはじめて確認された。東電によると、2号機もトラブル。政府は、初の原子力緊急事態宣言。10キロ圏内に避難指示」	
7:50					日本テレビ、「東電と保安院によると、正門付近で通常の8倍、中央制御室で通常の千倍の放射線量。放射性物質の漏れがあると思われるが、健康への被害はない、避難して」	

6. 3.11における原発情報の流れ

時刻			
8:08			〈ください〕日本テレビ、繰り返し
8:12	第4回東北地方太平洋沖地震緊急災害対策本部会議		
8:17			TBS.「通常の千倍の放射線量。漏れの可能性。健康に被害の出るレベルではない。プールの温度上昇」(～8:21)
8:30	第4回緊急災害対策本部		
8:37	福島第一原発の半径3km以内に住む約3千人の避難が6時過ぎに完了と防衛省		
8:56			TBS、官邸の動きを報道
9:08	政府が、福島第二原発から半径3km以内の範囲に避難、10km以内に屋内退避を指示		
9:11	経済産業省原子力安全・保安院が東京電力に対し、福島第一原発1、2号機の格納容器内の蒸気を外部に放出するよう命令		
9:12			TBS、速報 福島第二原発。緊急事態宣言。3キロ以内避難指示。3～10キロ以内屋内退避〕
9:16	官邸で原子力災害対策本部の会合		
9:28		福島第一、第二原発周辺の双葉町、大熊町、富岡町(いずれも福島県)が全町民を避難区域外への避難をさせ始める	
9:30	1号機の水位低下			

166　第4章　原発リスクと報道

	事実	東電	国	自治体	報道	ネット
9:51			枝野幸男官房長官が被災地のうち岩手県の住田町、大槌町と連絡が取れていないと発表		TBS、官房長官会見中継	
9:51					NHK、官房長官記者会見を小窓で中継（メイン画面は宮城石巻でライブ中継）	
10:00						とちぎテレビ、Ustream配信開始
10:12			枝野幸男官房長官は原発の蒸気放出について「管理された状況での放出は万全を期すため、落ち着いて退避してほしい」			
10:17		1号機でベント作業着手				
11:00			視察を終えた首相が官邸で記者団に「あらためて津波の被害が大きいと実感した」			
11:14			政府が東北地方の一部での統一地方選実施を延期する手続きに			
11:34		福島第一原発2号機のタービン建屋の外壁に2mのひびが入っていると作業員				
11:50		福島第二原発1、2号機でも原子炉格納容器内の蒸気を放出する作業が始まる				
11:52			首相は緊急災害対策本部会議			

6. 3.11 における原発情報の流れ

時刻							
11:56	東京電力は電力不足のため、地域的に停電を限定し計画的に停電を行う「輪番停電」を実施する可能性が高いと発表						で救援活動に当たる自衛隊員を約5万人に拡大したことを明らかに
11:56		首相は緊急災害対策本部会議で福島第一原発に関し、「微量の放射能が出ている。国民の健康を守る態勢を取りたい」					
12:13	福島第一原発の正門付近の放射線量が午前9時10分現在で通常時の70倍以上に達したと東京電力						
12:26			福島第一原発1号機で、炉心の水位低下による燃料の露出が午前11時20分現在で最大90cmに達したと原子力安全・保安院				
13:00〜				浪江町、町独自に20km県外への避難指示。住民を津島地区へ			
14:00〜			保安院・中村審議官が炉心溶融の可能性ありと発表	浪江町、役場を津島支所へ			
14:12					原発周辺でセシウム検出		
14:14			原子力安全・保安院が福島第一原発1号機周辺で放射性物				

168　第4章　原発リスクと報道

時刻	事実	東電	国	自治体	報道	ネット
14:16					NHK、速報 福島第一原発で放射性物質のセシウムを検出と発表。炉心の燃料溶け出たか　保安院	
14:30		1号機でベントによる蒸気放出		大熊町、浪江町に連絡なし	NHK、速報 福島第一原発で放射性物質を検出。炉心の燃料溶け出たか　保安院と反復	
14:36					NHK、14:30の情報を反復　大熊町から田村市への避難の状況	
14:48					NHK、14:30の情報を反復	
15:00					NHK、「保安院によると、福島第一原発で放射性物質を検出。炉心の燃料溶け出たか。燃料集合体が最大約1m70cm露出。格納容器から水漏れ否定できず。避難の範囲を広げる必要はない」(〜15:08)	
15:01			首相官邸で与野党党首会談			
15:12			福島第一原発の避難指示区域について「半径10km以内に変更なし」と原子力安全・保安院			
15:24			原子力安全・保安院会見「東電は14時からベント、1号機の圧力急降下。モニタリング値上昇。ベント成功と考えられる」		NHK、原子力安全・保安院会見中継(〜15:30)	
15:29	北西敷地境界で1015μSv/h					
15:30				大熊町、役場撤収		日経ウェブ版で福島第一原発「炉心溶融が進んでいる可能性」保安院と報道
15:30過ぎ						
15:36	1号機、水素爆発で「直下型の大きな揺					

6. 3.11における原発情報の流れ　169

時刻	建屋破損			
15:40	れが発生し、1号機付近で大きな音があり、白煙が発生し、東電社員ら4人がけが	大熊町、浪江町に1号機爆発の連絡なし。テレビで知る		福島中央テレビ、1号機爆発映像を放送
15:55				NHK、15時24分までのニュースのまとめ（〜15:58）
16:06			福島第一原発1号機の圧力容器内に東電が消防ポンプで海水を直接注入、冷却するよう原子力安全・保安院が発表	NHK、これまでの原発ニュースのまとめ（〜16:09）
16:17			特別措置法第15条第1項に基づく特定事象（敷地境界放射線異常上昇）が発生したと判断	
16:46				NHK、政府の動きまとめ（統一地方選、福島調査団）（〜14:48）
16:47				テレビ東京、「福島県警によると、1号機で爆発音が聞こえ、煙のようなものが出ていることから、半径10キロ以内から至急避難要請」
16:49			菅総理、テレビで1号機爆発を知る	日本テレビ系列で、福島中央テレビの1号機爆発映像を全国放送
16:50				フジテレビ、「福島県警によると、第一原発1号機から爆発音が聞こえる。白い煙が出ている。半径10キロ圏内の住民に避難要請」との情報
16:52				NHK、「保安院などによりますと、福島第一原子力発電所で、今日、午後4時頃、1号

事実	東電	国	自治体	報道	ネット
17:00	15時29分に発生した敷地境界放射線異常上昇を通報			機のあたりで、爆音音が開こえた後、煙のようなものを目撃したという情報が、原発にいた人から寄せられました。原子力安全・保安院は、まだ詳しいことはわかっていないということで、状況を調べています。東京電力福島事務所は、先ほどから会見し、午後3時半頃、福島第一原発の周辺で、ドンという爆発音がした。その10分後に、白い煙のようなものが見えるとの情報が入った。作業員数人が見えるなどと話しています。まだ、福島県警察本部が、情報の確認を進めています。今ご覧いただいているのは、福島第一原発の午後2時頃の映像です。繰り返しておしえします。(反復)。(1653 画面映像が午後4時40分頃のものにかわる)。「ご覧いただいているのは、福島第一原発の午後4時40分頃の映像です。この映像で見る限り、煙のようなものは確認することができません。(福島事務所からの情報を反復)関村教授による解説。TBS速報「午後3時半頃、第一原発で爆発音。白い煙。数人負傷」(〜山崎記者。1655〜1654)	
17:11				NHK、第一原発1号機で建屋が吹き飛んだ映像を放送、専門家が建屋内にたまった水素ガスの爆発に言及 テレビ朝日、「午後3時半頃、爆発音、白い煙、数人負傷」と報道	
17:12			福島第一原発1号機の建屋爆発について冷		

6. 3.11における原発情報の流れ

時刻						
17:39	総理大臣より、福島第二原発半径10km圏内の住民に避難指示		冷却用の水素ガスの爆発があったとみられ、詳しくは調査中」との連絡を東電から受けたと福島県富岡町			
17:50				日本テレビ、爆発の瞬間映像を多用した原発報道（～18:47）		
17:50		福島第一原発1号機の敷地内の放射線量が1時間に1015マイクロシーベルトと、一般人が年間に受ける限度量に相当する値を示したと福島県				
17:50	枝野幸男官房長官が何らかの爆発的事象があった。放射性物質の数値は想定の範囲内」				NHK、その他各局、官房長官会見ライブ（～18:01）	
18:01	原子力安全・保安院の会見。「映像を見る限りの情報しか得られていない」				NHK、保安院会見に切り替え（～18:10）。その後スタジオ。山崎記者、関村教授（～18:12）。その後先の官房長官会見ビデオ（～18:30過ぎ）（～18:22）。他局も保安院会見中継	
18:25	総理大臣より、福島第一原発半径20km圏内の住民に避難指示		大熊町に連絡なし（人づてで知る）。浪江町に連絡なし。テレビで知る、南相馬市に連絡なし。テレビで知る			
18:30			福島県庁が、「首相からの指示で、福島第一、第二原発から半径			

172　第4章　原発リスクと報道

事実	東電	国	自治体	報道	ネット
18:49			20km圏内に避難指示と発表		
19:00 過ぎ			防災行政無線・広報車で周知。住民を避難所に誘導	日本テレビ、爆発の瞬間映像を多用した原発報道（～18:55）	
19:04	1号機に海水注水を開始。その後、中性子を吸収するホウ酸注入も実施				
19:09				NHK、「20キロ圏内避難指示」チャイム付字幕スーパー	
19:12				日本テレビ、「福島県によると、第二原発から半径20キロ圏内に避難指示エリアに拡大」IAEA安全局長緊急会見へ」。これまでのまとめ（～19:30）	
19:20			福島県が、「首相からの指示は、福島第一原発半径20km圏内に避難指示、第二原発からは半径10km以内を維持」と訂正		
19:27				NHK、「20キロ圏内避難指示」チャイム付字幕スーパー	
19:37				NHK、「1号機で、日本初の炉心溶融発生」と報道（～18:48）	
19:39				日本テレビ、避難区域前報道修正「福島第一原発から20キロ圏内に避難指示、第二原発からは10キロ圏内維持」。これまでのまとめ（～19:45）	

6. 3.11における原発情報の流れ 173

時刻					
19:55	福島第一原子力発電所1号機の海水注入について総理指示				
19:58	福島第一原子力発電所第1号機の海水注入等を命じた				
20:05					NHK, 原発関連情報まとめ（〜20:13）
20:13					日本テレビ, これまでの原発情報まとめ報道（〜20:22）
20:20		福島第一原子力発電所1号機の海水注入を開始			
20:29					NHK, 総理記者会見会場ライブ中継
20:31					日本テレビ, 総理記者会見会場ライブ中継
20:32			総理大臣記者会見. 関係機関は全力を挙げて人命救助・救援活動をしてほしい		
20:41			官房長官記者会見. 福島第一原発の爆発について「炉心の水が足りずに発生した水蒸気が水素となって酸素と合わさったため、格納容器に損傷はなく、外部の放射線物質は爆発のほうがむしろ少ない」と枝野官房長官		NHK, 官房長官記者会見ライブ中継［水素爆発も格納容器損傷せず. 避難範囲20キロに］（〜20:53）. 山﨑記者による解説ベント成功」（〜20:54）
20:41					日本テレビ, 官房長官記者会見ライブ中継（〜20:55）. その後, 解説（〜21:05）
21:00					NHK, 原発情報まとめとニュースと解説（〜21:22）
21:09					日本テレビ, 福島中央テレビによる現地報告（〜21:26）
22:15頃				福島県楢葉町と大熊町で震度5弱の地震	
23:03			原子力安全・保安院担当者が		

事実	東電	国	自治体	報道	ネット
23:15		「環境中の放射線モニタリングの値が下がっており、現時点で炉心溶融が進行しているとは考えていない」			
23:31		福島第一原発の3km圏内から避難してきた3人が被ばくしていたと福島県			
		福島第一原発1号機の事故は、原子力事故・トラブルの国際評価尺度で1999年の東海村臨界事故に匹敵する[レベル4]に相当すると原子力安全・保安院担当者			
23:34				NHK, ネットを介した情報収集を紹介	
23:39				NHK,「福島双葉町の病院 患者3人被曝」報道	
23:55				テレビ東京, 定時のアニメ番組を放送 (震災後最初の定時放送)	

■3月13日

事実	東電	国	自治体	報道	ネット
0:04					NHK, Yahoo!で同時配信開始
0:30					NHKワールド, Ustreamで同時配信開始
4:00					ニコ生, 経済産業省 原子力安全・保安院記者会見(〜7:00)
5:38	電源および注水機能の回復と、ベントの全注水機能喪失のため、原	福島第一原子力発電所3号機			

6. 3.11における原発情報の流れ

時刻	事項
8:00	3号機の水位が低下のための作業を実施中／子力災害対策特別措置法第15条に基づく特定事象と判断した旨の通報受信
9:08	福島第一原子力発電所3号機の圧力抑制および真水注入を開始
9:20	3号機でベントによる蒸気放出
9:30	福島県知事、大熊町長、富岡町長、双葉町長、浪江町長に対し、放射能除染スクリーニングの内容について指示
9:38	第一原発1号機、15条通報
13:12	3号機に海水注入
14:25	第一原発、15条通報
15:27	内閣官房長官記者会見 東京電力福島第一原子力発電所第3号機について
15:41	福島第一原発3号機について「水素が建屋の上部にたまっている可能性を否定できない。爆発の可能性がある」と枝野幸男官房長官
16:31	福島原発の緊急事態を受け、医師や線量測定の専門家ら計17人を福島市に派遣と放射線医学総合研究所

176　第4章　原発リスクと報道

	事実	東電	国	自治体	報道	ネット
16:50			内閣官房長官記者会見「東京電力、東北電力管内における電力供給設備について」			
16:58			連動行政刷新担当相を節電啓発担当相に任命すると官房長官			
17:00						ニコ生、原子力資料情報室の福島原発に関する記者会見（～18:30）
17:30		第一原発3号機の原子炉内の水素ガスを抜くと発表				
19:59			菅首相は電力不足に対応し「東京電力が14日から計画停電の実施を了承した」と表明			
20:00		清水正孝 東京電力社長 記者会見(20:20～)	内閣官房長官記者会見			ニコ生、清水正孝 東京電力社長 記者会見（～23:03）
20:11			菅首相が今回の震災対策を考えて「追加的な法律措置を考えている」と特別立法の検討を表明			
20:31		東京電力の清水正孝社長が会見で謝罪、辞任は否定				
23:15			内閣官房副長官記者発表			

■ 3月14日

	事実	東電	国	自治体	報道	ネット
0:00過	計画停電で交通機関などに影					

6. 3.11における原発情報の流れ　177

時刻						
き		響が出るとして、通勤や通学、外出をなるべく控えるよう国土交通省が呼びかけ				
4:00						フジテレビ, Ustream, ニコ生の同時配信終了
5:15		内閣官房長官記者会見［計画停電の実施について］				
6:30			東京電力が計画停電の開始を午前10時以降に遅らせると発表			
6:50	3号機の圧力上昇					
7:09				東京電力が福島第一原発の敷地で放射線量がまた制限値を超えたとして、原子力災害対策特別措置法に基づく緊急事態を国に通報		
8:30頃	3号機、圧力容器破損 (東)					
9:20					NHK, 東京電力の会見を中継（計画停電について）(〜9:25)	
9:32					NHK, 保安院の記者会見（第一原発3号機圧力一時上昇、作業員一時退避）	
9:40						ニコ生、IBS茨城ラジオ放送による茨城県内の被災情報【東北地方太平洋沖地震・特別対応】(〜15日5:15)
10:08				福島第一原発の半径10km圏内から避難した病院患者ら3人から除染後も高い汚染数値		

178　第4章　原発リスクと報道

時刻	事実	東電	国	自治体	報道	ネット
10:56			を検出。二次被ばく医療機関に搬送と総務省消防庁		NHK、官房長官記者会見生中継（〜11:07）	
11:01			内閣官房長官記者会見「東北地方太平洋沖地震について」（迅速に正確な情報を提供する）			
11:01	3号機建屋で水素爆発	「3号機付近で大きな音があり、白煙が発生。これにより、当社社員4名、協力企業作業員等3名が負傷（いずれも意識あり）したが、救急車を要請し、すでに病院へ搬送」	経済産業省原子力安全・保安院が半径20km以内に残る住民約600人に屋内退避を呼びかけ	浪江町、南相馬市に連絡なし。テレビで知る	福島中央テレビが爆発映像放送　数分後日本テレビ系列で全国放送	
11:07					NHK、官房長官会見を中断。福島県新地町、5mの津波の恐れ、岩手県大船渡市、5mの津波予想（沿岸部のライブ映像）	
11:09					NHK、アナウンスは津波情報　映像は福島第一原発	
11:15					NHK、映像は青森県八戸沿岸、アナウンスは、「福島第一原発3号機で爆発音」	
11:23					NHK、11時1分に起きた3号機爆発事故を報道。11時8分の原発映像	
11:25						テレビ朝日、Ustreamの同時配信終了
11:29					NHK、先ほどの気象庁会見（津波）を放送	
11:32					NHK、11時1分に起きた3号機爆発事故を報道。11時8分の原発映像	
11:34					NHK、「福島第一原発20キロ以内約600人に屋内退避を指示」と速報。福島原発ライ	

6. 3.11における原発情報の流れ

時刻			プ映像	
11:40	内閣官房長官記者会見「東京電力福島第一原子力発電所第3号炉について」		官房長官記者会見	
11:46	枝野幸男官房長官は福島第一原発3号機の爆発について「格納容器は健全。放射性物質が大量に飛び散っている可能性は低い」			
12:00		2号機で水位低下		
12:04			保安院の会見ライブ中継（〜1208）	
12:10			気象庁会見ライブ中継（〜12:12）	
12:18		福島第一原発3号機の爆発で社員らが負傷。いずれも意識があると東京電力		
12:39			NHK、官房長官記者会見ライブ中継	
12:40	内閣官房長官記者会見「東京電力福島第一原子力発電所第3号炉について」			
12:53	福島第一原発3号機の爆発で「中性子線量について問題があるとのデータは出ていない」と枝野官房長官			
13:05	「福島第一原発3号機の爆発で東電社員や自衛官ら11人が重軽傷」と保安院		NHK、保安院記者会見ライブ中継	
13:42	中国の温家宝首相が震災で犠牲になった日本人に哀悼を表明			
13:52		2号機の給水停止。		

時刻	事実	東電	国	自治体	報道	ネット
16:00	圧力上昇					NHK WORLD TV -Japan Quake News- (in English)（～15日4:35）
16:05		福島第一原発2号機で原子炉冷却機能を喪失と東京電力				
16:20			内閣官房副長官記者会見			
16:45						ニコ生、経済産業省 原子力安全・保安院 記者会見（～18:19）
17:00	福島第一原発2号機の原子炉の水位が低くなり、燃料の一部が露出					
17:00						ニコ生、岡田克也民主党幹事長 記者会見 生放送（～17:43）
17:13		東京電力が茨城、千葉など4県で計画停電を開始				
18:00						ニコ生、首都圏連合に関する記者会見（石原慎太郎東京都知事主催）（～18:52）
18:19		福島第一原発3号機の爆発事故で男性社員が数人軽く				
18:22	2号機で燃料棒一時全面露出					
18:30						ニコ生、国境なき医師団日記

6. 3.11における原発情報の流れ　181

時刻					
19:20	2号機に海水注入				
19:30		NHKワールド、ニコ生での同時配信開始			
20:00	炉心冷却機能を喪失した福島第一原発2号機で、炉心の水位が下がり、炉心が空だき状態と東京電力(共同)				
21:03			内閣官房長官記者会見		
21:34	福島第一原発2号機の原子炉水位は燃料のほぼ半分を浸すまで回復と東京電力				
21:45				ニコ生、経済産業省原子力安全・保安院 記者会見(～22:58)	
22:18	計画停電は4県で計11万3千世帯が対象となったと東京電力				
22:50頃	2号機、圧力容器破損(保)				
23:00	福島第一原発2号機で燃料が再び全露出と東京電力				
23:05					NHK教育、Yahoo!での同時配信開始
23:20	2号機で再び全面露出				

■3月15日

時刻	事実	東電	国	自治体	報道	ネット
0:00			国際原子力(IAEA)専門家派遣の受け入れを決定			
0:00			米国原子力規制委員会(NRC)専門家派遣の受け入れを決定			
4:08	4号機の核燃料貯蔵プールの温度が84度に上昇					
5:26			「福島第一原発に政府と東京電力が一体となって対処するため官邸人首相官邸に対策統合本部長とする統合対策本部を立ち上げると」と首相		NHK、首相会見ライブ中継(〜5:28)	
5:39			官房長官記者発表[福島原子力発電所事故対策統合本部の設置について]		NHK、官房長官会見ライブ中継(〜5:50)	
6:00頃	4号機プール付近で爆発	「発電所内で大きな音が発生し、その後、4号原子炉建屋5階屋根付近に損傷を確認。同日9時38分頃、原子炉建屋4階北西部付近に出火を確認したものの、午前11時頃、当社社員が自然に火の消えていることを確認]				
6:10			福島第一原発2号機で爆発音。東京電力から連絡を受けた経済産業省原子力安全・保安院は「圧力抑制プールが損傷の			

6. 3.11における原発情報の流れ　183

時刻							
6:14	2号機から爆発音。圧力抑制室に損傷か	「2号機の圧力抑制室付近で異音が発生するとともに、同室内の圧力が低下したことから、同室での何らかの異常が発生した可能性があると判断。原子炉への海水の注入を全力で取り組むが、同作業に関わりのない協力企業作業員および当社社員を一時的に安全な場所へ移動開始。引き続き原子炉への海水注入を実施	恐れがある」(共同)				
6:20			2号機、圧力抑制室損傷発表(保)	浪江町、南相馬市に連絡なし			
6:24		東京電力記者会見			NHK、東京電力会見ライブ中継		
6:43			官房長官記者発表　原子力発電所の件について。「格納容器につながる、水蒸気を水に変える部分に欠損が見られる」と枝野幸男官房長官		NHK、官房長官記者会見ライブ中継		
6:50	正門付近で放射線量急上昇	15条通報		浪江町、南相馬市に連絡なし			
7:00		栃木、群馬、埼玉、神奈川の4県の一部地域で計画停電を実施					
7:00	福島第一原発付近で毎時965.5マイク						

	事実	東電	国	自治体	報道	ネット
	ロシーベルトの放射線量を検出(共同)					
7:00		水素爆発のあった福島第一原発の3号機で原子炉建屋の上部に蒸気と東京電力。4号機でも屋根の損傷を発見(共同)				
7:35						ニコ生、経済産業省 原子力安全・保安院 記者会見(〜9:10)
8:00 過ぎ		福島第一原発2号機での爆発音を受け、監視や操作に必要な人員以外を退避と東京電力				
8:16					NHK、東京電力会見を報道	
8:28			福島第一原発2号機の原子炉建屋には損傷があり、放射性物質が外部に漏れている恐れと原子力安全・保安院			
8:30						ニコ生、東京電力 記者会見(〜9:45)
8:31		「福島第一原発の正門前で1時間当たり8217マイクロシーベルトの放射線量を検出」と東京電力会見			NHK、東京電力会見をライブ中継	
9:27	メルトダウン(全炉					

6. 3.11 における原発情報の流れ　185

時刻							
9:38	4号機で出火を確認				心溶融）について「燃料の損傷があり、可能性は否定できない」と東京電力		
10:00						浪江町独自に30km圏外への避難指示	
10:18					福島第二原発の3基すべてが緊急事態を脱したと東京電力		
10:22					福島第一原発3号機付近で毎時400ミリシーベルトの放射線量を観測。1時間で一般人の年間被ばく線量限度の400倍（共同）		
10:53				原発事故支援のため米軍横田基地と横須賀基地に向かうポンプ車が現地に向かうと在日米軍（共同）			
10:53				原発事故を受け、在日フランス大使館が在日フランス人にパニック回避のためウェブサイトを通じて呼びかけ（共同）			
11:00			総理「国民へのメッセージ」会見の中で国が20～30km圏内の屋内退避指示			浪江町、南相馬市に連絡なし。テレビで知る	NHK、総理「国民へのメッセージ」中このなかで「20キロ以内も屋内退避」報道 フジテレビ、首相会見ライブ中継
11:07			官房長官記者発表 東京電力福島第一原子力発電所第4号炉について 福島第一原発で検出された放				NHK、官房長官記者会見中継 フジテレビ、官房長官記者会見中継 ニコ生、東京電力記者会見（～12:10）

186　第4章　原発リスクと報道

事実	東電	国	自治体	報道	ネット
		射線量について、枝野官房長官は「身体に影響を及ぼす可能性のある数値なのは間違いない」(共同)			
11:11	福島第一原発4号機の原子炉建屋4階で午前9時40分頃出火と東京電力。枝野官房長官は水素爆発との見方(共同)				
11:45	東北電力が震災被害の大きい青森県の一部と岩手、宮城、福島を除き、16日から3日間、計画停電を実施すると発表(共同)				
11:59		環境放射能水準調査の測定頻度を可能な限り上げるよう、都道府県に要請と高木義明文部科学相(共同)			
12:00			南相馬市、防災行政無線・広報車で周知。希望者には市外への避難		
12:25		新たに屋内退避となった福島第一原発の半径20～30kmの対象者は、住民ら約14万人と福島県(共同)			
12:34	被災した千葉県の旭、浦安、香取の3市を計画停電の対				

時刻					
12:35	象から除外する方向で検討と東京電力が森田健作知事に伝え、茨城県知事にも連絡(共同)	東京都内で大気から微量の放射性物質を観測と都、横須賀、川崎、さいたま、宇都宮、市原、前橋の各市でも空間放射線量が軒並み上昇。いずれも健康への影響なし。茨城県東海村の東大研究施設で一時、通常値の約100倍に(共同)			
13:00			浪江町、住民を二本松市に		
13:44		福岡市が応援派遣した消防へリコプター隊員が福島県上空で市消防局(共同)			
14:00			浪江町、役所を二本松市東和支所に移転		
14:00					ニコ生、東京電力記者会見(〜21:35)
15:00					ニコ生、経済産業省原子力安全・保安院 記者会見(〜18:17)
15:00					ニコ生、ビデオニュース・ドットコム ニュース特別番組緊急生放送 福島原発事故でわれわれが知っておくべきこと(〜19:15)
15:23		福島第一原発の半径20km圏内の住民らが避難完了と警察庁(共同)			

188　第4章　原発リスクと報道

	事実	東電	国	自治体	報道	ネット
15:47		福島第一原発の事故を受け、山口県で建設計画中の上関原発の造成工事を一時中断と中国電力（共同）				
16:18		福島第一原発4号機にある使用済み核燃料のプールの水位は未確認では水作業もできていないと東京電力（共同）				
16:21			福島県の佐藤雄平知事が菅首相に「県民の不安や怒りは極限に達している」と電話。記者会見で原発事故への東京電力の対応に苦言（共同）			
16:25			定例内閣官房長官記者会見			
16:47			福島第一原発4号機について枝野官房長官が高濃度の放射性物質が継続的に出ていない可能性がある」（共同）			
18:01			18時前：保安院会見　福島第一原発4号機外壁に2か所の穴」	千葉県市原市でタ方測定した放射線量が通常の10倍を上回ったと県、午前中の最大約4倍からさらに上昇（共同）		
18:23			福島第一原発4号機の使用済み核燃料プールに絡む水素爆発で、原子炉建屋の2か所に8			

6. 3.11における原発情報の流れ　189

時刻							
18:48		メートル四方の穴を確認との連絡が東京電力からあったと原子力安全・保安院（共同）					
19:00			静岡県御前崎市の中部電力浜岡原発でのプルサーマル計画実施は「市民感情を考えると厳しい」と、石原茂雄市長が了承しない意向示す（共同）	ニコ生、日本外国特派員協会主催・緊急記者会見			
19:00				岩手めんこいテレビ、Ustreamによる同時配信開始			
19:30	2号機、炉心損傷開始（東）						
20:56		福島第一原発の事故は、国際原子力事象評価尺度(INES)で上から2番目のレベル6に相当とフランスの原子力施設安全局長（共同）					
21:00		東京電力記者会見			ニコ生、武田邦彦出演【緊急生放送】福島原発に何がおきているのか？（〜22:21）		
21:00					ニコ生、東京電力記者会見（〜22:35）		
22:00		経済産業大臣が原子炉等規制法に基づき、4号機の使用済燃料プールへの注水の実施を指示					
23:00				岩手めんこいテレビ、Ustreamによる同時配信終了			

190　第4章　原発リスクと報道

事実	東電	国	自治体	報道	ネット
23:30					ニコ生, 東京電力 記者会見 (～00:46)

データのソース：
遠藤の個人的録画データ
官邸, 自治庁, 自治体の公式サイト
東京電力公式サイト
新聞各紙の記事
NHK放送文化研究所『放送研究と調査』各号
ニコニコ生放送公式サイト
その他

第5章

福島第一原発事故はどのように語られたか?
―― テレビ・ドキュメンタリーの模索

1. 報道とドキュメンタリー

東日本大震災とドキュメンタリー

　東日本大震災では,マスメディアに対する不信感を語る声が多かった.

　確かに,本書でもすでに見てきたように,初動の報道に多くの混乱がみられるなど,マスメディアのあり方にさまざまな問題があったことは事実であろう.

　とはいえ,災害の現場で取材する記者やカメラマンたちは,限られた情報のなか,自身も生命の危険にさらされながら,恐怖や悲しみと(そう呼ぶのが適切かはわからないが)使命感によって,それぞれに状況を伝えるべく努力したはずである.

　そして,その取材から,その後,いくつものドキュメンタリー作品が創られた.

　ドキュメンタリーとして放送された作品は,事実をそのまま伝えようとする報道とは,おのずから異なった性格を持つ.そこには,報道者＝ドキュメンタリー制作者の問題意識や,訴えが色濃く反映する(すでに,第3章でも見たとおりで

ある).

　本章では，とくに福島第一原発問題を，テレビ・ドキュメンタリーはどのように語ってきたかについて考察する．

ドキュメンタリーとは何か

　ところで，「ドキュメンタリー」とは，どのような作品を指すのだろうか．
　ドキュメンタリーの指導的理論家として活躍したポール・ローサによれば，「世界ドキュメンタリィ映画同盟」に参加した14カ国によって署名された「ドキュメンタリー」の定義は，次のようである：

> ドキュメンタリィ映画とは，事実の撮影または真実なかつ正当な再構成によって，説明されたリアリティのどんな側面をもセルロイド上に記録するというすべての方法を意味する．それによってドキュメンタリィ映画は，人類の知識と理解とに対する欲求を刺激し拡大させ，また経済，文化，人間関係の各層における諸問題とその解決とを正しく提起するという目的をもって，理性に，あるいは感情に，十分訴えねばならない．(Rotha 1951=1976: 19)

　一方，『日本大百科全書』(小学館)によると，「ドキュメンタリー documentary」は，次のように説明されている：

> ドキュメントは記録や文献という意味であり，ドキュメンタリーは，事実の記録に基づいた表現物をさす．記録文学，記録映画(ドキュメンタリー映画)などについていうことばであり，ラジオやテレビなどの音声表現，映像表現についても使うことができる．1926年にイギリスの記録映画作家J・グリアスン John Grierson (1898-1972)によって用いられたのが初めてである．
> しかし，普通，ドキュメンタリーという場合は，単なる記録性だけを問題にするのではなく，社会批判，社会告発などの要素が含まれていると考えるべきだろう．松本清張(せいちょう)の『日本の黒い霧』(1960)のような政治の世界や，産業社会の「腐敗」や「悪徳」についての社会的告発や，社会の「闇(やみ)」的な部分の暴露，糾弾，批判などがその作品の主題としてあり，硬派とか社会派とかいわれる作品傾向が共通してみられる．ドキュメンタリー・ノベル，ドキュメンタリー・ドラマといった，本来のドキュメンタリー(記録・文献)とは結び付きにくい造語が

つくられてゆくのも，日本においてドキュメンタリーということばが，その表現方法や手法について語られるものであるからだろう．[1]

「世界ドキュメンタリィ映画同盟」の定義は理念的なものであり，『日本大百科全書』のそれは具体的な作品から「ドキュメンタリー」を説明しようとしたものといえる．ただし，上記二つの定義からもうかがわれるように，「ドキュメンタリー」という言葉は実は曖昧で，多義的でもあり，人によって受け取り方が違う．

テレビ・ドキュメンタリーとは

また，「ドキュメンタリー」といったとき，一般には「ドキュメンタリー映画」を想像すると思われるが，本稿では主にテレビ番組として制作されるドキュメンタリー（テレビ・ドキュメンタリー）に限定して論じる．

ただし，「ドキュメンタリー」という名称を冠した番組や，番組紹介に「ドキュメンタリー」と称されている番組のなかには，必ずしも上記のような「ドキュメンタリー」の定義にそぐわないものもある．

また，映画のドキュメンタリー作品に比べて，テレビ・ドキュメンタリーは，
- 作家性が相対的に弱い
- その結果，メッセージ性も相対的に弱い
- 報道との境は曖昧であり，作家性や主張性よりも，客観性や中立性を重んじる
- テレビの特性として，放送は1回限り（多くても2回程度）で，反復視聴や過去作品の視聴はほぼ不可能[2]

などの特徴をもつ．これは，テレビというメディアの性格によると考えられる．

テレビ・ドキュメンタリーのおかれた位置

日本におけるテレビ・ドキュメンタリーは，NHK総合で1957年に始まった『日本の素顔』が嚆矢とされる．その後，NHKでは，『現代の映像』（1964～1971），『ドキュメンタリー』（1971～1976），『NHK特集』（1976～1989）など，さまざまにタイトルを変えつつ，現在の『NHKスペシャル』（1989～）へとつながっている．また，NHK教育テレビでは，1985年に始まった『ETV8』が意欲的

な作品を次々と世に問い続けてきた．その後さまざまな変遷を経て，2004年度から『ETV特集』という番組名のもと，幅広いテーマのドキュメンタリーを制作している．

民放では，1960年代，日本テレビの『ノンフィクション劇場』（1962〜1968），TBSの『カメラ・ルポルタージュ』（1962〜1968），フジテレビの『ドキュメンタリー劇場』（1964〜1973），東京12チャンネルの『テレビドキュメンタリー日本』（1964〜1967）などのドキュメンタリー番組が次々と生まれた．

しかし，60年代半ばになると，テレビ番組への政治介入が顕著になった．とくにTBSは，1969年，「すべてのドキュメンタリーの廃止を決定した．1970年の大阪万博に象徴された経済の時代への転換は，社会派ドキュメンタリーを次第に片隅に追いやって」いったと，池田（2009）[3]は指摘している．

現在では，1970年1月4日に始まった『NNNドキュメント』が最も長く続くドキュメンタリー番組である．この番組を含め，民放の，最もドキュメンタリーらしいドキュメンタリー番組は，深夜枠に設定されていることが多い．現在の民放のドキュメンタリー番組は，一般に活動の舞台が制約されている地方局の視座が活かされるという点でも，もっと注目されるべきだと考える．

本章では，『NHKスペシャル』『ETV特集』と，民放深夜枠の『NNNドキュメント'11』『報道の魂』『テレメンタリー』を主として考えていくものとする[4]．

2. 被爆，核実験，ドキュメンタリー

黒い雨の夢

　幼い頃見た夢が，ずっと心に残っている．
　灰色の空．そぼ降る雨．濡れそぼつ野原に，黒い大きな傘をさした母と幼い私がたたずんでいる．
　「雨に濡れちゃだめなの」と母が言う．
　「うん」と私は母の手を握りしめる．
　恐ろしさとも悲しみともつかない感情が，しめった草からたちのぼってくる．
　でも，野原の真ん中にいつまでも立っているわけにはいかない．そのとき，何

が起こるのだろう？　聞いてはいけない質問で心がいっぱいになる……．

1950年代末から60年代初めにかけては，米ソが核開発を競い合っていた（図5-1参照）．

ヒロシマ・ナガサキの記憶もまだ生々しい間に第五福竜丸の被爆があり，大人たちは「黒い雨」におびえていた．とくに子供を持つ母親や幼稚園の先生たちは子どもを守ろうと懸命だった．そんな大人たちの思いが，まだ世界のことなどわからない幼い子どもに，そんな夢を見させたのだろう．

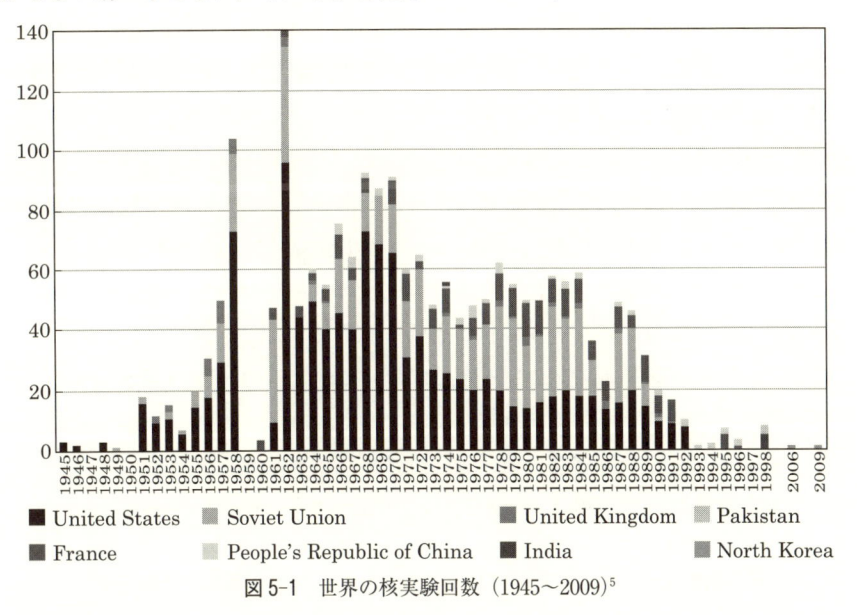

図5-1　世界の核実験回数（1945〜2009）[5]

被爆とドキュメンタリー

この時期は，日本映画の全盛期にもあたっていた[6]．映画は，娯楽作品ばかりでなく，「ドキュメンタリー」と呼ばれるような作品群も生み出していった．たとえば，1959年に公開された『第五福竜丸』（配給・大映）は，1959年に新藤兼人監督によってつくられた「ドキュメンタリー調」映画で，海外からも高く評価された．

戦後の混乱期に青春を過ごした筆者の両親は，当時の多くの日本人と同様，映

画をとても好んだ．一般の劇映画はもちろん，記録映画やニュース映画と呼ばれる類のものまで，空いた時間があれば，映画館に入った．冒頭の夢は，そんな映画の影響もあるのかもしれない．

この時期はまた，テレビの黎明期にもあたっていた．

日本では，1953 年に，NHK（2月1日）と日本テレビ放送網（NTV）（8月28日）でテレビ放送が開始された．当初の主な番組は，ドラマ，スポーツ中継などであった．

1957 年に，初のテレビ・ドキュメンタリー番組とされる『日本の素顔』（NHK）が始まった．1964 年になると，後継番組の『現代の映像』が始まった．このシリーズでは，原爆投下後 20 年の被爆者を追った『ドームの 20 年』（1965 年 8 月 6 日）などが作られた．また，1969 年に作られた『特集ドキュメンタリー「廃船」』は，第五福竜丸の船体のその後を追ったものであった．第五福竜丸とは，1954 年 3 月 1 日，ビキニ環礁でアメリカが行った水爆実験で被爆した漁船である[7]．

こうしたドキュメンタリーは，ヒロシマ・ナガサキにおいて，世界で初めて放射能被爆した日本社会が，いかに核の恐怖を感じていたかを表している．

そして，日本のドキュメンタリー作品において，「核軍備に対する忌避」は，その誕生時から大きなテーマであり続けてきた．

日本社会のそうした感覚は，第三者の目にもはっきり映る．たとえば，ドイツの社会学者ウルリッヒ・ベック（2011）は，次のように述べている：

> 2010 年 10 月，妻とともに来日したとき，ヒロシマの平和記念資料館も訪れることにした．とくに印象的だったことが二つある．第一に，ヒロシマがどれだけ日本国民全体のトラウマになっているかである．それは核兵器の厳格な禁止だけでなく，核実験の禁止にも現れている．ある部屋には，核実験が行われるたびに市長が責任のある政府首脳に宛てて送った，抗議の電報が展示されており，私の記憶にしっかりと残っている．(Beck et al. 2011: 5)

日本における原子力問題の矛盾

だが，ベックは，続けて次のようにいう：

それは，私にとって今も答えの出ないもう一つの問いと結びついている．それが第二の点で，世界の良心・世界の声として，核兵器のまったき非人間性を倦むことなく告発し続けてきた国が，なぜ同時に，極端な場合にはそれが核兵器とまったく同じ破壊力を持つと知りつつ，ほかならぬ原子力の開発をためらうことなく決断し得たのか，という問いである．ヒロシマは，身の毛もよだつ恐怖そのものであるが，それはこの地を攻撃する敵であった．軍隊ではなく生産部門の只中で恐怖が生まれるとき，何が起こるのだろうか．その場合，国民に危害を与えるのは，法，秩序，合理性，民主主義自身を保証している者である．燃し東京が汚染されるなどしたら，どんな産業政策がとられるのだろう．技術，民主主義，理性，社会に，どのような危機が訪れるのだろうか．（Beck et al. 2011: 5-6）

この矛盾が，東日本大震災における福島第一原発事故によって，一気に吹き出し，その鋭い刃の切っ先を，われわれの前に突きつけているのである．

3. 原子力発電のこれまで

アイゼンハワーの「原子力の平和利用」演説と原子力発電

先に述べたように，1950年代は，東西冷戦構造を基盤とした核開発競争で明け暮れた．しかしそれは，危険なチキンレースでもあった．核戦争が現実化することを危惧した当時のアメリカ大統領・アイゼンハワーは，1953年12月8日，ニューヨークの国際連合総会で，"Atoms for Peace"（平和のための原子力）と題する演説を行った．

そのなかでアイゼンハワーは，核軍縮というだけでなく，「米国は，核による軍備増強という恐るべき流れを全く逆の方向に向かわせることができるならば，この最も破壊的な力が，すべての人類に恩恵をもたらす偉大な恵みとなり得ることを認識している．米国は，核エネルギーの平和利用は，将来の夢ではないと考えている．その可能性はすでに立証され，今日，現在，ここにある．世界中の科学者および技術者のすべてがそのアイデアを試し，開発するために必要となる十分な量の核分裂物質を手にすれば，その可能性が，世界的な，効率的な，そして経済的なものへと急速に形を変えていくことを，誰一人疑うことはできない」と述

べた[8].

　この演説を契機として，原子力を軍事目的ではなく，エネルギー供給のために使うことを推進するための国際原子力機関（IAEA）が，1957年に設立された．
　世界初の原子力発電所は，1954年6月に運転を開始したソ連のオブニンスク発電所である．アメリカでは，1957年12月18日，初めてシッピングポート原子力発電所が運転を開始し，1970年代まで多くの原子炉が発注されている．
　日本では，1955年に，「民主・自主・公開」の「原子力三原則」を基本方針とする原子力基本法が成立し，1956年6月に日本原子力研究所（現・独立行政法人日本原子力研究開発機構）が設立され，茨城県那珂郡東海村に研究所が設置された．1957年11月1日には，電気事業連合会加盟の9電力会社および電源開発の出資により日本原子力発電株式会社が設立された．1960年1月に東海発電所が着工し，1966年7月25日日本初の商業用原子炉として運転を開始した（1998年3月31日営業運転終了）.
　さらに，1966年4月22日には敦賀発電所1号機が着工し（1970年3月14日営業運転開始），1971年には浜岡原子力発電所1号機が着工（1976年3月17日営業運転開始，2009年1月30日営業運転終了）するなど，次々に原子力発電所が建設されていった．
　東日本大震災で爆発事故を起こした福島第一原子力発電所も，1号機が1967年9月に着工し，1971年3月に営業運転を開始するなど，1号機から6号機までが，60年代末から70年代初めに着工し，70年代に営業を開始したものである．
　このような原発開発推進の動きに大きな役割を担ったのがメディアであったことは，多くの人が指摘している．一方，米国科学アカデミーが1956年に発表した報告書「放射能の生物学的影響（Committees on Biological Effects of Atomic Radiation）」は「放射性廃棄物は原子戦争より多くの放射能を放出する．（中略）人体の安全，海空ならびに食糧衛生を守りうるか．人類の能力が試される日のくるのも遠いことではない」[9]と警告していた．

原子力開発とスリーマイル島原発事故

　「原子力発電は安全なのか？」という問いを改めて現実に全世界の人びとに突きつけたのは，1979年に起こったスリーマイル島原発事故であった．

『原子力安全年報 昭和56年度版』[10]によれば,「1979年3月28日（現地時間），米国ペンシルバニア州に設置されているスリー・マイル・アイランド原子力発電所2号機において事故（TMI事故）が発生した．TMI事故は，2次給水系の故障に端を発し，種々の故障，誤操作が重なって，放射性物質が外部環境に異常に放出されるという事故であった」．この事故に対する対応として，「米国では事故直後からNRC，大統領府，議会といった国ベースでの事故調査活動やこれに伴う改善勧告がなされる一方，電気事業者や原子力機器メーカなど原子力産業界という民間ベースにおいても独自に調査，検討を行うとともに，国の勧告を受けて必要な改善措置が講じ」，「原子力発電所の規制において中心的役割を担っているNRCは1980年5月，原子力発電所の改善策などの実施方策を定めた「NRC実施計画書」を発表するとともに，新規の原子力発電所に対する許認可業務を開始」[11]した．

ただし，長谷川（2011）によれば，「アメリカで発注された原子炉249基のうち，NRCが発足した1975年以後発注されたものは13基にすぎず，しかもどれもコスト高などを理由に途中で破棄され運転開始には至らなかった．キャンセルされた125基のほとんどは，NRC発足後にキャンセルされたものである．NRCの強力な規制は，設計変更などを命じることによって，原発の建設・運転コストを高め，結果的に原子力離れを帰結した」（長谷川 2011: 28）．

この後，日本を含む世界各国で，原子力発電の安全に関してさまざまな議論が積み重ねられるようになるが，その後も，1986年にはチェルノブイリ原発事故が，日本でも東海村JCO臨界事故が起こったのである（第4章参照）．

この時期から，原発問題を取り上げたテレビ・ドキュメンタリーも増えてきた．

4. 東日本大震災はどのようにドキュメンタリー化されたか

事故発生直後

そして起こった東日本大震災，福島第一原発事故．テレビ・ドキュメンタリーはこの事故をどのように語っただろうか．

先に本稿で分析の対象にするとした番組には含まれないが，福島第一原発事故

に関して最も早い時期にまとまったかたちで放送されたものの一つは,3月16日20時からNHK総合で放送された『緊急報告 福島原発』であった.

その内容をまとめたものを表5-1（遠藤による聞き取り）に示す.「ドキュメンタリー」というよりは,まだ,報道と解説,といった内容である.

全体として,状況を過剰に恐れないよう説き,「重大な事態ではない」ことを強調するトーンになっている.情報の適切な提供が必要であるとの主張は折に触れ述べられている.具体的な対処法を提示しているのが特徴的である.

表5-1 2011年3月16日『緊急報告 福島原発』の構成

20:00:00〜	オープニング MC：鎌田靖 「いまだ被害の全容がわからない東日本大震災.そしていま,深刻な被害が拡大しつつある.予断を許さない福島原発の状況をリポートする」
20:01:30〜	テロップ「巨大津波が原発を襲った」 テロップ「相次ぐ事故 被害はなぜ広がったのか」 福島第一原発事故の経緯を,測定記録,航空写真,CGなどを使って解説.
20:09:30〜	スタジオでの議論.山崎淑行（NHK科学文化部）,山口彰（大阪大学大学院・教授） 山崎による最新の現状説明「四つの炉で事故発生.いずれも燃料プールが原因.どういう風に冷却するか.今日は作業見送りとなった」
21:12:55〜	山口によるチェルノブイリとの比較「海外の関心は高い.しかし,チェルノブイリとは本質的に異なる.……チェルノブイリでは秒のオーダーで出力が暴走し,爆発・火災が起きて,大量の放射性物質が散布した.それに対して,福島の事故では,地震の直後にすべての原子炉が安全に停止している.それから,構造機器が健全性を維持している.その後比較的時間が経ってから,崩壊熱を冷却する.ここがうまくいっていない.しかしながら,なお,格納容器,圧力容器が維持されている.そういう意味では「とめる」という機能が維持されている.格納機能も維持されている.そういう意味で,チェルノブイリとはまったく違うような様相である」
21:15:30〜	山口によるスリーマイル島事故との比較「スリーマイルの事故では,原子炉の停止後に,炉心が冷却材喪失になっているということに,数時間の間気づかなかった.その結果,70%以上の燃料が,数時間の内に溶けた.それが原子炉の圧力容器の底に溜まった.なおかつ,圧力容器の底に溜まった燃料が冷却されて,その段階で事故が終了した.それに対して,今回の事故では,全体の状況がまだ十分に把握できてはいないが,まだおそらくはそこまでは至っていない.ただ炉心が損傷しているのは間違いない.そういう意味からいうと,スリーマイル島の事故と,同等程度のことは起きている.今の段階で,きちんと冷却することが必要」
21:16:40〜	鎌田と山口による使用済み燃料貯蔵プールに関する質疑. 山口「使用済み燃料プールは格納容器の外側にある.しかし,燃料貯蔵プールで燃料で問題が起こる可能性は低い.だから,プールを水で浸した状態にしておけば,使用済み燃料は冷却できて,収束に向かう」 山口「熱を冷やすことができれば,その間に,他のさまざまな手立てを講じるこ

	とができる」 山口「臨界はほとんど考えられない」 山口「圧力容器の方で臨界が起こる可能性はない」 鎌田「放射性物質が外へ漏れることが」
20:21～	テロップ「原発事故　苦悩する住民たち」 拡大する避難区域．事故により避難を余儀なくされている住民．避難所は住民であふれ，食糧は不足． 住民たちの言葉「着の身着のままで，どうすることもできない」「一番は帰りたい．家に帰りたい」
20:23:00～	ナ「福島第一原発ができたのは40年前」 (1968年時点の福島原発の映像) ナ「東電や国の「安全」という言葉を信じた」 (避難所の映像) ナ「しかし今，裏切られたと感じている人が少なくない」 住民「国が安全だといったから信じた」 住民「東京電力は危険とは絶対いわない」 拡大する避難区域． 避難所からの移動．想定を超える避難民の数．たらい回し． ナ「多くの人たちが避難所を離れる．福島県外へ向かう道路は大渋滞」
20:25:00～	スタジオ テロップ「大規模避難　広がる混乱」 岩本解説委員「避難民はストレスを抱えているうえに情報過疎．情報流通ルートが確立されていない．東海村のときから変わっていない．システムが確立されていない」
20:28～ 20:44	スタジオ テロップ「放射性物質はどう広がったのか」 放射性物質がどの程度周辺地域に広がっているかを検証． 茨城県庁に問い合わせが殺到．茨城県環境放射線監視センターには各地点の検出データが集積されている．ここからのシミュレーション． 今中哲二（京都大学・助教）「放射能を含む微粒子が風に乗ってながれている」 テロップ「住民の健康は」 朝長万左男（長崎原爆病院・院長）「放射線は目に見えないから住民は心配する．しかし，含まれている量は微量なので，直ちに影響が出ることはない」 テロップ「放射性物質　どんな影響が」 星正治（広島大学教授）「健康に被害が出る量ではない」
20:44～ 20:53	テロップ「避難指示が出されたら」 屋内退避命令が出ている地域で外出する場合の対処法．
20:53～ 20:55	エンディング

震災から10日——NHKスペシャル

　震災から10日経った3月20日には，NHKスペシャルとNNNドキュメン

ト'11 の両放送枠で,『震災から10日』という小括番組が放送された.
　NHKスペシャルは,2時間の長さで,全体を一部,二部に分け,前半の第一部(約52分50秒)を「最新報告 福島原発」,後半の第二部を「大津波 被災者はいま」とした.本稿ではとくに第一部に注目する.その主な内容を表5-2に示した(遠藤による聞き取り).ここからもわかるように,まだ,「ドキュメンタリー」と呼ぶにはテーマ性は薄く,報道—解説のまとめと言うべき内容である.
　ただし,3月16日放送の『緊急報告 福島原発』に比べると,問題の絞り込みがなされている.この番組では,まず「現場の苛酷な作業状況」が紹介され,なぜそのような事態に陥ったのかという原因究明の方向性が現れている.またもう一方で,「被災者のおかれた不条理な状態」が紹介され,その原因を「情報が適切に提供されていない」ことによると断じている.

表5-2　2011年3月20日『NHKスペシャル 東北関東大震災から10日』

21:00〜21:04	全体オープニング 一面の瓦礫の映像. ナレーション(以下,ナ)「いくつもの街に壊滅的な打撃を与えた東日本大震災.被災した人たちは今さらなる窮地に追い込まれています」 低体温症で苦しむ女性. 目の前で娘が津波にさらわれた女性など. ナ「福島では,原発事故の不安が広がっています」 福島第一原発のヘリからの映像. ナ「懸命の作業が続けられています」 対応にあたる消防車放水の映像. ナ「日本が直面している未曾有の危機.被災地の今を見つめます」 被災地の瓦礫の中で祈る人びと. スタジオMC:鎌田靖(以下,鎌) 鎌:震災のここまでのまとめ. 「今日も3号機から煙が上がるなど,深刻な状況が続いています.そうした中,現場では,これ以上の被害拡大を防ぐために,自衛隊員,消防士,そして電力会社の社員らが,まさに,命がけで作業を続けています.今まで経験したことのない危機をいかに超えていくかを考える」
21:03	第一部 最新報告 福島原発 福島第一原発の模型. 鎌「昨日から電源の復旧作業が続いている.しかし,復旧の目途はついていない.なぜなのか」
21:04	震災直後から電源の復旧作業にかかわった作業員とのインタビュー(第一原発の図を指しながら作業員が語る.顔,音声は隠している) 作業員(以下,作)「プラントの中もぐじゃぐじゃになっていた.電気系統が全部だめとわかった.炉を冷やすものがない」
21:05	鎌「周辺でも高い放射線量.安全に作業ができない.そのため,東京消防庁や

	自衛隊による放水作業が行われた．苛酷な作業の裏側に迫る」 消防隊の映像． ナ「3号機への放水は，消防庁，自衛隊，警察なども加わった総力戦．一連の作業は放射能との闘い」 作「目に見えない敵と戦うわけです」 ナ「放射線との闘いを支えたのが，陸上自衛隊中央特殊武器防護隊」 防護隊の紹介と取材． テロップ「放射線との戦い支えた特殊部隊」 事故の解説，16日の3号機爆発映像（福島中央テレビ），その後の作業．
21:15	スタジオ：【解説】電源復旧へのプロセス 鎌田キャスター，山崎記者，岩本解説委員，山口教授． 山口「冷却ができるようになった．放射線レベルが下がった．冷却手順が確立された」「ここまで来たのは，現場の努力のたまもの．現場へのサポート体制が重要」
21:27	テロップ「放射線　拡がる不安」 避難住民がさらに遠方へと避難していく． 県対策本部に放射線測定の要望．放射線測定の映像． 避難住民「早く地元に帰って家族確認だけでもしたい」 高線量被曝への対応． 放射能汚染はどこまで広がっているのか．160km離れた地点でもヨウ素131を検出．昨日食品への影響も明らかに．
21:34	スタジオ：【解説】「放射線の影響　広がりは？」 岩本「放射線の影響を恐れるストレスは高い．しかし，原発からの距離で考えることが重要．雨には注意が必要．食糧の汚染については正確な情報に基づくことが必要」
21:41	テロップ「より詳細な情報を　密着　IAEA調査」 鎌「海外では風評による恐怖が広がっている」 IAEA天野事務局長は国際社会の動向を警戒．日本からの情報発信が必要と考える．IAEAと日本政府の密接な連絡が必要．IAEAから第三者調査チームを派遣．
21:45	スタジオ：【解説】求められる情報発信 山口「海外での関心は高い．正確な情報発信が重要．専門家が役割を果たすべき」
21:46	田村市長との電話中継． 避難場所から避難する住民たち．ゴールが見えない闘い．
21:49	スタジオ：【解説】被災者の声　何が必要か 山口「日本の技術は世界でも最高レベル．政府の情報をしっかり聞いて，冷静に対応してほしい」 岩本「被災地では物資が不足．首都圏での買い占めは問題．インターネットやチェーンメールで不安を煽るのは問題」 鎌「被災地の人びとの不安を払拭するためにも政府は情報をきちんと出す責務がある」
21:53〜23:00	第二部　大津波　被災者はいま

震災から10日――NNNドキュメント'11

　一方，『NNNドキュメント'11 東日本大震災 発生から10日 被災者は今…』（2011年3月20日放送）は，55分枠であった．

　東京のスタジオから，井川由美がキャスターとして全体の進行を務め，全体が四つのエピソードから構成されている．

　最初のエピソードは，高橋さんという中年の男性が，東京から被災地の石巻市雄勝町にいる家族のもとへ帰ろうとする様子を描いている．

　2番目は，宮城野市の高砂中学の生徒たちが，復興に向けて力を合わせていく様子を描く．

　最後は，大きな被害を受けた石巻市で，石巻赤十字病院の救急救命医たちが奮闘し，矛盾に突き当たって悩む姿を描いている．

　福島第一原発事故については，第三のエピソードで扱っている．

　この第三のエピソードは，まず，空から見た首都圏の映像で始まり，首都圏の電力の多くが福島原発によってまかなわれていることを指摘する．その福島原発が，水素爆発を起こした．このエピソードの特徴は，ここで，この番組が1998年3月1日に放送したドキュメンタリー番組，『NNNドキュメント'98 ガリバーの棲む町〜地域と原発27年』を参照することだ．

　福島第一原発1号機は，1971年3月に営業運転を開始した．この番組はそれから27年後に制作された．

　この番組は，東京電力社員として朝のラジオ体操をする地域住民たちの姿から始まり（図5-2），準農村地帯であった双葉町の苦しい状況と，電力不足に悩む東京との，一種の相互利益として福島原発が誕生してきたと説明する．そして，個々の住民たちも，原発の安全性に対する危惧と，働き場所としての原発という二面性の狭間に宙づりにされつつ，原発を受け入れてきたことが描かれる．

　その宙づり状態を受け入れる前提として，「安全神話」があった．だが，安全神話があえなく崩れ，苛酷な事態が現実になったとき，住民たちは呆然とするしかない．

　福島第一原発のすべての原子炉の溶接作業に携わってきたという男性は，「安全だと思っていた？」と記者に問われて，「そのつもりで作っているからね」と答

図 5-2 『NNN ドキュメント'11 東北関東大震災 発生から 10 日 被災者は今…』の場面

える．双葉町に住んでいた女性は，「思っていたことが襲ってきたなと思った」と言いつつ，「でもここまでになるとは思わなかった」と語るのである．

　エピソードは，県内の避難所からさいたまスーパーアリーナへと移動する双葉町町民たちの姿を映し，「原発と共に歩んできた人びとは今，さまよっている」というナレーションで結ばれる．

5.　震災後3か月の原発事故ドキュメンタリー

震災から2か月──『ETV特集　ネットワークでつくる放射能汚染地図』
(2011年5月15日)

　福島第一原発事故に関して，早い時期に最も視聴者に衝撃を与えた「ドキュメンタリー」のひとつは，NHK教育テレビで5月15日に放送された『ETV特集 ネットワークでつくる放射能汚染地図～福島原発事故から2か月』である[12]．
　この番組では，かつて東海村JCO臨界事故の調査にかかわり，ついでチェルノブイリ事故の自主調査を行ってきた木村真三さんが，仕事を退職してまでも，福島原発事故の実態調査を行った2か月間の記録である．以下に，そのあらましを示す（遠藤による聞きとり，まとめ）．

　　3月15日．木村さんとETV取材班は福島に向かう．道路は通行止め，ガソリン不足．
　　3月16日．常葉町の学校で土壌分析．9種類の放射性物質を測定する．線量は通

常の40倍程度．ホットスポットが点在．

大熊町へ向かう．住民が避難して時間が止まったような民家．圧倒的に高い放射線量．

葛尾村は，全員住民避難．競走馬を育てている一家が残っている．村を出られない．3日後，再び訪ねると，子馬が生まれている．だが，今後どうしたらいいかわからない．

3月26日．木村さんは岡野信治さんの装置を借りて福島へ．

浪江町赤宇木．ホットスポット．集会所に避難している人びと．放射線量は振り切れ．4組の夫婦と4人の独身者．みなとどまる理由があった．集会所の人びとの情報源はテレビだけ．ネットも携帯も不通．支援物資も届かない．

近くの養鶏場．高橋さんは4万羽の養鶏．数日後，再訪．鶏の声が聞こえない．3万羽が餓死．少しずつ増やしたのがこんな状態．シベリア抑留から生還し，50羽の鶏から始めた．原発ですべてが失われた．

赤宇木の集会所の放射線量．80μSv．原発から4kmの山田町に匹敵．

3月30日．集会所の人びとはこの場を去ることを決めた．

12日後，赤宇木は計画的避難地域に指定された．

集会所の人たちは，赤宇木の危険性を知らなかった．

文部科学省は，3月15日から放射線量の計測を始め，ホームページに公開していた．ただし，地名は伏せられていた．平常値の5,500倍．計測ポイントは北西の方向．文部省はこの地域にすでに注目していた．3月23日からは，積算量も測定．赤宇木集会所に居続ければきわめて危険だった．

浪江町はデータの存在を知っていた．しかし，地名が伏せられていたので，重要視していなかった．正式ではないデータと見なした．

文科省から町へ直接連絡はなかった（ホームページで見ただけ）．責任の所在が，文科省か，経産相か，保安院にあるのかわからない．

文科省は「風評被害を恐れて地名を公表しなかった」と回答．しかし，危険が迫っている人に危険を知らせるのが最優先ではないか．

4月21日．浪江町．事故後避難指示が出され，現在無人．舗装道路では，雨に流されて，放射性物質は少なくなる．

峠を下ると飯舘村．人口約6,000人．汚染の状況は予測を超えていた．「現実とは思えない」「測定して記録する，それが僕の仕事」．

放射線物質の種類によっては汚染が長期化．4月下旬の報告書．汚染マップ．南

部一帯が大きな値．セシウム 137（半減期 30 年）．

　今年は農作物の作付けをやめる決定をした．山菜を口にすることもやめた．ヤマメ，イワナの釣り人も来ない．農薬を使わない農産物を都会に届けてきたが，それもダメになった．怒りをどこにぶつけたらいいかわからない．

　農家にとって土を奪われることは，生活の手段を奪われること．

　放射能が，人びとの描いてきた夢さえも，奪おうとしている．

　30 万人が暮らす福島市．放射線量は低いが，セシウム 137, 134 が存在．市の信夫山の麓で放射線量が高い．コケなどが多いところは線量が高い．

　市の南東部・渡利地区．渡利中学校に近づくと線量が上がる．チェルノブイリの 3km 圏と同レベル．福島市内の汚染地図．風による飛来と雪による沈着．

　渡利中学では，事故以来，校庭を使っていない．

　全校生徒 411 名の安全．「冷静に．帽子など肌の露出を減らす」．注意事項が子どもの心に負担とならないか．校長は心配．

　文科省は子どもの被曝基準値を改訂．基準値を上回ると屋外活動を禁止．

　しかし，この基準値は，子どもにとって高すぎるのではないか．

　住民「子どもの健康が心配．しかし，ここに住むしかない」

　汚染された校庭の放射能レベルを下げる試み：地表の土を 10cm 取り除く．子どもの被曝量を下げることができる．

　原発から 60km の郡山市．土を 3cm 削る．郡山市独自の判断．削った土は，埋め立て処分場へ．しかし，処分場周辺住民との話し合いは難航．国は，校庭で保管するよう指示．

　4 月 28 日．福島の親たちは，政府との直接交渉へ．福島の親「20mSv という基準値を撤回してほしい」．文部科学省「20mSv で危険はない．しかし，20mSv でいいとは思っていない．……通知を守っていただければ，問題はない」．

　ところが，限度量を決めたときに，文科省に助言したはずの原子力安全委員会から，「年間 20mSv を基準とすることは全体認められない」．

　年間 20mSv という基準は，現在も撤回されていない．

　広島市．広島大学．研究者たちの集まり．分析結果の検討．

　高辻さんは，放射能の量はまちまちだが，成分比はチェルノブイリとほぼ同じ，違いは，温度の違い（じわじわ拡散）と指摘．

　葛尾村．競走馬を育ててきた篠木さんは郡山に避難することに決めた．もう馬はいない．生まれた子馬は，遠方に無償で引き取られた．「どうして，自分の財産を手

放し，土地を捨てて行かなければならないのか．誰か答えてほしい」．
　大正時代に開かれた篠木牧場は閉じられた．
　赤宇木の集会所で会った岩倉夫妻が，残してきた犬や猫にえさを与えるため，一時的に浪江町に帰る．もう二度と帰れないかもしれない．満開の桜．愛犬のパンダは，前回残してきたえさと水で何とか生き延びていた．「ずいぶんやせたナー」．滞在時間は1時間以内．別れ際，パンダが自力で鎖を外せるようにした．走り去る車．後を追うパンダ．
　「木村さんと岡野さん，新旧二人の科学者が合作して，放射能汚染地図ができあがった．調査のために走った距離は3,000キロ．ついこの間まで，豊かな実りの中で，命がつながってきた大地．そこに刻まれた放射能の爪痕です」．

　ラストシーン，何もわからないまま，飼い主の後を追って走る犬の姿が，多くの視聴者の悲しみを誘った（図5-3）．

図5-3　2011年5月15日放映『ETV特集』の場面

震災から3か月──『NHKスペシャル 原発危機・事故はなぜ深刻化したのか』
（2011年6月5日）

　震災から3か月経った6月，福島原発に関して深く掘り下げた作品が，各局からオンエアされた．
　そのひとつが，6月5日21時から放送された『NHKスペシャル 原発危機 第1回・事故はなぜ深刻化したのか』である．
　番組は，取材班の車が東京電力福島第一原発正面ゲートから構内に入っていく場面から始まる．右手に免震重要棟．「苛酷な復旧作業の前線基地」．

5. 震災後3か月の原発事故ドキュメンタリー   209

> 5月30日の緊急時対策室．壁の大型モニターを通じて，東京電力本社とテレビ電話会議する吉田昌郎所長．
> 作業員たちが映した内部の映像．
>
> ナレーション（以下，ナ）「わずか5日間で三つの原子炉がメルトダウン．大量の放射性物質が拡散．事故は世界最悪のレベル7になった」
>
> ナ「なぜ事故はここまで深刻化したのか．食い止めることはできなかったのか．私たちは，政府，東京電力，専門家，そして現場の技術者など200人以上を取材．当事者たちが重い口を開きました」

というのが，この番組のコンセプトである．

> 東京電力小森常務「頭で組み立てるのが難しいほどいっぱい情報が来ていた」
> 原子力安全委員会班目委員長「他の人がチェックしているから大丈夫だろうと……これは人災です」
> 経済産業省海江田大臣「安全神話があった」
> ナ「初動の5日間に迫ります」
> タイトル画面（原発の爆発映像）「第1回　事故はなぜ深刻化したのか」
> ナ「半世紀にわたって国が推し進めてきた原子力発電．福島第一原子力発電所は，東京電力が最初に作った原発でした．深刻な事故は起こりえないと，国も東京電力も言い続けてきた．しかし，地震と津波でその前提は崩れ去った」

この後，番組は，「遅れた緊急事態宣言」をテーマに進行する．

> 2時46分，地震発生時，大きな揺れが5分以上続き，原子炉は緊急停止．周辺の変電所や鉄塔が倒壊．発電所が停電．1時間後高さ15mの津波が襲う．非常用電源が使用不可能に．想定外の全電源喪失．現場では強い危機感．核燃料を冷やす必要．原子炉空だきの恐れ．東京電力からの緊急事態通報は電源喪失の1時間後．保安院が官邸に伝えたのは午後5時30分．海江田大臣は直ちに総理と協議．しかし，午後6時12分，党首会談で中断．（中略）．

番組で明らかにされるのは，原発の現場にいた人びとの孤独な闘いと，現場を遠く離れた人びとの，相互コミュニケーションの悪さと，その結果としての「無責任体制」である．それが「負の連鎖」を生み，事態はひたすら悪化していく．

情報伝達の遅れによって被曝の危険にさらされた住民たち．

住民「断水していたので，子どものほ乳瓶を洗うための水をもらうために外でならんでいた．そうしたら，背中の方，海側の方から，ボンていって，主人が向こうから走ってきて「原発爆発したから逃げろーって」……」

ナ「逃げるときに知らされたのは，ハンカチを口に当てることだけ．防災無線の指示に従って北西に向かいました．国道は渋滞」

ナ「国は，放射性物質がどの方向に広がるか予測していました．しかし，この図は公表されず，親子は放射性物質の流れる方向へ逃げてしまった」

（中略）

ナ「3号機の爆発から5時間後，そのときまで大きな声で現場に指示を出し続けてきた吉田所長が，黙り込みました．予想を超える深刻なシミュレーションが示されたのです．空だきになって原子炉が爆発するという危機感が迫っていた」

技術者「これでもう終わり，と思った」

その晩，吉田所長は語った．「みなさん　今までいろいろありがとう．努力したけど，状況はあまりよくない．みなさんがここから出るのは止めません」

ナ「この日，社員70人あまりを残して，200人以上がこの場を去りました」

（中略）

テロップ「事故1か月後　政府は事故の評価を「レベル5」から「レベル7」へ」

テロップ「事故2か月後，1号機は"初日からメルトダウン"と発表」

避難先から一時帰宅した住民の撮影した映像．鳴り響く線量計．

ナ「着の身着のままふるさとを追われた住民たち．避難を強いられた人は，8万8千人に及びます」

飼い主を失ってあてもなく街を走るペットたち．

東京電力小森常務「自分たちの目に見えてた範囲だけを伝えていた．それを安全神話というなら，安全神話にとらわれていた」

原子力安全委員会班目委員長「3月11日以降のことが全部取り消せるんだったら，私は何を捨ててもかまいません．3月11日以降のことを全部なしにしていただきたい．ほんとに，3月11日以降のことがなければなぁと，それに尽きます」

経済産業省海江田大臣「政治が責任を負わねばなりません」

ナ「いまも，2000人以上の作業員が，終わりの見えない復旧作業にあたっています」

「取材から見えてきたのは，当事者たちが，最悪の事態への備えを怠り，危機を

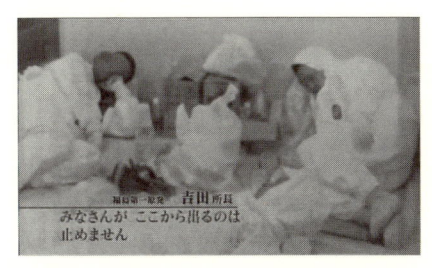

図5-4 2011年6月5日放送『NHKスペシャル 原発危機・事故はなぜ深刻化したのか』

予測できず，重要な局面でそれぞれの使命を果たせなかった姿でした．国策として進められてきた原子力発電．事故収束への道筋は，いまだ見えていません」というナレーションで，番組は締めくくられる．

震災から3か月――『NNNドキュメント'11福島原発』（2011年6月19日）

6月19日の深夜，『NNNドキュメント'11』は，55分枠で『福島原発――安全神話はなぜ崩れたか』を放送した．

マスク姿も痛々しい福島の子どもたちの映像から始まるこの番組は，福島第一原発1号機，3号機の爆発瞬間映像を映しつつ，先の『NHKスペシャル 原発危機』と同様，「事故はなぜ起きたのか」を追求する．ただし，『原発危機』が，「事故はなぜ深刻化したのか」という事故後の対応に焦点をあてているのに対して，こちらの「福島原発」は，「防げたはずの事故がなぜ起こったのか」を問題とする．福島原発事故については，それ以前にさまざまな「警告」があった．にもかかわらず，それらの「警告」を見過ごしたために事故は起こった，というのが，この番組の主張である．

では，警告とは何か．

第一に，1981年にアメリカで起こったブラウンズフェリー原発の全電源喪失事故である．この事故後，詳細な報告書が作られ，メルトスルーを避けるために，非常用発電機や衛星電話の配備など，「バックフィット」がなされた．その結果，2011年4月にこの原発を巨大竜巻が襲い，全電源喪失が起きたときにも，非常用電源作動により無事だった．この報告書は日本でも知られていたのもかかわらず，十分な対策がなされていなかった．

第二に，"なぜ全電源喪失に陥ったか？"という問題がある．全電源喪失に対するバックアップがなされていなかったわけではないが，それらは機能しなかった．まず，外部電源が働かなかった．地震によって送電線の鉄塔が崩壊したからだ．送電線鉄塔の崩壊はこれが初めてではなかったにもかかわらず，そして，国会でも何度も警告がなされていたにもかかわらず，寺坂保安院長は「そんな事態は起こらない」と主張し，なんの対策も行わなかった．それは，「保安院は独立した規制機関とはいえない」からだと，番組は指摘する．次に，"非常用電源の配置ミス"があった．

第三に，安全指針に盲点があった．

第四に，「想定超えの揺れ」といわれたが，実際には，いくつもの「警告」があり，必ずしも「想定超え」とは言えない．

警告のひとつは「阪神大震災」であり，以来，日本が地震の活動期に入ったと，地震学者からの指摘がなされてきた．

また，「活断層の存在」についても，原発付近に活断層が確認されても，これを隠蔽することが繰り返されてきた．

さらに，歴史上，今回の東日本大震災に匹敵するような"貞観の大津波"が存在したことが，すでに報告されていた．しかし，それに対応する策はなされなかった．

第五に，"スリーマイルの教訓"が活かされなかった．日本では，情報発信がばらばらで，それが事故を深刻化させた．アメリカでは，NRC（原子力規制委員会）が他の機関とは独立した強い権限を持ち，職員数4,000人を擁する．NRC原子炉規制部長（当時）デントンはインタビューに応えて，「当時，すべての会見をひとりでこなした．すべての権限が集中していた」と述べている．そして，「NRCは，原発を推進する責任も，原子力エネルギーを発展させる責任も負いません．NRCが責任を負うのは，原子力が安全に使われているか，という点だけです」と明言する．この言葉はあまりにも重い．

第五の「警告」は，"過酷事故の楽観性"である．監視委員会はこれまで，「過酷事故は存在しない」と主張し，事故対策は事業者の自主対策に任せてきた．これがすなわち，「安全神話」のまさに正体である．

前原子力委員会委員長代理・田中俊一氏は，反省をこめて，ボランティアで汚

図 5-5　2011 年 6 月 19 日放送『NNN ドキュメント'11 福島原発』

染地域の放射能測定・除染実験を行っている.

　最後の場面は，飯舘村の美しいのどかな風景である．この村で年を重ねてきた女性が二人，飼い犬を連れて，話している（図 5-5）．優しい光景だ．しかし，その口元は大きなマスクに覆われている．今月末で全員村を退去することになっている．「住み慣れた家は宇宙の果てのように遠い」というナレーションが重い.

毎日放送『その日のあとで～フクシマとチェルノブイリの今～』(2011年9月4日)

　TBS 系列の『報道の魂』では，『その日のあとで～フクシマとチェルノブイリの今～』という作品を 9 月 4 日に放送した．これは，毎日放送『映像'11』で，6 月 26 日の 24 時 50 分から 25 時 50 分に放送したものを，全国向けに放送しなおしたものである.

　そのあらましを以下に示す（遠藤による聞き取り）.

　　2011 年 3 月 11 日 14 時 47 分，地震に揺れる原発の海側からの映像から番組は始まる.
　　ナレーション（以下，ナ）「全体に壊れることなく，安全とされてきた日本の原発」
　　ナ「しかし，3 月 11 日，地震と津波により，全電源が失われ，冷却ができなくなり，大量の放射能物質を拡散させる事故が起きた」
　　ナ「25 年前，チェルノブイリ発電所で事故が起きた」
　　ナ「そして，今も病気で苦しむ子どもたち」
　　　　福島第一原発のその後の映像.
　　ナ「その日以来，私たちの世界は変わってしまったように思われる．しかし，この招かれざる災いは，私たち自身が創り出してしまったということも，また事実なのです」

タイトル「その日のあとで〜フクシマとチェルノブイリの今〜」
ナ「3月15日．2号機で爆発，4号機でも火災が起きた．京大原子炉実験所を訪ねた．正門前で，実験所助教の今中哲治さんと出会う」
ナ「小出さんや今中さんは，安全ばかりが協調される日本の原子力開発に警鐘を鳴らしてきた．そして，事故発生以来，ひっきりなしの電話取材への対応に追われていた」
ナ「3月15日の時点で東電は炉心損傷の疑いがあるとしていたが，このとき小出さんが指摘していたような「メルトダウン」がすでに起こっていたことが，後になってわかった」
3月28日．今中さんは飯舘村へ．
ナ「飯舘村は，1955年に合併で誕生．以来，農業と肉牛の村．しかし，事故以来，原発から25〜45km圏内の地域は，ホットスポットの可能性．汚染の報道により村は困惑」
4月13日．
ナ「その後，国は，飯舘村を計画的避難地域に指定」
ナ「福島の原発事故は，当初レベル4とされたが，その後，最も深刻なレベル7に引き上げられた」
4月25日．原子力安全委員会．
ナ「原子力安全委員会は，国の原子力行政に深く関わってきた」
班目委員長「チェルノブイリの場合は，30万人近くの死者を出しているし，甲状腺がんの発症率も有意に高い．それに比べると福島は，この事故による死者は絶対出していないし，人びとへの健康被害も最小限にしたい．これが，チェルノブイリとは違うこと」
　1986年チェルノブイリ原発の事故後の写真．
ナ「放射性物質の拡散量はチェルノブイリの7分の1程度といわれているが，今後の見通しはまったく立っておらず，放射能は今も出続けている」
今中「チェルノブイリと基本的には同じことが起きている」
ナ「世界で最悪の被害をもたらしたチェルノブイリ原発事故．放射能で汚染された地域に住む人びとは，今どのような暮らしをしているのだろうか」

チェルノブイリ原子力発電所（ウクライナ）．
ナ「1986年の事故以来，周囲30kmは立入禁止．発電所から30kmの場所にあるプ

リピャチの町も廃墟に」
ナ「現在，町に入るには，政府の許可が必要．同行してくれたウクライナの兵士は，かつて原発で働き，プリピャチに住んでいた」
兵「花にあふれた美しい町でした．事故後10年くらいは，いつかは町に戻れると思っていた．今はもう，誰もが無理だとわかっている」
ナ「チェルノブイリ事故では，半径30km県内の約70の町村から約12万人が強制退去．ゴメリは，チェルノブイリから150kmの場所にあるが，高濃度の放射能に汚染された．ミューリ22歳は，10歳のときに甲状腺がんと診断．摘出手術を受けた．今も薬を服用．原発事故の5年後から子どもの甲状腺がんが増え始めた」
　　ベラルーシでは，3歳から16歳までの16万人が住んでいる．しかし，統計などはまったく公表されていない．
　　ベラルーシでは，福島が，チェルノブイリを考え直すきっかけになっている．

4月29日，東京．京大・小出さんの講演会．
5月23日．参議院行政監視委員会に小出さんが出席．
小出「防災の基本は，対策が過大であっても構わないが，日本では常に過小評価」
　　ウクライナ・ナロジチ地区．チェルノブイリから70km．住むことが禁止されているが，約3,000人が暮らしている．
　　畑一面の菜の花．土壌浄化の実験．
　　「菜の花プロジェクト」．収穫した菜種は，バイオ燃料に使用．
　　この機械は日本の援助．
ナ「チェルノブイリ事故から25年．3月11日という日は，日本の歴史に深く刻み込まれることになりました．その日から，日本の立場は，支える側から支えられる側に変わってしまいました．ストロンチウム90の半減期は28.8年，セシウム137は30年，プルトニウム289にいたっては，その半減期は2.4万年です．チェルノブイリが21世紀に贈られた負の遺産だったように，福島が，後々まで受け継がれる負の遺産であることは疑いようもないのです」

　この『その日のあとで』では，以前から原子力発電の危険性を訴えてきた京都大学の小出さんと今中さんの主張をベースに，チェルノブイリの現状をフクシマの未来になぞらえて，とくに子どもたちの身体への影響について警鐘を鳴らすものである．

ちなみに，毎日放送の『映像'11』は，「1980年4月に「映像80」のタイトルでスタートした関西初のローカル・ドキュメンタリー番組」（番組公式ホームページ）である．前述の『その日のあとで 〜フクシマとチェルノブイリの今〜』以外にも『放射能汚染の時代を生きる〜京大原子炉実験所・"異端"の研究者たち〜』（2011年10月23日放送）を制作している．この作品でも，今中，小出両氏の主張をベースに，放射能汚染問題を訴えている．

『追跡AtoZ 福島第一原発 作業員に何が？』

本章で取り上げているレギュラーのドキュメンタリー番組以外にも，多数の特筆すべきドキュメンタリーは制作されている．

たとえば，NHK総合テレビ『追跡AtoZ 福島第一原発 作業員に何が？』（2011年8月12日放送）は，ほかにはあまり取り上げられていない，福島原発作業員についての報告である．

> **原発作業者の手配師**（暴力団関係者）「とにかく福島原発に，そこら辺歩いてるヤツを捕まえてきて，放り込んだらええ．そりゃもう甘い汁ですよ．」
> 　福島では，高い放射線の残る中で，毎日3,000人が作業にあたっている．
> 　しかし，3月から5月までにここで働いた143人が所在不明で被曝検査ができない．
> 　放射線量が高い現場では，使い捨ての労働者が使われているという．
> 　作業員の手配に闇社会の影がちらつく．
> 　原発作業員の所在がわからなくなるのはなぜか．そこには複雑な下請け構造がある．
>
> 関西・大阪市西成区あいりん地区．
> 5月．トラック作業に応募した人が瓦礫の撤去作業に従事．
> 　労働団体が，原発の求人には応じるなと，演説．
> 　福島原発の求人はない．しかし，実際には裏で動いている．日当4万円くらい．
> 　暴力団関係者に連れ去られた労働者．
> 　手配師．暴力団関係者のシノギ．愛媛の伊方原発，福井原発，福島原発など．
> 　原発に一人送ると，3.11以前は一人7〜8万だったが，以後，50万に跳ね上が

った．

高齢者．高額の借金にあえぐ人びと．

健康保険証の偽造．50万円．

送り込んだ先では，三次下請けを名乗らせる．実際には孫請けの孫請け．

7月22日，東京電力に指導．「福島第一原子力発電所 暴力団等排除対策協議会」

東京電力は，一貫して，これまで暴力団の関与はないと主張している．

協議会はあくまで，今後の関与を許さないためのものだと主張．

大阪の公園では手配師が日雇い労働者に原発での仕事を勧めている．

手配師「交代で15日15日で人を変えるンやで」

日雇い労働者「寝るのはJビレッジで寝るんですか？」

手配師「建物の中」

労働者「中で……」

手配師「仮眠．原発の中で．2時間したら寝て，また防護服を着て」

労働者「専門職？」

手配師「いや専門職ではない．ただ，ねじを締めたり……」

労働者「誰でもできる仕事？」

手配師「誰でもできる仕事やけど，ただ危険やから」

福島の現場監督者「真偽はわからないが，身元がわからないことは東電にとっても都合がよい．どうしても高線量のところで作業をする．身元がわからなかったら，保障する必要がない．高線量のところにはそういう人を入れる．表に出なければ幸いだという……」

現場の作業現場では，臨時の作業員が都合よく使われてきた歴史がある．

正確な放射線量の記録が残されなかったために今も苦しんでいる人がいる．

30年前に福井原発で働いていた元作業員．長く体調不良に苦しんでいる．

被曝記録が不正確．「鳴き殺し」＝アラームを止めて作業を続けた．

作業員のその後の健康のためにも，被曝量の正確な管理が必要．しかし，東京電力は，作業員の所在がわからないことを説明できていない．

暴力団の関与も含め，国はこの問題にどのようにかかわっていくのか．

細野「管理はしっかりすべきと考えている」

福島の現場責任者は，事故処理に当たる作業員のことをもっと考えてほしいと訴えた．

作業責任者「「緊急だから仕方がない」と言われればそれまでなんですけど，なんぼ

緊急でも，(原発に) 入ってくる人たちの管理もきちんと見ていただきたい．それを全然やってない」

　福島原発の事故処理には，今後 30 年以上かかると言われている．

　作業員のおかれた苛酷な状況については，先に挙げた NHK スペシャルや NHK ニュース (第 7 章参照) でも取り上げている．しかし，この『追跡 AtoZ 福島第一原発 作業員に何が』では，一般にあまり取り上げられない側面を果敢に追求している．

　民放でも，たとえば，TBS『報道の魂』の 12 月 18 日放送『記者の眼差し III』のなかで短い作品ながら「原発作業員で栄える夜の町」という，これもあまり触れられない側面について語っている．

　海外では，原発作業員に対して "Fukushima Heroes" と賞賛するほか，ドイツ ZDF テレビでは，"FRONTAL21 Arbeiter in Fukushima"（『福島原発労働者の実態』10 月 4 日放送）というドキュメンタリーを放送している．"Fukushima Heroes" 報道とも合わせ，海外に比べて日本では作業員の立場に社会の目があまり向けられないのは，奇妙な現象と言える．第 7 章でもう少し詳しくこの問題を考える．

6.　原発問題の何が語られたか——NHK と民放の違い

震災以降 12 月までのテーマ

　震災以後，震災に関してどのような作品が創られただろうか．NHK スペシャル，ETV 特集，NNN ドキュメント '11，報道の魂，ANN テレメンタリーについて見てみる．

　各番組とも，3 月以降，震災関連の番組を制作している．その本数と内容の推移を図 5-6，図 5-7 に示す．本数としては，NHK スペシャルが最も多い．

　原発事故関連に限定すると，最も早いのは NHK スペシャル，最も本数の多いのは ETV 特集である（ただし，このほかに，ETV 特集は，12 月に震災関連の作品 17 本の再放送をしている．報道の魂は，本数としては少ないが，6 月 5 日に放

6. 原発問題の何が語られたか　219

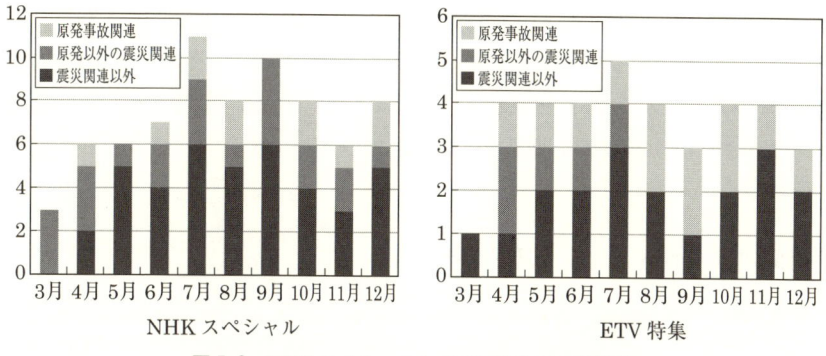

図5-6　NHK スペシャルと ETV 特集の内容推移

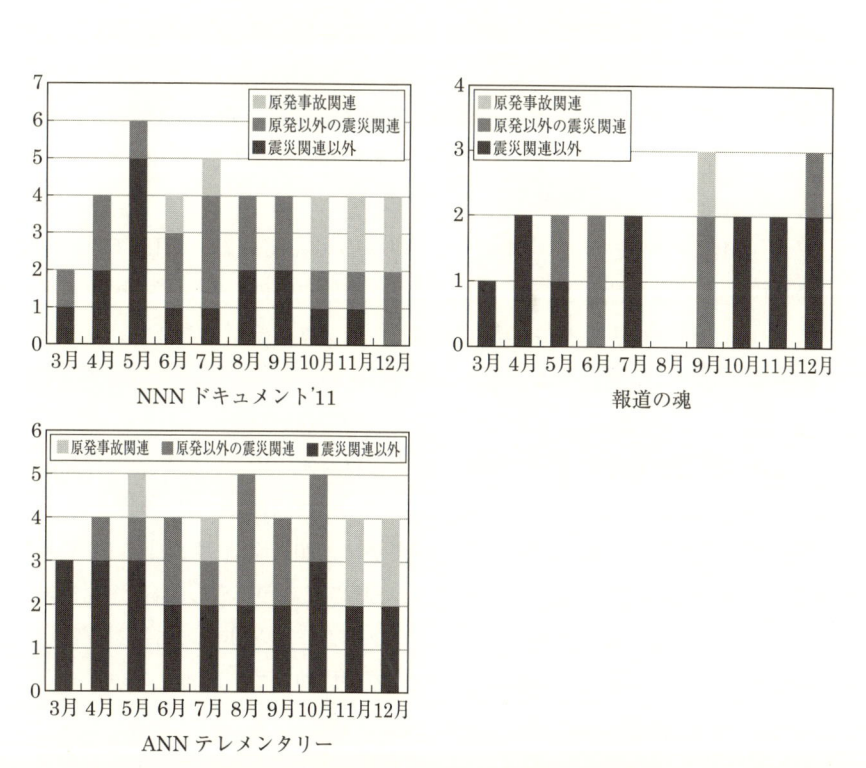

図5-7　民放のドキュメンタリー番組の内容推移

送した『記者たちの眼差しⅠ』は3時間30分，9月10日に放送した『記者たちの眼差しⅡ』は2時間30分，12月18日に放送した『記者たちの眼差しⅢ』は2時間30分のオムニバス・ドキュメンタリーとなっている．またANNテレメンタリーは，12月に4本の震災関連ではない過去のドキュメンタリー作品を再放送している）．

原発関連ドキュメンタリーの内容

　前節では，原発問題に関して作られたテレビ・ドキュメンタリーのいくつかを見てきた．ここに挙げたのは数例にすぎないが，全体として，テレビ・ドキュメンタリーは，原発問題の中でもどのような側面に注目してきただろうか．
　本章で，とくに取り上げてきた五つの番組について整理したのが，表5-3である．
　これによれば，全体として，放射能汚染の問題が最も多く取り上げられている．やはり，今現在，被災地だけでなく，日本全体が直面せざるを得ない問題が，放射能汚染の問題だからであろう．
　ただし，NHKと民放では，やや取り上げ方が異なっている．NHKでは，汚染地図の作成や食の安全性など，マクロな様相に着目するのに対して，民放のドキュメンタリーでは，被災地や被災者に寄り添うアプローチがとられている．これは，民放のドキュメンタリーは，地方局制作のものが多く，被災地の具体的な現実に深く関わっていることにもよるのだろう．
　その意味で，民放制作ドキュメンタリーで「放射能汚染」に分類した作品は，「被災地状況」に分類してもいいような作品が多い．反対に，NHK制作の作品では，被災地状況を扱ったものは少なく，わずかに，2011年4月3日にETV特集で放送された『原発災害の地にて』がここに分類されるが，その内容は，「福島県三春町在住の芥川賞作家・玄侑宗久と，ノンフィクション作家の吉岡忍が，福島第一原発をめぐり，地元では何が起きているのかについて，現地で対談する」というもので，民放制作の作品群とはかなり色合いの異なるものである．
　したがって，NHK制作に多い「原因究明」や「エネルギー問題」をテーマとした作品は，民放ではきわめて少ない．わずかに，先にも詳述したNNNドキュメント'11の『福島原発』が，日米をまたいで，なぜ事故が深刻化したのかを取材し

表5-3 原発問題ドキュメンタリーのテーマ分類

	NHKスペシャル	ETV特集	NNNドキュメント'11	報道の魂	テレメンタリー
原発関連数	13	13	10	1	4
原因究明	6	3	1		
放射能汚染	5	6	4	1	
被災地状況		2	5		4
支援		1			
核問題		1			
エネルギー	2				

ており，意欲作と言えよう．また，JNN系列の『その日のあとで〜フクシマとチェルノブイリの今〜』も，「原因究明」に分類してもよいテーマを追求している．

シーンとして，NHK，民放の双方に共通して見られたのは，のどかな農村風景，美しく咲く花，飼い犬や家畜の姿，などであった（第4節の各図参照）．東日本大震災では，被災地は主として農村，漁村部であり，放射能汚染によって家畜などが痛ましい犠牲となったことから当然ともいえる．それらは，東日本大震災という災禍の核心をまさに象徴するものたちでもあった．ただし，そうした場面は安易な情緒性に訴えやすいものでもある，作品の質が試される点である．

ほとんど見られなかったのは，メディア自身を相対化する視線である．国策としての原発の推進にあたっては，メディア自身もそれに関わってきたことは否めない．また，東日本大震災および福島第一原発事故において，メディアに反省すべき点はないのか．こうした点について，改めてきちんと検証しておくことは，重要であろう．ドキュメンタリーがさらに発展するには，今後，このような自己相対化がもっと求められるだろう．

7. バラエティ番組とドキュメンタリー

DASH村と福島原発事故

ここまで，「正統的」テレビ・ドキュメンタリーにおける原発問題を見てきた．

しかし，先にも述べたように，「ドキュメンタリー」というジャンルは，もっとずっと広い意味で考えることもできる．

なかでも，バラエティ番組とドキュメンタリーとの境界に位置するのが，「リアリティテレビ」と呼ばれるタイプのものである．

「リアリティテレビ」とは，1990年代前後から，世界的に流行するようになったテレビ番組のタイプである[13]．リアリティテレビは，ある設定の中に置かれた出演者（素人である場合が多い）たちの，素のままの振る舞いや感情の動きを提示し，視聴者の興味や共感を呼ぼうとするものである．日本では，『電波少年』シリーズ（NTV系列，1992～2003），『ASAYAN』（テレビ東京，1995～2002）[14]，『あいのり』（フジテレビ，1999～2009）などがある．今日では，多かれ少なかれ，リアリティテレビの要素を含まないバラエティ番組はないといっても過言ではない．

リアリティテレビの中でも開始が早く，現在（2012年時点）も高い人気を持続している番組に，『ザ！鉄腕！DASH!』（日本テレビ系列，1995年開始）がある．その中に，「DASH村」というコーナーがある．これは，2000年6月4日に，「日本地図にDASHの文字を載せる」ことを目的としてスタートし，その後，手作りで古き良き日本の農業生活を再現するという趣旨に変わった．現代的なアイドル・グループであるTOKIOのメンバーが，近隣の村人たちとの交流の中で伝統的な生活様式を再発見するというおもしろさに加えて，原野に作られたDASH村が，次第に〈村〉を構成していく様子が，「村人」（テレビ局のADなどで村に常時いる人）のつづるブログとウェブを通じてライブ中継されることで，視聴者の参加意識を高め，人気を博した[15]．

DASH村の実際の場所はずっと伏せられていたが，DASH村で火災が起きたことなどから薄々，北関東であることは知られていた．そのため震災直後からDASH村は大丈夫か？という声が相次ぎ，3月15日付けで番組ホームページで「DASH村からのお知らせ」として，番組スタッフが無事であることが告知された．そして4月24日放送分で，福島第一原発事故によって計画的避難区域に指定された福島県浪江町であることが明らかにされた．

2011年6月12日には，避難所で暮らす浪江町の人びとと，『ザ！鉄腕！DASH!』スタッフとの再会の様子（約18分間）が放送された．

図5-8 DASH村の現況（DASH公式ホームページより http://www.ntv.co.jp/dash/village/index.html）

震災が起きた3月11日，浪江町ではDASH村のロケが行われていた．しかし，福島第一原発の事故に伴い，浪江町は計画的避難区域となった．DASH村を支えてきた近隣住民も慌ただしく避難した．避難先はバラバラなうえに，必ずしも定まらず，多くの人たちは，福島県内外の避難所を転々と移動し，互いに連絡を取ることもなかった．震災から2か月以上経って，村の長老の明雄さん（81歳）の呼びかけで，TOKIOメンバーの松岡とともに，バスで各避難所を回り，DASH村と縁の深い人びとが磐梯温泉に集合する．露天風呂でくつろぐ男たち，大鍋で豚汁をつくる女たち．そんな「当たり前の生活」は3月11日以来だと村人たちはいう．この日の視聴率は14.3％（ビデオリサーチ）だった．

また，9月11日放送分は，ひまわりの除染効果の実験のためJAXAと共同でDASH村に行き，ひまわりを植えるという内容で，視聴率18.8％（同上）を記録した．

金スマ「ひとり農業」

TBS系列で毎週金曜日夜8時に放送されている『中居正広の金曜日のスマたちへ』には，「DASH村」と類似のコンセプトで，番組の担当ディレクター渡辺が，2008年2月から茨城県常陸大宮市に戸籍を本当に移し，ひとりで農業に挑戦する姿を描く「ひとり農業」というコーナーがある．

2011年4月22日放送の「ひとり農業」は，東京を離れ，茨城県常陸大宮市で農

業を始めてまる3年たった渡辺が,「このまま農業を続けていいのか」と思い悩む様子から始まる。なぜ彼は思い悩むようになったのか。この地で農業を始めて1091日目にあたる2011年3月11日,農作業の間に,この地も激しい地震に見舞われた。そのときの様子も動画像として撮影されており,あひるを仮小屋に引っ越しさせる途中で突然大地が揺れだし,「わっ,長.こわっ」「わっ,わっ,やばい」といった渡辺の生の叫び声が,リアルな追体験を促す。「幸い家の中は大きな被害はなかった」。しかし,「直後から断水が続いた」。「このときは,唯一の情報源であるテレビがつかず,不安な日々でした。三日後,ようやく新聞を見ることができました」。

渡辺は震災被害のあまりの大きさに言葉を失い,「自分にできることはないのか」「このままこの地で農業をやっていていいのか」と悩み始める。というのも,4年前の夏,渡辺は被災地を訪れており,そのときの景色と現在との隔たりに愕然としたのだった。しかし,いま,「しろうとの自分が行って何とかなる話ではない」と考え,また一方で,「とはいえ,ここで漫然と農業をしていていいのか」と思う。その二方向に引き裂かれる渡辺の様子が,飼い猫が行方不明になるという事件などをからめつつ淡々と映し出される。考えあぐねた渡辺は,長いこと会っていない父に会いに行く。父は遠い地方で教会の牧師をしている。ぎこちない父と息子の会話。そして：

父「できることで少しでも励ましたりできればいいんじゃない？」
息子(渡辺)「農業やっていていいのかな」

こうして渡辺は,「いま,できることは農業を一生懸命やること」と,改めて「農業」に取り組み続けることを決意する。「地震が起きてから,焦るばかりだったけれど,自分の無力さを受け入れることができるようになりました」と渡辺は語るのである。

この日の放送の視聴率は,14.1％（ビデオリサーチ調べ）を記録した。

この番組では,「被災した人」ではなく,「被災した人びとに対して何ができるのかわからずに悩んでいる人びと」,おそらくは全国のほとんどすべての人びとに成り代わって,その辛さを昇華する方向を示しているのである。

『鶴瓶の家族に乾杯』と東日本大震災

　NHKの人気番組である『鶴瓶の家族に乾杯』（以下，『鶴瓶』）も，「ぶっつけ本番の旅番組」というコンセプトから，リアリティテレビの性格ももつ．この番組は，1995年8月，笑福亭鶴瓶とさだまさしがふたり旅をする特別番組としてスタートし，2005年4月から，毎週放送となり，鶴瓶とゲストが，ゲストの行きたい町を訪れるというスタイルとなった．

　2011年5月23日，30日に前後編として放送した「再会編」は，1年前にこの番組が訪れ，東日本大震災で被災した宮城県石巻市の家族と再会した模様を描いて，視聴率15.1％（関東地区，ビデオリサーチ調べ）を記録した．

　この後，9月26日・10月3日には宮城県塩釜市，10月31日・11月7日には福島県相馬市の再会編が放送された．その内容は以下のとおりである：

【5月23日，5月30日放送：宮城県石巻市を再訪】

　　ゲストはさだまさし．1年前に取材して東日本大震災で被災した人に会いに行く．前回と同じ会場で鶴瓶が落語を，さだが歌を披露する．

【9月26日，10月3日放送：宮城県塩釜市を再訪】

　　ゲストは佐々木主浩．宮城県塩釜市を，かつて"ハマの大魔神"と呼ばれた元投手・佐々木主浩と鶴瓶が，以前この番組で出会った人たちに会うために訪れる．港そばで海鮮丼屋を営む夫婦を訪ね震災後1か月半で再開したという当時の話を聞く．

【10月31日，11月7日放送：福島県相馬市を再訪】

　　ゲストは間寛平．福島県相馬市を7年ぶりに訪れる．間寛平は，前回の旅で錣山親方が訪れたイチゴ農家を訪ねる．畑や田んぼにも津波が押し寄せたが，再びイチゴの苗を植え始めたという．一方，鶴瓶は，前回の旅で出会った家族に会うため，仮設住宅や自宅を訪れ，成長した子どもたちと再会する．

　この『鶴瓶』では，むしろ，震災前と「変わらない関係」「変わらない日常」を描き出すことによって，被災した人びとと日本全国の視聴者の心を同時に和ませることを目指したようだ．鶴瓶自身，「皆ストレスがたまっている．被災地の人たちが前向きなところを見れば，ほかの人たちも前向きになれる」「当たり前に接することで，相手の人も安心する．早く日常を取り戻すためには，訪ねる方も

平常心でいかないかん」[16]．これもまた，報道するものとしての一つの態度といえよう．

バラエティ／ドキュメンタリーの特徴と意味

バラエティ的な面とドキュメンタリー的な面をあわせもつこれらのリアリティテレビは，正統的なドキュメンタリーの視点から見れば，単なるエンターテインメントであり，状況に対する深い掘り下げを欠くものとして捉えられることが多い．

だが，「ジャンル」は作品の質を決定しない．正統的ドキュメンタリーに見せつつ，特定の利害関係者をバックアップするためにだけ作られたような作品もある．リアリティテレビであっても，社会に公共的な対話の場を開くものもある．

原発や東日本大震災と，上に挙げたようなリアリティテレビとの関わりは，ある意味，偶然に起きたものであり，その土地との深い関係があったわけではない．しかし，そのような「たまたま」の，「行きずり」の関わりが，いったん何か問題が生じたときに，再び結ばれ，新たな力になっていくという「語り」は，災害の当事者にとっても，当事者でないものにとっても，大きな力となるのではないだろうか．

とくにリアリティテレビに特徴的なのは，番組の構成が，制作者の視点だけでなく，番組に登場するふつうの人びと——視聴者との双方向性を基盤としていることである．もちろん，現実には制作者の力は大きいだろうが，少なくともこの双方向性によってリアリティテレビは人気を得ているのだし，また，視聴者が自分の問題として災害を捉え直す契機になる可能性も拓いているのである．

8. テレビ・ドキュメンタリーと記憶

ドキュメンタリーという同時代

ドキュメンタリーはきわめて同時代性の強い表現手法である．ドキュメンタリーのテーマには，その時点その時点で，社会にとって緊急の課題と見なされる問題が取り上げられることが多い．しかも，多くのドキュメンタリー作家や研究者

が指摘しているように,「ドキュメンタリー」は決して「客観的真実」ではない.それは,制作者によってフレーミングされた「現実」であって,その時代の社会意識を色濃く反映するものである.

とくにテレビ・ドキュメンタリーでは,同時代性はさらに強くなる.今野勉はテレビについて『お前はただの現在にすぎない』というタイトルの本を書いているが,まさに,特定の瞬間にのみ「見られる」ことを前提としたテレビ番組は,時間を隔てて見られることなどまったく想定されないままに,これまで,「見捨て」にされてきたといえる.それは裏を返せば,時代への「密着性」が強いことを意味する.

ドキュメンタリーという記録／記憶

その結果,過去のテレビ・ドキュメンタリーは,見る人に違和感を感じさせることも多い.たとえば,今日ではポリティカリー・コレクトではないと見なされているような言葉が使われていたり,前提となる了解が異なっている(あるいは今日ではわからない)ようなことも多い.しかも,テレビ・ドキュメンタリーでは,作家性より客観性や中立性が重んじられてきた経緯から,作品の通時代性が暗黙に要請される.そのために,過去の作品によって批判を受けることを制作側が恐れる場合もあるだろう.ドキュメンタリーというジャンルは,容易に,「プロパガンダ」としても構成されるものである.

しかし,むしろまさにその「同時代性」によって,テレビ・ドキュメンタリーは,その時代のある側面を複合的に保存する.その結果,後の時代から,過去の時代の生きた証言を聞くよすがともなる.それは,後の時代から見られた過去ではなく,過去から届けられる声としての役割を,時代をこえて果たすのである.

ドキュメンタリーの記憶

原発問題の特徴は,それが非常に複合的で,技術と社会の両方にまたがった複雑な問題であるという点である.しかもその影響は,目に見えないかたちで,地理的範囲を超え,また遠い未来にまで及ぶ.

本章で見てきた数か月間でも,「ドキュメンタリー」の基調音に変化が見られる.

このように，その根が非常に深く，これまでの経緯に問題がひそんでいるテーマについては，これまで社会でどのような議論がなされてきたかを踏まえたうえで，さらに深い議論を積み上げていく必要がある．

そして，現代の情報環境を考えれば，従来，必ずしも十分な配慮がなされてこなかった映像作品，とくにテレビ・ドキュメンタリーを，問題理解の共有のためにもっと活用することが考えられてよいと思われる．

たとえば，本章で取り上げた中でも，『NNN ドキュメント'11 東日本大震災 発生から 10 日 被災者は今…』（2011 年 3 月 20 日放送）で，13 年前の 1998 年 3 月 1 日に放送したドキュメンタリーに言及し，問わず語りに問題の背後にある構造を浮かび上がらせていた．

過去のドキュメンタリー作品については，現在すでに，関係各団体，グループなどによって，テレビ番組のアーカイブ化が進められているし，その成果も着々と上がっている．しかし，全体から比べれば，まだ道は遠いといわざるを得ない．一部の人びとに負担や利用が偏ることのないよう，より広い協力体制のもと，アーカイブス化を推進すべきだろう．

ちなみに，現在利用可能な過去の遺産の蓄積である「放送ライブラリー」で本章に関連するキーワードで検索したところ，表 5-4 のような結果となった．まだ，アーカイブ化が十分には進んでいない状態なので，これだけから何らかの結論を導き出すことはできないが，ドキュメンタリーとニュース映画の違いとか，スリーマイルやチェルノブイリ以降に原発問題に関する議論が高まってきたことなどを推測することはできる．

東日本大震災に関しては，最初からそれを意識しつつ，テレビ・ドキュメンタリーに関して今後も分析を続けていきたい．

映画評論家の佐藤忠男は，著書（1977）で次のように述べている：

> 私がドキュメンタリーに求めるものは，大衆討議のための記録である．それは，正確さにプラスして，人間的力量と聡明さによって裏づけられていなければならないものである．いや，その前に，人間的共感に発していなければならないものである．（中略）さらには，それらについて一定の認識を持つ記録者自身の人間性と社会的な位置までも客観的な批判の対象として提出することになるような記録こそが，

表 5-4 「放送ライブラリー」キーワード検索結果（2011年12月15日）

キーワード	テレビ番組	ニュース映画
原爆	176 '50： 1 '60： 7 '70： 8 '80：37 '90：43 '00：80	27 '50：13 '60：14
水爆	9 '50： 1 '60： 2 '80： 2 '90： 4	30 '50：22 '60： 8
原子力	31 '60： 4 '70： 1 '80：15 '90： 5 '00： 6	23 '50： 9 '60：14
原発	28 '80：10 '90：11 '00： 7	0

おそらくは大衆討議のための記録と呼ばれるものであろう．
　大衆討議のための記録の発達は，民主主義の発達にとって必要不可欠のものであると思う．そして，そのような種類の記録を，われわれは，書物のかたちにしろ，記録映画にしろ，テレビのドキュメンタリー番組にしろ，細々とではあるが，やはり，ある程度の積み重ねとして持ってきていると思うのである．（佐藤 1977: 329）

　今後，原子力問題に限らず，過去のドキュメンタリー作品が，インターネットとも連携して，さらに有機的に，誰でもいつでも見られ，参照できるようになることが望まれる．

【付記】原発に関する新聞ドキュメンタリー

　本稿ではテレビ・ドキュメンタリーについて考えてきた．しかし，福島第一原発事故に関して，新聞も連載ドキュメンタリーを掲載している．たとえば，東京新聞『新日本原発紀行』(2011年4月30日〜8月1日)，読売新聞『福島からの警告』(2011年6月11日〜11月13日)，同『原発のゆくえ』(2012年1月22日〜)，毎日新聞『この国と原発』(2011年8月11日〜)，共同通信『原発の不都合な真実』(2011年8月11日〜2012年2月1日)，朝日新聞『プロメテウスの罠』(2011年10月3日〜)，同『原発とメディア』(2011年10月3日〜)，同『リスク社会を生きる』(2011年12月30日〜2012年1月8日)などがある．

　なかでも，『原発とメディア』では，メディアが自らと原発推進との関わりを相対化しようとしたものとして重要である．

　また，ブログやSNS，Twitterなどの書き込みもまさにリアルタイムの「ドキュメント」であり，今日という時代の出来事を膨大な視点から描き出すものである．

　これらについてはまた，稿を改めて分析を行いたい．

第6章

福島第一原発事故で社会は変わるのか？
—— メディアと選挙・世論・脱原発運動

1. 社会は変わるのか

　ニューヨーク大学のスミス教授とフローレス教授によれば、「2年という時間枠でみた場合、平均すると民主国家の39%で反政府抗議行動が起きている。この比率は、大規模な地震が起きると2倍に跳ね上がる。平均すると、通常2年間で民主国家の約40%で政治指導者が交代している。これに対して、1976年から2007年の地震が起きた後の2年間に政権が交代した比率は実に91%に達する」という。

　われわれの社会は、常時変化しており、いかなる政権もつねに対抗勢力に代替される可能性をはらんでいる。震災などのなんらかの災禍が社会を襲えば、それが社会の転機をもたらすことも、ある意味当然といえよう。

　とはいえ、災禍が起これば必ず重大な社会変動が起こるかといえば、そうでもない。ある場合には、その時の政権（社会システム）が災禍に対して適切な処置をとる力と社会的信頼を持っていることで社会が連帯して危機を乗り越える。またある場合には、その時の社会システムが抱えた諸問題の解決を、「危機」を口実

にさらに先延ばしし，その結果，状況をさらに悪化させる．

　また一方，当然のことながら，「変化」が起きさえすればよいというわけでもない．「良い」変化もあれば，「悪い」変化もある．

　東日本大震災とそれに続く福島第一原発事故は，世界と日本の社会に変化をもたらしたのだろうか？　今後もたらすのだろうか？　それとも何も起こらないのだろうか？　それは何を意味するのだろうか？　そこにメディアはどのように介在しているのだろうか？

2. 福島第一原発事故と世界の動き

　福島第一原子力発電所の爆発事故以来，世界はじっとフクシマの動向を見つめ続けている．なぜなら，福島第一原発から漏れ出た放射能は，風に乗って，（津波よりずっと迅速に広範囲に）影響を及ぼす可能性があるからだ．その注視は，「核」への不安や不信を改めて世界中の人びとに思い起こさせ，各国のエネルギー政策に重大な影響を与えるものとなった．

　とくに注目を集めたのが，フクシマ後まもなく明らかになったドイツ，イタリアなどの世論動向であった．

　ドイツでは，2011年3月28日，バーデン＝ビュルテムベルク州とラインラント＝プファルツ州で州議会選挙が行われ，いずれの州でも，脱原発を掲げる緑の党が，前回に比べて10％以上も獲得票を伸ばした．これを受けて，メルケル首相は，2002年原子力法で稼働停止時期にきていた古い原発7基の即時3か月間停止（モラトリアム）と全原発の徹底的安全検査を命じた．さらに，5月30日，メルケル首相は国内にある17基すべての原子力発電所を2022年までに停止すると発表した．AFPニュースによれば，同首相はこれに関連して「福島（第1原発）の事故は，これまでとは異なる方法でリスクに対処する必要性があることを教えてくれた」，「われわれが再生可能エネルギーの新たな時代を切り開く先駆者になれると信じている」と述べた[1]．

　スイスでも，5月25日，福島原子力発電所での事故を受けて，既存原発を段階的に廃止し，他のエネルギー源で電力需要を満たしていくことが閣議決定された．WSJ日本版によれば，ロイトハルト・エネルギー相はベルンでの記者会見

で，「政府は原発の段階的廃止を決めた．確実で自立的なエネルギー供給を確立したいからだ」とし，「福島の事故は原発のリスクが高すぎること，そしてこれが原発のコストを高めることを示した」と強調した[2]．

またイタリアでは，6月12日から13日に行われた国民投票の結果，暫定発表で投票者のうち95%が原子力発電の再開に反対票を投じた．ベルルスコーニ政権は，電力のフランス依存を解決するため，原発の再開を提起した．この国民投票は，原発再開を国民に諮るものだったが，福島原発事故の影響もあって，これが否決された．すなわち，従来の路線どおり，脱原発を続行することになったのである．

これらの国々は，もともと原発に対する不信感が強い国であった（次項参照）．

他方，フランスは，アメリカに次いで世界第二の原子力発電国である．19の核施設に58基の原子炉を有し，電力の約80%を原子力発電によってまかなっている．とくにサルコジ政権は原発推進，原発技術によって国家経済の再建を目指しているとされる．福島原発事故に際しても，他国に先駆けて，事故後間もない3月31日に来日し，「仏は原子力エネルギー先進国として，様々な知見を持っており，今まで行っている支援に加えて，何でも必要な支援を行う用意がある」と語った[3]．しかし，そんなフランス国内でも，福島原発事故以降，各地で反原発デモが活発化している．さらに2011年9月，南部の核施設で爆発事故が起こり，死傷者を出した．フランス政府は，重大な事故ではないとしているが，今後は不透明である．

原発に関する国際世論調査

では，一般世論は，福島原発事故と原子力発電に対して，どのように見ているだろうか．

図6-1に示したのは，ギャラップ・インターナショナル・アソシエーションが行った国際世論調査「日本の津波と原子力発電に対する世論調査－Global Barometer of Views on Nuclear Energy After Japan Earthquake」（平成23年3月21日から4月10日にかけて実施）で，東日本大震災の前後で原子力発電に対する意見がどのように変わったかを尋ねた結果をグラフ化したものである．

これによれば，ほぼすべての国で，震災前より震災後では，原発賛成派は減少

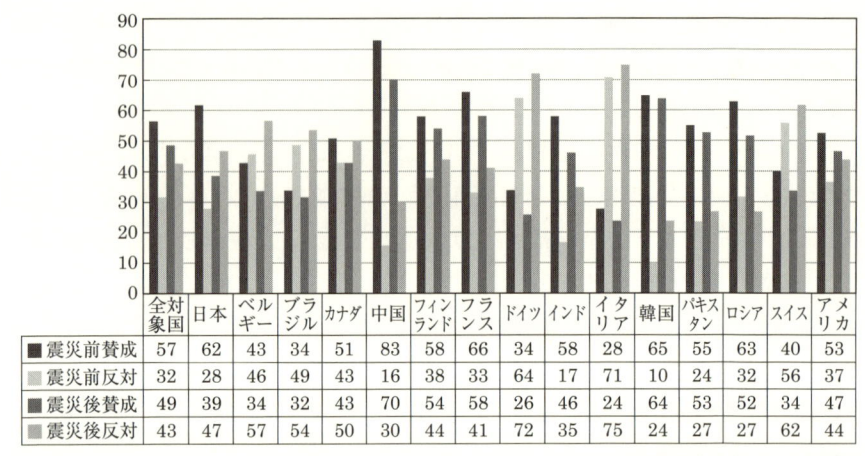

	全対象国	日本	ベルギー	ブラジル	カナダ	中国	フィンランド	フランス	ドイツ	インド	イタリア	韓国	パキスタン	ロシア	スイス	アメリカ
■ 震災前賛成	57	62	43	34	51	83	58	66	34	58	28	65	55	63	40	53
■ 震災前反対	32	28	46	49	43	16	38	33	64	17	71	10	24	32	56	37
■ 震災後賛成	49	39	34	32	43	70	54	58	26	46	24	64	53	52	34	47
■ 震災後反対	43	47	57	54	50	30	44	41	72	35	75	24	27	27	62	44

図 6-1 ギャラップ・インターナショナル・アソシエーションによる国際世論調査「日本の津波と原子力発電に対する世論調査－Global Barometer of Views on Nuclear Energy After Japan Earthquake」（平成 23 年 3 月 21 日から 4 月 10 日にかけて実施，http://www.nrc.co.jp/report/pdf/110420.pdf）

している．とくに日本では，大きな減少が起きている．日本は震災前，原発賛成派が 62％と，世界の中でも，中国（83％）は別格としても，フランス（66％），韓国（65％），ロシア（63％）等とならんで，原発賛成の多い国であった．これらの国はまた，国策として原発開発を推進している国々でもあった．しかし，震災後，日本の原発賛成派は 39％に下落し，反対派が賛成派を上回ることとなった．中国やロシアでも賛成派が 10％以上減少した．一方，韓国やパキスタンでは，減少の幅が小さい．

震災前から原発賛成の少なかったイタリア，ドイツ，ブラジル，スイスなども，さらに賛成派の割合が下落している．

3. 2011 年 4 月統一地方選挙から 11 月福島県議会選挙まで

2011 年統一地方選挙

こうしたなかで，2011 年 4 月，統一地方選挙が行われた．

原発の立地する地域では、「原発」が選挙の争点となるかが注目された。

とくに新人候補は、「脱原発」を掲げる候補が多かった。

坂本龍一、大友克洋、浅野忠信、飯野賢治、津田大介、スチャダラパーのBoseなどさまざまなジャンルの著名人が賛同人として名前を連ねている『候補者のエネルギー政策を知りたい有権者の会』は、各候補者に対して「我が国のエネルギー政策について、どのような立場をお持ちでしょうか」と問う質問状を送り、その回答を一覧表にしたサイトを立ち上げた（図6-2）。このアンケートでも、候補者の多くは、エネルギー政策の転換を訴えているものの、結局、当選した候補は、態度を明確にしないか、あるいは回答をしない候補であった（表6-1）。

統一地方選挙後半戦（2011年4月24日）では、原発が立地する自治体で多くの選挙が行われたが、原発反対派が大きく票を伸ばすということはなかった。

4月25日付け読売新聞は次のように報じている[4]：

> 東京電力労働組合の組織内候補も、厳しい逆風の中、開票された選挙では全員が当選した。
>
> 高速増殖炉「もんじゅ」など原発3基が立地する福井県敦賀市長選は、初当選以来〈原発との共存共栄〉を掲げた現職の河瀬一治氏が市発足以来初の5選を決めた。
>
> 市は財政、雇用面で原発に依存。このため河瀬氏のほか、元市議や元市会議長、敦賀短大教授の3候補はいずれも原発との共存を前提に、原発の安全強化や防災対策などを中心に論戦を展開した。新人は多選阻止を訴えたが、福島第一原発の事故後は経験豊かな現職を再評価する声が強まった。
>
> 福島第一原発と同じ東京電力の柏崎刈羽原発を抱える新潟県柏崎市議選（定数26）では、立候補した原発反対派7人のうち、5人が当選した。
>
> 改選前（当時の定数30）の反対派の勢力（7議席）からは2議席減となり、引き続き推進・容認派が多数を占めた。
>
> 同市議選では選挙戦を進める中で、推進・容認派の中で安全対策基準の厳格化や2007年の中越沖地震後に休止した3基の運転再開に慎重な考えを訴える候補者が増えた。隣の同県刈羽村議選（定数12）には、原発反対派4人のうち3人が当選したが、改選前と同じく推進・容認派が多数を占めた。定数14だった改選前は、反対派は4人だった。（読売新聞、2011年4月25日）

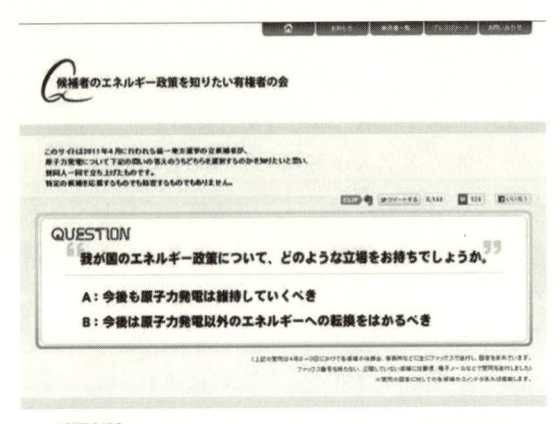

図6-2 「候補者のエネルギー政策を知りたい有権者の会」サイト
(http://energy-policy.net/pref.php)

表6-1 2011年4月10日の統一地方選で当選した候補者と質問状に対する回答

都道県（政令市）	当選者	党派・現新別	回答
北海道	高橋はるみ	無現（自推）	態度不明確
東京都	石原慎太郎	無現	態度不明確
神奈川県	黒岩祐治	無新	エネルギー政策転換
三重県	鈴木英敬	無新（自・み推）	無回答
福井県	西川一誠	無現（自・公推）	態度不明確
奈良県	荒井正吾	無現	無回答
鳥取県	平井伸治	無現	無回答
島根県	溝口善兵衛	無現（自・公推）	態度不明確
徳島県	飯泉嘉門	無現	無回答
福岡県	小川　洋	無新（自・公・社・国支）	無回答
佐賀県	古川　康	無現（自・公推）	非回答
大分県	広瀬勝貞	無現（社推）	態度不明確
札幌市	上田文雄	無現（民・社・国推）	エネルギー政策転換
相模原市	加山俊夫	無現	無回答
静岡市	田辺信宏	無新（自推）	エネルギー政策転換
広島市	松井一実	無新（自・公推）	無回答

ネット上での選挙世論

ネット上での，統一地方選挙にかかわる議論の盛り上がりを見るために，kizasi.jp を使って，統一地方選に言及したブログの件数の推移を見たのが，図6-3 である．

ここでも，人びとの関心が必ずしも統一地方選に向けられなかったことがわかる．

「選挙」というキーワードで検索される記事の内容は，4月初旬は「統一地方選」に関するものだが，5月末から6月初旬は「AKB総選挙」（アイドルグループ AKB の人気投票）である．そしてこの二つのピークはほぼ同じ数であった．8月末に検索数の山があるが，この内容は民主党代表選挙（菅代表退陣を受けた選挙）であり，しかもピークはかなり低い．

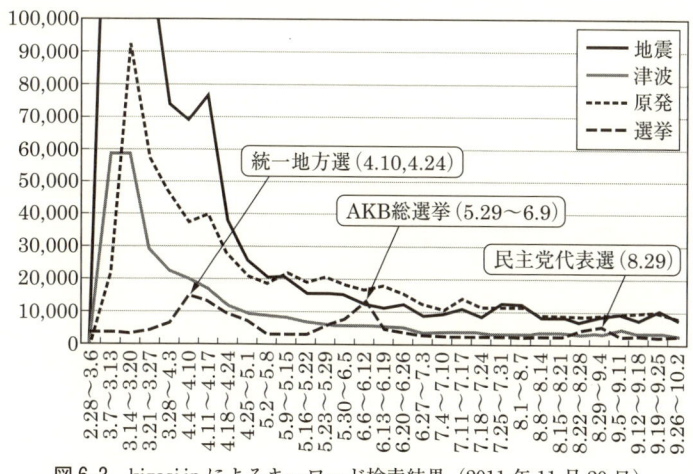

図6-3　kizasi.jp によるキーワード検索結果（2011年11月20日）

統一地方選の後

福島第一原発事故後の統一地方選挙で，再生可能エネルギーへの転換をうたって当選しても，その後，現実の困難にぶつかった例もある．

たとえば，神奈川県の黒岩祐治知事は，東日本大震災後の4月10日の統一地方選で，太陽光発電の推進を訴え，「4年間で200万戸の太陽光パネル設置」を選挙

公約として当選した．黒岩知事の就任後，神奈川県における太陽光パネル設置のテンポは速まったが，「4年間で200万戸」というにはほど遠かった．2011年9月に提示された「かながわスマートエネルギー構想」では「数値目標としては2020年度において，再生可能エネルギーを20%導入する」と修正され，10月7日には，「公約は忘れてほしい」と記者団に語った．

2011年11月福島県議会選挙，町長選挙

2011年11月には，福島原発事故によって，最も甚大な被害を受けている福島県議会選挙，町長選挙，市町村議選が行われた．本来，4月に行われるべき選挙であったが，震災の影響で7か月延期されて実施された．

しかしながら，少なくとも6万人が福島県外で避難生活を送っていると推測されるなかでの選挙は，投票率は47.51%と過去最低を記録した．選挙選では，震災関連の問題解決を各候補が訴えたが，候補間での訴えの違いは必ずしも明らかではなかった．

選挙後の動き

2011年11月30日のロイターニュース[5]によると，佐藤雄平福島県知事は，福島第一原発事故を受け，県内の原発全10基の廃炉を求めることを復興計画に明記すると発表した．

しかしながら，選挙後の各自治体の動きは，必ずしも，明確とは言えない．

たとえば，同じ11月30日に日本経済新聞は，「原発立地自治体，相次ぎ存続求める」[6]と題して，次のような記事を掲載している：

> 東京電力の福島第1原発事故を受けて政府のエネルギー政策の見直しが進む中，原発を抱える自治体の関係者が29日に相次ぎ経済産業省を訪問．原発存続や，建設中の原発の工事再開を訴えた．
> 福井県内の原発立地自治体でつくる「福井県原子力発電所所在市町協議会」の山口治太郎会長（美浜町長）らは同日，枝野幸男経産相と会談．山口会長は「今すぐにでも原子力をゼロにしてよいという考えでは（原発の）立地地域と国の信頼関係を損なう」と述べ，原発存続を求める要請書を提出した．

枝野経産相は「国のエネルギー政策に転換があった場合でも，これまで約束してきた責任はしっかり果たしていきたい」と述べた．

一方，青森県大間町の金沢満春町長らは松下忠洋経産副大臣と面会．同町にはJパワーが2014年の運転開始を目指して大間原発を建設中だったが，震災後に工事が休止している．金沢町長は「町の経済は厳しい状況．一日も早い工事の再開を」と求めた．（日本経済新聞，2011年11月30日）

また翌日の朝日新聞は，電力労組の次のような動きを報じている[7]：

全国の電力会社や関連企業の労働組合でつくる「電力総連」が，東京電力福島第一原発の事故後，原発存続に理解を得るための組織的な陳情活動を民主党の国会議員に展開していたことが分かった．2010年の政治資金収支報告書によると，全国の電力系労組13団体が組合員らから集めた「政治活動費」は総額約7億5千万円．この資金は，主に同党議員の支援に使われ，陳情活動も支援議員を中心に行ったという．

同党の有力議員の秘書らは「脱原発に方向転換されては，従業員の生活が困ると陳情を受けた」「票を集めてくれる存在だから，選挙を意識して対応せざるを得ない」と証言．電力総連関係者は「総連側の立場を理解してくれた議員は約80人」と見積もる．豊富な政治資金を持つ電力総連が，民主党側に影響力を行使する実態が浮かび上がった．

収支報告書などによると，全国の電力10社と関連3社の各労組の政治団体は10年に，組合員ら約12万7千人から会費などの形で約7億5千万円の「政治活動費」を集めた．うち計約6400万円が，電力総連の政治団体「電力総連政治活動委員会」に渡っていた．

活動委は同年，東電出身の小林正夫・民主党参院議員（比例区）の関連政治団体と選挙事務所に計2650万円，川端達夫総務相の政治団体に20万円などを献金．小林議員は同年の参院選で再選を果たした．（朝日新聞，2011年12月1日）

このようなねじれ現象は，「原発」というものが，これまでの日本社会にどのように組み込まれてきたのかについて，改めて深い検討を迫ると同時に，その解決の困難さを示唆する．

4. 日本における〈世論〉の変化と不変化

日本政府の方針転換

2011年5月25日，主要8カ国（G8）サミットのためパリを訪れた菅直人首相（当時）は経済協力開発機構（OECD）加盟国の代表の会合で，20年代初めまでに再生可能エネルギーの比率を20％にまで引き上げる新エネルギー政策を導入する方針を示した．首相は，太陽光発電コストを20年までに現在の3分の1に，30年までに6分の1にすると述べた[8]．

自民党政権時代，日本のエネルギー政策は，安全と低コストを掲げて，原発推進の方向で進んできた．2009年に政権交代が起こり，民主党政権に代わっても，基本的にはその方向が変わることはなかった．

鳩山元首相に続いて首相となった菅前首相も，2010年6月に策定されたエネルギー基本計画[9]で，再生可能エネルギーの開発を目指すとともに，「原子力発電の推進」を次のように強く主張している：

> 原子力は供給安定性と経済性に優れた準国産エネルギーであり，また，発電過程においてCO2を排出しない低炭素電源である．このため，供給安定性，環境適合性，経済効率性の3Eを同時に満たす中長期的な基幹エネルギーとして，安全の確保を大前提に，国民の理解・信頼を得つつ，需要動向を踏まえた新増設の推進・設備利用率の向上などにより，原子力発電を積極的に推進する．また，使用済燃料を再処理し，回収されるプルトニウム・ウラン等を有効利用する核燃料サイクルは，原子力発電の優位性をさらに高めるものであり，「中長期的にブレない」確固たる国家戦略として，引き続き，着実に推進する．その際，「まずは国が第一歩を踏み出す」姿勢で，関係機関との協力・連携の下に，国が前面に立って取り組む．
> 　具体的には，今後の原子力発電の推進に向け，各事業者から届出がある電力供給計画を踏まえつつ，国と事業者等とが連携してその取組を進め，下記の目標の実現を目指す．
> 　まず，2020年までに，9基の原子力発電所の新増設を行うとともに，設備利用率約85％を目指す（現状：54基稼働，設備利用率：(2008年度) 約60％，(1998年度) 約84％）．さらに，2030年までに，少なくとも14基以上の原子力発電所の新増設を

行うとともに，設備利用率約90％を目指していく．これらの実現により，水力等に加え，原子力を含むゼロ・エミッション電源比率を，2020年までに50％以上，2030年までに約70％とすることを目指す．

　他方，世界各国が原子力発電の拡大を図る中，原子力の平和利用を進めてきた我が国が，原子力産業の国際展開を進めていくことは，我が国の経済成長のみならず，世界のエネルギー安定供給や地球温暖化問題，さらには原子力の平和利用の健全な発展にも貢献する．また，我が国の原子力産業の技術・人材など原子力発電基盤を維持・強化するとともに，諸外国との共通基盤を構築するとの観点からも重要である．こうした認識の下，ウラン燃料の安定供給を確保するとともに，核不拡散，原子力安全，核セキュリティを確保しつつ，我が国の原子力産業の国際展開を積極的に進める．

　なお，我が国は，今後も，非核三原則を堅持しつつ，原子力基本法に則り，原子力の研究，開発及び利用を厳に平和の目的に限って推進する．(「エネルギー基本計画（平成22年6月)」)

だが，その9か月後に起こった福島第一原子力発電所の事故によって，この方針は真っ向から見直しを迫られることとなった．冒頭に挙げた菅前首相の発言は，その見直し政策を世界に訴えるものだった．

　けれども，菅政権から代わった野田政権は，必ずしも，原子力政策について明言していない．野田首相は，2011年9月号の『文藝春秋』で，次のように述べている[10]：

　　電力は日本社会の「血液」そのもの．政府には電力を安定的に供給する体制をつくる責任がある．厳しい現実を直視すれば，安全性を徹底的に検証した原発は，当面は再稼働に向けて努力することが最善の策ではないか．立地自治体の方々との信頼感なくして再稼働はあり得ない．首相が自ら足を運び，意見をうかがい，自らの言葉で語る，真摯な姿勢が電力危機を回避する第一歩だ．中長期のエネルギー戦略の建て直しも重要．原発の新増設が難しいのは明らか．原発の依存度を減らす方向を目指しながら，少なくとも2030年までは，一定割合は既存の発電所を活用する，原子力技術を蓄積することが現実的な選択であろう．自然エネルギーの拡大は新時代の国家戦略．現在，自然エネルギーの比率は9％に過ぎないが，20年代に20％ま

で上昇させるのが当面の目標だ．（読売新聞，2011年8月31日）

野田政権が今後どのように方向性を定めていくのかは，いまだ玉虫色と言えよう．

日本における原発世論の変化

では，一般の日本人たちは，今後のエネルギー政策についてどう考えているのだろう．

先に挙げたギャラップ・インターナショナルの国際世論調査でも，日本における原発への世論は，震災前に比べて，ネガティブに変化している．

ここでは，筆者が，7月末から8月初めにかけて実施したインターネットモニター調査（以下，「7月末調査」）の結果から，首都圏と被災地におけるエネルギー政策に対する世論の変化を見てみた．

図6-4と図6-5は，それぞれ，震災前と震災後における首都圏と被災地でのエネルギー政策についての意識を調査した結果である．首都圏と被災地で，意識に大きな変化はなく，いずれも震災後には原発推進に対してネガティブな意識が顕著となっている．

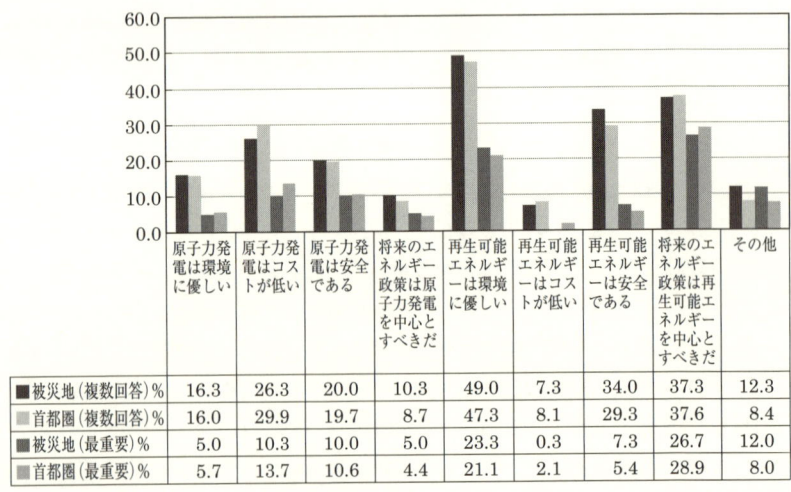

	原子力発電は環境に優しい	原子力発電はコストが低い	原子力発電は安全である	将来のエネルギー政策は原子力発電を中心とすべきだ	再生可能エネルギーは環境に優しい	再生可能エネルギーはコストが低い	再生可能エネルギーは安全である	将来のエネルギー政策は再生可能エネルギーを中心とすべきだ	その他
■被災地（複数回答）%	16.3	26.3	20.0	10.3	49.0	7.3	34.0	37.3	12.3
■首都圏（複数回答）%	16.0	29.9	19.7	8.7	47.3	8.1	29.3	37.6	8.4
■被災地（最重要）%	5.0	10.3	10.0	5.0	23.3	0.3	7.3	26.7	12.0
■首都圏（最重要）%	5.7	13.7	10.6	4.4	21.1	2.1	5.4	28.9	8.0

図6-4 震災前，あなたは原子力発電や再生可能エネルギー（太陽熱，地熱，風力などの利用）についてどのように考えていましたか？

	原子力発電は環境に優しい	原子力発電はコストが低い	原子力発電は安全である	将来のエネルギー政策は原子力発電を中心とすべきだ	再生可能エネルギーは環境に優しい	再生可能エネルギーはコストが低い	再生可能エネルギーは安全である	将来のエネルギー政策は再生可能エネルギーを中心とすべきだ	その他
■被災地(複数回答)%	4.7	11.7	1.0	3.0	43.3	9.3	39.0	53.3	17.0
□首都圏(複数回答)%	4.9	14.9	2.0	3.4	43.7	9.9	36.6	58.1	11.3
■被災地(最重要)%	1.7	5.0	0.0	1.7	15.3	2.0	13.3	45.0	
□首都圏(最重要)%	1.7	5.9	1.1	2.4	15.3	2.1	10.6	49.7	11.1

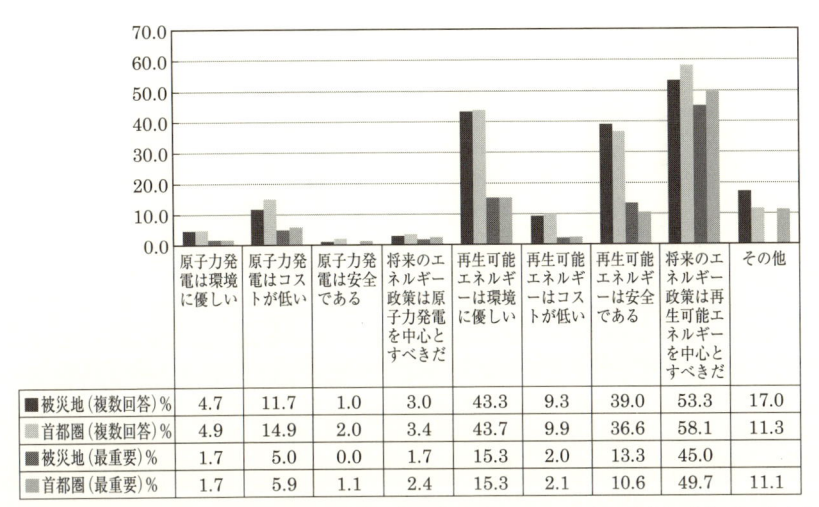

図 6-5 震災後,あなたは原子力発電や再生可能エネルギーについてどのように考えていますか?

　図 6-6 は,エネルギー政策に対する意識変化に影響を与えたメディアを聞いた結果である.被災地と首都圏で必ずしも大きな違いは見られない.唯一,目立って違うのは,エネルギー政策に対する意識に「原発事故による様々な影響」を挙げた人の割合が,被災地で相対的に大きい.まさしくリアルな体験から,こうした結果があらわれているものと考えられる.

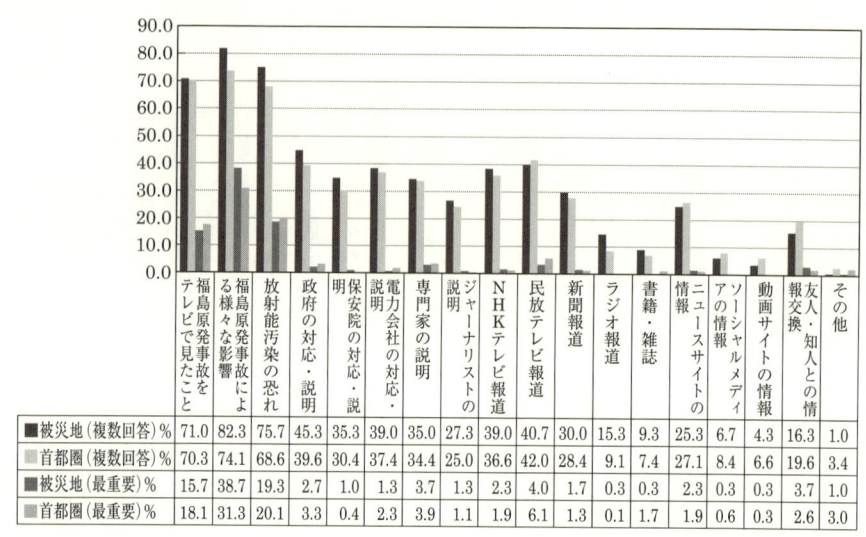

244　第6章　福島第一原発事故で社会は変わるのか？

	福島原発事故をテレビで見たこと	福島原発事故による様々な影響	放射能汚染の恐れ	政府の対応・説明	保安院の対応・説明	電力会社の対応・説明	専門家の説明	ジャーナリストの説明	NHKテレビ報道	民放テレビ報道	新聞報道	ラジオ報道	書籍・雑誌	ニュースサイトの情報	ソーシャルメディアの情報	動画サイトの情報	友人・知人との情報交換	その他
■被災地（複数回答）%	71.0	82.3	75.7	45.3	35.3	39.0	35.0	27.3	39.0	40.7	30.0	15.3	9.3	25.3	6.9	4.3	16.3	1.0
■首都圏（複数回答）%	70.3	74.1	68.6	39.6	30.4	37.4	34.4	25.0	36.6	42.0	28.4	9.1	7.4	27.1	8.4	6.6	19.6	3.4
■被災地（最重要）%	15.7	38.7	19.3	2.7	1.0	1.3	3.7	1.3	2.3	4.0	1.7	0.3	0.3	2.3	0.3	0.3	3.7	1.0
■首都圏（最重要）%	18.1	31.3	20.1	3.3	0.4	2.3	3.9	1.1	1.9	6.1	1.3	0.1	1.7	1.9	0.6	0.3	2.6	3.0

図6-6　エネルギー政策について，現在そのように考えているのは，次のどのような情報の影響でしょうか？

年代別の原発世論の変化

　図6-7と図6-8は，年代別に，震災前と震災後におけるエネルギー政策についての意識調査結果を集計したものである．最もはっきりした年代別の違いは，「将来のエネルギー政策は再生可能エネルギーを中心とすべきだ」という意見に賛成する人の割合が，ほぼ年代に相関して高くなっていることである．すなわち，高年齢層ほど，再生可能エネルギーへの転換を求めているという結果となった．

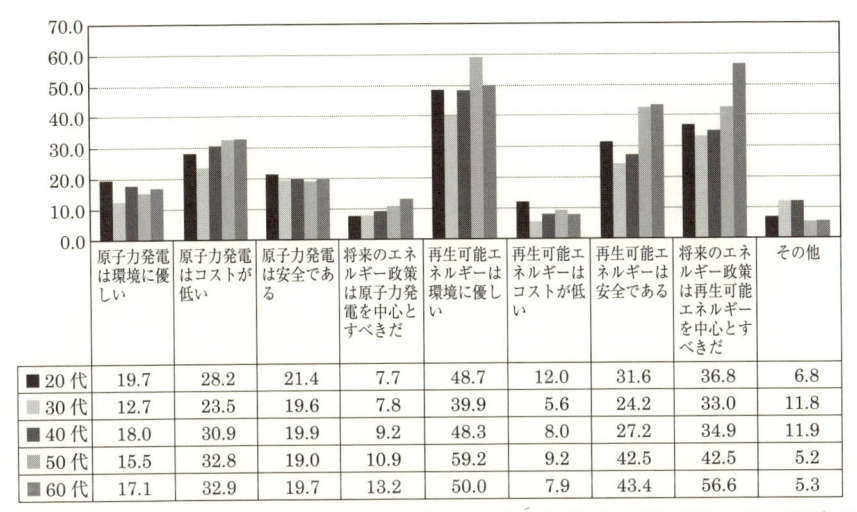

4. 日本における〈世論〉の変化と不変化　245

	原子力発電は環境に優しい	原子力発電はコストが低い	原子力発電は安全である	将来のエネルギー政策は原子力発電を中心とすべきだ	再生可能エネルギーは環境に優しい	再生可能エネルギーはコストが低い	再生可能エネルギーは安全である	将来のエネルギー政策は再生可能エネルギーを中心とすべきだ	その他
20代	19.7	28.2	21.4	7.7	48.7	12.0	31.6	36.8	6.8
30代	12.7	23.5	19.6	7.8	39.9	5.6	24.2	33.0	11.8
40代	18.0	30.9	19.9	9.2	48.3	8.0	27.2	34.9	11.9
50代	15.5	32.8	19.0	10.9	59.2	9.2	42.5	42.5	5.2
60代	17.1	32.9	19.7	13.2	50.0	7.9	43.4	56.6	5.3

図6-7　震災前，あなたは原子力発電や再生可能エネルギー（太陽熱，地熱，風力などの利用）についてどのように考えていましたか？

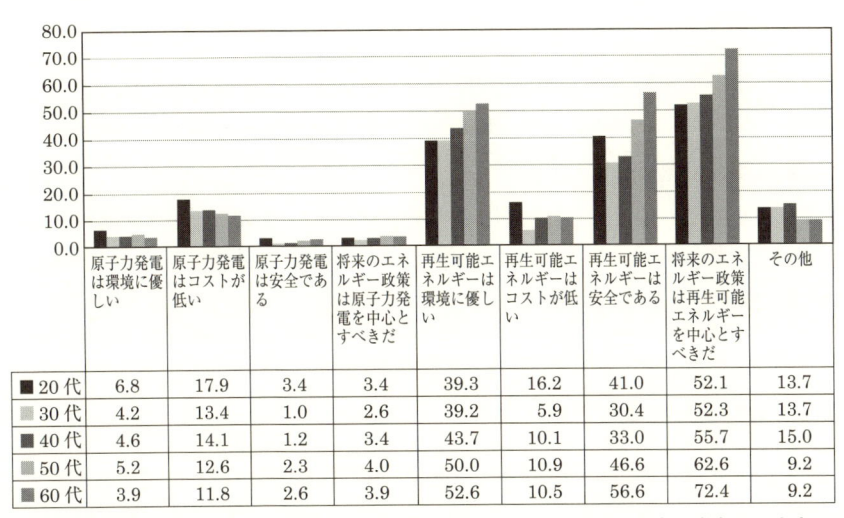

	原子力発電は環境に優しい	原子力発電はコストが低い	原子力発電は安全である	将来のエネルギー政策は原子力発電を中心とすべきだ	再生可能エネルギーは環境に優しい	再生可能エネルギーはコストが低い	再生可能エネルギーは安全である	将来のエネルギー政策は再生可能エネルギーを中心とすべきだ	その他
20代	6.8	17.9	3.4	3.4	39.3	16.2	41.0	52.1	13.7
30代	4.2	13.4	1.0	2.6	39.2	5.9	30.4	52.3	13.7
40代	4.6	14.1	1.2	3.4	43.7	10.1	33.0	55.7	15.0
50代	5.2	12.6	2.3	4.0	50.0	10.9	46.6	62.6	9.2
60代	3.9	11.8	2.6	3.9	52.6	10.5	56.6	72.4	9.2

図6-8　震災後，あなたは原子力発電や再生可能エネルギーについてどのように考えていますか？

　図6-9は，エネルギー政策に対する意識変化に影響を与えたメディアを聞いた結果である．年代によってかなり大きな違いがある．
　高年齢層ほど影響が大きいのは，「保安院の対応」「電力会社の対応」「専門家

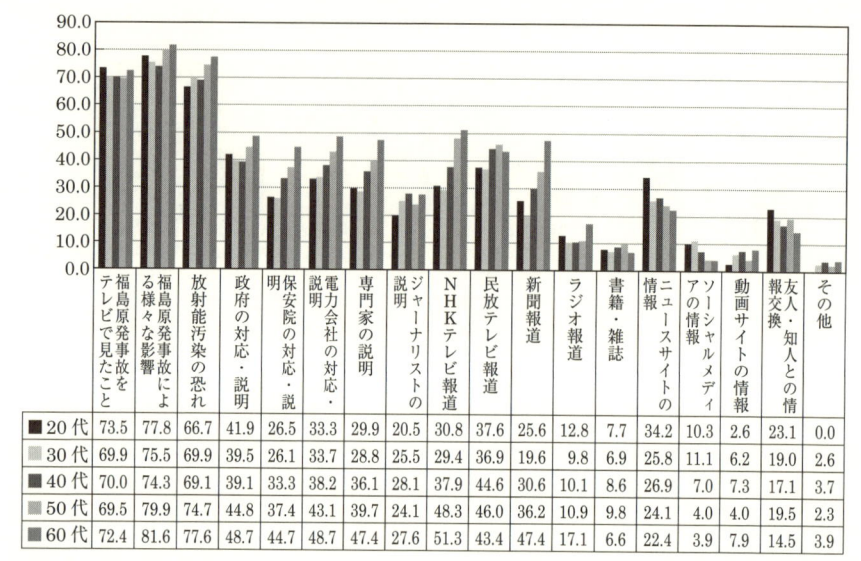

図6-9 エネルギー政策について，現在そのように考えているのは，どのような情報の影響でしょうか？

	福島原発事故をテレビで見たこと	福島原発事故による様々な影響	放射能汚染の恐れ	政府の対応・説明	保安院の対応・説明	電力会社の対応・説明	専門家の説明	ジャーナリストの説明	NHKテレビ報道	民放テレビ報道	新聞報道	ラジオ報道	書籍・雑誌	ニュースサイトの情報	ソーシャルメディアの情報	動画サイトの情報	友人・知人との情報交換	その他
20代	73.5	77.8	66.7	41.9	26.5	33.3	29.9	20.5	30.8	37.6	25.6	12.8	7.7	34.2	10.3	2.6	23.1	0.0
30代	69.9	75.5	69.9	39.5	26.1	33.7	28.8	25.5	29.4	36.9	19.6	9.8	6.9	25.8	11.1	6.2	19.0	2.6
40代	70.0	74.3	69.1	39.1	33.3	38.2	36.1	28.1	37.9	44.6	30.6	10.1	8.6	26.9	7.0	7.3	17.1	3.7
50代	69.5	79.9	74.7	44.8	37.4	43.1	39.7	24.1	48.3	46.0	36.2	10.9	9.8	24.1	4.0	4.0	19.5	2.3
60代	72.4	81.6	77.6	48.7	44.7	48.7	47.4	27.6	51.3	43.4	47.4	17.1	6.6	22.4	3.9	7.9	14.5	3.9

の評価」「NHKテレビの報道」「新聞報道」であり，若年齢層ほど影響が大きいのは，「インターネットのニュースサイト」「ソーシャルメディアの情報」「友人・知人との情報交換」であった．

最も差が激しいのは，高年齢層ほど影響の大きい「新聞報道」であるが，若年齢層ほど影響の大きい「ニュースサイト」の主な情報源は新聞なので，影響力の違いは限定的とも言える．

市民活動の活発化と可視化

原発に対する意識が高まるなかで，とくに脱原発にかかわる市民運動がメディア上に露出するようになった．

表6-2は，震災後の主な反／脱原発デモである．

6.11デモの際には，朝日新聞などで写真入りで大きく取り上げられ，TBSの報道特集では短い時間ではあったが，実況中継もされた．この日は，震災からちょうど3か月にあたっていたこともあって，NHKニュース7やテレビ朝日のANN

ニュースでもデモの模様が報道された．

　とくに，「9.19 さようなら原発5万人集会」は，大江健三郎ら有名人が呼びかけ人になったこともあって，各メディアがこぞって大きく取り上げた．

　社会学者の平林祐子によると，「脱原発関係のイベントは4月3日から9月末までの間に，全国で1195件．そのうち216件はデモだ」[11] という．また彼女が 6.11 反原発デモと 9.11 反原発デモで行った参加者に対する面接調査[12]からは，①デモ参加は初めてという人が，6.11 には48％，9.11 では35％を占めた，②デモを知った情報源のトップ3は，インターネット，ツイッター，知人からの口コミで，これらで約7割を占め，チラシや新聞・テレビ等の伝統的メディアは合わせてわずか5％程度にとどまる，③ 3.11 以降の脱原発運動は社会の多様な層に広がっている，ことがわかったという[13]．

　脱原発の大規模デモでは，参加者が思い思いの楽器を演奏しながら歩いたり，歌を歌ったりして，「デモ」というより「イベント」と呼ぶ方がふさわしい雰囲気も多く見られる．

　歌手の斉藤和義が自分のヒット曲である『ずっと好きだったんだよ』の替え歌『ずっとウソだったんだね』をみずから歌い，YouTube 上にアップしたものは，アクセス数が100万を大きく超えたことも話題を呼んだ．彼は，Ustream でこの歌をライブ放送したり，「福島 風とロック SUPER 野馬追」（2011年9月15日，会津若松鶴が城公園）などの被災地支援フェスティバルに出演したりなどの活動を行っている．こうした彼の活動は，2011年8月20日放送の『報道特集』（TBS）でも特集された．斉藤に限らず，こうした活動に積極的なミュージシャンやアーティストも多い．

　とはいえ，こうした動きが雪だるま式にふくらんでいくかどうかはいまだ微妙である．

　図 6-11 は，kizasi.jp で見た，原発デモ（「原発」と「デモ」をともに含む）に言及したブログ数の推移であるが，大きな脱原発デモが行われた4月上旬，6月上旬，9月上旬には記事数も多くなるが，どちらかというと，そのとき限りで持続的でない傾向が見られる．

248　第6章　福島第一原発事故で社会は変わるのか？

表 6-2　震災以後の主な脱原発デモ

2011年4月10日	原発やめろデモ（高円寺）15,000人参加	
5月7日	渋谷・原発やめろデモ	
6月11日	原発やめろデモ　7万9千人参加（全国）	
8月6日	東電前・銀座　原発やめろデモ	
9月11日	新宿・原発やめろデモ	
9月19日	さようなら原発　5万人集会（明治公園）　6万人参加	

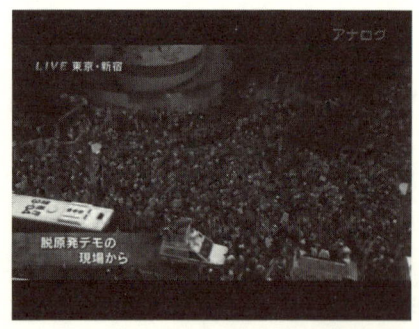

図 6-10　テレビで報じられた脱原発デモ（2011年6月11日，左：『NHKニュース7』，右：『報道特集』）

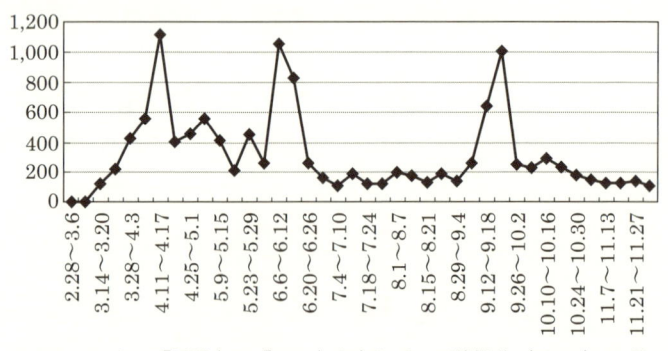

図 6-11　kizasi.jp による「原発」＆「デモ」を含むブログ数推移（2011年12月4日取得）

時間の経過と原発世論の変化

このような流れのなかで，全体としての原発世論に変化はあっただろうか．毎月実施されている「朝日新聞全国世論調査」で，「原子力発電を利用することに賛成ですか」という問いに対する「賛成」と答えた人の割合の推移を，図6-12に示す．

これによれば，事故直後の4月には約半数が，原子力発電を利用することに賛成していたが，その後，「賛成」の割合は，ほぼ直線的に減少しており，7月調査では34%まで下落している．とくに，女性では「賛成」の割合が男性に比べて大幅に低い．家族の健康や，育児出産にかかわる立場から，放射能の健康被害などへの不安が大きいものと推測される．

また，同じく朝日新聞による「被災3県RDD調査」では，同じく被災地とはいえ，原発事故による被害の小さい岩手，宮城の両県と比べ，福島では原発利用に反対という回答が圧倒的に多い．前2県の原発利用賛成の割合がそれぞれ28%，30%であるのに対し，福島では19%にすぎない（図6-13）．

このように，福島原発の地元である福島では，他県と比べて明らかに原発に対する危惧が高いにもかかわらず，先に見たように，2011年の統一地方選では，原発問題は必ずしも大きな争点にならなかった．このあたりに，原発問題の社会的困難さがひそんでいる．

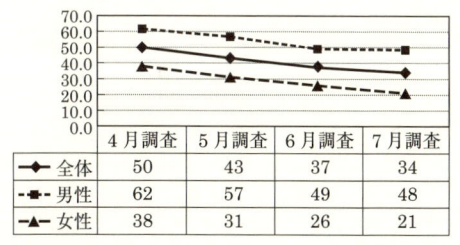

	4月調査	5月調査	6月調査	7月調査
全体	50	43	37	34
男性	62	57	49	48
女性	38	31	26	21

図6-12 「朝日新聞全国世論調査」による原子力発電利用賛成の割合（%）

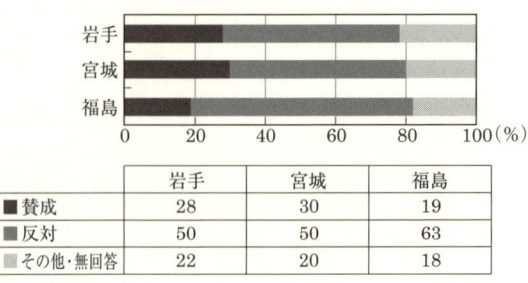

250　第6章　福島第一原発事故で社会は変わるのか？

	岩手	宮城	福島
■賛成	28	30	19
■反対	50	50	63
□その他・無回答	22	20	18

図6-13　「朝日新聞被災3県世論調査」による原子力発電利用に対する意見（％，2011年7月実施）

日本における原発の稼働状況

　2012年1月13日現在，日本全国の原発54基のうち稼動しているのは3基となった．残る3基も，2012年1月25日に柏崎刈羽原発5号機，同年3月10日に同原発6号機，同年4月末に北海道電力泊原発3号機が定期検査に入り，他の原発の再稼働がないと国内で稼働する原発はゼロとなる（表6-3）．この状況について，枝野経産相は，「もし全ての原発が利用できないと電力需給は相当厳しいと予想されている．節電のお願いはしなければいけないが，電力使用制限令によらずに乗り切れる可能性は十分にある」と述べた[14]．

表6-3　原子力発電所運転状況（2012年1月13日現在，気候ネットワークによるまとめ）[15]

			設備容量万kW	運転中	停止中	形式	運転開始	備考
北海道電力	泊	1号	57.9		57.9	PWR	1989年6月	停止・定期検査(2011/4/20-)
		2号	57.9		57.9	PWR	1991年4月	停止・定期検査(2011/08/26)
		3号	91.2	91.2		PWR	2009年12月	運転中(2012/4〜・定期検査)
東北電力	女川	1号	52.4		52.4	BWR	1984年6月	停止・東日本大震災
		2号	82.5		82.5	BWR	1995年7月	停止・東日本大震災
		3号	82.5		82.5	BWR	2002年1月	停止・東日本大震災
	東通	1号	110.0		110.0	BWR	2005年12月	停止・定期検査(2011/2/6-)
東京電力	福島第一	1号	46.0		46.0	BWR	1971年3月	廃炉
		2号	78.4		78.4	BWR	1974年7月	廃炉
		3号	78.4		78.4	BWR	1976年3月	廃炉
		4号	78.4		78.4	BWR	1978年10月	廃炉
		5号	78.4		78.4	BWR	1978年4月	停止・東日本大震災
		6号	110.0		110.0	BWR	1979年10月	停止・東日本大震災
	福島第二	1号	110.0		110.0	BWR	1982年4月	停止・東日本大震災

		2号	110.0		110.0	BWR	1984年2月	停止・東日本大震災
		3号	110.0		110.0	BWR	1985年6月	停止・東日本大震災
		4号	110.0		110.0	BWR	1987年8月	停止・東日本大震災
	柏崎刈羽	1号	110.0		110.0	BWR	1985年9月	停止・定期検査(2011/8/6-)
		2号	110.0		110.0	BWR	1990年9月	停止・中越沖地震で
		3号	110.0		110.0	BWR	1993年8月	停止・中越沖地震で
		4号	110.0		110.0	BWR	1994年8月	停止・中越沖地震で
		5号	110.0	110.0		BWR	1990年4月	運転中(2012/1/25～・定期検査)
		6号	135.6	135.6		ABWR	1996年11月	運転中(2012/3/10～・定期検査)
		7号	135.6		135.6	ABWR	1997年7月	停止・定期検査(2010/8/23-)
中部電力	浜岡	3号	110.0		110.0	BWR	1987年8月	停止・政府要請により運転再開見送り
		4号	113.7		113.7	BWR	1993年9月	停止・政府要請により
		5号	138.0		138.0	ABWR	2005年1月	停止・政府要請により
北陸電力	志賀	1号	54.0		54.0	BWR	1993年7月	停止
		2号	120.6		120.6	ABWR	2006年3月	停止・定期検査(2011/3/11-)
関西電力	美浜	1号	34.0		34.0	PWR	1970年11月	停止・定期検査(2010/11/24-)
		2号	50.0		50.0	PWR	1972年7月	停止・定期検査(2011/12/18-)
		3号	82.6		82.6	PWR	1976年12月	停止・定期検査(2011/5/14-)
	高浜	1号	82.6		82.6	PWR	1974年11月	停止・定期検査(2011/1/10-)
		2号	82.6		82.6	PWR	1975年11月	停止・定期検査(2011/11/26-)
		3号	87.0	87.0		PWR	1985年1月	運転中(2012/2/20～・定期検査)
		4号	87.0		87.0	PWR	1985年6月	停止・定期検査(2011/7/21-)
	大飯	1号	117.5		117.5	PWR	1979年3月	停止・定期検査(2010/12/10-)
		2号	117.5		117.5	PWR	1979年12月	停止・定期検査(2011/12/16-)
		3号	118.0		118.0	PWR	1991年12月	停止・定期検査(2011/3/18-)
		4号	118.0		118.0	PWR	1993年2月	停止・定期検査(2011/7/22-)
中国電力	島根	1号	46.0		46.0	BWR	1974年3月	停止・定期検査(2010/11/8-)
		2号	82.0	82.0		BWR	1989年2月	運転中(2012/1～・定期検査)
四国電力	伊方	1号	56.6		56.6	PWR	1977年9月	停止・定期検査(2011/9/4-)
		2号	56.6		56.6	PWR	1982年3月	停止・定期検査(2012/1/13-)
		3号	89.0		89.0	PWR	1994年12月	停止・定期検査(2011/4/29-)
九州電力	玄海	1号	55.9		55.9	PWR	1975年10月	停止・定期検査(2011/7/21-)
		2号	55.9		55.9	PWR	1981年3月	停止・定期検査(2011/1/29-)
		3号	118.0		118.0	PWR	1994年3月	停止・定期検査(2010/12/11-)
		4号	118.0		118.0	PWR	1997年7月	停止・定期検査(2011/12/25-)
	川内	1号	89.0		89.0	PWR	1984年7月	停止・定期検査(2011/5/10-)
		2号	89.0		89.0	PWR	1985年11月	停止・定期検査(2011/9/1-)
日本原電	東海	第二	110.0		110.0	BWR	1978年11月	停止・東日本大震災
	敦賀	1号	35.7		35.7	BWR	1970年3月	停止・定期検査(2011/1/26-)
		2号	116.0		116.0	PWR	1987年2月	停止(2011/5/7)
合計		kW	4896.0	505.8	4390.2			
		基	54	5	49			

5. 原発を取り巻く諸問題——グローバル世界のなかで

グローバル世界では，原発についてどのような議論がなされているだろうか？

先にも見たように，ヨーロッパ諸国では，福島第一原発事故を契機として，脱原発の世論が高まっている．また各国政府も，そうした世論に配慮したエネルギー政策へと転換を図っている．

しかし，そうではない国々もある．

ヨーロッパ以外の国——たとえば中国などのアジア諸国も，原発事故の動向には強い関心を示しており，安全策の強化を図ろうとしている．

それと同時に，中国初の原子力発電所として1994年4月に運転を始めた秦山原発を抱える浙江省海塩県では，近隣住民の不安をよそに，増設工事を進めるなど，原発推進を強化する動きも見られる．

2011年8月8日，新華社電は，中国の原子力発電大手，中国広東核電集団が，広東省深圳市大亜湾にある嶺澳原発2期2号機（加圧水型，出力約100万キロワット）の営業運転を始めたと明らかにしたと伝えた．

こうした多様な動きの背景には，原子力発電が国家経営と次のような点で大きく関わっていることがある：

- 原子力発電は，現時点で，国内のエネルギー需要の大きな部分を担っており，直ちに原子力発電を他のエネルギー源によって代替することは困難である
- 原子力発電所は廃炉にも長い時間とコストを要する
- 代替エネルギーは現在の技術レベルではまだ高コストであり，エネルギー供給の高価格化が，国内産業や国民の消費を抑制することが懸念される
- フランスのように，原子力技術を重要な輸出産業と位置づけている（位置づけようとしている）国では，産業政策の大きな転換を迫られる．

しかし一方で，こうした経済・産業の側面からのみエネルギー政策を考えてよいのかという反省もある．

原子力発電に関して，今後のグローバル世界がどう動いていくのか，予断は許さない状況である．

第7章

世界からのまなざし
―― グローバル・メディアと東日本大震災

1.　東日本大震災とグローバル世界

　東日本大震災は日本社会に多大な被害をもたらした．
　しかし，その衝撃は日本だけに限られたものではない．
　報道によれば，日本沿岸に巨大津波が押し寄せたときから約6時間後，インドネシア東部・パプア州で高さ1.5mの津波が観測された．この津波で1人が死亡，5人が行方不明となり，住宅20軒が壊れたり水につかったりしたという．ハワイ島の西側でも，高さ3mを超える津波が観測され，さらに約1日後，オレゴン州やカリフォルニア州で約2mの津波が観測され，男性1人が亡くなったという．われわれは日頃意識していないが，目の前をたゆたっている青い海は，国境などと関係なく，地球全域につながっているのだ．
　影響は自然環境のみにとどまらない．
　グローバル・メディアが発達し，世界の相互依存関係がかつてないほどに緊密化している現代においては，地球上のどこで起こった出来事も，その国の内部で閉じたものではない．今回のように大規模な自然災害，原発事故であれば，しか

もそれが，世界に大きな影響力をもつ日本で起こったことであれば，世界の注目が集まるのは当然といえる．

本章では，東日本大震災が，世界からどう捉えられ，また世界の今後にどのような影響を及ぼすかについて考える．

2. 世界からのまなざしの二面性——支援と風評

グローバル世界からの人道的支援

震災後，世界のメディアはほぼリアルタイムで大震災を報じた．図7-1は，海外各局の震災時の放送である．NHKワールドTV[1]から提供を受けたライブ映像を流している．その後，海外局の中には独自取材放送も流すようになった局も多い．

翌朝の世界各紙もトップニュースとして東日本大震災を報じた（アメリカのニュージアム（Newseum）というサイトが収集している2011年3月12日の世界百数十の新聞のトップページは，ほぼすべて東日本大震災の大きな写真を掲載していた）．

2010年末から激動の時期を迎えている中東の新興メディア「アルジャジーラ」オンラインも，地震発生からほぼ1か月の間，トップページに東日本大震災特集へリンクする大きなアイコンを載せていた．

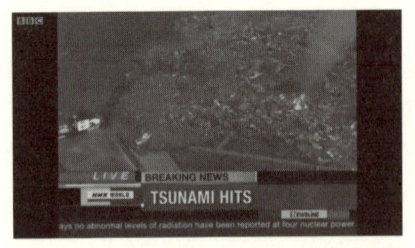

図7-1 海外各局の震災報道（左：BCC，右：CNN）

2. 世界からのまなざしの二面性　255

図7-2　世界のメディアは，2011年3月12日トップページで東日本大震災を報じた

　それらの論調は，基本的にシンパシーにみちたものであった．たとえば，2011年3月11日付けニューヨーク・タイムズ（電子版）は，ニコラス・D・クリストフ氏の「日本への哀悼，そして賞賛」と題したコラムを掲載した（図7-3左）．それは，彼が日本にいたときに起こった阪神大震災の経験から，災害時にも日本人が規律正しくふるまい，周囲と協調して復興を目指す姿を，自然とともに生きようとする態度とともに賞賛している．

　また，イギリスのインデペンデント紙は，3月13日付け日曜版の一面を，「がんばれ，日本．がんばれ，東北．」と書いた日の丸のデザインで飾った（図7-3右）．

図7-3 世界のメディアは災害時にも規律正しく振る舞い、復興を目指す日本国民の心性をたたえた[2][3]

　むろん、各国政府も直ちに支援を申し出た。
　アメリカのオバマ大統領はいち早く11日、「日本国民、特に地震と津波の犠牲者家族に対し、心からお悔やみの言葉を送る」「米国は援助の準備ができている」との声明を発表し、両国の「友情と同盟関係は揺るぎなく、日本の国民がこの悲劇を乗り越えるうえで、立場をともにする決意は強まるのみだ」と語った。
　また、レディ・ガガ[4]やパリス・ヒルトン、ブリトニー・スピアーズら多数の世界的セレブたちが、いち早く日本支援の呼びかけに立ち上がったことも記憶に新しい。グローバル世界が、相互支援のネットワークとしての顔を見せた瞬間であった。

2. 世界からのまなざしの二面性　257

図7-4　震災発生直後のレディ・ガガの Twitter

図7-5　レディ・ガガの日本支援サイト（救援のための商品サイトを立ち上げている）

世界に拡がる原発事故の恐怖

その一方，巨大地震・巨大津波によって「想定外」に引き起こされたフクシマ原発事故は，世界各国に「他人事」ではない恐怖を感じさせた．そのために，各国のメディアは，過剰ともいえる警戒感や風評を流す場合があり，それが，地震・津波に対するシンパシーと奇妙な対比をなした．

図7-6は，3月13日の世界各国の有力紙トップページである．

いずれも，福島第一原発爆発の瞬間や，着の身着のままで避難する人びとを大きく取り上げ，恐怖感を表現している．

これほどまでに注目を集めた原発事故だが，それに関する日本からの公式発表は，遅く，控えめであった．それもあって，世界各国は独自の分析を行い，海外

図7-6　2011年3月13日の各紙トップページ（台湾，ドイツ，ニューヨーク・タイムズ）

メディアにはさまざまな憶測が飛び交う事態となった．

中東のテレビ局であるアルジャジーラは，3月18日，「What is all the buzz about Japan?（日本に関する風評のすべて）」[5]と題して，こうした日本にかかわる風説の横行を報じた番組をつくっている．このなかでは，欧米の多くのメディアが，十分な根拠のないまま恐怖を煽るような報じ方をしていることを批判している．また，アジア諸国では，携帯電話のショート・メッセージを介して，「福島原発から漏れ出した放射能がアジアにも波及しているので，アジア諸国でも24時間屋内退避すべきだ」といったデマが出回っていることを報じている．

このような報道姿勢について，欧米メディア自身からの反省の弁もあった．2011年4月6日付けニューズウィーク日本版は，「そのとき，記者は……逃げた」[6]という記事を掲載した．この記事によれば，欧米のメディアの記者が，放射能への恐怖から，福島原発から「敵前逃亡」し，メディアの責務を果たしていないと批判している．なかでも，「米ケーブルテレビ局CNNのアンカー，アンダーソン・クーパーは仙台からの生中継中に，福島第一原発での2度目の水蒸気爆発を知った．そしてこんなリポートを行った．アメリカのスタジオにいる原子力専門家とのやりとりを遮り，「ここから福島までの距離はどのくらいだ？」「風はどの方向に吹いているんだ？」と，同行の取材班に慌てて聞く．福島原発から100キロ離れていることを知ると，「に，逃げたほうがいいか!?」と，早口でまくし立てた．「現場」の緊迫感を出そうとしたのか，それとも心底不安を感じていたのかは定かではないが，確かなのは，落ち着いて状況を把握しようとせず，結果的に視聴者の恐怖心をいたずらにあおってしまったことだ」と論じている．

その一方，国際紙インターナショナル・ヘラルド・トリビューン（IHT）は，2011年4月21日付の論説面に図7-9のような一コマ漫画掲載した．悪い王妃が老婆に化けてりんごを渡そうとすると，新聞を持った白雪姫がうさんくさそうにりんごをチェックしながら，「あなた，日本から来たんじゃないでしょうね」と尋ねている．この漫画に対して，在ニューヨーク日本総領事館は即日，この漫画が日本産食品への不安をあおりかねないとして，同紙の親会社ニューヨーク・タイムズに抗議した．抗議に対して同紙は遺憾の意を表明したという．

また2011年8月19日に行われたベルギーリーグ第4節のゲルミナル戦では，リールスの日本代表GK川島永嗣が，ゲルミナルのサポーターから「カワシマ！

図7-7 世界中のメディアに出回る風説を批判的に取り上げるアルジャジーラの番組

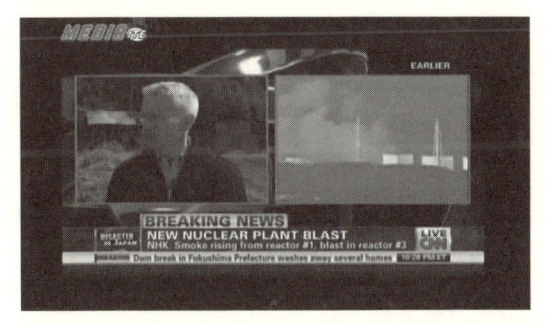

図7-8 Anderson Cooper In Japan 'Should I Get Out Of Here'?- YouTube（3/14）
（http://www.youtube.com/watch?v=2cu5kLQpSA4）

図7-9 2011年4月21日付インターナショナル・ヘラルド・トリビューン紙に掲載された漫画

フクシマ！」のコールを受けるという事件もあった．川島の抗議に対して，ゲルミナルは8月24日付けで，公式ホームページに日本語で謝罪と東日本大震災に対する支援を表明した．

こうした海外の動きは，日本国内ではしばしば「風評被害」として受け止められ，上記事例でもそうであるように，国家としての抗議がなされた．しかし，日本国民の感情としてはまさしく「風評被害」であったにしても，世界の眼からは必ずしもそうは見えていない．たとえば，先に挙げた「白雪姫」の漫画についても，YouTube 上には，一時，「Snow White Has Become Japan's 'Muhammad Cartoon'」と題する動画がアップされていた．訳せば，「白雪姫は日本のムハンマド風刺漫画になった」．「ムハンマド風刺漫画」とは，2005 年にデンマークの日刊紙に掲載されたイスラム教批判の風刺漫画を指す．この漫画に対して，イスラム圏から猛烈な反発が起こり，抗議行動のみならず，暗殺計画や自爆テロまで起こった．こうした動きに対して，欧米諸国からは，「報道の自由」を抑圧するものだとの批判が巻き起こった．
　実際，世界の多くの国では，2011 年の秋になっても，日本からの輸入品に対する検査や規制，輸入禁止措置などを続けている．また，外国人観光客も激減している．個別の表現に抗議を続けても日本のイメージを回復するための実効性は薄いと言わざるを得ない．
　たまたま，同じ時期の 2011 年 5 月中旬，欧州各国で集団食中毒が発生し，患者数は 1,000 名を超え，死者も十数名に達した．当初，感染源はスペイン産のキュウリと考えられた．そのため，ドイツ，スウェーデン，デンマーク，ベルギー，ルクセンブルク，チェコ，ロシアなどが，スペイン産キュウリを輸入禁止とした．だが，5 月 31 日，ドイツ保健当局はスペイン産キュウリが感染源でないと発表した．1 週間で約 234 億円の損失を被ったスペインは，この風評被害に対して損害賠償を求める可能性を示唆した[7]．
　スペイン・キュウリ事件と「白雪姫漫画」事件との違いは，前者では，公的機関が疑惑を発表し，かつそれが間違いであったことも公式発表した事実である．ところが，後者では，風刺漫画家が描き出したのは「大衆感情」であり，しかも，それが「誤り」であるかは確定していない．
　日本が，「風評被害」から自国を守ろうとするならば，個別の「風評」に神経をとがらせるよりも，まず正確な情報を世界に提供し，福島原発から漏出した放射能が世界に被害を及ぼしていないことを，科学的に証明するほうが早道だろう．

グローバル世界に向けた政治的デモンストレーション

　さて，このような世界からのまなざしの二面性は，畢竟，現代世界において国家間の相互関係がきわめて緊密化しており，重大な出来事の発生に対しては，ほぼすべての国が何らかの対応を迫られざるをえないということを意味している．

　東日本大震災に対する一方の面としては，世界に起こった「不幸の共有」があり，「人道的支援」を宣言することが「善き国家」としての役割であり，義務であると位置づけられていると考えられる．先にも述べたように，アメリカのオバマ大統領は，いち早く哀悼の意を表明し，菅首相（当時）に電話をし，アメリカ国民に対して日本を支援する旨の演説を行い，ホワイトハウスで日本支援のためのアメリカ国民の募金を大々的に展開した．こうした活動は，「日本に対する同情」というにとどまらず，むしろオバマ政権の「正しさ」や，いったん世界にことがあった場合にはアメリカが率先してリーダーシップをとるという姿勢を，アメリカ国民のみならず，全世界にデモンストレーションする意味を持っていただろう．

　一方，原子力産業を国策として推進するフランスのサルコジ大統領は，日本に

図7-10　2011年3月12日のホワイトハウス・ホームページ：トップページに哀悼の意と寄付口座を掲載し，人道的精神と具体的な援助の意思を示し，ブログにはオバマがさっそく東日本大震災に対応する幹部会議の記事を掲載して世界的な指導力をアピール (http://www.whitehouse.gov/blog/2011/03/11/earthquake-japan-and-tsunami-preparedness)

表7-1 震災後1週間の諸外国との主な連携・協力（3月11日～17日）[8]

日	時刻	事項
3月11日（金）	14:46頃	地震発生
	16:15	ルース駐日米国大使から見舞いのメッセージ
	20:25	松本外務大臣がルース大使と電話会談
	23:06	米国に救助犬を含むレスキューチームの派遣を要請
3月12日（土）	0:15	菅総理，オバマ米国大統領と電話会談
	7:45	松本外務大臣，クリントン米国国務長官と電話会談
	15:30	伴野外務副大臣と程永華在京中国大使および在日中国人団体関係者，会見
3月13日（日）	午前	ドイツおよびスイスからそれぞれレスキューチームが成田到着
	15:22	米国国際開発庁（USAID）レスキューチームの2チームが三沢飛行場着 米国空母「ロナルド・レーガン」支援活動を開始
	夜	英国およびフランスからレスキューチームが到着
3月14日（月）	17:30	菅総理に，メドヴェージェフ・ロシア連邦大統領からのお見舞いの電話
	午後	ロシア政府から救助チームを派遣 G8外相会合出席のためパリを訪問中の松本外務大臣とラヴロフ・ロシア外務大臣が会談
	19:00	USAIDレスキューチームが大船渡市に到着
	22:10	G8外相会合の後，松本外務大臣とヘーグ英国外務大臣が懇談
3月15日（火）	15:00	松本外務大臣は，アラン・ジュペ仏外務・欧州問題大臣と会談
	16:45	G8外相会合出席のためパリを訪問中の松本外務大臣とクリントン国務長官が会談 米国エネルギー省専門家訪日
3月16日（水）	11:30頃	伴野外務副大臣はアロック・プラサード在京インド大使と会談
	午後	USAIDレスキューチームが活動を釜石市にも拡大 米国原子力規制委員会（NRC）専門家来日
3月17日（木）	10:22	菅総理，オバマ大統領と電話会談
	13:30頃	高橋千秋外務副大臣はフリード在京カナダ大使と会談
	14:00頃	高橋外務副大臣はイントラコーマースット・タイ外務大臣補佐官と会談

レスキューチームを派遣するだけでなく，各国首相に先駆けて，3月31日，2011年のG8/G20議長として日本に対する国際社会の支援と連帯を表明するために訪日した．同日行われた日仏首脳会談で，サルコジ大統領は，「仏は原子力エネルギー先進国として，様々な知見を持っており，今まで行っている支援に加えて，何でも必要な支援を行う用意がある」と述べた[9]．

　同様に，中国政府も，日頃は日本政府に対する批判的な態度も多いにもかかわらず，東日本大震災にあっては，直ちに，「日本国民に支援を」と訴えた．これも，中国がかつてとは異なり，グローバルな世界にむけて，中国政府の「倫理性」をアピールしようとするものであったことは疑えない．

　この後，中国の温家宝首相と韓国の李大統領は，そろって来日し，わざわざ，世界レベルで風評のかしましい「福島」であえて三国首脳会談を行った．これも，日頃，国家間関係に摩擦の絶えない日中韓の三国が，危機に際しては互いに協力し合うということを，それぞれの国民や，グローバル世界に向けて知らしめる政治ショーでもあった．

図7-11　2011年5月21日第4回日中韓サミットのために来日した中国の温家宝国務院総理と韓国の李明博大統領は，菅首相（当時）とともに福島市内の避難所を訪問し，福島県産の果物を食べた[10]

なぜ日本から情報発信しないのか

　こうしたグローバル世界の動きに対して，日本からの情報発信はきわめて地味であると言わざるを得ない．

　先にも触れたように，東日本大震災に際して，世界各国から直ちに支援の申し出や見舞いのメッセージがあった．それに対して，菅総理も感謝のメッセージを

264　第7章　世界からのまなざし

図7-12　海外主要紙への菅総理による寄稿（http://www.mofa.go.jp/mofaj/saigai/souri_kikou.html）

海外メディアに寄稿するなどしている（図7-12）．だが，それはどのくらい海外の人びとにアピールしているのだろうか．

　まして，日本からの情報の緊急度の高い福島第一原発事故について，政府や東電はもちろん，日本からの情報発信はあまりにも少ない．

　これまで日本の文化人から発信されたメッセージとしては，柄谷行人，大江健三郎，村上春樹らのものがある．

　原子力の平和利用を促進し，軍事転用されないための保障措置の実施をする国際機関として1954年に設立された国際原子力機関（International Atomic Energy Agency：略称IAEA）があるが，現在のIAEA第五代事務局長は天野之弥である．すなわち，日本は，世界の原子力問題に責任ある行動を期待されており，日本自身が世界に向けて積極的に発言するチャンスを与えられているのである．

　とくに，東日本大震災に関しては，日本はむしろ，より早く，正確な情報の発信を，世界から要求されている．また，日本からのメッセージを求められている．

　内向きな姿勢をとりがちなのは，政府や東京電力だけではない．

　興味深いデータがある．図7-13に示したのは，筆者が2011年7月28日から8月2日に実施したインターネットモニター調査（サンプル数：首都圏700，被災地300，以下「7月末調査」）の結果である．日本の人びとは，世界から東日本大震災に向けられるさまざまな視線があることは意識している．しかし，中心となっているのは「世界からの支援」であって，「世界の危機意識」には必ずしも目を

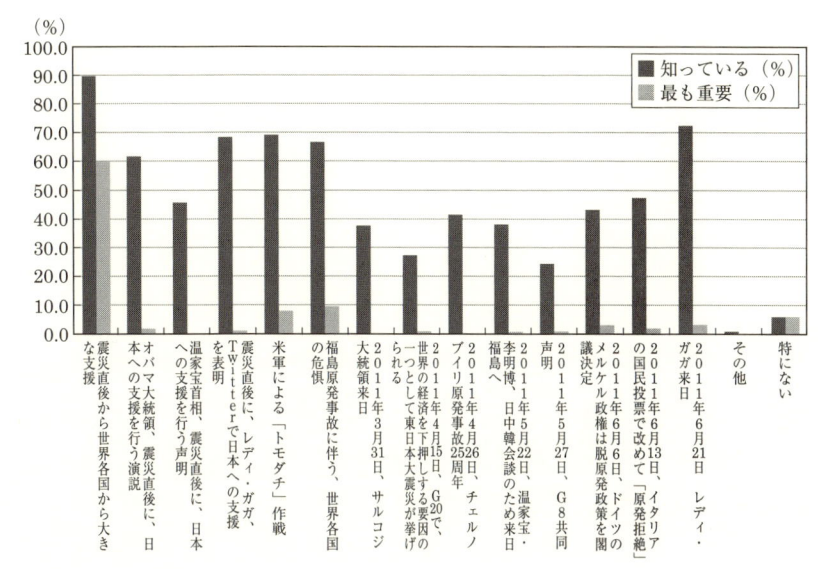

図7-13 東日本大震災に対する以下のような諸外国の動きについて知っているか？（MA）また，最も重要と思うことは何か？

向けていない．いわば，きわめて「内向きの被災者意識」がこの結果から読み取れるかもしれない．

3. 欧米のメディアは何に注目したか

　本章の冒頭でも見たように，東日本大震災発生と同時に，世界のメディアは，被害の状況を大きく取り上げるとともに，日本に深い哀悼の意を表明した．福島原発事故後には，さらに日本の状況についての注目は高まった．

　しかし，海外メディアがとくに大きく取り上げたトピックの中には，必ずしも日本ではそれほど注目されなかった話題もあった．むしろ，海外で取り上げられたことから「逆輸入」のかたちで日本で有名になったことも多かった．この節では，とくに海外で有名になったトピックとその経緯について検証し，国内メディアと海外メディアの報道スタイルの違いを考えてみたい．

石巻日日新聞への賞賛

　第1章でも言及した石巻日日新聞に早くに注目したのは，2011年3月21日付けワシントン・ポスト紙であった．

　「石巻では，誰もツィートしないし，ブログも書かないし，eメールもしなかった．電話さえしなかった．電気もガソリンもガスも奪われて，津波によって壊滅的な被害を受けたこの街では，まったく古風なやり方──ペンと紙によって情報を伝えたのだった」という書き出しで始まるこの記事は，石巻市を主たるエリアとする石巻日日新聞が，新聞発行のあらゆる手段を津波に奪われつつも，最後の手段として残った紙とフェルトペンを使って壁新聞を発行したことをレポートしている．

　記事は，「私たちは希望に繋がるニュースを探している．それが私たちの哲学だ」という竹内部長の言葉や，「電気や水がなく，食べ物も不十分な状態で生きることは辛い．しかし，情報がないのが最もつらい」という市民の言葉を紹介している．

　この記事が反響を呼んで，4月12日，アメリカのワシントンに所在するNewseum（新聞博物館）は，この手書き新聞（3月12日〜17日）を石巻日日新聞から譲り受け，永久展示することを決めた．9月25日から台北で開催された国際新聞編集者協会（ＩＰＩ）[11]年次総会では，石巻日日新聞に特別賞が授与された．

　こうした海外の動きを受けて，日本の大手新聞やテレビ・ドキュメンタリーなども石巻日日新聞の手書き新聞を取り上げた．日本新聞博物館（横浜）でも，6日分を借りて，5月に展示した．

　また，10月18日には，国立国会図書館が手書き新聞をデジタル化してインターネット公開した．

3. 欧米のメディアは何に注目したか 267

図7-14 ワシントン・ポスト紙の記事(オンライン版)[12]

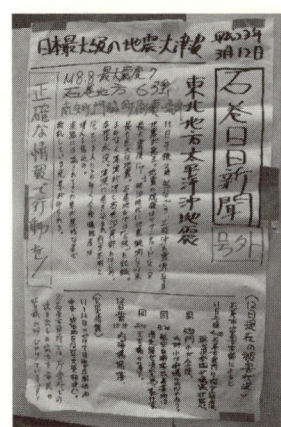

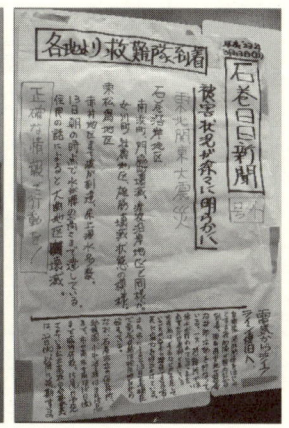

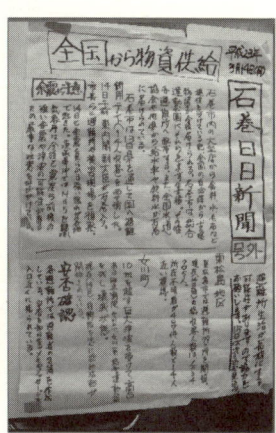

図7-15 Newseumに展示されている石巻日日新聞[13]

TIME誌「世界に影響を与えた100人」

2011年4月21日, TIME誌は, 毎年発表している「世界に影響を与えた100

人（TIME 100）」の候補者リストを発表した．その中には，日本人が3人と1グループ入っていた．いずれも東日本大震災の関係者で，南相馬市長桜井勝延氏，南三陸町志津川病院医師菅野武氏，内閣官房長官（当時）枝野幸男氏，福島第一原発作業員たちであった．

日本では必ずしも有名ではない人が多く，日本のメディアが大きく取り上げたのは，YouTubeで世界にSOSを発信した桜井市長だけだったかもしれない．

以下で，彼らがTIME 100に選ばれた経緯を簡単に見てみよう．

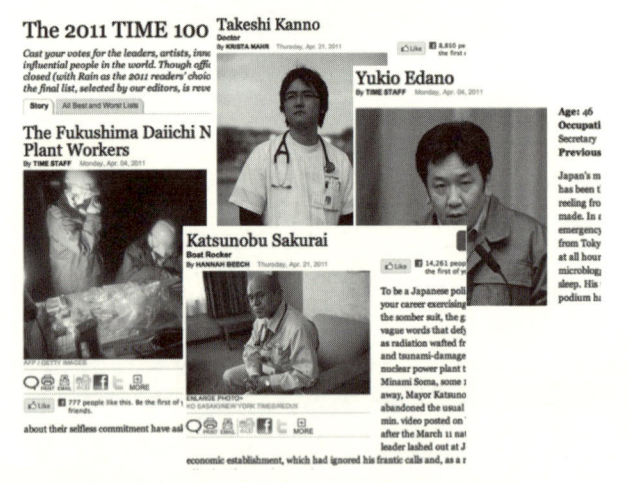

図7-16 「世界に影響を与えた100人」（http://www.time.com/time/specials/packages/completelist/0,29569,2066367,00.html）

枝野官房長官

福島原発事故が起きると，その報告のために，枝野官房長官（当時）の記者会見の頻度が異常といえるほど高まっていった．東電や保安院の記者会見については当初から批判が高かったが，それに比べると枝野長官の態度は国民に対する気遣いが感じられ，むしろテレビにほとんど出ずっぱりのような状態に，視聴者からは同情の声さえ上がっていた．そんな状況のなかで，Twitter上で「枝野長官は睡眠をとっているのか」「少しは休まないと身体がもたない」「枝野さん，寝てください」といった発言が多くなり，3月14日には #edano_nero というハッシュタグまでつくられた．

3. 欧米のメディアは何に注目したか　269

　3月14日付けのウォール・ストリート・ジャーナル電子版のブログは,「疲れを知らない枝野は,ツイッター・ユーザーの尊敬を獲得した」という見出しで, #edano_nero を紹介している.

　また, 3月15日付けのテレグラフ紙（イギリス）は,「枝野幸男は危機にある「ジャック・バウワー」[14]だ」という見出しで, 枝野氏の活動と, それに対する視聴者からの反応の象徴としての #edano_nero を紹介している.

　これらの記事に刺激されるように, いくつもの海外メディアが枝野の活動を取り上げた.

　TIME 100 の紹介でも,「彼に対する人々の信頼感が, 彼を大災害を克服する象徴にした」としている.

菅野医師

　TIME 100 で紹介された日本人の中で最も知られていないのが, 菅野医師だろう.

　菅野医師は津波によって甚大な被害を負った南三陸町の志津川病院の医師だった. 志津川病院は町全体が津波に流されるなか, わずかに持ちこたえ, 震災後3日目にようやく救助された. 南三陸町についても志津川病院についても, 震災関連ニュースで何度も報道されていた. なかでも3月16日のNHKニュースは, 被災地で懸命に生きる人びとのエピソードを取り上げた. そのなかの一人に, 菅野武医師がいた.

　「140人ほどいた患者やスタッフの三分の一のゆくえが分からなくなるなかで, 菅野医師は, 最後まで患者の治療を続けました. 地震から三日目に救助された菅野さんは, 出産のため仙台市の実家にいた妻の由紀恵さんと再会」. この日, 由紀恵さんは無事新しい命を出産した. このエピソードは, NHKワールドでも取り上げられた. TIME 100 の紹介文も, NHKによるレポートをなぞっている.

福島第一原発作業員

　同じ3月16日の『NHKニュースウオッチ9』（特別編成で21:00～24:00）の最後のコーナーは, 福島第一原子力発電所の事故処理にあたっている人びとに関するものだった.

コーナーは，大越アナの「福島第一原発の事故，さまざまな立場で見守る人がいます．NHK にあるメールが寄せられました」という言葉から始まった．

青木「はい，こちらですね」
青木「読ませていただきますと…
　　私達の父は福島第一原子力発電所に勤めています．なんとか無事だけは確認できました．
　　恐らく食料がなく社員たちも非常に厳しい状態だと思います．
　　死刑宣告のように「覚悟を決めて下さい」とも言われました．大勢の社員達は，その覚悟で家族をおいて仕事に行っているはずです．
　　今も状況が悪くならないように必死に対処していると思います．
　　これ以上，被害が増えないように原発の中で頑張っている人達へも食料を少しでもいいから送って下さい！
　　原発があったから私達の生活に電気があったことを忘れないで下さい」
大越「えー，福島第一原発で働いているかたのお子さん，という方なんでしょうか．あの，まあ，東京電力の対応の混乱，あるいは政府との連携の疑問，いろいろと批判ありますけれども，現場では，厳しい状況の中で，被害を最小限に食い止めようと必死の作業が続いています」

　東電社員や現場の作業員たちの状況について，日本のメジャーなメディアでは十分に取り上げられることは少なかった．このニュースウオッチ 9 の言及は，なかでも早い時期のものだったと考えられる[15]．

　しかし，作業員自身の姿は映し出されることはなかった．3 月 18 日放送のニュースウオッチ 9 では，電源復旧に携わる作業員の防護服が画面に登場する．ただし，これは防護服の説明に主眼があった．

図 7-17　3 月 16 日『ニュースウオッチ 9』
（原発作業員の家族からのメールの紹介）

図 7-18　3 月 18 日『ニュースウオッチ 9』
（原発作業員の防護服の紹介）

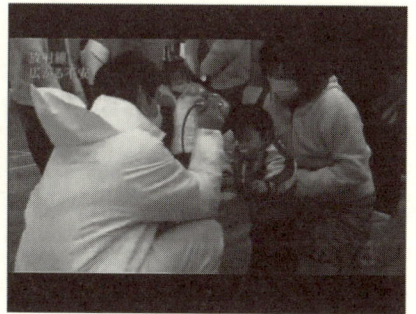

図 7-19　2011 年 3 月 20 日放送『NHK スペシャル 東北関東大震災から 10 日』の場面

　3 月 20 日に放送された『NHK スペシャル 東北関東大震災から 10 日』でようやく防護服を着た作業員の姿や，ものものしい放射線チェックの様子などが映像として映し出された．しかし，これらも福島県職員や自衛隊員，消防隊員などで，決して原発内部で働く作業員のそれではない．
　こうした状況に対して，海外のメディアはむしろ，原発作業員の活動そのものに焦点をあてて報道することが多かった．
　海外の報道が「原発作業員」に注目し始めるのは，おもに 3 月 15 日以降である．
　3 月 15 日朝 6 時頃，4 号炉の建屋が損傷し，火災が発生した．さらに約 15 分後，2 号炉の圧力制御室付近で異音がし，同室の圧力が低下した．これを受け，枝

野官房長官は「6時台の時点で，当該周辺におられた職員800名のうち，注水要員の50名を残し，一旦退避をいたしておりますが，先ほど申しましたとおり，この会見に下りてくる時点で，注水作業を続けているという報告を受けているところでございます」と発表した．

この発表における，「作業員退避」と「50人だけが残留」という部分が，各国のメディアを刺激したようだ．

3月15日付けニューヨーク・タイムズは，「原子炉事故に対する最後の防衛軍」という見出しの記事を載せた．記事は，「火曜日，放射線も火もものともしない少数の技術者グループだけが，福島第一原子力発電所に残った．そして彼らは，核災害の拡大を防ぐ日本の最後の希望かもしれない」と書き始める．

また同じく3月15日のCBSのイブニングニュースでは，「彼らは死ぬことを恐れない」といった刺激的な言葉が紹介され，おそらく海外の「サムライ」イメージとも符合したのか，注目はさらに高まっていった．

3月17日，オバマ大統領は，"We Will Stand with the People of Japan"（われわれは日本とともにある）という演説[16]を行い，福島第一原発事故の厳しい状況を述べつつ，現場で事故処理に当たっている人びとを「英雄的」と表現した．

「福島の英雄」に注目したのは，アメリカだけではない．ヨーロッパのメディアも彼らを取り上げた．2011年10月21日，スペインのアストゥリアス皇太子賞が，東京電力福島第一原発事故の発生直後に原子炉冷却や住民の避難誘導に携わった警察など現場指揮官5人に授与された．

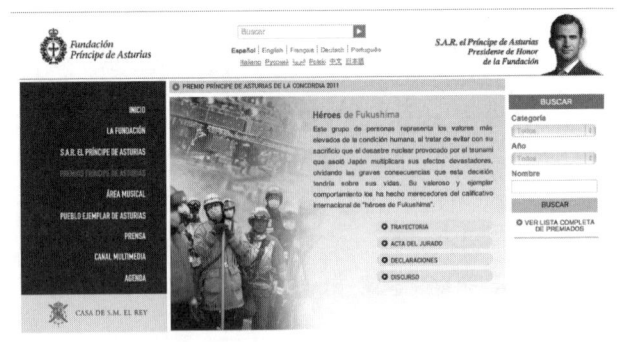

図7-20　アストゥリアス皇太子賞の公式サイト
（http://www.fpa.es/premios/2011/heroes-de-fukushima/）

南相馬市の訴え

　南相馬市の桜井市長は，もっと主体的にグローバル・メディアを利用しようとした．

　彼は，2011年3月24日，自ら世界に向けたSOSメッセージをビデオに録画し，YouTubeにアップロードした．英語の字幕付きであったので，海外から大きな反響を呼んだ．数日で40万ものアクセスを獲得した．内容は，南相馬が，福島第一原発から約25kmの場所にあるため，支援が滞り，市内に残った人びとが窮乏している状況を訴えたものであった．

　このように，マスメディアを介さずに一足飛びにグローバルな空間にメッセージを発信することは，日本ではまだ珍しい例であるため，国内では必ずしも，この行為について好意的な報じられ方ばかりではなかった[17]．

　ただし，南相馬市の窮状は，桜井市長がYouTubeから発信する以前にも，NHKニュースを通じてかなり報じられていた．『NHKニュースウオッチ9』で取り上げた南相馬市に関する話題を，表7-2に示す．

　桜井市長は，メディアに取り上げられなかったからではなく，むしろメディアの効果をよく理解したために，これを主体的に使う手段としてYouTubeを利用

表7-2　『NHKニュースウオッチ9』で取り上げた南相馬市

日	時間	内容
3月14日	21:19:12～21:19:32 22:42:12～22:42:32 23:52:25～23:52:47	津波の瞬間の視聴者映像 津波の瞬間の視聴者映像 津波後の映像
3月15日	21:24:45～21:29:25	市長との電話
3月16日	22:48:00～22:48:30 23:23:38～23:25:57	南相馬市災害対策本部長との電話（地震津波原発の三重苦，物資不足） 福祉施設福寿園で130人が孤立（電話），ガソリン不足，食料・水の逼迫
3月17日	21:55:00～21:56:50 21:59:36～22:03:52	市長との電話（3万人を自主退避の支援），放送により全国から支援 市長との電話
3月18日	22:04:55～22:16:35	「福寿園」「小野田病院」「原町中央産婦人科病院」
3月21日	—	—
3月22日	—	—
3月23日	21:56:40～22:03:55	前半：自衛隊員とともに南相馬市内の状況を見る．後半：市長との電話

したと言えるだろう．

欧米メディアの報道の特徴

　こうした欧米メディアの報道スタイルを（限られた範囲ではあるが）国内の報道と比較してみると，国内の報道（とくに NHK 報道）が，全体の状況を俯瞰的に，客観的に報じようとする傾向が強いのに対して，欧米メディアは，むしろ個々の人物，個々のエピソードを物語的に（視聴者の感情に強くアピールするようなかたちで）報じる傾向があるようだ．

　言い方を変えると，日本では特定の人物や出来事について高いにしろ低いにしろ評価を明確にすることをなるべく避ける傾向があるのに対して，欧米では対象に対する態度を明確にして報じる傾向があると推測される．

　こうした傾向が，何に由来するのかは，さらに詳細な分析を行う必要がある．「客観性」「中立性」が報道において重要であることはいうまでもない．しかし同時に「客観性」「中立性」に過剰にこだわるあまり，かえって，伝えるべきことを見過ごしてしまうことがあれば問題である．今後，さらに研究を進めたい．

　その一方，ここで見てきたように，一見，海外メディアの独自取材によるスクープのように見える事柄も，実は，NHK ニュースや NHK ワールドを通じて海外メディアに着目されたことが少なくないことにも注目すべきである．

　NHK ワールドの報道内容とその影響力についても，さらに詳細な検討が必要であろう．

4.　アルジャジーラによる東日本大震災報道

アラブの春と東日本大震災

　さて，図 7-21 を見てほしい．これは，レバノンの風刺漫画家が 2011 年 3 月 11 日に描いた東日本大震災の漫画である．真ん中に地球らしきものがあり，右半分に「極東」，左半分に「中東」と文字が入っている．右側に描かれているのは，有名な北斎の富岳百景の一枚に描かれている浪で，「津波」を模している．そして反対側には，北斎の「浪」と対称的なかたちをした浪状のものが描かれているが，

よく見るとそれは無数の人間たちであり，旗を持っている者もいる．絵全体のタイトルは「Tsunami（津波）」である．

2010年12月18日に起きた暴動から始まるチュニジアの大規模反政府運動は，一月足らずの間に，23年続いたベン＝アリー政権を打ち倒した．ジャスミン革命と呼ばれたこのチュニジアの動きに触発されて，周辺のアラブ諸国でも民衆による抗議運動がさかんになり，「アラブの春」と呼ばれている．エジプトでも，2011年1月25日から大規模反政府デモがはじまり，2月11日には，30年間続いたムバーラク政権が終焉した．2月15日のデモから始まったリビアの反政府運動は，カダフィ大佐の強硬姿勢によって長期化し，多くの犠牲者を出した．しかし，8月23日に首都トリポリが陥落し，10月20日にはカダフィ大佐も死亡した．その他の中東諸国でも同様の動きが活発化している．こうした一連の動きを，中東では「Tsunami（津波）」という言葉で表現していたらしい．そこで，中東では民衆運動の津波が，東アジアでは自然災害としての津波が，世界を揺るがしている，といった意味をこのイラストは表しているのだろう．

日本でも，3.11以前は，「アラブの春」にもある程度社会的関心が向けられていた．しかし，3.11以後は，もはや関心はもっぱら3.11だけに集中している．その意味では，現在も進行中の「アラブの春」を，日本の災害と並べて相対化してみせる視点には，見習うべき点もあるかもしれない．

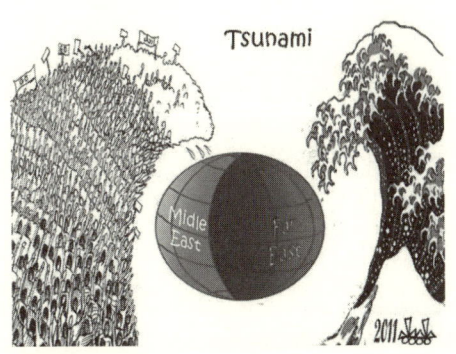

図 7-21　Hassan Bleibel Al-Mustakbal（Lebanon）による風刺漫画（2011年3月12日付ワシントン・ポスト電子版に掲載されたもの）

中東のテレビ状況

　ここで，中東のテレビ状況について少し見ておこう．
　Seib（2008）は，現代のメディア環境の変化について，次のように述べている：

　　　世界は今やメディアを中心にして動いている．アルジャジーラはこの新しい世界のシンボルである．アルジャジーラは，特にイスラム世界の影響力を高めることによって，グローバルな政治と文化に影響を及ぼす．アルジャジーラは，アラビア語と英語（おそらく，近い将来，さらに多くの言語で）による番組を配信し，イスラム圏のウェブサイトやブログなどのオンラインで提供されているさまざまなコンテンツから成る報道をすることによって，世界に拡がるムスリム共同体をかつてないほど強く結びつけようとしている．
　　　それだけでなく，アルジャジーラは，メディアの影響力の新しいパラダイムである．10年前には，「CNN効果」が関心を集めた．CNN効果とは，ニュース報道──特に魅力のある視覚的な「語り」──が，世界中の外交政策に影響を与えたという理論である．今日の「アルジャジーラ効果」は，それをさらに前に進めたものである．「CNN効果」がCNNだけに限ったことではないように，「アルジャジーラ効果」はカタールを拠点とする一メディア企業をはるかに超えた現象である．この概念は，民主化運動からテロリズムまで，「ヴァーチャル国家」の概念までを含む，現代のグローバルな出来事のあらゆる局面でツールとして利用される新しいメディアの特性を指し示している．（遠藤訳）

　1990年代以降，世界の戦略家たちは「ソフトパワー」[18]に強い関心をもち，それは各国による国際放送の活発化として現れた．アメリカのCNN，イギリスのBBCなどがその嚆矢であった．しかし，発信源が欧米に偏り，大国のグローバリズムの具とされているとの批判も強かった．
　こうしたなかで，1996年に発足したアルジャジーラ（本拠地：カタールのドーハ）は，アメリカのアフガン攻撃（2001年）の際の報道で世界に名を知られ，これまでの世界の情報流通に大きな変化をもたらすのではないかと考えられている．2006年からオンラインでの報道も開始し，日本からも見ることができる．
　アルジャジーラと比較される中東のテレビ局としては，アラブ首長国連邦のドバイを本拠地とするアルアラビーヤがある．2003年に創設され，アルジャジーラ

に比べるとやや穏健な報道姿勢をとるといわれる.

アルジャジーラの伝えた東日本大震災

　先にも述べたように，アルジャジーラは，ほぼリアルタイムで東日本大震災を報道した（図7-22）.

　また，アルジャジーラ・オンラインでは，「Live Blog: Japan earthquake」というタイトルで，連日，時々刻々と変化する状況を，逐次情報発信している（図7-23）.

　地震が発生した3月11日付けのブログ記事を見ると，次のような書き込みがなされている.

  午後 6:32　金曜に起こった巨大地震の規模は，日本史上最大であり，米国地質学調査のデータによると，世界でも7番目の記録である.

  これまでの巨大地震としては，2004年12月26日にインドネシアを襲ったマグニチュード9.1の地震がある．この地震では，22万人以上が亡くなった．

  記録上最大の地震は，1960年5月に起こったマグニチュード9.5のチリ沖地震で，約1600人が犠牲となった.

  午後 6:39　Googleは，被災者の安否情報を提供したり，検索するためのオンラインサービスを開設した：http://japan.person-finder.appspot.com

  午後 6:42　津波警報が，太平洋沿岸に発令された．その範囲は，ロシア沿岸から，ハワイ，オーストラリア，ニュージーランドにまでいたっている．

  台湾では，地震発生後に高さ50cmの津波が来ると予想されるため，沿岸警備隊は撤退している．

  ハワイでも，この後3時間以内に津波が来ると予想されており，同様の撤退がなされている．

  午後 6:49　米国太平洋津波警報センターが警報を発令した国には，ロシア，台湾，フィリピン，インドネシア，パプア・ニューギニア，オーストラリア，ニュージーランド，フィジー，メキシコ，グアテマラ，エルサルバドル，コスタリカ，ニカラ

グア，パナマ，ホンジュラス，チリ，エクアドル，コロンビア，チリ，カナダなどがある．

こうした記述を見ると，「東日本大震災」とはいえ，それが日本国内に閉じた災害ではなく，地球全体のゆらぎであることが実感される．

また，アルジャジーラ・オンラインでは，「JAPAN: DISASTER」という特集ページを開設し，ここでも日々，新しい震災情報を詳しく報じた．

とくに，やはり福島第一原発事故には高い関心を示している．図7-24は2011年4月27日付けの「JAPAN: DISASTER」トップページだが，原発事故と放射能汚染について，さまざまな角度から論じていることがわかる．

たとえば，このページからリンクしている「日本における原子力の安全性とエネルギー供給に関する論争（Japan nuclear debate on safety and energy）」という番組（2011年4月3日）では，日本政府が福島第一原子力発電所の放射能漏れ

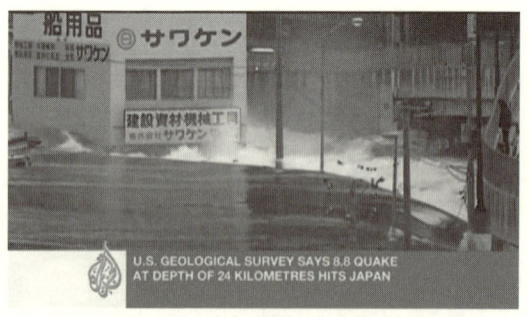

図7-22　アルジャジーラによる東日本大震災のリアルタイム映像（Powerful Quake Hits Japan）

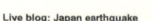

図7-23　Live Blog: Japan earthquake（3.11）（http://blogs.aljazeera.net/live/asia/live-blog-japan-earthquake）

が止まるまでに少なくとも数か月かかると表明したこと，東電に対して国民が他の発電所についてももっと安全性を確認するよう求められていることなどを指摘したうえで，浜岡原発についての近隣住民や反原発デモ，上杉隆氏の意見などを紹介し，日本政府はエネルギー政策の見直しを迫られている，と論じている．

「てんでんこ」と地域伝承

一方，「Tendenko: Surviving the Tsunami（てんでんこ：津波から逃れるために）」という番組（2011年11月28日）では，歴史的に津波災害を何度も経験してきた地域に伝承されてきた「津波，てんでんこ」（津波が来たら，一人ひとりが，自分の命を守るために自分自身の判断で最善を尽くせ）という教訓が，地域によってはよい結果をもたらしたことを取り上げている．このような個人主義的な方法は，日本文化には一見そぐわない．しかし，東日本大震災を契機に，日本社会は何を学んでいくのだろう，とこの番組は論じるのである．

図7-24　アルジャジーラの東日本大震災特集（2011年4月27日）

日本社会では，日本文化を語るとき，つねに日本の特殊性を前提に議論する．しかし，中東という，日本にはあまりなじみがない国の放送局が，東日本大震災からの復興を考えるために，日本の文化や歴史を理解しようとする姿勢をもっていることを考えれば，日本も，もっと広い視野に立って東日本大震災からの立ち直りを図っていく必要があるだろう．

5. グローバル・コミュニケーションの明日

世界的事件としての東日本大震災

　本章では，東日本大震災に注がれるグローバル世界からのまなざしについて考察してきた．

　温かい眼もあれば，冷ややかな眼，戦略的な眼，さまざまなまなざしが，いま，日本に注がれている．

　繰り返しになるが，東日本大震災は，「日本」の名を冠しているとはいえ，決して日本国内だけで閉じた災害ではない．

　活断層のズレや，津波の波及は，国境を問わず，地球全体の地殻変動と関連している．

　二次的災害としての福島第一原発事故は，放射能汚染の拡散という，より直接的なかたちで，世界に影響を及ぼしている．

　東日本大震災が世界の注目を集めるもう一つの理由は，それが，世界の先端的巨大都市・東京を含む領域で起こった巨大災害であるということだ．

　グローバリゼーションの波とともに，世界における「都市」の役割はますます重要性を高めつつある．とくに世界都市／グローバル・シティと呼ばれるような大都市は，政治，経済，金融，消費，文化などさまざまな社会活動の世界的拠点として機能している．このような場所が，物理的な破壊を受けることは，世界にその余波を及ぼす．その意味で，グローバル・シティの災害リスクは，世界のセキュリティにとって重要な問題なのである．

　実際，東日本大震災によって，国内のサプライチェーンだけでなく，グローバルなサプライチェーンにも大きな影響が出た．

5. グローバル・コミュニケーションの明日　281

　表7-3に示したのは，2011年末に世界のメディアが発表した世界の十大ニュースである．日本をのぞくすべての国で「東日本大震災」は上位に位置づけられている．やや低いランクとなっているのはアルジャジーラであるが，これは中東で起こった事件を個別にカウントしているからである．反対に，日本は世界ニュースの中に「東日本大震災」がなく，国内ニュースのみで1位にランクしている．こんなところにも，日本では，「東日本大震災」は国内事件という態度があらわれている．

表7-3　世界のメディアの発表した2011年の十大ニュース

AP通信	Reuter	BBC	CNN	Al Jazeera	タス通信	新華社[19]	共同通信	時事通信	Google[20]
ビンラディン殺害	東日本大震災	イングランド暴動	アラブの春	チュニジア革命	アラブの春	西アジア北アフリカの激動	金正日総書記急死	金正日総書記死去	東日本大震災
東日本大震災	アラブの春	東日本大震災	カダフィ殺害	アラブ革命	東日本大震災	中国の経済総量世界第2位に	欧州危機拡大，政権交代相次ぐ	欧州危機深刻化，伊等で政権崩壊	ブラジル洪水
アラブの春	カダフィ政権崩壊	ビンラディン殺害	東日本大震災	カダフィ殺害	欧州の財政危機	欧米の債務危機	中東民主化の波，カダフィ大佐殺害	アラブの春	オサマ・ビン・ラディン殺害
欧州財政危機	ロンドン暴動	カダフィ殺害	アメリカの自然災害	バーレーン，イエメン，シリア騒乱	ロシアで公正選挙を求める運動	東日本大震災	ビンラディン殺害	ビンラディン殺害	9/11・10周年
米経済	ユーロ危機	イギリス予算	ビンラディン殺害	ロンドン暴動	ビンラディン殺害	ビンラディン射殺	タイ大洪水	タイ大洪水	スペース・シャトル終結
ペンシルベニア州立大で性的虐待	Occupy Wall Street	王室結婚式	9.11テロ10周年	ノルウェー連続テロ	S・ジョブス死去	スーダン南部独立	福島第一原発事故で，欧州に脱原発の動き	米，アジア太平洋シフト	イラク戦争終結
カダフィ政権崩壊	ビンラディン殺害	イギリス大使館攻撃	イラク戦争終結	ビンラディン殺害	金正日死去	ソマリア干ばつ	Occupy Wall Street	米国債格下げ	チュニジア革命
赤字削減をめぐる米議会対立	ノルウェー連続テロ	エイミー・ワインハウス死去	ユーロ危機	南スーダン，ソマリアの内紛	世界人口70億人に	世界人口70億を突破	ニュージーランド地震	独伊など で脱原発決定	アラブ革命
Occupy Wall Street	英王子結婚	ニュージーランド地震	Occupy Wall Street	東日本大震災	スペースシャトル終焉	イラン核危機激化	S・ジョブズ氏死去	中国高速鉄道で事故	ノルウェー連続テロ
アリゾナ銃乱射事件	S・ジョブス死去	エジプト革命	ノルウェー連続テロ	金正日死去	ウィリアム王子結婚	金正日氏逝去	中国高速鉄道追突事故	Occupy Wall Street	Occupy Wall Street

世界を揺るがす金融リスクと大衆行動

　東日本大震災が世界経済に与える不安は，世界経済自体が現在思わしくない状況にあることで倍加している．

　まだ東日本大震災から1か月経つか経たぬかの2011年4月15日，20カ国・地域（G20）財務相・中央銀行総裁会議は，「世界の経済を下押しする要因は，①東日本大震災，②アラブ情勢，③欧州金融危機である」との声明を発表した．

　実際，東日本大震災以前から，グローバル世界はきわめて不安定な状態にある．

　レバノンの漫画家が指摘したように，アラブ諸国は，民衆運動の「Tsunami」に翻弄されている．

　また，2011年8月には，先進国であるはずの英国で激しい暴動が起こった．振り返ってみれば，2000年代にはいって，先進国，途上国を問わず，若年層による（しばしばソーシャルメディアを媒介とした）暴動が頻々と起こっている．その原因は，外国人労働者に対する排除問題，（とくに若年層の）高失業率，経済の低迷などであり，これらの問題がグローバル世界全体を悩ませている．

　なかでも欧州では，2009年10月のギリシャ政権交代から経済危機が生じている．ギリシャでは，2011年2月23日，政府の経済政策に抗議して，数十万人の労働者や小売店主，公務員などが全国規模の24時間ストを決行した．ギリシャの危機は，スペイン，ポルトガルなどPIIGSと呼ばれる経済の弱いユーロ加盟諸国，中東欧諸国などへ波及し，場合によっては世界的な金融危機に発展するかもしれないと懸念されている．

　ギリシャの危機は，イタリアにも飛び火した．2011年秋現在，イタリアの累積債務は国内総生産を大きく上回る額に達しており，ベルルスコーニ首相は，2011年11月4日，主要20カ国・地域（G20）首脳会議で，財政再建や経済構造改革の進展の具合について国際通貨基金（IMF）の監視を受けることで合意したと発表した．しかし，政府の経済政策に反発するデモが2011年春から繰り返されており，11月5日には数千人〜数万人規模のデモが行われた．11月8日，長期にわたって政権の座にいたベルルスコーニ首相はついに辞意を表明した．

　また2011年11月20日には，スペイン総選挙でも中道右派の野党・国民党が圧勝し，政権が交代した．スペインでは2011年7月時点で失業率が21.5％に達し

ており，とくに若者層（16歳〜24歳）では45％にも上っていた．

イギリスでもデモは頻発している．2011年11月30日には，200万人以上の公務員が参加するゼネストが決行された．

プーチンが揺るぎない権力を握っていると考えられてきたロシアでも，人びとが動き出した．2011年12月4日に行われたロシア下院選では，与党「統一ロシア」の得票率は前回選挙の64％から50％弱に減少した．しかし，実際の得票率はさらに低いとの疑いがあり，選挙不正疑惑をめぐる反政府デモが起こった．このデモは長引いており，2012年2月4日には，プーチン支持派と反プーチン派がともにデモを行い，いずれも10万人前後を動員した．

アメリカの危機

1990年代前後の雪崩的世界変動によって唯一の超大国となったアメリカも，危機にある．

2001年の9.11同時テロによって引き起こされたイラク戦争は，アメリカの経済をいっそう疲弊させ，政府への信頼は失墜していった．

2010年の国勢調査結果によれば，米国の人口に占める貧困者の割合は15.1％に上昇した．貧困層とは，家族4人で年収2万2314ドル（約171万円）以下，単身で1万1139ドル（約85万円）以下の層をさす．2010年の貧困者数は約4620万人で，2009年より260万人増加した．また，中間層の世帯年収は4万9445ドルで，過去30年の間ほとんど変化がなく，インフレ調整後の数字で比較すると，2010年の年収は1980年に比べて11％しか増えていない．これに対して人口の5％を占めるにすぎない富裕層の年収は42％増えた．ブッシュ政権の市場至上主義的経済政策の修正を訴えて大統領の座を獲得したオバマ政権だが，貧富の格差はますます増大しているのである．

2009年に始まった保守派の草の根運動であるティーパーティー運動は，オバマ政権の金融機関救済など「大きな政府」政策に抗議するものだった．

これに対して，2011年9月半ばにはじまった「Occupy Wall Street（ウォール街を占拠せよ）」運動は，「富裕層に増税を！」「99％の米国人よ，声を上げよう！」などと訴え，全米に拡大していった．10月15日には，世界一斉行動の呼びかけがなされ，ドイツ，イギリス，イタリア，韓国，フィリピン，日本など，多

くの国でデモが行われた．

　このような現象は，グローバリゼーションの進行に伴い，世界各国で，国内の社会格差拡大が，均質的に進行していることの現れだろう．かつてのように，アメリカや先進国なら豊かな生活が保障されているわけではなく，先進国でも途上国でも，国家経済は破綻に瀕し，貧困者はますます貧しく，富裕層はますます富裕になっているとの認識が拡がっているのだ．

グローバル・メディアと日本ムラ

　こうした世界的リスク状況は，今日のグローバル・メディアの普及によってリアルタイムで世界に伝えられ，それが，リアルな世界相互依存関係の中で，具体的に現実化していく．

　東日本大震災も，そのような世界の相互依存関係のネットワークの中に編み込まれている．

　私たちは，私たちの社会の危機を，他の国々の危機との関係性の中で考えていく必要がある．

　グローバル・メディアの発達は，良かれ悪しかれ，このような関係性を自明の前提条件としていく．私たちの社会を襲った災禍は，世界の諸国の情報提供や支援なくして解決はできないだろう．そして，その経験の中から得られた教訓は，他の国々にとって重要な情報となるだろう．また現在，他の国を苦しめている問題に，私たちの社会が何らかのかたちで手を貸すことができるならば，それは私たちの社会の明日にとっての重要な勉強となるだろう．

　東日本大震災が引き起こした原発事故．その原発が建設された地域は，しばしば「原子力ムラ」と呼ばれる．あるいは，そうした地域に原発を建設した背景の社会システムを「原子力ムラ」と呼ぶ場合もある．いずれにせよ，ここで使われている「ムラ」とは，閉鎖的な利権の相互束縛的な構造をイメージさせる言葉である．

　日本の戦後社会は，前近代的な「ムラ」から脱出しようとしてきたはずなのに，別のかたちの「ムラ」を造り出してきたのかもしれない．それは，「原子力ムラ」だけに限らない．日本全体が「日本ムラ」となって，強固な相互束縛社会を形成してきたのかもしれない．

5. グローバル・コミュニケーションの明日   285

　しかし，福島第一原発事故によって「原子力ムラ」の脆弱性があらわになると同時に，「日本ムラ」のあやうさも露呈した．

　私たちがこれからなすべきことは，私たちの社会に「社会的なるもの」を取り戻し，同時に，世界へと社会をひらくことで，改めて私たちの社会のアイデンティティを考えることだろう．

注

序章

1. 毎日新聞「東日本大震災：もろかった通信　携帯基地局が機能停止」2011年3月22日（http://mainichi.jp/select/weathernews/news/20110322k0000m040122000c.html）
2. 「阪神・淡路大震災について（確定報）（平成18年5月19日，消防庁）」（http://www.fdma.go.jp/data/010604191452374961.pdf）
3. 「ネットメディア」とは，ネット上でメディア的役割を果たすすべてのサービス（ホームページ，掲示板，ブログなど）をさす．一方，東日本大震災で注目された「ソーシャルメディア」とは，SNSやTwitterなどの新しいサービスをさす．「ネットメディア」には「ソーシャルメディア」も含まれる．

第1章

1. 「メディア・イベント」という用語は，ダヤーン＆カッツ（1992）によって使い始められたものである．しかし，本稿ではやや異なった意味で用いる．彼らによれば，「メディア・イベント」は，①非日常的，②ライヴ，③あらかじめ計画され，予告され，宣伝される，④うやうやしさとセレモニーを伴う，などを必要条件とする．そのため，たとえば，事前に計画されて遂行されたのではないスリーマイル島原発事故などは，「大ニュース事件」ではあるが，「メディア・イベント」ではない，と彼らはいう（Dayan and Katz 1922=1996: 24）．東日本大震災は，もちろん，「あらかじめ計画され，予告され，宣伝され」たものではない．メディアもまた「被災者」の一人として，大震災に引きずり回された．だが同時に，東日本大震災において，メディアは，人びとが自己存在を世界に訴える媒介として人びとに意識された．たとえば，マスメディアが取材に来ない地域は「見捨てられた」と感じた．また，この大震災では，メディアは，自分自身を映し出す鏡でもあった．

2. 第1章第6節参照.
3. 「「大地震」と視聴率」(『GALAC』2011年6月号掲載).
4. 日本新聞協会「《東日本大震災》放送各局, 地震直後から特別編成　民放はCM抜きで放送続ける」2011年3月11日 (http://www.pressnet.or.jp/news/headline/110311_1091.html)
5. 「平成23年3月 地震・火山月報 (防災編)」(http://www.seisvol.kishou.go.jp/eq/2011_03_11_tohoku/tsunami_warning.pdf) より抜粋.
6. 「平成23年3月 地震・火山月報 (防災編)」(http://www.seisvol.kishou.go.jp/eq/2011_03_11_tohoku/tsunami_jp.pdf) より抜粋.
7. 原典注釈「12. 官邸とは渡り廊下でつながっていた.」
8. 原典出典「35. 麻生幾『情報、官邸に達せず』新潮社 (現在は文庫) ISBN-10: 4101219311」
9. Wikipedia「阪神・淡路大震災」(http://ja.wikipedia.org/wiki/阪神・淡路大震災)
10. 同上.
11. 前田幸男, 2007, 「時事世論調査に見る内閣支持率の推移 (1989-2004)」『中央調査報 (No.569)』(http://www.crs.or.jp/backno/old/No569/5691.htm)
12. 同上.
13. 「政府の地震情報・生活支援【東日本大震災への対応】」(http://www.kantei.go.jp/saigai/report.html), 共同通信「【東日本大震災】ドキュメント (3月11日) 東日本大震災・福島原発事故」(http://www.47news.jp/47topics/e/202549.php) などを参照.
14. NHK福島支局では, 21時16分に「2km圏内退避」をローカル放送で報じたと, NHK科学文化部の方からご教示いただいた.
15. データ出所:田中孝宜・原由美子「東日本大震災　発生から24時間　テレビが伝えた情報の推移」(『放送研究と調査』2011年12月号).
16. 河北新報は, 複数の県をまたがる「ブロック紙」と分類される場合もある.
17. 石巻日日新聞社編, 2011: 22.
18. http://www.city.ishinomaki.lg.jp/mpsdata/web/7286/033102.jpg
19. 国立国会図書館「石巻日日新聞 (号外). 平成23年3月12日」(http://dl.ndl.go.jp/info:ndljp/pid/2623226/1)
20. 三陸新報, 2011年3月12日 (http://www.sanrikushimpo.co.jp/pdf/03_12.pdf), 東海新報紙面データ (http://www.tanko.co.jp/tokai.html)

第2章

1. サンプル数：首都圏（関東6県）700票，被災地（岩手，宮城，福島）300票．
2. ITmedia「ビデオリサーチインタラクティブ調査：TogetterやUstream，まちBBSのユーザー数急増」2011年4月13日（http://www.itmedia.co.jp/news/articles/1104/13/news096.html）
3. データ出所：NHK放送文化研究所『放送研究と調査』2011年6月号, p.21.
4. 「消息情報チャンネル」（http://www.youtube.com/shousoku）
5. Ustreamは，2011年3月度時点で，月間ユニーク視聴ユーザー数6500万人の大規模ライブ映像配信サービスである．
6. Internet Watch「Ustream Asia 中川社長が講演，3月11日・東日本大震災当日の視聴動向を解説」2011年6月10日（http://internet.watch.impress.co.jp/docs/event/irop_tk11/20110610_452151.html）
7. NHK放送文化研究所『放送研究と調査』2011年6月号 p.12, その他より作成.
8. データ出所：『INTERNET Watch』2011年6月10日, 同上.
9. "SOS from Mayor of Minami Soma City, next to the crippled Fukushima nuclear power plant, Japan"（http://www.youtube.com/watch?v=70ZHQ--cK40, 2011.5.18閲覧）
10. "Good Morning America: A Closer Look at the 'Fukushima Heroes' Trying to Save Japan's Reactors"（http://www.youtube.com/watch?v=im8AAm9mz2o）
11. 「復興支援 東日本大震災」（http://shinsai.yahoo.co.jp/）
12. サービス開始時点では，茨城新聞，岩手日日新聞，岩手日報，河北新報，デーリー東北，東奥日報，福島民報の7紙が参加.
13. 「東日本ビジネス支援サイト」（http://www.google.co.jp/landing/rebuild）
14. 「東北物産展」（http://commerce.yahoo.co.jp/fukkoushien/bussan/）
15. ニールセン・ネットレイティングス「震災直後に開設されたGoogle Person Finderの訪問者が公開3週間で300万人を突破」2011年4月27日（http://www.netratings.co.jp/news_release/2011/04/Newsrelease20110427.html）

第3章

1. 以下の映像・内容は，すべて，著者が録画したものを視聴し，聞き取ったものである．
2. 宝来館従業員の伊藤さんの映したビデオは，YouTubeにアップされている．この動画に対して，女将の行動を，愚かなものと批判するコメントがついてい

たこともある．しかし，非常時における行動について，安全な場から云々する資格は誰にもないだろう．
3. 遠藤（2000）参照．
4. 先にも触れたが，『クローズアップ現代』では，2年前にも玄田教授の希望学の参考事例として宝来館を取り上げた．
5. 「東日本大震災における建築家による復興支援ネットワーク［アーキエイド］」(http://archiaid.org/projects/pj0016/2131)

第4章

1. 仲田誠，1982,「災害と日本人——「心理的現象」としての自然災害」『年報社会心理学』（日本社会心理学会），第23号，1982, pp.171-186.
2. 廣井脩，1986,『災害と日本人——巨大地震の社会心理』時事通信社，1986, pp.11-2.
3. 原子力安全・保安院「地震による原子力施設への影響について（14時46分現在）」2011年3月11日 (http://kinkyu.nisa.go.jp/kinkyu/2011/03/-1446.html)
4. 原子力安全・保安院「地震による原子力施設への影響について（16時15分現在）（第2報）」2011年3月11日 (http://kinkyu.nisa.go.jp/kinkyu/2011/03/-1615.html)
5. 首相官邸「官房長官記者発表」2011年3月11日 (http://www.kantei.go.jp/jp/tyoukanpress/201103/11_p3.html)
6. 原典注「1：原子力災害対策特別措置法第10条第1項の規定に基づく特定事象 原子力災害対策特別措置法は，原子力災害から国民の生命，身体および財産を保護することを目的としている．このため，原子力発電所で一定の事故・故障等が生じた場合に適切な初期動作の確保と迅速な情報の把握が出来るよう，原子力災害対策特別措置法第10条で国，県および市町村に原子力の事故・故障を通報することが義務付けられている．通報の必要な事故・故障には原子炉が非常停止できない場合や原子炉への給水が喪失した場合等いくつもの事象が規定されている．」
7. 東京電力，平成23年3月12日プレスリリース「原子力災害対策特別措置法第10条第1項の規定に基づく特定事象の発生について」(http://www.tepco.co.jp/nu/f1-np/press_f1/2010/htmldata/bi1309-j.pdf)
8. 東京電力，平成23年3月12日プレスリリース「原子力災害対策特別措置法第15条第1項の規定に基づく特定事象の発生について」(http://www.tepco.co.

jp/nu/f1-np/press_f1/2010/htmldata/bi1310-j.pdf）
9. 東京電力「プレスリリース／ホームページ掲載情報 2010 年度（平成 22 年度）」（http://www.tepco.co.jp/nu/f1-np/press_f1/2010/2010-j.html）
10. 原子力安全・保安院「緊急時情報ホームページ」（http://kinkyu.nisa.go.jp/kinkyu/）
11. 首相官邸「官房長官記者発表 平成 23 年 3 月」（http://www.kantei.go.jp/jp/tyoukanpress/201103/index.html）
12. 首相官邸「官房長官記者発表」2011 年 3 月 11 日（http://www.kantei.go.jp/jp/tyoukanpress/201103/11_p4.html）
13. 東京電力，平成 23 年 3 月 12 日プレスリリース「原子力災害対策特別措置法第 15 条第 1 項の規定に基づく特定事象（敷地境界放射線量異常上昇）の発生について」（http://www.tepco.co.jp/nu/f1-np/press_f1/2010/htmldata/bi1321-j.pdf）
14. IRSN, "Accident de la centrale de Fukushima Daiichi : Dispersion des rejets radioactifs dans l'atmosphère à l'échelle régionale - Version du 19 mars 2011" （http://www.irsn.fr/FR/popup/Pages/animation_dispersion_rejets_19mars.aspx）
15. 「ノルウェー気象研究所による放射性物質拡散予測」（http://www.youtube.com/watch?v=0PGAP_zb-2w）
16. 「日々坦々」ブログの 2011 年 3 月 13 日付け記事（http://etc8.blog83.fc2.com/blog-entry-934.html）を参照させていただき，その一部を抜粋した．
17. 「ニコ生 東北地方太平洋沖地震・特番（第二夜）」（http://live.nicovideo.jp/watch/lv43085239）
18. この本の邦題は『危険社会』であるが，原題を直訳すると『リスク社会』である．また，この本の議論で，ベックは「危険」と「リスク」は別の概念であると論じている．
19. 原子力安全委員会「ウラン加工工場臨界事故調査委員会報告の概要（平成 11 年 12 月 24 日）」（http://www.aec.go.jp/jicst/NC/tyoki/siryo/siryo05/siryo52.htm）
20. 遠藤による聞き取り．
21. 同上．

第 5 章

1. Yahoo! 百科事典（http://100.yahoo.co.jp/detail/ドキュメンタリー/）
2. 近年では，アーカイブスの視聴やオンデマンドでの視聴も可能になりつつあるが，あくまでも一部に限られており，視聴も手間やコストを要する（本章最終節でも議論する）．
3. 池田正之「放送ジャーナリズムの発展と問題点」島崎・池田・米田編『放送論』学文社，2009 所収．
4. フジテレビ系列にも，『ザ・ノンフィクション』『FNS ドキュメンタリー大賞』などの優れたドキュメンタリー番組があるが，放送がかなり不定期であること，過去の放送などについての情報が公式サイトにあまり掲載されていないため分析が困難だったことなどの理由により，本稿では取り上げなかった．
5. Wikipedia, "File:Worldwide nuclear testing.svg"（http://en.wikipedia.org/wiki/File:Worldwide_nuclear_testing.svg）
6. 日本映画制作者連盟「過去データ一覧（1955 年〜2011 年）」（http://www.eiren.org/toukei/data.html）
7. 2012 年 1 月 29 日，第五福竜丸事件のその後を追った，NNN ドキュメント'11『3.11 大震災シリーズ 27　放射線を浴びた X 年後　ビキニ水爆実験，そして…』（南海放送制作）が放送された．
8. 米国大使館「平和のための原子力」アメリカ早分かり（http://aboutusa.japan.usembassy.gov/j/jusaj-majordocs-peace.html）
9. 上丸洋一「原発とメディア 28」2011 年 11 月 11 日付け朝日新聞参照．
10. 原子力安全委員会「原子力安全年報 昭和 56 年版」（http://www.nsc.go.jp/hakusyo/S56/2-1-1-1.htm）
11. 同上．
12. 視聴率は 1.7％ で，ETV 特集としては高い値であった．しかし，Twitter などではそれ以上に大きな反響があったように，個人的には感じている．
13. 詳しくは遠藤（2008）など参照．
14. 前身の『浅草橋ヤング洋品店』は 1992 年開始．
15. 遠藤（2004）参照．
16. 2011 年 12 月 24 日付け東京新聞朝刊「NHK『家族に乾杯』　鶴瓶が伝えた被災地の素顔」より．

第 6 章

1. AFPBB News「ドイツの脱原発政策，各国の反応」2011 年 5 月 31 日（http://www.afpbb.com/article/environment-science-it/environment/2803284/7283609）
2. ウォール・ストリート・ジャーナル日本版「スイス，脱原発へ」2011 年 5 月 26 日（http://jp.wsj.com/World/Europe/node_241493）
3. 外務省「日仏首脳会談」平成 23 年 3 月 31 日（http://www.mofa.go.jp/mofaj/kaidan/s_kan/france_1103b.html）
4. 読売新聞「原発反対派，目立った伸長みられず」2011 年 4 月 25 日（http://www.yomiuri.co.jp/election/local/2011/news1/20110425-OYT1T00204.htm）
5. ロイター「福島県内の原発すべての廃炉を要求，復興計画に明記＝佐藤知事」2011 年 11 月 30 日（http://jp.reuters.com/article/topNews/idJPTYE7AT07T20111130）
6. 日本経済新聞，2011 年 11 月 30 日（http://www.nikkei.com/news/category/article/g=96958A9C93819481E0EBE2E1968DE0EBE3E3E0E2E3E39797E3E2E2E2）
7. 朝日新聞「「脱原発は困る」電力労組，民主議員に組織的な陳情」2011 年 12 月 1 日（http://www.asahi.com/national/update/1201/TKY201111300881.html）
8. ロイター「「自然エネルギーを 20％に拡大」，菅首相がＯＥＣＤで演説」2011 年 05 月 26 日（http://jp.reuters.com/article/topNews/idJPJAPAN-21364920110525）
9. 経済産業省「エネルギー基本計画（平成 22 年 6 月）」（http://www.meti.go.jp/press/20100618004/20100618004-2.pdf）
10. 読売新聞「野田新政権の原子力政策を特に注視する青森」2011 年 8 月 31 日（http://www.yomiuri.co.jp/politics/news/20110831-OYT1T00418.htm）
11. 2011 年 10 月 19 日付け朝日新聞．
12. 両日とも，3 か所のデモ前の集会における面接調査．回収数は 6 月は 467，9 月は 449．
13. 同上．
14. ロイター「原発稼働ゼロでも「夏乗り切れる可能性」＝枝野経産相」2012 年 1 月 27 日（http://jp.reuters.com/article/businessNews/idJPTYE81K0VJ20120127）
15. 「気候ネットワーク」（http://www.kikonet.org/）

第7章

1. 2009年2月2日，現在のスタイルで開局．通常のテレビ放送以外に，2008年頃から公式ホームページでストリーミング配信を行っており，2010年2月5日からはiPhone/iPod touchでも視聴可能．東日本大震災直後は，Ustreamとニコニコ生放送，LiveStation，ケーブルテレビなどでも配信を行った．
2. The New York Times, "Sympathy for Japan, and Admiration", 2011年3月11日 (http://kristof.blogs.nytimes.com/2011/03/11/sympathy-for-japan-andadmiration/)
3. The Independent, "Towns vanish, thousands die – but a nation begins its fightback", 2011年3月13日 (http://www.independent.co.uk/news/world/asia/towns-vanish-thousands-die--ndash-but-a-nation-begins-its-fightback-2240508.html)
4. Lady GAGAは2011年6月に来日し，復興支援イベントなどを行ったことから，観光庁は彼女に対して，2011年度の観光庁長官表彰を行った．
5. Al Jazeera, "What is all the buzz about Japan?", 2011年3月18日 (http://english.aljazeera.net/programmes/listeningpost/2011/03/2011318124919880942.html)
6. ニューズウィーク日本版「そのとき，記者は……逃げた＜全文＞」2011年4月5日 (http://www.newsweekjapan.jp/stories/world/2011/04/post-2039.php)
7. 産経ニュース「週234億円の損失　震える欧州「O104」風評被害も猛威」2011年6月2日 (http://sankei.jp.msn.com/world/news/110602/erp11060210030003-n1.htm)
8. http://www.mofa.go.jp/mofaj/press/pr/wakaru/topics/vol72/index.html などを参照．
9. 外務省「日仏首脳会談」平成23年3月31日 (http://www.mofa.go.jp/mofaj/kaidan/s_kan/france_1103b.html)
10. 首相官邸ホームページ (http://www.kantei.go.jp/jp/kan/actions/201105/21jck.html) より．
11. 報道の自由の促進に取り組む国際組織．
12. The Washington Post, "In Ishinomaki, news comes old-fashioned way: Via paper", 2011年3月22日 (http://www.washingtonpost.com/world/in-ishinomaki-news-comes-old-fashioned-way-via-paper/2011/03/21/ABPp8X9_story.html)
13. Newseum (http://www.newseum.org/news/2011/04/ishinomaki-hibi-shimbu

n.html）

14. アメリカの連続ドラマ「24 -TWENTY FOUR-」の主人公で，CTU という架空のアメリカ合衆国政府機関に勤務し，強い正義感と忠誠心をもち，どんな過酷な任務も全うする．
15. 同じ3月16日20時からNHKでは『緊急報告 福島原発』という番組を放送しているが，ここでも作業員についての言及はない．
16. The White House, "..President Obama: "We Will Stand with the People of Japan"" (http://www.whitehouse.gov/blog/2011/03/17/president-obama-we-will-stand-people-japan)
17. 2010年秋の尖閣ビデオ事件や，秋葉広島市長が退任理由をマスメディアには発表せず，YouTubeで発表した例，小沢一郎氏がニコニコ生放送などのソーシャルメディアでのみ発言した例などがある．
18. 「ソフトパワー」とは，アメリカの国際政治学者ジョゼフ・ナイが1980年代に提唱した概念．ナイは，国際社会における国家の影響力を高めるには，軍事力や経済力などの「ハードパワー」に依存せず，文化，政治的価値観，政策などの魅力（ソフトパワー）を高めることが重要と主張した．
19. 順番は，時系列．
20. 検索回数．

参考文献

序章

Raphael, Beverley, 1986, *WHEN DISASTER STRIKES: How Individuals and Communities Cope with Catastrophe*, New York: Basic Books, Inc..（＝1995，石丸正訳『災害の襲うとき──カタストロフィの精神医学』みすず書房.）

田山花袋，1924，『東京震災記』，博文館.

第1章

Dayan, Daniel and Katz, Elihu, 1992, *MEDIA EVENTS: The Live Broadcasting of History*, Harvard University Press.（＝1996，浅見克彦訳『メディア・イベント──歴史をつくるメディア・セレモニー』青弓社.）

遠藤薫編著，2011，『大震災後の社会学』講談社現代新書.

石巻日日新聞社編，2011，『6枚の壁新聞──石巻日日新聞・東日本大震災後7日間の記録』角川SSC新書.

日本民間放送連盟・研究所，2011，『東日本大震災時のメディアの役割に関する総合調査報告書』(社) 日本民間放送連盟・研究所.

田中孝宣・原由美子，2011，「東日本大震災　発生から24時間　テレビが伝えた情報の推移」『放送研究と調査』2011年12月号，2-11.

東海新報社，2011，『東海新報　特別縮刷版 2011.3.12 ▶ 2011.5.1 平成三陸大津波』東海新報社.

第2章

遠藤薫，2000，『電子社会論──電子的想像力のリアリティと社会変容』実教出版.

────編著，2004，『インターネットと〈世論〉形成──間メディア的言説の連鎖と抗争』東京電機大学出版局.

────，2011，「権力の監視機能，一層の強化を──オープンガバメント時代にお

けるマスメディアの役割」『新聞研究』2011年5月号, 60-65.
────, 2011, 『間メディア社会における〈選挙〉と〈世論〉──日米政権交代に見るメディア・ポリティクス』東京電機大学出版局.
────編著, 2011, 『大震災後の社会学』講談社現代新書.
村上圭子, 2011, 「東日本大震災・安否情報システムの展開とその課題」『放送研究と調査』2011年6月号, 18-33.
村上聖一, 2011, 「東日本大震災・放送事業者はインターネットをどう活用したか〜放送の同時配信を中心に」『放送研究と調査』2011年6月号, 10-17.
杉本誠司, 2011, 「ニコ動でテレビ震災報道を配信──一足飛びに始まった協業の意味」『Journalism』2011年10月号, 30-36.

第3章

遠藤薫, 2000, 『電子社会論』実教出版.
藤田夏文・岡井崇之編, 2009, 『プロセスが見えるメディア分析入門』世界思想社.
小林直毅, 2004, 『メディアテクストの冒険』世界思想社.
────編, 2007, 『「水俣」の言説と表象』藤原書店.
吉田直哉, 2003, 『映像とは何だろうか──テレビ制作者の挑戦』岩波新書.

第4章

Baudrillard, J.P., 2002, *The Spirit of Terrorism: And Requiem for the Twin Towers*. (=塚原史訳, 2003『パワー・インフェルノ──グローバル・パワーとテロリズム』NTT出版.)
Beck, Ulrich, 1986, *RISIKOGESELLSCHAFT*, Suhrkamp Verlag. (=東廉・伊藤美登里訳, 1998『危険社会──新しい近代への道』法政大学出版局.)
────, 2011, 「原発事故の正体」(インタビュー), 朝日新聞, 2011年5月13日朝刊.
Beck, Ulrich, 鈴木宗徳他編, 2011, 『リスク化する日本社会──ウルリッヒ・ベックとの対話』岩波書店.
Douglas, Mary, 1982, *Risk and Culture*, Berkeley and Los Angeles, California: University of Calidornia Press.
遠藤薫, 2009, 「リスク, リスク問題とリスク社会」『学習院大学法学会雑誌』44 (2): 49-68.
────, 2012 (予定), 「〈情報〉と〈世界の創出〉──社会情報学基礎論の三つの

貢献」『コミュニケーション論の再構築：身体・メディア・情報空間』勁草書房．
小松丈晃，2007，「リスク社会と信頼」今田高俊編『リスク学入門4——社会生活からみたリスク』岩波書店，109-126．
吉川肇子，2007，「リスク・コミュニケーション」今田高俊編『リスク学入門4——社会生活からみたリスク』岩波書店，128-147．

第5章

遠藤薫編著，2004，『インターネットと〈世論〉形成——間メディア的言説の連鎖と抗争』東京電機大学出版局．
———編著，2008，『ネットメディアと〈コミュニティ〉形成』東京電機大学出版局．
長谷川公一，2011，『脱原子力社会へ——電力をグリーン化する』岩波書店．
池田正之，2009，「放送ジャーナリズムの発展と問題点」島崎・池田・米田編『放送論』学文社．
森達也，2005＝2008，『それでもドキュメンタリーは嘘をつく』角川文庫．
———，2005，『ドキュメンタリーは嘘をつく』草思社．
丹羽美之，2001，「テレビ・ドキュメンタリーの成立——NHK『日本の素顔』」『マス・コミュニケーション研究』No.59，164-177．
Rotha, Paul, 1951, *DOCUMENTARY FILM*. （＝厚木たか訳，1976『ドキュメンタリィ映画』未来社．）
佐藤真，2001，『ドキュメンタリー映画の地平——世界を批判的に受けとめるために』凱風社．
———，2006，『ドキュメンタリーの修辞学』みすず書房．
佐藤忠男，1977，『日本記録映像史』評論社．
想田和弘，2011，『なぜ僕はドキュメンタリーを撮るのか』講談社現代新書．
渡辺みどり，2000，『テレビ・ドキュメンタリーの現場から』講談社．
吉田直也，2003，『映像とは何だろうか——テレビ制作者の挑戦』岩波新書．
『現代思想 2007年10月臨時増刊号 総特集＝ドキュメンタリー』青土社．

第6章

Smith, Alastair and Flores, Alejandro Quiroz, 2011, "Disaster Politics: Why Earthquakes Rocks Democracies less," Foreign Affairs Japan, 2011 No.4, 27-35.

第7章

遠藤薫編著，2011，『大震災後の社会学』講談社現代新書．

Miles, Hugh, 2005, *AL-JAJEERA*, London: Gillon Aitken Associates Limited.. (＝河野純治訳，2005『アルジャジーラ　報道の戦争――すべてを敵に回したテレビ局の果てしなき闘い』光文社.)

Seib, Philip, 2008, *The Al Jazeera Effect: How the New Global Media Are Reshaping World Politics*, Potomac Books.

島崎哲彦・池田正之・米倉律，2009，『放送論』学文社．

あとがき

　あの大震災からもう1年が経とうとしている．しかし，余震はまだ続いており，福島第一原発事故の今後も不透明である．寒さに向かう折から，被災地の方々は辛い日々を強いられている．最近，近い将来に首都圏直下型地震が起こるという予想も出され，不安のなかで生きている．

　とはいえ，落ち込んでばかりもいられない．

　考えてみれば，確かに東日本大震災はとてつもなく大きな災害であったが，日本は本来的に地震多発地域にあり，津波の被害にも苦しんできた．歴史を振り返れば，あきれるほど頻繁に大災害に見舞われながらも，秩序ある社会がこれまで続いてきたことに，改めて驚く（災害によって滅びた国は数知れない）．

　「行く川のながれは絶えずして，しかも本の水にあらず」という言葉で始まる『方丈記』は，鎌倉時代に書かれた，日本的美学を代表するエッセイだが，書かれてある内容は，当時立て続けに起こった災害の数々のドキュメンタリーとしても読める．多くの人が指摘しているように，日本的美学としての無常観は，こうした災害の多さと深いところでつながっているのだろう．

　ただし，「無常観」と「諦め」は違う．『方丈記』の作者は，彼の見た惨状を克明に描きつつ，それが「現実」であることを認め，その現実を深く生きるために，あらゆる虚飾を捨て，最小限の住まいに住むことを選んだ．リアリズムとミニマリズムの美学と言っていいかもしれない．

　最近，「モノを捨てる方法」が流行のようだ．それは震災とは何の関係もない一時的な流行りのようにも見えるけれど，もしかしたら，『方丈記』の時代ともどこかでつながっている現象なのかもしれない．

　東日本大震災でメディアは何をどのように語ったか，をテーマとして，本書は一応刊行にいたった．しかし，研究はまだまだ続く．本書はその一里塚だと思っている．

あとがき

　本書を書くにあたっては，大震災の報道にあたられてきた多くのメディア関係者にお話をうかがった．いちいちお名前を記さないが，お忙しいなか，快く取材に応じてくださったみなさま，本当にありがとうございました．

　本書ではまだ未消化であるが，国立情報学研究所共同研究『NII 研究用テレビジョン放送アーカイブを用いた東日本大震災の社会的影響の学術的分析』グループのみなさまからも多くの示唆をいただいた．さらに研究を進めていきたいと思います．

　編集部の坂元真理さんには，本書でもまたたいへんお世話になった．ぎりぎりのスケジュールの中で，著者を励まし，勤務時間を超えて編集を進めてくださった．厚く御礼申しあげます．

　また，本書の報道分析のために，震災後ずっと，著者は膨大な録画データと取り組んできた．それは，生々しい災害時の音声が，自宅でも繰り返し鳴り響き続けてきたということでもある．それでも，いつも支えてくれた家族にも感謝を述べたいと思う．

2012 年 1 月　数日前に降った雪の残る東京で

遠藤　薫

索引

英数字
3.11　15, 122
9.11　15, 122
7月末調査　17, 39, 48, 51, 54, 70, 242, 264

『ETV特集』　194, 205, 218

Facebook　70, 71

Google　82
Google Person Finder　56

IAEA（International Atomic Energy Agency）　198, 264

mixi　70

Newseum　254, 266
『NHKスペシャル』　86, 193, 201, 208, 218, 271
NHKワールド　254, 269, 274
『NNNドキュメント』　194
『NNNドキュメント'11』　93, 204, 211, 218

Occupy Wall Street　281, 283

PDF化　65

SNS　230, 286
SPEEDI　72, 76

Tsunami　275
Twitter　58, 64, 68, 70, 71, 76, 80, 113, 120, 136, 230, 286

Ustream　61, 64, 73, 138, 247

YouTube　57, 73, 76, 77, 86, 135, 247, 260, 273
YouTubeビジネス支援チャンネル　82

あ
アーカイブ　228
アイデンティティ不安　124
アラブの春　275, 281
アルジャジーラ　254, 258, 274, 276, 277
安全神話　13, 79, 204, 212
安全神話の崩壊　144
安否情報　37, 54, 56, 66

石巻日日新聞　46, 266
李大統領　263
一時解雇　105
陰謀論　126

ウエシマ作戦　80

『映像'11』　216
英雄待望論　126
液状化　9
エネルギー政策　14, 232, 240, 242, 244, 252, 279

オバマ大統領　261
温家宝首相　263

か
核開発　195, 197
格差　283
カタストロフ　15, 117, 122
河北新報　45, 46, 68
釜石の活性化　113
瓦礫　118
間メディア社会　11, 84
間メディア性　13, 81, 84

〈絆〉　106
客観的事実　227
記録映画　196
金融危機　282

グーグル（Google）　56, 66, 81
『クローズアップ現代』　100, 108
グローバル・シティ　280
グローバル・メディア　16, 140, 253
グローバル世界　143, 252, 253, 254, 256, 261, 263, 280, 282

計画停電　10
原子力基本法　198
原子力緊急事態宣言　28, 128

原子力発電　197, 198, 199, 233, 240, 249, 252
原発作業員　78, 216, 269
原発事故　12, 28, 123, 127, 198, 218, 232, 253, 257, 265
原発事故報道　28, 150

国際原子力機関　198, 264

さ
『ザ！鉄腕！DASH！』　222
再生可能エネルギー　14, 237, 240, 244
サルコジ大統領　261
三陸新報　47

自然災害　15, 122, 253
〈死と再生〉　97
シミュレーション画像　135
社会意識　227
社会形成　115
社会の転機　231
社会変動　231
首相官邸災害対策ページ　71
消息情報チャンネル　57
象徴性　115
除染　223
白雪姫　258
新聞博物館　266
新聞報道　246

スリーマイル島原発事故　141, 198

選挙　14, 232, 237

相互依存関係　253, 284
想定外　13, 36, 142, 146, 257

双方向性　139, 226
ソーシャルメディア　52, 54, 58, 67, 70,
　　80, 84, 246, 286

た
第五福竜丸　195
助け合いジャパン　80
脱原発デモ　246, 248

地域SNS　68
チェルノブイリ原発事故　141, 142

『追跡AtoZ』　216
津波警報　16, 18
『津波にのまれた女将』　93, 108
『鶴瓶の家族に乾杯』　225

ティーパーティ運動　283
デマ　258
デモ　275, 282
テレビ・ドキュメンタリー　193, 199, 220,
　　227
『テレメンタリー』　194, 218
天譴論　125
てんでんこ　279

統一地方選挙　234, 237
東海新報　47
東海村JCO臨界事故　141, 143
動画サイト　70, 73, 76
動画投稿サイト　57, 134
動画配信サイト　54
同時代性　227
ドキュメンタリー　13, 93, 97, 102, 191,
　　192, 195, 205, 216, 226

な
『中居正広の金曜日のスマたちへ』　223
ナガサキ　143
ニコニコ動画　63, 73, 86
ニコニコ生放送　63, 73, 138
日本ムラ　14, 285
ニュージアム　254
ニュース映画　196, 229
ニュースサイト　246
ニューヨーク・タイムズ　255, 272

ネットメディア　11, 58, 70, 81, 286

は
パーソンファインダー　66
『ハマナスの咲くふるさとにもどりたい』
　　102, 109
バラエティ番組　222
『バンキシャ！』　87, 89
阪神大震災　10, 24, 54, 84

東日本営業中　66, 82
避難指示　29, 129
避難道　100
ヒロシマ　143

風評被害　260
福島県議会選挙　238
福島原発事故　12, 79, 127, 142, 232, 268
福島中央テレビ　132, 144
福島民報　45
福島民友　40
復興プロジェクト　82, 111
プッシュ型情報流通　50

プラットフォーム　56, 69, 73, 79, 81, 83
ブログ　113, 120, 222, 237, 247, 269, 286

放射能　135, 143, 216, 220, 278
『放射能汚染地図』　205
報道　23, 26, 28, 35, 36, 46, 97, 120, 124, 127, 191, 274
『報道の魂』　116, 194, 213, 218
宝来館　93, 98, 100, 102, 107, 111, 115

ま
南相馬市長　77, 268, 273

メタ・メディア　79, 83
メディア・イベント　15, 286
メディア・スクラム　107
メディア重要度　52
メルトダウン　141

や
ヤシマ作戦　80

ユーザーによる報道　76

世論　14, 232, 237, 240, 242, 244, 249
世論調査　233, 242, 249

ら
ライフライン　36
落胆の連鎖　125

リアリティテレビ　222, 225
リスク　79, 142, 280
リスク・コミュニケーション　123, 149
リスク社会　142, 290
流言　126

炉心溶融　42, 141

【著者紹介】

遠藤 薫（えんどう・かおる）

略歴　東京大学教養学部基礎科学科卒業（1977年），東京工業大学大学院理工学研究科博士課程修了（1993年），博士（学術）．
信州大学人文学部助教授（1993年），東京工業大学大学院社会理工学研究科助教授（1996年）を経て，学習院大学法学部教授（2003年〜現在）．日本学術会議連携会員．

専門　理論社会学（社会システム論），社会情報学，文化論，社会シミュレーション

著書　『大震災後の社会学』（編著，2011年，講談社現代新書），『グローバリゼーションと都市変容』（編著，2011年，世界思想社），『間メディア社会における〈世論〉と〈選挙〉――日米政権交代に見るメディア・ポリティクス』（2011年，東京電機大学出版局），『書物と映像の未来――グーグル化する世界の知の課題とは』（共編著，2010年，岩波書店），『社会変動をどうとらえるか1巻〜4巻』（2009〜2010年，勁草書房），『ネットメディアと〈コミュニティ〉形成』（編著，2008年，東京電機大学出版局），『間メディア社会と〈世論〉形成――TV・ネット・劇場社会』（2007年，同），『グローバリゼーションと文化変容――音楽，ファッション，労働からみる世界』（編著，2007年，世界思想社），『インターネットと〈世論〉形成――間メディア的言説の連鎖と抗争』（編著，2004年，東京電機大学出版局），『環境としての情報空間――社会的コミュニケーション・プロセスの理論とデザイン』（編著，2002年，アグネ承風社），『電子社会論――電子的想像力のリアリティと社会変容』（2000年，実教出版），ほか多数．

メディアは大震災・原発事故をどう語ったか
報道・ネット・ドキュメンタリーを検証する

2012年3月10日　第1版1刷発行	ISBN 978-4-501-62750-8 C3036
2012年7月10日　第1版2刷発行	

著　者　遠藤　薫
　　　　　ⓒEndo Kaoru 2012

発行所　学校法人　東京電機大学　〒120-8551　東京都足立区千住旭町5番
　　　　東京電機大学出版局　〒101-0047　東京都千代田区内神田 1-14-8
　　　　　　　　　　　　　　Tel. 03-5280-3433(営業) 03-5280-3422(編集)
　　　　　　　　　　　　　　Fax.03-5280-3563 振替口座 00160-5-71715
　　　　　　　　　　　　　　http://www.tdupress.jp/

JCOPY <(社)出版者著作権管理機構　委託出版物>
本書の全部または一部を無断で複写複製（コピーおよび電子化を含む）することは，著作権法上での例外を除いて禁じられています。本書からの複写を希望される場合は，そのつど事前に，(社)出版者著作権管理機構の許諾を得てください。
また，本書を代行業者等の第三者に依頼してスキャンやデジタル化をすることはたとえ個人や家庭内での利用であっても，いっさい認められておりません。
[連絡先] Tel. 03-3513-6969，Fax. 03-3513-6979，E-mail：info@jcopy.or.jp

印刷：(株)精興社　　製本：渡辺製本(株)　　装丁：大貫伸樹
落丁・乱丁本はお取り替えいたします。　　　　　　　　Printed in Japan

働く人の心をつなぐ情報技術
概念データモデルの設計

手島歩三 監修・著

小池俊弘・松井洋満・南波幸雄・安保秀雄 著

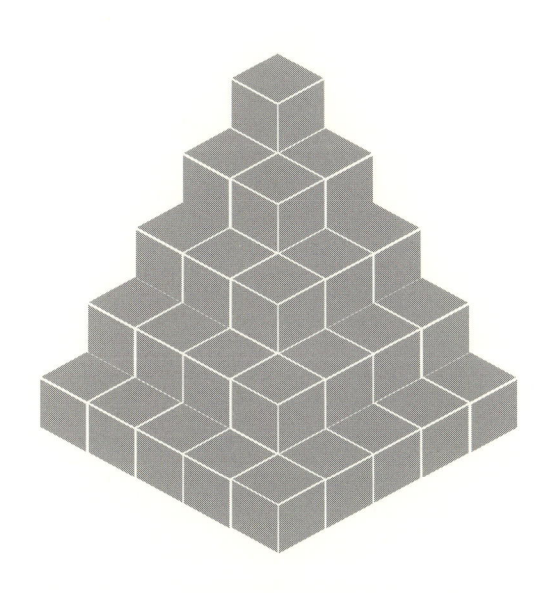

東京 白桃書房 神田

本書に寄せて

JFE システムズ 代表取締役社長
（前 JFE スチール システム主監）

菊川 裕幸

　人は問題意識を持って仕事に取り組んでいるとき，その後の仕事を左右する「出会い」を経験する。特に新しい仕事を始めたときに，重要な「新しい出会い」がある。それは人であったり雑誌の記事や文献であったり新しい考え方であったりする。

　私にとって「概念データモデル」も人生の節目に出会った重要な「出会い」であった。

　NKK（日本鋼管）と川崎製鉄が統合してできた JFE スチールの基幹システムを新規再構築するという大命題を与えられたときに出会ったのが，著者の手島歩三氏が 2002 年 4 ～ 9 月にかけて日経コンピュータに書かれた「IT を活用したビジネス改革［1 ～ 13］」という連載記事であった。

　ここで感銘を受け，早速手島氏に連絡を取って「概念データモデル」に関してご講演いただいた。そのときに，感銘を受けた内容を列記すると以下のようなものであった。

① 情報システムの使命は，「ビジネスに関与する人々の意思疎通を支援すること」
② 情報システムの構築は，「ソフトウエア工学の考え方に則って行うこと」
③ 企業全体を見渡せるデータモデルの作成 ⇒ ビジネスで扱うデータをベースに情報システムを構築
④ 全社にわたるコード体系の見直しと整理（企業統合では特に重要だった）
⑤ 企業に合わせて情報システムも成長 ⇒ 変化に素早く柔軟に対応できるシステム

本書に寄せて

　製鉄所で27年間圧延技術に携わってきた私にとって，製鉄所の生産管理システムに関わったことはあっても，統合に際しての本社基幹システムの再構築という仕事は全く未知の領域であり，上記の指針は自分の考え方をまとめる上で非常に参考になった。

　言い換えれば，ビジネスの写像として情報システムを存在させ，企業活動の変化に迅速・柔軟に対応していくために，ビジネス空間からIT空間への橋渡しを如何に上手に行うか，そのためのコミュニケーションの大切さを認識することが重要と理解した（下図）。

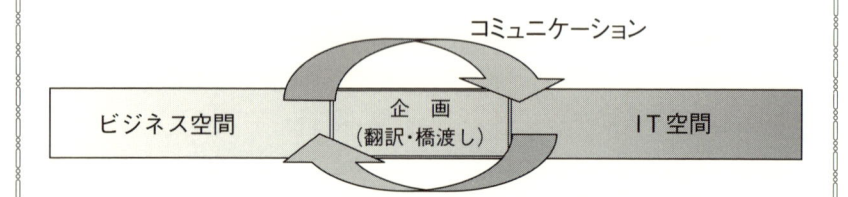

```
                    コミュニケーション
┌──────────┬─────────────┬──────────┐
│ ビジネス空間 │   企　画    │  IT空間  │
│          │（翻訳・橋渡し）│          │
└──────────┴─────────────┴──────────┘
```

　このコミュニケーションの手段として大変役立ってくれたものが，「概念データモデル」の考え方であった。ビジネス実体を把握し，将来のあるべき姿を考えるとともに，データでビジネスを表現する中で統合すべき方向が明らかになった。併せて情報システム技術者（SE: Systems Engineer）と実務部門との相互理解を深めることができた。このように概念データモデル設計は，新システム構築の拠り所となった方法であった。

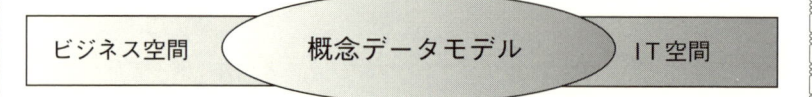

```
┌──────────┬─────────────┬──────────┐
│ ビジネス空間 │ 概念データモデル │  IT空間  │
└──────────┴─────────────┴──────────┘
```

　実際に「概念データモデル」を書いてみると分かることであるが，企業活動をビジネスモデルに写し取り，表現することは意外と難しい。理由は，仕事の分業化が進み，全体としての仕事の仕組みやビジネスプロセスが分かる人がいなくなっていることもあるが，自らのビジネスを論理的に整理する機会が減少してきていることにも起因しているとも考えられる。我々の経験

をまとめると下記のような課題があった。

- ◆複数の業務担当者の話をつなぎ合わさないと全体の仕組みが分からない
- ◆業務担当者の見方でのみ重要なことが強調され，部門間や全社，あるいは企業間で重要なポイントが抜けることがある
- ◆「なぜそうしているのか」が不明瞭なことが多く，モデルの複雑化を招きやすい

　その対応策として，業務に精通した方と論理的思考でビジネスが理解できるSEとを組み合わせ，上記のような不足点を補って全体の仕組みを整理し，関係者が集まり，モデルを確認するプロセスを繰り返して「概念データモデル」を完成させてきた。
　一見大変な作業を繰り返し，苦労が多いように感じられるかもしれない。しかし一方で，関係者が集まりデータモデリングに関する議論をすることを通して，

- ◇ビジネスモデルを論理的に表現することでビジネスに対する理解が深まる
- ◇実体をモデルに写し取る過程で，将来のあるべき姿を考えるようになる

など，モデリングのプロセスそのものが，コミュニケーションを充実させ，考え方を整理する助けとなってくれた。
　冒頭で述べた「概念データモデル」が私にとって重要な「出会い」となったのは，この活動を通して関係者の理解が深まり，作成したモデルを大切に守り通すことがシステム構築を正しく進める道であると信じて，実行して来られたからである。

実際のビジネスが複雑になる中，情報システムの助けなしではビジネスが成り立たなくなっているが，データモデリングを複雑に考える必要はないと思う。むしろビジネスに必要な情報は何かを明らかにすることで，情報システムを簡素化し，変化に追随できるシステムにすることができると思う。必要なことは，データベース（DB）をアプリケーション（AP）から分離し，概念データモデルに合致したエンティティ（実体種類）とER図（Entity-Relationship Diagram，実体関連図）に基づき的確な情報を保有することである。企業の情報システムの複雑化を防ぎ，世の中の変化や企業の成長に合わせて情報システムを成長させていく基盤として，概念データモデルに基づく普遍的なデータをきちんと継承しつつ管理し，ビジネス変化への対応をアプリケーションで的確にとっていくことが肝要であると考えている。

　情報システムの見直しや再構築では近道などない。正しい方法・手順を尽くして，愚直に実世界を写し取りつつ将来のあるべき姿を追求していくことが必要と考えている。
　情報システムの複雑化や変化への迅速な対応ができなくて苦労されているかもしれない読者諸兄にとって，本書がひとつの道標となる「出会い」であることを願っている。

はじめに

　本書は，著者でもある手島たちが長年培ってきた，概念データモデル設計について，その背景および基本概念，具体的な手法，関連事項などを解説したものである。また本来の情報システムとはどうあるべきかについても，概念データモデルを中心にして述べている。情報システムは，文字通り「情報」のシステムである。その情報の素である「データ」により，対象（ビジネスの世界）を表現するのは自然なことであり，本来的にそうあらねばならないことでもある。

　最近いろいろなところで，クラウドコンピューティングが話題になっている。所有から使用への流れが喧伝され，どんな情報システムでもクラウド環境に移行すれば，コスト的にも効率的にもよくなるというような議論もされている。これらの話は，その前の話題の中心であったサービス指向アーキテクチャ（SOA）とも同様で，決して魔法の杖でもないし，銀の弾でもない。本質的には，情報システムの構築において，有用な選択肢が増えたということに過ぎない。

　選択肢の多様化は，企業の情報システムの構成要素選択の複雑化を招く。統合体としてのビジネス情報システムとそのアーキテクチャを考えないで，多様な構成要素のいいとこ取りをすると，そのシステムは無用な複雑性を持つことになる。その結果，保守性の悪化を招き，変化への適合性を阻害する危険性を内包する。

　このようにならないためにも，ビジネス全体のアーキテクチャを把握し，それと整合した構造を持つ情報システムを構築していくことが重要である。特にアプリケーション・システムの統合体としてのビジネス情報システムを構想するためには，対象領域を個別のビジネス領域ではなく，ビジネス全体に拡張しなければならない。その出発点として概念データモデル設計が有効

はじめに

である。

　本書は，概念データモデルを中心にして，情報システムのあり方，情報システム・アーキテクチャ，概念データモデルを基にしたアプリケーションの導出の考え方に関して解説している。また具体的な概念データモデルを設計する1つの例として，演習事例を用いて概念データモデルをどのように考えて描くかについても述べている。情報システムは，企業がビジネスを遂行するための必須の要素である。そのための情報システムの構造は，企業のビジネスの構造（アーキテクチャ）と整合していることが求められる。このためにも企業のビジネス・アーキテクチャをデータの構造として表現する，概念データモデルに基づいて情報システムを構築すべきである。

　本書の想定読者は，情報システムの発注側であるユーザー企業の情報システム部門に属する方々だけでなく，情報システムを企画し活用する役割を持つユーザー部門のメンバーも想定している。本来ビジネスの構造を表わす概念データモデルは，ビジネスに精通しているユーザー部門が作成すべきものであり，情報システム部門はその手助けをするのが役割である。また担当者だけではなくマネージメントメンバーにも，読んでいただきたいと考えている。本質的な情報システムの作り方にユーザー部門のメンバーが関わることは，マネージメントメンバーの主導と強力な支持がなければ成し遂げられないからである。

　ベンダー企業においても，顧客企業の情報システム化構想をサポートしたり，要件定義などに係るメンバーにも，本書は有用である。顧客企業のビジネスを理解し，それを情報システムとして構築するためには，概念データモデルは強力な手助けになる。

　本書は，全体を俯瞰する序章と，概念データモデル設計法を解説した5つの章から構成されている。章ごとに想定する読者が異なるので，全体としては同じことが何度も出てくる。各章に対象読者を記入しておくので，煩わしいと思う方は読み飛ばしていただきたい。

　序章は，概念データモデルおよびその関連領域に関しての，マネジメント

サマリーの役割を持つ．本書で意図している情報システムの構造改革を推進するために，経営者の参画と理解は必須である．そこで経営者の方々に序章だけでも読んでいただければということを望んでいる．

第1章は，何のために概念データモデル設計を行うかについて述べ，ビジネス情報システムの対象としてのビジネス・アーキテクチャとは何を意味するかを解説する．それとともに関連する諸概念と情報品質保証についても述べる．

第2章は，具体的な概念データモデル設計法の解説である．概念データモデルを構成する，静的モデル，動的モデル，組織間連携モデルについて，どのように考え，表現するかについて解説する．

第3章は，情報システム・アーキテクチャの観点から，アーキテクチャの考え方と，アーキテクチャと概念データモデルとの関連に関して書いている．その上で，情報システムの段階的構造改革としてのソフトウエアJIT（Just in Time）を紹介している．

第4章は，情報システムの全体構想立案の考え方を述べるとともに，概念データモデルを基にアプリケーションを実装するときの考え方について解説している．

第5章は，付録に付けた演習事例を用いて，第2章の方法論に基づいて具体的に概念データモデルを描いてみた．本質的にモデルには正解はないが，このように考えると，こう描けるという参考である．

本書の執筆にあたり，菊川裕幸氏（元JFEスチール システム技監，現JFEシステムズ 代表取締役社長）には，「本書に寄せて」を寄稿いただいた．過分な内容に，著者一同恐縮するとともに，感謝している．

著者らが所属する特定非営利法人 技術データ管理支援協会（MASP）の会員諸氏および会員企業所属の皆さまからは，有形無形の支援をいただいた．本書の内容は，同法人が行ってきたコンサルティング事例を下敷きにして作成した，セミナー向けテキストなどを再構成し，加筆修正したものである．その意味で本書は，多くのMASP会員の努力と協力の賜物であるとい

はじめに

える。改めて感謝したい。

　最後になるが，本書出版の機会を与えていただいた上，本書の構成に有益なアドバイスを下さった，白桃書房社長の大矢栄一郎氏および編集部の河井宏幸氏，スタッフの皆さまに感謝する。

2011 年 4 月

著者一同

目　次

本書に寄せて　i

はじめに　v

序　章　情報システム構造改革に取り組む経営者のために

序-1　情報システムのビジネス的意味　1

序-2　情報基盤整備　4

序-3　情報システム構築とビジネス改革　7

序-4　情報システム・アーキテクチャとビジネス様式　11

第1章　ビジネス情報システム

1-1　概念データモデル設計の目的　17

1-2　ビジネス情報システム　20

1-3　ビジネス・アーキテクチャと情報システム構造の整合　26

1-4　情報品質保証　35

1-5　ビジネス改革と情報技術活用　42

第2章　概念データモデル設計法による情報体系の設計

2-1　データによって実世界の構造を写し取る　49

2-2　概念データモデル設計法のアウトライン　53

2-3　概念データモデル　65

　2-3-1　静的モデル　65

目　次

　　2-3-2　動的モデル　75
　　2-3-3　組織間連携モデル　85
2-4　ビジネス改革案の評価とビジネス改革プログラム　88
　　2-4-1　ビジネス改革案の評価　88
　　2-4-2　ビジネス改革プログラム（改革を進める手順計画を立てる）　91
2-5　事業領域とビジネス動向の確認　95
2-6　機能モデル　99

第3章　概念データモデルと情報システム・アーキテクチャ

3-1　ビジネス・アーキテクチャと情報システム構造の整合　105
　　3-1-1　情報システムの統合・分散構造　105
　　3-1-2　情報処理形態　106
3-2　基幹系の情報処理形態　111
　　3-2-1　実体オブジェクトと活動エージェントの相互作用系　111
　　3-2-2　オンライン・トランザクション処理（会話型処理あるいはリアルタイム処理）　113
　　3-2-3　一括処理（バッチ処理）　117
　　3-2-4　基幹系アプリケーションのレイヤ構造　119
　　3-2-5　情報品質保証アプローチ　122
3-3　概念データモデルとデータベースの実装　123
　　3-3-1　3層スキーマ概念　123
　　3-3-2　情報システム構造改革の都市計画アプローチを可能にする　125
3-4　情報システムの段階的構造改革：ソフトウエアJIT　128
　　3-4-1　プログラミングの基礎　128
　　3-4-2　階層的情報システム構築プロセス　132
3-5　メタシステム　139
　　3-5-1　情報システムの構築と運用の環境　139

3-5-2　データ辞書とディレクトリ　141
3-5-3　開発環境と運用環境　142

第4章　概念データモデルに基づく情報システムの実装

4-1　情報システムの全体構想　145
　4-1-1　統合分散情報システム構想　145
　4-1-2　情報基盤整備　147
4-2　ビジネス改革を支えるアプリケーション構築　148
　4-2-1　アプリケーションの開発　148
　4-2-2　基幹系アプリケーションの開発　151
　4-2-3　基幹系データベース　153
　4-2-4　情報系アプリケーションの実装　157
4-3　活動エージェント（基幹系アプリケーション）の実装　159
　4-3-1　オンライン・トランザクション処理　159
　4-3-2　バッチ（一括）処理　161
4-4　構造化プログラミング技術の一種としてのジャクソン法　162

第5章　演習事例による概念データモデル設計の実際

5-1　本章の構成と意図　167
5-2　事業領域と使命　168
5-3　概念データモデル　173
　5-3-1　概念データモデリングの出発点　173
　5-3-2　実体種類の抽出：静的モデル（1）　176
　5-3-3　実体種類間の関連：静的モデル（2）　180
　5-3-4　「こと」による「もの」の動的な振る舞いを把握する：動的モデル　182

目　次

　　　5-3-5　誰が「こと」を起こしているか，誰が「もの」の管理に責任
　　　　　　を持っているか：組織間連携モデル　183
　　　5-3-6　現有システムの見直し　188
　5-4　ビジネス改革案の評価とビジネス改革プログラムの策定　191
　　　5-4-1　ビジネス改革案の評価　191
　　　5-4-2　実行課題のまとめとフェーズプラン　192
　5-5　情報システムの実装に向けて　192

演習事例　「地場産業の苦境：畔柳工業」　197
あとがき　203
参考文献　205
索　引　209

序章 情報システム構造改革に取り組む経営者のために

　この章では情報システム構造改革を推進する経営者のために，以降の章と重複するが，情報システムの経営的側面について要約・説明する。

序-1　情報システムのビジネス的意味

■ 官僚機構とビジネス情報システム

　ビジネス組織を経営する方策として，経営方針を具現化する組織が必要不可欠である。ここではそれを官僚機構と呼ぶことにする。本書の主題であるビジネス情報システムは，官僚機構の一部分を情報技術（コンピュータと通信）に担当させたものにほかならない。官僚機構は使いこなせば有能な部下・組織になるが，硬直化すればビジネスを阻害する。使いこなせるか否かは経営者の考え方次第である。

　第1章以降で詳しく述べる予定であるが，情報システムの使命は「ビジネスに関与する人々の意思疎通を支援すること」である。

　また，情報システムの中核となる「基幹系情報システム」の役割は「ビジネスが関心を持つ実世界の動き」を情報技術によって正確に把握し，計画を模擬実行することである。すなわち，実世界で動く人や「もの」を即時追跡する「リアルタイム処理」や，策定した計画がどのように進行するか模倣する「シミュレーション」によって，過去から現在，さらには近未来までの人や「もの」の動きを情報システムによって把握し経営に活かすことが可能である。

基幹系情報システムの周りに情報サービスや意思決定支援などの「情報系システム」が構築される。基幹系が適正でなければ，情報系でどのように工夫しても経営に役立つ情報をタイムリーに提供することはできない。

■ 風通しのよいビジネス組織に

人手に依存する官僚機構の弱点は，情報を適正に取り扱えない場合が出てくることである。人間では記憶が薄れ，処理ミスや伝言ミスが発生し，欲しい情報をタイムリーに入手できない，などの問題が多数発生する。その問題防止のために審査・監査が必要になり，官僚機構が肥大する。官僚機構では情報がしばしば死蔵され，本来伝えるべき相手に伝わらない，あるいは私見で情報に歪みが入るなどにより，さらに問題が悪化する。そのような官僚機構の頂点に立つ経営者は「裸の王様」のような状況に陥る。

ビジネスの事実を現場で即刻採取し，人々が共同で参照できるようにするなら，現場で働く人々から中間管理層，経営者まで共通の認識を持つことができ，風通しのよい組織に変わるであろう。

■「自動化と省力」の前に為すべきこと

日本では長期にわたって情報技術利用の目的を矮小化してきた。いまでも「自動化と省力」が情報技術の利用目的であると考える情報システム技術者（SE：Systems Engineer）が少なくない。また「標準化」を情報技術利用の目的とする人もまだ存在している。このような目的の矮小化が日本の情報システムを肥大させ，新興国（中国やインド）に比べて周回遅れのＩＴ利用に陥らせている。

肥大した官僚組織の仕事をコンピュータに移し替え，自動化しても，悪化した仕組みがコンピュータに移るだけで問題を解決できない。ビジネスや経営には素人のSEたちが仕組み作りと保守作業に介入する分だけ，むしろ問題が悪化する。困ったことに，日本のソフトウエア技術者たちの生産性と品質は新興国に比べてもかなり見劣りがするので，別の問題が情報システムに

発生する。

　ビジネスの現実世界を見つめ、「組織が取り扱うべき情報とは何か」を見直す必要がある。ビジネスの現場と経営者をつなぐ情報が的確かつタイムリーに流れるようになれば、官僚機構による情報滞留問題は抜本的に軽減される。

　ビジネス組織に豊かな多様性をもたらすことも急務である。製品・サービスとそれらを生み出すビジネスの現場は急速に多様化している。科学・技術の急速な発展と経済のグローバル化に伴う「多様化」は必然の流れだが、それに抵抗する類の「標準化」はドンキホーテを思い出させる（インタフェースの標準化は多様性を促進する）。現在の情報技術の機能・性能は発達し、多様化を適切に取り扱うに足りる能力を持っている。それを活かさなければ国際的な競争に後れを取る。

■ 事実に根拠を置く経営

　放置すると官僚機構は組織防衛を目指して変質する。自部門に都合の悪い情報は隠し、事実と異なる都合のよい情報だけを開示する傾向が出てくる。ビジネス情報システムを構築するとき、組織が関心を持つ実世界に存在する人や「もの」、実世界で行われる「活動」あるいは発生する出来事（「こと」）の事実を表すよう、ビジネスデータを設計する必要がある。売り上げや利益、在庫、納期、工場の稼働率・不良率などに結びつく、原材料や製品、製造設備などの現物（「もの」）と、加工や検査などの活動（「こと」）といったビジネスに必要なデータを押さえ、それらのデータを適切に採取しなければならない。

　高邁な経営戦略を唱えても、それがビジネスの現場の「もの」や「こと」に反映されなければ、実現されず無為に終わる。私たちは「思い」を語るだけで実行しない政治家に厭きている。

　「もの」と「こと」の事実を的確に表現するビジネスデータを設計し、その採取・蓄積・保管・加工・参照を情報技術により正確かつ迅速に行う情報

システムを構築することが肝要である。情報システムは本質的に「情報」のシステムであって，情報技術はその実現手段にすぎない。

■「協働の体系」としての組織

ビジネスに関与する人々が協力して働くことが肝要である。C.バーナードがいうとおり組織は「協働の体系」である[14]。個人の情報処理能力には限界がある。「遠からん者は音にも聞け，近からん者は目にも見よ」と人力に頼るのでは協働できる範囲はたかがしれている。ホウ・レン・ソウ（報告・連絡・相談）は詰まるところ，働く人々を受身にして組織構成員を「指示待ち人間」に変身させる。指示待ち人間が大半を占める組織は効率が悪く，ビジネスの変化への対応も緩慢である。

事実を表す情報をデータベースに蓄積し，ビジネスに関与する人々が自律的に参照できるなら，人々は刻々と変化する状況の中で自分がいま何を為すべきか自分で考え，判断し，「協働」をより円滑に成し遂げることができる。例えば，生産工程の作業スケジュールと生産進捗を前工程（外注先や部品メーカーなど）に開示すれば，発注や納入指示をしなくても間に合うよう加工対象物を生産し，納入することができる。すなわち，「かんばん」なしのJIT（ジャスト・イン・タイム）は容易に実現できる。

序-2 情報基盤整備

■ 経営基盤から社会基盤へ

情報システムは私物ではない。情報システム構築にあたって自社の経営基盤となることは当然として，情報システムが社会とつながり，その基盤構造としての社会情報システムの中にしかるべき位置を占め，役割を獲得することを目指していただきたい。

情報システムは「現地・現物」の事実を捉えてビジネスに関与する人々の意思疎通を支援する。その目的は「協働の体系」としての組織を実現するこ

とである。現代の組織は一企業の中だけの協働では足りず，顧客や取引先との協働が不可欠である。したがって情報システムは顧客や取引先の情報システムとつながりサプライチェーン形成を支援する。

情報システムは，企業内の権力闘争の道具として構築されることがある。例えば，企業合併時のシステム統合失敗の背後には，情報システムの私物化現象がしばしば存在する。私物化された情報システムやその構成要素は組織を分断し，人々の協働（Collaboration）を拒否する。

社会基盤を目指すとき，この章の後半で述べる情報システム・アーキテクチャに目を向ける必要がある。

利用者が主体性を取り戻す

情報技術利用に関して日本は専門家任せになりすぎている。情報技術は日進月歩しているので，その内容を理解し，適切に利用するにはかなり高度な技術を要するが，それは実現手段の話である。

利用者が知っておくべきこと，やらねばならないことは，いつの時代もあまり変わらない。利用する目的や内容には，経営者だけでなく，中堅管理者，事務スタッフ，販売や製造の現場で働く人々に至る利用者が主体性と責任を持って取り組む必要がある。

ビジネスの事実を表す情報の設計と処理内容に関して，ビジネスを知らないSEに任せてはいけない。業務内容の一部である情報処理内容も然りである。「もの」と「こと」の事実をビジネスの視点で正確に捉えることは利用者にしかできない。様々な企業の情報システム構築に携わったSEやコンサルタントは知識と経験が豊富である。それは参考にはなるが，自社のビジネスに適しているとは限らない。専門家に任せてしまうと，要らないところが多数あって，役立つ部分が意外に少ない怪物のようなシステムができあがる。怪物を作った後で改善・改良しようとしても，簡素になる可能性はほとんどない。

利用者が関心を持つ「もの」や「こと」の種類はそれほど多くない。ビジ

ネスデータの種類が少なければ，それを取り扱う情報処理機能も必要最小限に止まり，簡素で分かりやすい情報システムができあがる。ビジネス内容に変化が生じたとき，どの「もの」と「こと」のデータを変更すべきか，どの情報処理機能を変更すべきか，利用者は的確に判断できる。簡素で分かりやすい本来の情報システムは変更しやすく，変更費用もそれほど掛からない。

情報技術を適正に使い分ける

情報技術が市場に現れて50年過ぎた。多くの産業と同様に情報技術産業も成熟化段階に入っている。斬新な技術が現れる余地が少なくなり，表面的な改良や使い方の変更が起きているだけで，基本技術に関しては世代交代に伴いむしろ劣化している面が目立つようになった。古く役立たない技術を化粧直しして，マスコミに載せて騒ぎ立てるクラウドコンピューティングなどの"新技術"が人々を惑わせている。新しい情報技術を利用しなくても，ビジネス組織が円滑に活動できるなら，何ら問題がない。新技術導入に失敗して組織を危機に陥れる愚は慎むべきである。

困ったことに，日本では新技術を追い続けるあまり，本来有効な基本技術の活用面で後れている。後で述べるが，「もの」や「こと」の事実を捉えるオンライン・トランザクション処理用データベース管理技術と，情報検索用のデータベース管理技術は異質である。前者はビジネスの事実を捉え，事実認識をしかるべき水準まで揃える役割を持つ。後者は蓄積されたデータを多様な角度から分析するために用いられ，意思決定支援に役立つ。使い方を間違えると，機能不足や効率低下に悩まされる。

情報共有による意思疎通支援の視点で基幹系情報システムを簡素化することをお薦めする。

序-3 情報システム構築とビジネス改革

■ 変わり続ける組織と情報システム

　ビジネス組織は変わり続ける。業績が向上して個人の管理能力を超えるほど従業員が増加すれば、組織を分割しなければならない。従業員の能力が向上すると、能力を活かすために業務担当範囲の調整や組織変更が必要になる。技術の変化や顧客の変化もビジネス組織に変化・変更を促す。変化に即応できない硬直化した組織は外部社会の要請を満たせず、衰退の道をたどる。

　ビジネス組織が変化すると必然的に情報システムを変更しなければならない。逆に情報システムを先行して変更し、組織の変化を促すケースも少なくない。したがって、情報システムは迅速に変更・拡張できるしなやかな構造を持っていなければならない。言い換えると、情報システムには完成像がない。変わり続ける組織を支えるために、永遠の未成年のようなしなやかな構造の情報システムを構築する必要がある。

■ 情報システムの変更・拡張

　これまで日本では情報システムに完成像があるかのような「要求分析・要求定義型」の「開発アプローチ」を採用してきた。「要求」を述べた後は専門家に任せ、完成後の変更・拡張には十分な配慮を怠ってきた。この現象は現在の日本の建設と似ている。イタリアの住宅は300年ほどの寿命があり、住む人の目的に応じて改造し続けられる。米国の住宅の寿命も100年を超えるそうである。日本では20年程度で住宅は建て替えるものとされ、修理や改造には十分な配慮がなされていない。筆者が買った建て売り住宅はあちこちが傷み、ローンを払いきらないうちに立て替えざるを得なくなった。同様に公共投資による建造物は保全・修理や用途の変更を考慮しておらず、建設後の保全費用が地方自治体に重くのしかかる。

開発だけでなく，変更・拡張・改良・分離・縮小などが円滑にできるように，ライフサイクル全体を考慮して情報システムを構築すべきである。それは難しい話ではない。情報システムを「基幹系」と「情報系」に分け，前者がビジネスの現実を的確に捉えるよう，ビジネスデータを設計することが第一歩である。

ビジネス組織の関心対象となる「もの」と「こと」を捉えるビジネスデータを設計してみると，明確に捉えきれていない物事が多数あることに気づく。そのとき，ビジネス上実現を急ぐ明確な物事から素早く実現することが肝要である。急ぐことを実現してみると，これまで曖昧であったことが次第に明確になり，基幹系情報システムは段階的に成長する。

情報系システムは，基幹系システムに蓄積されたデータを受け取り，利用者が自らの手で分析，検索，加工し，欲しい情報を得るための仕組みである。エンドユーザ・コンピューティングや意思決定支援などのための市販ソフトウエアが多数出回っており，「開発」するまでもなく容易に実現できる。情報系システムの大半の要素は使い捨てするほうがよい。

▋ 技術者の資質

情報システム実装を担当する SE やソフトウエア技術者の選択が肝要である。開発と保守は別と考えて，別の技術者に担当させると，情報システムの内容を理解できないためにソフトウエア変更に時間が掛かり，しかもミスが頻発する。ソフトウエア開発費用を値切ると腕の悪い技術者がアサインされ，ミスだらけのソフトウエアを納品して，後で予想以上の「保守費用」を搾り取られる憂き目に遭う。

腕のよい良心的な技術者と，そうでない人の生産性の差は 10 〜 20 倍に達する[15]。正統的なソフトウエア工学を学んだ人はビジネスデータの仕様（概念データモデル）に基づいてソフトウエアの骨格部を設計し，詳細部を明らかにした上で利用者から要求を聞き出す。帳票や画面の類に関する要求はソフトウエアが動き出した後で聞いても問題が起きない。

住宅の建築では，コンセントの位置や壁紙の色を，発注前に決めろなどと無理なことはいわない。ところが，情報システムの構築では帳票や画面の仕様を初期段階に確定せよと無理なことが強要され，結局後でやり直しになることが多い。

腕のよい技術者に適正な費用で開発と保守を一貫して任せるなら，基幹系システムの維持に要する費用は大幅に低減できる。

ソフトウエア・パッケージの利用について

ソフトウエア開発を避けるためにパッケージ化された市販ソフトウエアを購入するのはよいことである。ただし，そのソフトウエアの変更・拡張が容易であることが前提となる。本質的にソフトウエアは再利用可能な「もの(Ware)」であり，再利用の可能性を高めるために，変更・拡張が容易な構造を持っていなければならない。利用者の事情に合わせてカスタマイズすることも変更・拡張の一種である。

「カスタマイズしない」「パッケージに合わせて業務を改革する」などは変更・拡張が困難なソフトウエア・パッケージを売るための詭弁である。

人が持つ知識をコンピュータに教えるためのソフトウエア開発にはミスが伴う。要求を述べる利用者はしばしば間違いを犯す。ソフトウエア技術者も人間であり，ミスを犯す。このミスをできるだけ早期に発見し，全体を崩さないように修正する技術が必須である。

正統的なソフトウエア工学は，その方法の大半を「ミスを発見・修正する技術」が占めている。言い換えると，腕のよい技術者は致命的なミスを犯さないやり方でソフトウエアを開発する。よい構造のソフトウエアを設計すると，ミスの修正を含めて，変更・拡張を容易に行うことができる。

腕の悪い人たちにソフトウエア開発を発注すると，要求変更を理由に納期遅れが生じ，開発費用の追加を請求される。情報システム開発中にもビジネスは変化し，ソフトウエアに対する要求は頻繁に変化する。要求を凍結すると，本稼働直前に大幅な手直しを大急ぎでやることになり，様々なミスがソ

フトウエアに組み込まれる。

少数の腕のよいソフトウエア技術者を，通常より数倍高い費用で雇うほうが，最終的な開発費用の大幅な削減と，順調な本稼働納期達成につながる。

パッケージを選ぶなら，少数の腕のよい技術者が腰を落ち着けて開発したものを選ぶことをお薦めする。有名な企業が大人数を投入して開発したパッケージを選ぶと，導入費用と期間のほうが，腕のよい人による新規開発よりも高くつき，期間も長くなる。しかも，パッケージ導入後，変更改良が困難になり，ビジネスの仕組みを硬直化させる。

■ よい構造のソフトウエア・パッケージ

よい構造のソフトウエア・パッケージには情報品質保証の仕組みが組み込まれている。

まず，ビジネスの規則や「もの」の仕様を表すマスターデータを管理する共通の仕組みが存在する。例えば，製造業では製品構造と製造法を統合管理する仕組み（「ものづくり技術データ」管理システムなど）である。

次に，このマスターデータを参照して作動する仕組み，すなわち業務用ソフトウエアがある。例えば，注文書に記載された顧客や商品が顧客マスターや商品マスターに登録されているかどうかチェックする。その上で注文を満たすためにどのような材料や部品を使って，どの工程でどのように加工するか計画するために「ものづくり技術データ」を参照する。さらに，実績が上がって来ると，計画に照らしてその妥当性をチェックし，必要であれば「ものづくり技術データ」を参照して次に為すべきことを業務担当者に報せる。

データ構造に基づいてコンピュータ・プログラムの構造を導くことが肝要である。「もの」「こと」の事実を捉えるビジネスデータを設計していると，ビジネスの仕組みが自然にソフトウエア・パッケージに反映される。製品構造や製造方法が変化したとき，いちいちコンピュータ・プログラムを変更する必要はない。マスターデータを変更すれば，ソフトウエア技術者の手を煩わせないで対処できる。

序-4 情報システム・アーキテクチャとビジネス様式

ビジネス様式とビジネスモデル

　ビジネス組織が関心を持つ「もの」と「こと」の事実を捉えるビジネスデータを設計すると、そこにはビジネス組織固有の「ビジネス様式（ビジネス・アーキテクチャ）」が写し取られている[16][17]。組織が持つ様々な技術が矛盾なく体系化され、ビジネス様式を形成している。

　「ビジネスモデル」は組織が社会環境において果たす役割および働き方のパターンである。ビジネスモデルは取引関係や競争関係によりしばしば変更される。製造業でいうと、売れ行きがよいときは規格品大量生産のビジネスモデルを採用し、市況が悪くなると多品種少量生産や個別受注生産に変わる。1つの工場の中で規格品大量生産と個別受注生産を同時並行に行うことも珍しくない。ビジネスモデルは戦術的に使い分けられる、ビジネス・アーキテクチャの一要素にすぎない。

　マスターデータの製品構造や製造方法が規格品大量生産専用になっている場合、多品種少量生産や個別受注生産のビジネスモデルに沿って運用しようと思うと、大変な労力と時間を要する。逆に、マスターデータの製品構造や製造方法が多品種少量生産や個別受注生産に向く技術と能力を持っているなら、規格品大量生産のビジネスモデルを容易に扱うことができる。

　ビジネスモデルを固定して情報システムを実装すると、市場の変化への戦術的対応が困難になり、経営不振に陥る恐れがある。困ったことに、ERP（Enterprise Resource Planning）パッケージの中には規格品大量生産用に開発されたものが少なくない。これを導入したために競争力を失い、消え去った工場や企業が多数ある。

　自社のビジネス・アーキテクチャを確認し、強みを活かせるよう情報システムを構築する必要がある。

　パッケージを選択するとき、自社のビジネスデータをまず設計し、それに

適するパッケージを選ぶことをお薦めする。

■ 情報システム・アーキテクチャ

　情報システムも技術様式すなわちアーキテクチャを持っている。ビジネスデータを設計し，それを取り扱う情報システムを設計するとそこにはビジネス様式が色濃く反映される。自社のビジネス様式に合わないソフトウエアを導入すると，情報の歪みが生じ，ビジネスに混乱が起きる。情報システムが歪んだ情報を提供し続けるとビジネスも次第に歪み，競争力を失う。

　情報システム・アーキテクチャを設計するとき，情報品質保証体制を意識する必要がある。「もの」の管理責任を持つ部署が「もの」データを管理するデータベースを所有し，その品質を保証することが肝要である。「こと」に関しては管理責任を持つ部署で「こと」データを採取し，その品質を保証する責任を持つべきである。

　情報品質保証体制を意識すると，情報システムは分散システムであるが全体としての整合性が保証された「統合分散構造」を持つことになる。それは組織の統合分散構造とほぼ対応するであろう。その上で各部署のビジネス活動形態に合わせて情報処理形態を当てはめると，ビジネス・アーキテクチャに沿う情報システム・アーキテクチャの原型ができあがる。

　なお，統合分散構造を実現し，運用するとき，適切に「標準」を定める必要がある。ビジネス情報システムにまつわる「標準」に関して日本社会には誤解している人が少なくないので，説明しておく。

■ 多様性を取り扱うための標準設定

　共通の物事について，共通の方法すなわち標準を適用することが望ましい。個別に異なる特殊事項を「標準」の枠に押し込んではいけない。

　現代社会は急速に成熟化し，多様化が進んでいる。高度成長期に歓迎された大量生産可能な規格品は競争力を失い，個別顧客の事情に適する製品が少量だけ売れる時代に入った。そのような成熟社会で価格と納期に関して，新

興国の規格品大量生産と対等に戦えるビジネス様式を編み出すことが現代の経営者に求められている。

新しいビジネス方式の実現手段として情報技術は大きな可能性を秘めている。

従来のように情報技術導入を理由に画一的な標準化を行うと，たちまち競争力を失う。情報技術商品の容量や性能が向上した現在では，ビジネスに豊かな多様性をもたらす道具として情報技術を利用していただきたい。

共通事項に関しては標準（共通の方法）を定めることが肝要である。共通事項であるにもかかわらず，異なる方法で実行するのは妥当でない。共通事項について個別要求に基づく改善・改良案が出てきたとき，全体への影響を調べて妥当であれば，それを標準に置き換えるとよい。そうすればビジネス全体の仕組みが一斉によくなる。

個別事項については適切な方法で対処する必要がある。企業が持つ固有技術を存分にビジネスに活かせるよう，独自の仕組みを用意していただきたい。

製品やサービスに対する顧客の要望は多様であるが，製品やサービス全体が全く異なる要望は滅多にない。共通事項を効率的に扱えるよう標準を用意しておき，個別事項への対処を組み合わせることにすると，価格や納期面で規格品にそれほど見劣りしない。顧客満足面で優位になり，対等に戦うことができる。

情報システムに関する標準

情報システムの使命は「ビジネスに関与する人々の意思疎通支援」であると前に述べた。固有のビジネス様式を持つ企業の情報システムを標準化する必要は全くない。固有のビジネス様式に適合する情報システム・アーキテクチャを持つ情報システムを構築すれば十分である。

しかし，他のビジネス組織と連携しようと思うなら，情報システムに必要最小限の標準を導入する必要がある。すなわち，他のビジネス組織と情報連

携するとき，国際標準のインタフェースに準拠することを強くお勧めする。データ仕様を国際標準形式と対応させ，データ交換手続き（プロトコル）を標準に合わせるなら，容易に情報連携できる。

旧式の画一的標準に懲りた日本人は国際標準に抵抗するか，無視する傾向がある。その結果として日本標準は世界から孤立し，海外の企業との連携が困難になっている。例えば建設材料を購入しようとすると，日本標準の品目コードでは粗すぎて，世界で安価に売られている材料を見つけられない場合がある。

日本企業も世界標準設定に積極的に参加し，日本に有利な世界標準を設定するよう努力すべきである。

サプライチェーンと情報システム・アーキテクチャ

サプライチェーンを形成するとき，多数の企業が持つ情報システムを連携させる必要がある。そのとき同じソフトウエア・パッケージを全てのサプライヤに導入させようとするのは愚かなことである。サプライチェーンを組む理由を考えていただきたい。異質な技術と能力を持つ企業の力を借りるためにサプライチェーンを組むはずである。異質な企業が持つ情報システム・アーキテクチャは異質である。無理して統一すると，却って効率や品質が低下し，サプライチェーンの競争力も低下する。

同質であれば，企業グループ内に囲い込む方が意のままに動かせる。しかし，それではサプライチェーンの名に値しない。

サプライチェーン内での共通事項を標準化し，個別事項はサプライヤの自由に任せるほうが賢明である。その結果としてサプライチェーンの情報システム・アーキテクチャが姿を現す。

情報システムの戦略的構築

自社の情報システム・アーキテクチャを把握すると，情報システム全体を一気に構築するビッグバン・アプローチには無理があるし，必要性もないこ

とに気づくであろう。都市の再構築と同様に基礎工事から始めて、段階的に着実に構築する必要がある。幸いなことに、2010年代現在ではどのビジネス組織も情報技術を利用した既成の情報システム（レガシー・システム）を持っている。したがって、経営する上で急ぐところから素早くビジネス改革と情報システム構造改革を進めればよい。

何を急ぎ、何を後回しにするか、ビジネス改革のシナリオと実行計画すなわち、「ビジネス改革＆情報システム構造改革プログラム」を策定することが肝要である。ビジネスは情報システム改造中にも変わり続ける。したがって構造改革プログラムを固定してはいけない。ビジネス改革＆情報システム構造改革活動の舵取りを担当する機関（ステアリング・ボード）を設け、戦略的に改革を推進していただきたい。

戦略情報システムなるものは存在しないが、戦略的に構築することが情報システムの経営戦略的意義をもたらす。

■ 情報システム構築に関する経営者の役割

情報システム構築企画に当たって、経営戦略を述べるのは無駄なことである。環境や時代に応じて変化する経営戦略が情報システムに直接影響を及ぼすようでは困る。ビジネスの事実を捉え、人々の意思疎通を支援する情報システムは経営戦略を策定するための参考情報も提供できなければならない。特定の戦略に従属する情報システムは偏った情報しか提供できず、むしろ経営者を惑わせる。情報システムは、変化するビジネスの基盤を支えるものと考えるべきである。

ビジネス組織の改革・体質強化の重要な一環として、腰を据えて情報システム構築を指導していただきたい。経営者が直接情報システムの仕組みに介入する必要はない。ビジネスの現場で働く人たちが必要な知識と能力を身につけ、責任を持って情報システムの構築と維持・運用に取り組むよう指導することをお願いする。

第1章 ビジネス情報システム

　この章では全ての層の読者を想定している。日本ではITシステム（ハードウエアやソフトウエア・システム）と情報システムが混同される傾向がある。ITを活用しようと思うなら，まずよい情報システムの構築を目指す必要がある。情報システムとは何かを理解することが，概念データモデル設計法を用いる前提となっている。

1-1　概念データモデル設計の目的

■ 概念データモデル設計の目的：ビジネス情報システムの構想

　本書の主題である概念データモデル設計の目的は，ビジネスを支援する情報システム，すなわち，ビジネス情報システムの構想を描くことである。

　これまで会計システムや生産管理システムなど，××システムと呼ばれる個別の業務用システム（アプリケーション・システム）がいくつも開発されてきた。ただし，それらのアプリケーション間にしばしば食い違いが生じた。利用者がビジネス全体を捉え，システム開発において適切な要求を述べてくれるなら問題ないが，そうできる人は極めて少ないし，全体を捉える時間的余裕がないことも食い違いを招く原因となっている。

　本来は，アプリケーションの総合体としてのビジネス情報システムを構築する必要がある。そのために不可欠な構想を描くことを，概念データモデル設計は目指している（図1－1）。

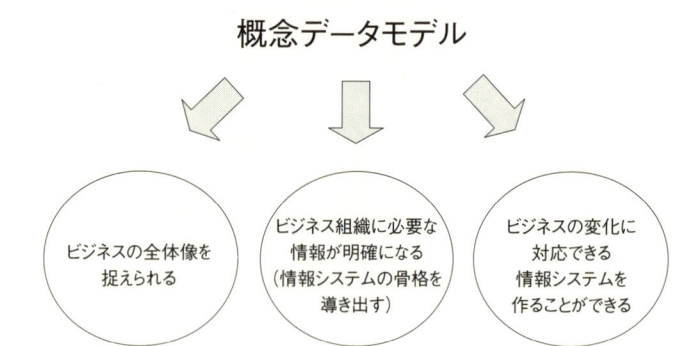

図1−1　概念データモデルの効用

概念データモデル

- ビジネスの全体像を捉えられる
- ビジネス組織に必要な情報が明確になる（情報システムの骨格を導き出す）
- ビジネスの変化に対応できる情報システムを作ることができる

■ ビジネス情報システム構想を描く場：変化し続けるビジネス組織

　ビジネス情報システム構想を描く場について理解しておく必要がある。何もない更地にビジネス情報システム構想を描くケースはほとんどない。どの企業や団体も人手やパソコンなどを用いて何らかのデータ処理を行っており，それらと無関係に構想を描くことは許されない。言い換えると以前に設計され実務に使われている情報システムが1つ以上存在しており，それらの全体をまとめてよい構造に改善あるいは改革するために情報システム構想を描くと考えていただきたい。

　ところが，現在のビジネス環境は急速に変化している。この変化に従って，あるいは変化を起こすためにビジネス情報システムを素早く変更・改良しなければならない。いま，最善を尽くして理想的なビジネス情報システム構想を描いても，短時日のうちに構想を改訂せざるを得なくなる。私たちが描くビジネス情報システム構想は常に過渡期の構想にすぎないことをわきまえておく必要がある。

■ 概念データモデルの役割1：情報システムの骨格を導き出す手掛かり

　後で詳しく説明するが，情報システムはソフトウエアの集まりすなわち，

ソフトウエア・システムではない。一般のソフトウエア開発で行うような細かな事柄を述べても情報システム構想にはならない。逆に経営コンサルタントが主張するような経営課題や業務改革方針を述べても情報システム構想にはほど遠い。

情報システムはビジネスの事実を捉える情報のシステムであるので，情報体系が情報システムの骨格を導き出す手掛かりとなる。概念データモデル設計はそのような情報体系を描く作業にほかならない。

▎概念データモデルの役割2：ソフトウエア構造の簡素化

従来の日本社会では情報システム構築にウォータフォール型のソフトウエア開発アプローチ（SDLC: Software Development Life Cycle）を適用してきた。業務機能をまず記述し，その中に含まれる情報処理機能を明らかにしてソフトウエア要求を記述することが常識とされてきた。しかし，このアプローチは正統的なソフトウエア工学から見ると適切でない。まして情報システム構築においては正常ではない。

コンピュータはデータを処理する道具である。ソフトウエアの中核を占めるコンピュータ・プログラム（一般には単にプログラムと略称される）はデータを処理する算法（Algorithm）をコンピュータ言語で記述したものである。正統的なソフトウエア工学では「データ構造に基づいてプログラム構造を導く」ことが基本技である。

従来型のアプローチでは「機能」を実現するために必要なデータを設計してきた。そのために同じ事柄について少し内容が違うデータが設計され，しばしば異なるタイミングで採取されてきた。古い話であるが，筆者が所属していた会社では労務管理，原価把握，業績評価のために3通りの作業実績をそれぞれ週末，月末，期末のサイクルで報告させていた。その実績値の間に食い違いが起きるので，経営者から何度もクレームが来た。その対応のためにデータ分析ソフトウエアが開発された。しかし，週末では作業報告と次週の作業予定把握，月末では勤怠管理など採取する目的が違い，データの捉え

方が異なるので食い違うのは当然のことであった。

　ビジネス組織にとって必要かつ十分なデータを設計することが肝要である。そのことが無駄な情報処理機能を省き，情報システム全体を簡素なものに変化させる。もちろんソフトウエア構造も必要かつ十分な複雑性を持つものに変えることができる。

1-2　ビジネス情報システム

■ビジネス情報システムの使命

　従来少なからぬ方々が情報システムの使命は「自動化と省力」および「標準化」であると信じてきた。それを抜本的に改める必要がある。

　「自動化と省力」や「標準化」は，商用コンピュータが出回り始めたごく初期のPCS（Punch Card System）時代に事務機械化の目的としてコンサルタントたちが唱えたことである。その頃はデータを記録する媒体として80欄あるいは90欄のパンチカードが使用された。1枚のパンチカードに記録できるデータ量が少ないので，コード化が重視された。コード化するためには様々な事柄を一定の枠にはめ込む必要があり，その方策として「標準化」が重視された。その頃（高度成長期の少し前）日本の製造業は米国の管理技術IE（Industrial Engineering）を導入し作業改善に取り組んでいた。高度な技術・技能を要する仕事を誰でもできる単純な作業の連鎖に分解し，さらにその作業内容について合理的な一定の動作の連鎖としての「作業標準」を定めることにより，以前よりも大幅に生産性を高めることができた。複雑な管理業務も「標準化」すれば分かりやすい仕事になり，機械を利用すれば大幅に「省力」できるとコンサルタントたちは主張した。

　ところがビジネス情報システムの使命は大きく変わり，「ビジネスに関与する人々の意思疎通を支援する」ことになった（図1－2）。国際標準化機構（ISO）の報告書でもそう記載されている[18]。

　一頃"IT（Information Technology: 情報技術）"と呼ばれていた一群の技

2 ビジネス情報システム

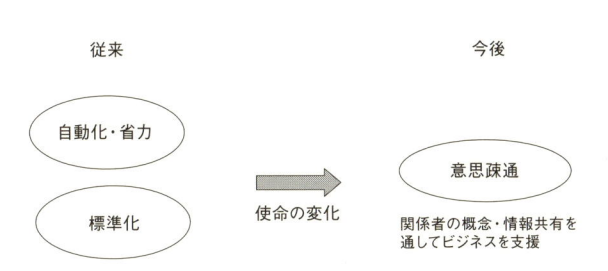

図1−2 ビジネス情報システムの使命

従来：自動化・省力／標準化 → 使命の変化 → 今後：意思疎通（関係者の概念・情報共有を通してビジネスを支援）

術が，いまは"ICT（Information & Communication Technology: 情報通信技術）"と呼ばれている。"Communication"は単に「通信」する技術でなく，本来の「意思疎通」と解釈する方が当たっている。

異なる役割と職能を持つ人たちが顧客の要望を状況に応じて適切に処理できるよう業務連携するためには，素早くかつ正確に意思疎通する必要がある[19]。そう考えるとき，発達した現在のICTは重要な役割すなわち，「意思疎通支援」を果たすことができる。意思疎通すべき人々の範囲は企業内にとどまらない。取引先や顧客との意思疎通が重要になっている。これまで蓄積した様々なアプリケーションからなる情報システムを「意思疎通支援」の視点で構造改革することを強くお勧めする。

■ ブラックボックス（暗箱）からの脱出

これまで「自動化と省力」を目指したために，様々なアプリケーションが利用者にとって理解困難な「ブラックボックス（暗箱）」になりかかっている。ある中堅企業では自動化した業務内容を理解している人は情報システム会社の定年退職を2年後に控えたSE 1名になっていた。業務内容を変更しようと思っても，ソフトウエア変更に時間が掛かるので，長期間待たされる。どこかの部門で業務改革に取り組んでも他の部門の業務が変わらないので，仕事に食い違いが起きてしまう。ブラックボックス化した情報システムが組織を分断しているといっても過言でない。

情報システムあるいはその構成要素であるアプリケーション・システムがブラックボックス化すると様々な弊害が起きる。上に述べた業務改革の遅れだけではない。情報の品質が危なくなる。データをインプットする人たちが，何のために何のデータをインプットしているか分からなくなる。その結果として情報システムに蓄積される情報品質が低下する。質の悪い情報は信用できない。

先進的な生産スケジューラを採用した企業がカットオーバ（実用開始）後，数年でスケジューラの使用を中止する傾向がある。その理由は生産スケジューリングの基礎データの更新が遅れ実状に合わなくなるとか，基礎データに誤りが紛れ込むことである。生産スケジューラの基礎データを作る部門は製品開発部門や生産技術部門であり，生産部門ではない。その人たちにとって生産スケジューラはブラックボックスであり，どのようなデータを作成すべきか正確に理解することはかなり難しい。ブラックボックスを利用して故意に偽物のデータが流されると，ビジネス組織が混乱に陥る恐れがある。いわゆる「コンピュータ犯罪」をユーザーの責任で防ぐことはほとんど不可能である。

商用コンピュータが市場に出回った初期に，「コンピュータの中のことは知らなくてよいです。ブラックボックスとして用途を考えて下さい」と情報技術者は指導してきた。しかしブラックボックスでよいのはコンピュータのハードウエアであって，情報システムではない。

情報システムに関しては少なくともデータベース中にどのような物事に関する情報が蓄積されているか，利用者が理解できることが肝要である。現在では情報システムのアウトプットはデータベースの内容そのものである。利用者がその内容を情報サービス機能によって受け取り，欲しいレポートを自らの手で取り出す「エンドユーザー・コンピューティング」のための情報技術（商品）が豊富に出回っている。これを使えば利用者が自分の手で所望のデータを入手できるアプリケーション・システムが得られるのに，ソフトウエア技術者が「要求するアウトプットデータ仕様をいってくだされば，すぐ

にそのデータを取り出すソフトウエアを作ります」とソフトウエア開発能力を誇示することがあるが余計なことである。

したがって，情報システムに関してはデータベースの仕様を利用者に開示し，ブラックボックス化を防ぐ必要がある。データベースの仕様はハードウエアや基本ソフトウエア類の制約により分かりにくくなっていることが多い。概念データモデルはそのデータ仕様の意味を利用者に伝える枠組みとして役立つ。

情報システムの骨格 = 情報体系

ビジネスに関与する人々の意思疎通を支援する情報システムには明確な構造がある。基礎部分があり，骨格部分があり，肉付け部分がある。コンピュータや通信のハードウエアや基本ソフトウエア，ミドルウエアなどからなる情報システムを実装するための仕組みを一般にプラットフォームあるいは情報基盤（Information Infrastructure）と呼ぶ。その上に（プラットフォームを利用して）利用者の求める仕事をする業務用ソフトウエアの集まりであるアプリケーション・システム（アプリケーション）が構築される。

アプリケーションをどのような視点で構造化するか，その方針について長い間見解が分かれていた。「業務機能」に従属してアプリケーション構造を定めるべきであるとの意見が多数派を占めている。しかし，アプリケーションの境界は極めて不透明である。

個別のアプリケーション用にソフトウエアを開発してゆくと，同じ事柄についてソフトウエアの小さな構成要素（プログラム・モジュール）を作っていることに気づく。同じモジュールを作る費用と時間はそれほど大きくならないので，無視して多数のアプリケーションが構築される。ところが，業務内容変更に伴い，それらのモジュールを変更するとき手間とトラブルが発生する。ある業務の担当部門で業務内容を改訂しようと思うなら，同じ事柄に関する全てのモジュールを調べて個別に変更しなければならない。本来は1つのモジュールを変更すればよいはずであるが，変更作業は爆発的に増大す

る傾向がある。

　さらに，ある部門の業務変更に伴いそのモジュールを変更しても，ほかのアプリケーションではモジュールを変更しない事態がしばしば起きる。そうすると，処理内容に食い違いが生じ，ソフトウエアに起因する業務トラブルが表面化する。世にいう「ソフトウエア危機」すなわち「ソフトウエアの肥大と品質低下」は，業務から離れた「情報処理機能中心アプローチ」が招いているといっても過言でない。

　情報システムはソフトウエア以前に「ビジネスの事実を捉える情報」を取り扱うシステムである。実装手段としてICT（情報＆通信技術）を利用するが，人手により取り扱う部分が大半を占める。

　情報システムの骨格は，取り扱う「情報」に基づいて導き出すと考えるほうがよい。その情報を採取し，保管・蓄積，加工し，欲しい情報を抽出するために情報処理が行われる。事務処理用のプログラミング言語"COBOL"に関する標準化に取り組む「CODASYL委員会」は1970年台に"Design Programs Around Data"とよい構造のアプリケーションを設計するための方針を提示していた。その方針を日本ではほとんど理解していないようである。

■ 一次データと二次データおよび取り扱う道具

　情報システムが取り扱うデータの鮮度に目を向ける必要がある。ビジネスの事実を捉えるデータを「一次データ」と呼ぶ。情報システムは一次データを採取して，データベースに蓄積する。蓄積したデータを加工して得るデータを「二次データ」と呼ぶ。

　情報システムのプラットフォームの仕組みでは，一次データを処理する道具と二次データを処理する道具は異質である。前者では事実が発生した都度，迅速かつ正確にデータを採取し，データベースに追加・更新・削除という形で取り込む「オンライン・トランザクション処理（OLTP）」ソフトウエアが必要である。データの品質を保証するためにビジネス活動の現場で関

心対象となる出来事が起きたときそのデータを即刻採取し，直ちにチェックすることが OLTP の重要な役割である．

データベースに蓄積された一次データの中から関心対象に関わるデータを抽出して，二次データを作る情報検索や情報加工する道具は，データ品質よりも処理の多様性や性能に重点を置いている．二次データを処理する道具を使ってトランザクションデータの品質をチェックし，データベースの内容を更新しようとすると，コンピュータ・プログラムの内容が複雑化し，しかも処理効率が低下する．道具の選択を間違えた上で処理効率を高めようと，データ品質保証を手抜きする SE やプログラマが多数いるので注意を要する．

そうはいっても計画に関するデータを一次データと二次データに分離することは難しい面がある．製造業で製品の生産計画を立てると，それは一次データである．製品の生産に必要な部品や原材料などの資材をいつ，どれだけ調達するかを計画すると二次データが出てくる．しかし，資材調達を実行すると，元の調達計画に照らしてチェックし，購入実績や生産実績を計画に上書き・更新するので，一次データに変わる．計画を実行に結びつけるか，参考資料とするかは業務の管理方法に依存する．無駄な計画を立てないつもりであれば，計画を一次データとして扱うほうがよい．

ちなみに，ビジネス活動の事実（トランザクションデータ）を仕訳し，総勘定元帳（大福帳）を作れば，経理・会計の仕組みは二次データ処理の道具を用いて比較的容易に構築できる．筆者等が参画している NPO 法人の仲間がデイリー決算可能な工場会計の仕組みを 25 人日で開発した．プログラミングに要した工数は 18 人日であったとのことである．

一次データの質が情報システムの質を左右する．一次データが実世界の事実を正確に捉えており，その意味を利用者たちが理解でき，品質を保証できることが肝要である．

1-3 ビジネス・アーキテクチャと情報システム構造の整合

■ ビジネス・アーキテクチャ

　この本の第3章で詳しく説明するが，「アーキテクチャ」は建築物の技術様式を指すことが多い。いまでは人工物の技術様式を指して「アーキテクチャ」と呼んでいる。

　ビジネスの仕組みも人工物であり，そこには技術様式が存在する。藤本隆宏らは著書『ビジネス・アーキテクチャ』[20] や『能力構築競争』[21] で「製品アーキテクチャ」や「製造アーキテクチャ」が存在することを示した。青木昌彦らは著書『モジュール化』[22] の中で，モジュール化が製品構造を改革するだけでなく，ビジネス全体の様相を大きく変化させることを示した。ビジネス・アーキテクチャの中には製品や製造方法のほかに販売や生産管理，アフターサービス，経理・会計，人事・労務などの様式が含まれると考えるほうがよい。

　様々な技術要素がビジネス・アーキテクチャに沿って矛盾が起きないよう統合される。例えば，「一個造り」を重視するトヨタの加工技術は「かんばん」によるJIT（Just in Time）生産に適しており，「後工程はお客様だと思え」の標語と相まって顧客が求める仕様の製品供給を可能にしている。

　アーキテクチャは技術要素間に矛盾が起きないよう作用するが，個々の技術要素の内容を拘束しない。むしろ，矛盾が起きないことを通して，個々の技術の改善・改良・改革を可能にする性質を持っている。それは芸能の世界に相通ずる面がある。能狂言や歌舞伎の世界では伝統を重視するが，その道の達人たちは絶えず新しい技の開発に取り組んでおり，それがその芸道永続の要因となっていることとよく似ている。実際，トヨタ生産システムでは改善・改良を重視し，「かんばん」の仕組みも数百通りあるといわれているが，全体のビジネス・アーキテクチャは一貫しており，現在も変わりがないように見える。

しかし，個々の技術要素が矛盾しないよう変化・発達するにつれてビジネス・アーキテクチャも変化する。例えば，大野耐一氏が主導していた頃のトヨタ生産方式は「コンピュータをできるだけ使わないで済ませる」ものであった。しかし，その後の経営者たちは情報技術の積極的活用に取り組み，現在のトヨタ生産システムは「情報技術を効果的に活用する」ものに変化しており，世界にまたがるビジネスを支えるものになっている。しかも，「かんばん」や「一個造り」などの個別技術はいまでも生き，活用されている。

ビジネス・アーキテクチャを確立すると，奇をてらう新技術探しよりも，地道な改善・改良のほうが技術革新の速度が上がる傾向がある。異質な技術を導入したとき，周囲の技術を調和させるためにはかなりの時間が掛かり，その間は別の新技術の導入を控えざるを得なくなることがその理由である。

ビジネス・アーキテクチャを確立していない企業では，次々と発表される"新技術"なるものに振り回され，無駄な投資を繰り返し，時間と人材を浪費する。時間を掛けて自社のビジネス・アーキテクチャを見つめ直し，整備・確立に取り組んでいただきたい。

■ 概念データモデルとビジネス・アーキテクチャ

ビジネス・アーキテクチャは物事の捉え方と深く関わっている。アーキテクチャを構成する様々な技術要素ごとに，ビジネスの関心対象を捉える詳しさが異なっている。例えば，鉄鋼ビジネスの製鋼工程では原料や成果物であるスラブ（鋼片）の成分に関心を持つ。工場内物流部門ではスラブに番号を与えてどこにあるか置き場や輸送先を管理する。販売部門は顧客注文をどの製品や仕掛品あるいは生産オーダに引き当てているかに関心を持つ。同じ業種でも企業によって物事の捉え方が違う。トヨタ生産システムでは「かんばん」に背番号を与え，どの工程で，いつ，誰が加工したか分かるよう現物を個別管理する。資材所要量計画を行うMRP（Material Requirements Planning）システムを採用している企業では品目ごとの数量を捉えるだけであり，どの工程で，いつ，誰が加工したかは追跡困難である。

概念データモデルを描いてみると，そこにはビジネス・アーキテクチャが色濃く反映される。ただし，捉えられるのはビジネス・アーキテクチャの一部分にすぎないことをわきまえて欲しい。

概念データモデルに沿って採取・蓄積したデータを分析すると，ビジネス・アーキテクチャのさらに細かな要素を読み取ることができる。例えば製造ビジネスで「モジュール化」を採用しているかどうかは，部品表＆工程表（BOM: Bill of Manufacturing）のデータを分析すると，かなりの精度で読み取ることができる。

概念データモデルに参加したソフトウエア技術者の中には，「このモデルではソフトウエアを実装できない」とか「一般性あるモデルに照らすとよいモデルではない」と批判する人がいる。しかし，概念データモデルはソフトウエア実装を目指していないし，一般のビジネス組織に通用する汎用データモデルを描くことも目指していない。単に，対象ビジネスのアーキテクチャを捉えていれば十分である。どのように優れた汎用データモデルであっても，対象ビジネスの事実を必要かつ十分に捉えることができないなら，欠陥データモデルにすぎない。

ビジネス・アーキテクチャが正確に概念データモデルに反映されるなら，これに沿って対象ビジネスの事実を的確に捉えるデータを採取・蓄積する情報システム構築が可能になる。

▌概念データモデル設計指導者の知識の危なさ

概念データモデル設計の際，指導者が持つ業務知識がモデルに色濃く反映される傾向がある。そのこと自体は悪いことではない。ただし，その内容が問題になることがある。業務知識が豊かな指導者が自分の知識を参加者に説明し，概念データモデルの中に組み込むよう誘導するケースがかなり多い。後で行き詰まったときモデルの意味内容を質問すると，「先生に指示されたとおりに描きました」と自信がなさそうな答えが返ってくる。そのモデルは対象ビジネスのアーキテクチャでなく，指導者が知っている他のビジネス・

アーキテクチャを捉えるものになってしまうことがある。そうなると，ビジネスを混乱させる情報システム構想につながってしまう。比較対照が明示されないので，ERP パッケージの導入業者が行う Fit-Gap 分析（パッケージが企業に合うところと合わないところを洗い出す分析。実際にはパッケージの内容を利用者に説明するだけに終わる傾向がある）よりも悪い結果になる恐れがある。なお ERP パッケージとは，会計や生産管理，販売管理，人事管理などの基幹業務用アプリケーションを統合したソフトウエアのことである。

モデリングでは，対象ビジネスのビジネス・アーキテクチャを素朴に捉える概念データモデルを描くことに専念すべきである。そのためにはモデリングに参加した業務の専門家の言葉に謙虚に耳を傾けることが肝要である。エリート意識は概念データモデル設計指導者にとって有害である。業務知識は専門家たちの言葉の意味を理解するために役立つにすぎない。

■ ソフトウエア構造

コンピュータはデータを処理する道具である。インプットデータを受け取り，計算や編集などの処理を行って結果（アウトプットデータ）をデータベースや帳票，画面にアウトプットする。コンピュータに行わせたい処理内容をコンピュータに理解できる命令語の集まり，すなわち「コンピュータ・プログラム」（単に「プログラム」と呼ぶことが多い）として与える必要がある。

現在のコンピュータのアーキテクチャは第二次世界大戦中にフォン・ノイマンが開発した「ノイマン型アーキテクチャ」である。このアーキテクチャではコンピュータの動作（オペレーション）とデータの所在地（データアドレス）からなる命令語（インストラクション）を順次実行させるようプログラミング（プログラム開発）する。そのプログラムをコンピュータの主記憶装置（メイン・メモリ）に記憶させ，実行させる。

1970 年代によいプログラムの作るための技術について先駆者たちが研究

し，現在のソフトウエア工学の基礎となる構造化プログラミング技術を開発・整備した。この構造化の方針は重要であり，分かりやすい。「データ構造に基づいてプログラム構造を導き出す」ことである。プログラムはデータを処理する算法（Algorithm）を記述するものであるので，この方針を採用するのは当然のことである。

ところが，日本のソフトウエア業界では「構造化」という表面的な言葉だけ受け止め，「機能重視の構造化プログラミング技術」を教育している。21世紀初頭の現在では「構造化プログラミング技術」を否定して，「オブジェクト指向プログラミング技術」を採用する企業や教育者が増えている。ところがその人たちが相変わらず「データ構造」の意味を理解できておらず，適切な構造のオブジェクトを設計できない。「データ構造」に着目しデータの周りにプログラム・モジュールを設計するなら，オブジェクト指向技術は「本来の構造化プログラミング技術」の一部分にすぎない。

プログラムの骨格部はデータ構造に基づいて客観的に決めることができる。骨格部の周囲の詳細部については，処理要求に応じてプログラム・モジュールを用意することになる。詳細部に関して変更が生じても，データ構造が変わらない限り，変更への対処は容易である。したがって，詳細な処理要求に左右されない，よい構造のデータを設計することが極めて重要である。

データモデリング

上記のような事情により，よい構造のデータを設計することの重要性を認める人が少しずつではあるが増えている。しかし，構造化プログラミングを十分に理解していない人たちがあたかも新技術であるかのように宣伝する，横道にそれた技術が日本社会に蔓延している。

本来の「データモデリング」はデータによって対象を表現することである。それは，プラモデルにより飛行機や自動車を表現することと同様である。

いまではUML（Unified Modeling Language）を用いてモデルを描くと，

オブジェクト指向のデータモデルになっていると思い込んでいる人たちが少なくない。UML はソフトウエアの仕様を描くには有効であるかもしれないが，データ仕様を記述しないので，データモデルとしては不完全である。また，UML を用いてモデルを描く対象が「概念」であるとして，「概念モデル」記述を標榜する人がいる。ここでもデータ仕様の設計は忘れられている。

　本書の主題である「概念データモデル」はデータを用いて「ビジネスの関心対象となる物事」に関する概念を表現するものである。データモデリングではデータ仕様を設計することが肝要である。

　データを設計するとき心すべきことがある。あるデータ項目（属性）の実際の値は何を観察して採取するか，属性の持ち主（観察対象）が明確でなければならない。さらに，その値をどのような理由によって更新するか，観察対象の状態が変化する原因となる出来事を明らかにしなければならない。また，何度も変化する場合は，変化する順序規則も明確にしておく必要がある。不用意に欲しいデータ項目を設定しても，データを採取および更新ができなければ，そのデータ仕様は役に立たない。

▍概念データモデルの対象とその規定

　ビジネスに関与する人々が関心を持つ「もの」と「こと」が概念データモデルの対象である。

　人は様々な物事に関心を持つ。しかし，実際に観察しデータを採取できるのは「もの」だけである。私たちは「もの」の属性を観察して，その状態を属性値（データ）として採取する。しかし，常時観察する必要はない。「もの」がビジネスの関心対象世界に出現したとき，および，「もの」の状態が変化したとき観察すれば十分である。「もの」がビジネスの関心対象世界に出現する原因，また「もの」の状態が変化する原因は「こと」にほかならない。したがって，情報システムの基幹部分では「こと」の事実をデータとして採取し，その結果として「もの」がどのような状態になっているかをデー

タベースに表現する。

　そのようなことから，ビジネス組織が関心を持つ「もの」と「こと」の概念をできるだけ明確に規定する必要がある。「こと」の概念規定については一般的な方法がある。「こと」が始まる前の「もの」の状態（「もの」の属性値の集まり）と，「こと」が終了した時点での「もの」の状態を観察することにより，「こと」の内容をデータとして表現できる。

　「もの」の概念を規定することは意外に難しい。人がどのような根拠に基づいて実在する「もの」を同種と認めるか，根拠を探る必要がある。例えば，自動車メーカーで製品といえば車に決まっている。しかし，半導体メーカーの製品を自動車部品メーカーでは部品と呼ぶ。もちろん，自動車部品メーカーの製品は自動車部品である。しかも，1つの自動車部品メーカーは複数種類の異質な部品を作っており，材質，形状，機能，用途などほとんど全ての面で異なっているものを自動車部品であると意識している。工作機メーカーに行くとさらに様子が複雑である。工作機メーカーの製品は工作機である。しかも，製造プロセスにおいて自社が製造した工作機を用いて部品を加工している。工作機の役割はあるときは製品であり，あるときは生産手段（生産資源）であると考えざるを得ない。「役割」に基づいて「もの」の種類を見分けることを認めざるを得ない。

　蛇足かもしれないが，「規定」と「定義」は異質である。「規定」とは言葉の意味を誤解の余地が狭まるよう記述することである。凡人である私たちは「もの」や「こと」の「概念」を厳密に「定義」するほどの知識と能力を持っていない。しかし，誤解の余地が十分に狭まれば，意思疎通は可能である。

概念共有

　人々が意思疎通できるようにするために「概念」を表す言葉とその意味を共有する必要がある。言語学や心理学の世界で概念が先か，言葉が先か長い間難しい議論が続いてきた。脳科学が発達した現在では，動物も貧弱ではあ

るが概念を持つことが確認された[23]。ただし，その概念は動物の経験を通して脳の回路（シナプスなど）に組み込まれるので，動物個体ごとに異なっている。ところが，脳は「淘汰系」として作用するので，観察対象が多少異なっていても対象を知っている概念に当てはめて認識できるとのことである。言い換えると，概念が曖昧であることが言葉の意味の理解と共有を可能にする。概念が厳密に定義されていると，私たちは却って言葉の意味を理解できなくなる恐れがある。

概念データモデルを記述することは，ビジネスに関与する人々にとって理解できるデータの設計に直結する。その前に，人々が意思疎通できる程度に概念を共有することが肝要である。

情報システムの構造と概念データモデル

概念データモデルに沿ってデータを採取・蓄積・加工することにすると，情報システムが取り扱うデータは「もの」や「こと」の事実を表すデータが大半を占める。データ構造に基づいてソフトウエア構造を導くことにすると，「もの」たちからなり「こと」が行われる実世界の構造がソフトウエアにも色濃く反映される。

情報システムの構造はビジネス組織の関心対象となる実世界の構造と基本的に対応する。実装手段であるコンピュータや通信の技術により若干歪むかもしれないが，概念データモデルに照らして補正することは可能である。

ところで，概念データモデルの中に描かれる「もの」や「こと」のデータの性質が異なっており，それらの間に参照と導出の関係があることに気づく。一般にビジネス規則や技術規則を表すデータがまず創造され，それに基づいて「もの」が調達される。それらの「もの」を利用してビジネス活動が行われる。これを逆方向から見ると，「もの」が存在しないと「こと」は行われない。「もの」がビジネス規則や技術規則に適合しないと，「こと」を正確に行うことは難しい。そのようなことから，情報品質保証に関わる構造が情報システムに存在すると考えている。

概念データモデルがビジネスに関与する人々が持つ概念に沿って「もの」や「こと」の事実を捉えるように描けているなら，ビジネスの関心対象である実世界構造が鮮明に情報システムに反映される。逆に，既存のデータモデル（ERPパッケージなどが用意する）を先に提示して，異なる部分を補うアプローチを採ると，情報システムに反映される実世界の構造には歪みが掛かってしまう。そうなると，人々が採取し利用する情報が歪み，事実認識も狂ってしまう。

■ 経営戦略・戦術と情報システム構造の関係

1970年代に"MIS"（Management Information System）が注目され，続いて1980年代には「戦略情報システム（SIS：Strategic Information System）」が注目された。しかし，「MISはミス，SISは死す」と揶揄されたとおり短期間でブームは去り，IT投資が無駄になった。

面白いことに，これらのブームで先進事例として紹介されたいくつかの企業は，いまでも何かのブームが起きると先進事例として新聞雑誌に登場する。これらの企業の情報システムは，自分の戦略や戦術を持たないように思われるかもしれない。しかしその情報システムは初期から基本に則って構築されており，常にビジネスの実世界を捉えるようにできている。実はブームを追わず基本を守っていると，いつのまにか世の中が先進事例として評価しているのである。情報システム構築は戦略や戦術の前提となる兵站術（ロジスティクス）に属する。富国強兵という言葉があるが，富国が先であり，情報システム構築はそこに含まれる。

戦略・戦術を立てるためには客観的な情報が必要である。情報システムを特定の戦略や戦術に従属して構築すると，戦略・戦術を変更するたびに大幅な変更・拡張・縮小を余儀なくされる。悪くすると，戦略・戦術が変わるたびに情報システムを新規開発する事態に陥りかねない。そうなると時間と労力および費用が掛かり，あたかも情報システム部門が経営を主導するかのような状況に陥る。バブル経済が崩壊した後ではそのような情報システム部門

は金食い虫の典型としてやり玉に挙げられ，アウトソーシングあるいは別会社化されてしまった。

特定の戦略・戦術に従属しない，ビジネスの関心対象世界（Universe of Discourse）の事実をあるがままに捉え，人々の事実認識を揃え，意思疎通を支援することを目指して情報システム構造を企画・設計すべきである。その上で，現在の情報技術（ハードウエアや基本ソフトウエア，ミドルウエアなどの商品）に歩み寄ってソフトウエアを実装することをお勧めする。

1-4 情報品質保証

■ Garbage in, Garbage out

データ処理機能に着目して構築したソフトウエアからなる情報システムには嘘を吐かせることができる。偽物のデータを与えると，偽物の処理結果が出てくる。ソフトウエアのでき映えを検査するために偽物のデータを与えると，まさしく偽物の処理結果が出てくるかどうか確認するテストを行う。与えるデータが本物であるかどうかをソフトウエアの内部で完璧に検査することは不可能である。

ビジネスに関与する人々の力を借りて情報システムが取り扱う情報の品質を保証する仕組みを構築する必要がある。ただし，情報品質保証を人任せにすると2000年代後半に大騒ぎになった社会保険庁の年金システムのような重大なトラブルに陥る。申請主義では申請者が嘘を突き通すと，偽物情報が情報システムに貯まってしまう。情報品質に関して，ビジネスに関与する人々が自己の役割や職務にふさわしい有限の責任を持って検査し，保証できるようにする必要がある。

■ 先進企業の情報品質保証

製造ビジネスでは製品の品質保証のために，企業内だけでなく取引先を含めて仕組みが構築されており，情報がビジネスに果たす役割を経営者が認識

している。このため，製造業では情報品質保証をかなりの水準まで行っているところがかなりある（ただし，全ての製造業で十分な製品品質保証体制を持っているとは限らない）。以下では，情報品質保証の手法について，製造業の例を挙げながら具体的に示す。

藤本隆宏らは「製造ビジネスは情報処理ビジネスである」と指摘する[21]。つまり，製品企画において顧客にとって魅力ある製品の企画情報を創造する（情報創造）。設計部門ではその製品を実現するために使用する部品や原材料の仕様を定め，製造方法を設計する（情報加工）。生産部門ではその情報を原材料に写し取るよう加工し，製品に仕上げる（情報転写）。できあがった製品は販売段階や実用段階で顧客に向かって魅力あるデザインや使い方などの情報を発信する（情報発信）。情報創造・情報加工・情報転写・情報発信が製造ビジネスの本質を捉えていることを，いまではトヨタ自動車をはじめとして多くの企業の経営者が認めている。

情報創造・情報加工の段階で製品や使用する原材料部品，中間製品の仕様と作り方に関する情報（品目仕様と製造仕様）の品質を厳しくチェックする必要がある。情報転写・情報発信の段階では仕様情報に基づいて現物（成果物）の品質をチェックするだけでなく，「工程で品質を造り込め」とビジネス活動の品質もチェック可能である。

この仕様情報を手掛かりとして情報システムの情報品質保証体制を構築できる可能性がある。

生産情報システムの情報品質保証アプローチ

従来の生産情報システム構築は在庫管理から始めることが多かった。しかし，在庫は需要と供給の谷間で発生し変動するので，在庫管理はシステム化の効果が見えないまま終わる傾向がある。むしろ，直接的に生産活動を制御することを目指すほうが労力も少なく，効果が目に見える。そのアプローチは次のとおりである（図1-3）。

4 情報品質保証

図1－3　情報品質保証アプローチ

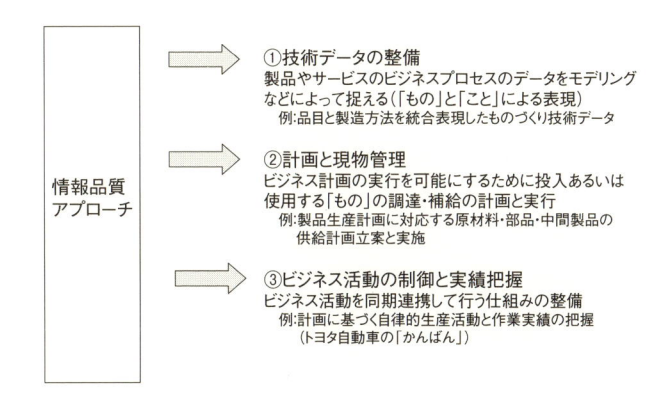

```
                    ┌─→ ①技術データの整備
                    │     製品やサービスのビジネスプロセスのデータをモデリング
                    │     などによって捉える（「もの」と「こと」による表現）
                    │        例:品目と製造方法を統合表現したものづくり技術データ
┌──────────┐        │
│ 情報品質   │────┼─→ ②計画と現物管理
│ アプローチ │        │     ビジネス計画の実行を可能にするために投入あるいは
│            │        │     使用する「もの」の調達・補給の計画と実行
└──────────┘        │        例:製品生産計画に対応する原材料・部品・中間製品の
                    │          供給計画立案と実施
                    │
                    └─→ ③ビジネス活動の制御と実績把握
                          ビジネス活動を同期連携して行う仕組みの整備
                             例:計画に基づく自律的生産活動と作業実績の把握
                               （トヨタ自動車の「かんばん」）
```

①技術データの整備（「ものづくり技術データ」の品質保証）

製品企画部門や設計部門，生産技術部門など専門部門の手で品質保証された品目と製造方法のインデックスに相当するデータをデータベースに登録し，重複や欠落，矛盾などをチェックする。このデータは，類似性やプロセスを表現しやすいように部品表と工程表を統合した「ものづくり技術データ」である。

②計画と現物管理（計画データの生成と現物管理）

製品生産計画を立てたとき，「ものづくり技術データ」を参照して原材料・部品・中間製品の供給計画（使用と調達）を立てる。もしも原材料・部品・中間製品に余剰在庫があれば，使用計画に対して引き当てて，在庫分だけ調達量を削減すればよい。計画に照らして対応しない現物があれば，それは何かの誤りである。

③活動の制御と実績把握

原材料・部品・中間製品の調達（購入あるいは生産）計画に基づいて生産活動を指示し，その結果としての作業実績を把握する。指示していない作業

実績が上がってくれば何らかの問題が起きている可能性が高い。

このアプローチでは「ものづくり技術データ」の品質が保証されているなら，前のステップのデータを参照してデータを生成し，実行結果をチェックするのでデータ品質保証が可能である。データ品質保証を通して，業務が円滑に行われているかどうか確認できる。

■ 一般的な情報品質保証アプローチ

このアプローチに沿って筆者たちは生産スケジューリングを試みた。通常の生産スケジューラでは扱えない課題でも納得できる結果を得ることができた。このアプローチを製造業以外の情報システムにも適用できるかどうか，まだ検証していないが，一般型を想定して以下に説明を試みる。しかし，例として製造業を取り上げるので，他業界の方は読み換えていただきたい。

①技術データ整備

技術の主要部分はビジネスプロセスの周りに蓄積される。ビジネス組織が提供する商品／製品やサービスの種類ごとにビジネスプロセスを描いてみよう。製造業では中間製品や部品，材料についても独自の製造プロセスが存在する。プロセスの表現方法としては DFD（Data Flow Diagram）が役立つ（図 1 - 4）。1 つのプロセスの中が一連の手続きあるいは「作業ステップ」に分かれる場合がある。

DFD では処理（プロセスあるいは 1 つの作業）を処理前の「もの」（投入あるいは使用／占有される「もの」）たちの状態と，処理終了後の「もの」（産出／排出されるあるいは解放される「もの」）の状態によって規定する。

プロセスおよびプロセスに関わる「もの」（プロセスの成果物や，投入あるいは使用／占有する「もの」）の種類ごとに技術仕様が決められているはずである。そのような「もの」の種類とプロセスを技術データとしてデータベースに登録する。技術データに重複・矛盾や欠落などのエラーがないかど

4 情報品質保証

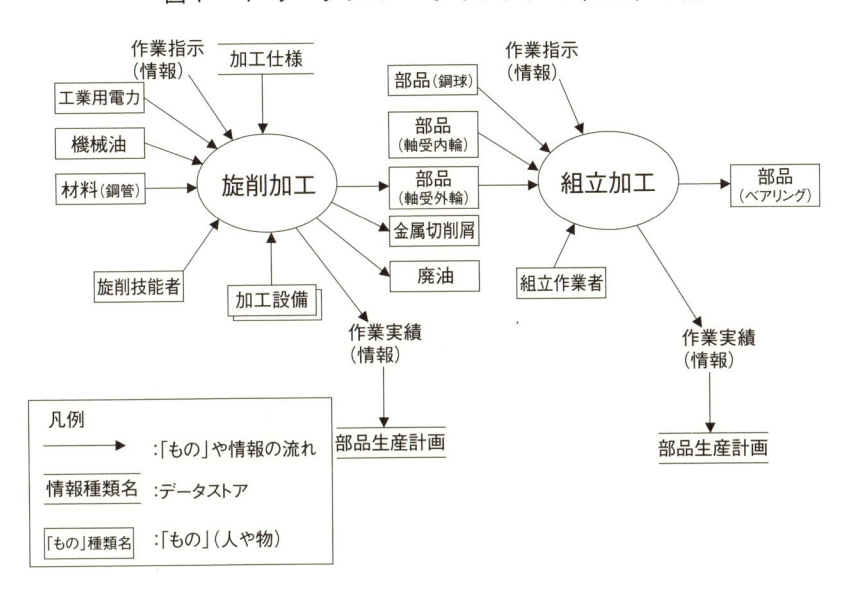

図1-4 データフロー・ダイアグラム（DFD）の例

[図：旋削加工と組立加工のデータフロー・ダイアグラム
- 旋削加工への入力：作業指示（情報）、加工仕様、工業用電力、機械油、材料（鋼管）、旋削技能者、加工設備
- 旋削加工からの出力：部品（軸受内輪）、部品（軸受外輪）、金属切削屑、廃油、作業実績（情報）→部品生産計画
- 組立加工への入力：部品（鋼球）、部品（軸受内輪）、部品（軸受外輪）、作業指示（情報）、組立作業者
- 組立加工からの出力：部品（ベアリング）、作業実績（情報）→部品生産計画

凡例：
→ :「もの」や情報の流れ
情報種類名 :データストア
「もの」種類名 :「もの」（人や物）]

うかを，チェックするソフトウエアを用意する必要がある。

　金融業やサービス業でも，金融商品やサービスを「もの」と見ることができる。「もの」の仕様やプロセスはかなり高い頻度で改訂される。一般に技術データを登録した時点では重複・矛盾や欠落は少ないが，改訂のときミスが起きて，技術データベースにエラーが生じる傾向がある。技術データベースの更新管理（バージョン管理）の仕組みが必須である。例えば，製造業では特定製品のためにうっかりして共通部品の仕様を変更し，他の製品の品質不良を招くケースがある。そのような場合は，素早く元のバージョンに戻し，被害を最小限に食い止める必要がある。聞くところによると，法律や政令に関してもしばしば重複が発生し，グレーゾーンが生じ，後で問題化するとのことである。

　技術データが情報品質保証の出発点である。技術データを用意しないまま，あるいは情報品質不良のまま先を急ぐと，情報システムはビジネス組織を致命的な混乱に陥れる。日本の製造業あるいは他の業界でも，技術デー

の品質が悪化している企業が少なくない。

②計画と現物管理（「もの」に関する計画と現物の管理）

　ビジネス計画（目標成果物の産出計画）を策定すると，その実行を可能にするために投入あるいは使用する「もの」を調達・補給する必要がある。製造業では顧客から製品の注文が来たとき，技術データを参照して調達・補給すべき原材料・部品や中間製品の必要量と使用時期および，生産・購入量を計算する（資材所要量計画をMRPシステムで行う）。その計画の中には仕掛品（「作業ステップ」の成果物）の生産活動も組み込まれていると考えてよい。したがって，生産活動に使用する「もの」（設備・機械，治工具・金型，技術・技能者）の使用時期と占有時間も計画される。同じ設備・機械を同じ時点で複数の作業に使用することはできないので，使用時期を調整する必要があり，その結果として仕掛品や中間製品，部品などだけでなく製品の生産時期が変動することがある（Capacity Planning）。これは計画の実行可能性を保証するために必須である。

　製造業ではビジネス活動の実行結果は「もの」（成果物）である。したがって，計画は最終的に現物となって実世界に出現しなければならない。計画データと現物データを分離してはいけない。計画の実行が進むにつれて次第に現物が姿を現し，最後に製品ができあがったとき，計画は完遂されたといえる。計画に照らして現物を管理すべきである。計画を無視して原材料を購入すると，デッドストックになるとか，欠品が生じ，経営を悪化させる。計画に基づく活動を可能にするための「もの」の供給すなわち，ロジスティクス（兵站術）が肝要である。

　計画と現物を1対1対応させ，計画データに現物の状態を上書き更新することにより，現物の正当性を保証できる。計画・現物の品質は技術データに照らして保証できる。

③ビジネス活動の制御と実績把握

　ビジネス活動を同期連携して行うことが重要である。同期・連携できれば，お客様を長時間待たせないで済むだけではない。ビジネス活動を行うために用意した「もの」，製造業では設備・機械，治工具・金型，技術・技能者を，材料待ちや指示待ちで遊休させる時間が少なくなり，生産性が向上する。それ以上に，生産リードタイムが短くなり技術の進化や需要の変動に敏感に反応でき競争優位性を維持できる。

　ビジネスの現場・現物の状況は計画どおりには進展しない。したがって，状況に応じて現場で働く人たちが自律的に同期・連携を図ることが肝要である。野球に例えると，監督やコーチの指示通りに選手が動く管理野球は面白くないし，チームは強くない。選手たちが自律的に同期・連携できるよう，事前に指導・訓練しておくことが監督やコーチの役割である。トヨタ生産システムの「かんばん」は後工程の生産活動に前工程が遅れ同期（Asynchronous Synchronization）する仕組みになっている。遅れ期間（仕掛けかんばん枚数）分だけの自律の余地がある。E. M. ゴールドラットのTOC/DBRは生産スケジューリングによって同期・連携を計画し，「もの」（加工対象物）の到着順に加工する，タイムバッファ（時間的余裕）内の自律付き生産活動制御の仕組みである[24]。

　自律的に活動するといっても，計画していない生産活動を行うことは許されない。計画した生産活動を実行するタイミングを生産現場で働く人達が決めるだけである。生産活動の実績を把握するとき，計画に照らしてその妥当性をチェックする必要がある。生産活動の飛び越し（あるいは手抜き）や重複を検出すると，何らかのトラブルが起きているので対処（Action）が必要である。そうすることにより，実績データの品質を保証できる。

1-5 ビジネス改革と情報技術活用

▍裸の王様：情報技術

　情報技術を導入すれば組織が変わる，よい組織になると主張する「有識者」が少なくない。しかし，情報技術だけではビジネスは変わらないか，あるいは悪化する。

　1970年代のことであるが大手電機メーカーが自社製のパソコンを社員に配り，約2,300名にプログラミング教育を施した。エンドユーザー・コンピューティングが活発になり，その後の業務改革は快調に進んだ。しかし，数年後には欠陥商品による人身事故が発生し，社内の意思疎通が決定的に悪くなっていることが判明した。重要なデータが個人ごとに作成・管理され，経営者が報告を求めると，答えが返ってくるまでに3カ月ほど掛かるケースが増えていた。欲しいデータを探そうと思うと，担当者の作成したプログラムを調べ，そこで取り扱っているデータを眺めて，求めるものがあるかどうか判定しなければならなかった。「自動化と省力」を目指した情報技術導入の典型的な失敗例である。

　同じ頃コンピュータメーカーは生産管理の中核技術に当たる「MRPシステム」のパッケージを競って販売したが，普及ははかばかしくなかった。規格品大量生産型のビジネスでは役に立ったが，機械加工が含まれるとMRPシステムで作成した所要量計画の実行可能性が保証されず，参考データにとどまった。つまり，原材料や部品の必要な時期を「固定リードタイム（仕事の混み具合を考慮しない）」により計算するので，品切れや在庫・仕掛品滞留が頻発した。混み具合を考量するための生産スケジューリング技術はあったが，当時のコンピュータでは容量と性能が低く，夢の課題であった。単にソフトウエア・パッケージを導入すればよいというものでもない。

　ICT（情報＆通信技術）が発達した現在でもハードウエアやソフトウエアを導入しただけではビジネスに役立たないことには変わりがない。

■ ビジネス情報

　ICTが役立つといえるのは，ビジネスの事実を表す情報を人々に供給するときである。ビジネスの事実を情報として捉え，品質をチェックした上で保管，加工して人々が参照できるよう表示する手段としてICTを利用するにすぎない。ICTを用いなくても人手を用いることにすればそのような情報システムも構築できる。ただし，処理と伝送の能力や記憶の容量，正確性などに関しては人間の能力はICTにはるかに及ばない。いまでは個人企業でさえもICTなしの経営は難しくなっている。

　「ICT導入によるビジネス改革」を語る前に，ビジネスの事実を正確に表現するデータを設計し，その採取，品質チェック，保管，加工，参照の仕組みを構築することが先決である。意外なことに，1960年代に商用コンピュータ利用を始めた企業でも，十分にビジネスの事実を捉える仕組みを構築しているとは言い難いケースが大半を占める。その状況を分析してみると，情報システム構築後ビジネス内容が変わったにもかかわらず，ソフトウエア変更の困難を理由に，データ仕様を改訂していない，あるいは，アプリケーション間のデータ重複により食い違いが生じていることがよくある。その結果としてビジネスに関与する人々は情報の不足と歪みの下で働いている。

　筆者たちは情報技術者にすぎないので，ビジネス改革を語るほどの資質はない。しかし，ビジネスの事実を素朴に捉える情報システム構想を描くと，それが情報の欠如と歪みにより歪んでいるビジネス組織の改善・改良・改革構想に直結する場面に何度も遭遇した。

■ 情報供給によるビジネス改革

　人は情報によって事物を認識する。五感を通じてクオリア（主観的な体験に基づく質感）が形成され，様々な経験を通し概念が形成される。概念を言葉あるいは記号として他人に伝えるとき，淘汰系としての大脳の作用によって意味が解釈され意思が疎通する。ときには新たな概念を獲得することもあ

る[25]。

　質のよい情報を供給することにより，人々の事実認識をしかるべき水準まで揃えるなら意思疎通が容易になり，ビジネス組織の働き方をよい方向に変えることができる。情報が不足しているなら意思疎通は困難になり，人々は命令どおりにしか働けなくなる。情報不足のままで組織管理者の能力が低ければ，業績悪化を避けがたい。頭のよい組織管理者でも目を通せる範囲は数名にとどまる。働く人たちの協力なしには組織管理者は能力を発揮できない。

　情報供給を通してビジネスに関与する人々が自己の職務にふさわしい能力を発揮できるようにする役割を情報システムは持っている。組織構造の変化はその結果として導かれるのであって，意図的に設計できるものではない。

　ビジネス改革構想が先にあり，情報システム構想をそれに従属させると考える人もいるが，情報システム構想なしに実行可能なビジネス改革構想を描くことはほとんど不可能である。「鶏が先か卵か先か」議論してもそれほど役に立たない。

■ 概念データモデルの曖昧さ

　概念データモデルを描くとき，いくつかの情報対象について概念が曖昧で，モデルが正確に描けない事態が頻発する。モデリング参加者の知識が足りない場合は，他の専門家に聞いて補うことができる。それほど重要でない情報対象について事細かに調べることは労力の無駄である。逆に，専門家が自分の持つ全ての概念を述べようと，詳細にモデルを描こうとして挫折するケースがある。意外に自分の持つ概念は曖昧で表現に苦労する。しかも，詳細に述べた部分がビジネス上それほど重要でない（代替案がある）場合が多い。

　ビジネス上重要な情報対象について概念を語り合い，概念共有することが重要である。解決を急ぐ，重要な事柄について正確な概念データモデルを描くこととし，曖昧で実現を急がない事柄については概念が曖昧であることを

図中に注記しておけば十分である。

　情報システム構築あるいはビジネス改革に当たって、ビジネス上急ぐ、重要な事柄から実現していくことが肝要である。問題が解決すると、これまで曖昧であった事柄の意味が分かるようになり、概念データモデルの一部分が正確になる。曖昧さをどう扱うか、戦略が必要である。どの問題を優先するか、問題解決に取り組む適切なシナリオを持っていただきたい。

■ ビジネスの基盤構造：基幹系情報システムの独立性と依存性

　ビジネスと情報の関係は切り離せない。情報システムなしにビジネス改革に取り組むことはできないし、ビジネス改革に伴って情報システムを変更すべき場合が少なくない。しかし、部分的な業務変更であれば、情報システムの基幹部分を変えないで、蓄積した情報の配布や参照の方法を変えるだけで済ませられる場合が多い。

　情報システムの基幹部分はビジネスの関心対象となる事物の状態を把握する役割を持つだけであって、働く人々の作業方法や業務連携の方法を拘束しない。情報システムを利用して自由に働き方を工夫することをお薦めする。ビジネス改革によって新しい種類の「もの」や「こと」を扱うことになったときは、基幹系情報システムを変更する必要がある。放置すると、人々の事実認識に歪みが生じる。

　基幹系情報システムを「ビジネス組織の基盤構造」の重要な要素と考えて整備することが極めて望ましい。

■ ビジネス改革と情報システム構築の同期

　ビジネス改革を確実に進めるために、基盤構造を適切に整備する必要がある。基盤構造整備を無視して一時的に業務改革に成功したように見えても、放置すると1年も経つと円滑には働けなくなる。その後で情報システムを整備しようとしても、後追いでのデータ作成や業務の変更が発生し、時間と労力と費用の大きな無駄を招いてしまう。

第 1 章　ビジネス情報システム

　ビジネス改革と情報システム構築を噛み合わせて，適切なビジネス改革シナリオを持つことが極めて望ましい。

　抜本的な改革が必要なとき，失敗はビジネス組織の存続に関わる危機を招く。十分に準備した上で重要課題に取り組むよう，「ビジネス改革シナリオ」を用意する必要がある。シナリオはビジネス改革の大まかな手順計画である。シナリオに沿って短期間で実現できる小課題，業務改革あるいは情報システム構成要素の実装などに取り組むプロジェクトを当てはめ，ビジネス改革のフェーズプラン（マイルストーンと目標状態）とプログラム（詳細な手順計画）を策定することになる。

　情報システム構築を理由に巨大プロジェクトを編成することは極めて危険である。概念データモデルに沿って描かれた情報システムは「もの」単位，「こと」単位の小さなしかも独立性が高い要素に分割できる。着実にビジネス改革を進展させるためのシナリオに沿って，それらの小さな構成要素を素早く実現することにより，改革の後退を防ぐ「歯止め」として情報システムは作用する。大規模開発によりビジネス改革の路線に歯止めが先にできると状況変化に対応できず改革進行をむしろ阻害するであろう。

ビジネス改革と人事異動

　残念ながら情報システム構築プロジェクトはしばしば権力闘争の一環と見なされ，様々な抵抗に遭遇する。「自動化と省力」は働く人たちから職を奪う計画と見なされ，労働組合から徹底的に反発される。

　情報システムの役割は人々の意思疎通を支援することである。意思疎通支援を通して働く人たちが顧客満足を目指して協力し，能力を発揮できるようにすることを目指している。

　能力を発揮できるようになると，人々の役割が変わり，組織構造に変化が生じる。新しい能力を獲得した人は新しい役割を持ち，ビジネスを新しい方向に発展させるであろう。そのために行われる人事異動であれば，抵抗する人は少ない。経営者は従業員の能力を活かし，顧客満足を高めるよう組織を

導く役割を持っていただきたい。
　人事異動はビジネス改革の目的ではない。ビジネス改革の手段あるいは結果として人事異動が行われる。
　権力闘争の方策として行う情報システム構築プロジェクトに巻き込まれないよう，概念データモデル設計者は留意する必要がある。

第2章 概念データモデル設計法による情報体系の設計

　この章では，概念データモデル設計法を用いて情報システム構築あるいは構造改革（システム統合を含む）の企画に取り組む方々を読者として想定している。概念データモデル設計の成果物を読む方にも参考になるであろう。

2-1　データによって実世界の構造を写し取る

ビジネスの実世界とデータの源泉

　ビジネスの実世界では人々がビジネス活動（「こと」）を行っており，そこで様々な「もの」たちに関わり合っている。情報システムではそれらの「もの」や「こと」の事実をデータとして表現し，採取・蓄積して利用する。つまりデータは実世界の構成要素を写しとったものであり，情報システムは実世界の姿を模倣するものにほかならない。そして，情報システムは実世界の複雑性に対応する複雑さを持つことになる。

　データの源泉は「もの」と「こと」である。私たちはある種の「もの」を眺めたとき，その性質を表す「属性」を観察し，その状態を「属性値」として捉える。そして，1つの「もの」に対応する属性値群を一組のデータとして採取・蓄積する。「こと」に関しても同様である。「こと」の事実を表す属性値群をデータとして採取することになる。

データモデリング

　概念データモデル設計では，データの源泉である「もの」の種類と「こ

と」の種類を捉えて図式化することでデータ仕様を表現する。このことをデータモデリングという。筆者たちは，人の「概念」に基づくデータモデルを作るという意味で「概念データモデル設計」と呼んでいる。描かれたデータモデルは情報システムにおけるデータベースやトランザクションデータの仕様の原型となる。

関心の対象世界と概念共有

　概念データモデルはビジネスに携わる人たちが関心を持つ対象世界（Universe of Discourse）の構造を記述するものである。現在だけでなく，過去の事実や近未来に起きる事柄（計画）も含む。そして，組織内に限らず，外部環境にも関心の対象は広がっている。

　人はその立場や経験などによって，「ものごと」の見方や関心の持ち方が微妙に異なる。それぞれが持っている概念が食い違ったままでは誤解が生まれ，協調できずに，仕組みに歪みが生じるだろう。ビジネス上の関心の対象である事物が何であるか，言葉ではどう表すのか，などを話し合い，事物の「概念」を共有する必要がある。概念データモデル設計を通じて，関係者が概念を共有し認識を揃えるよう話し合うことが肝要である。

モデル化の対象

　モデル化の対象はデータの源泉である「もの」と「こと」である。「もの」はビジネス活動で働きかける対象物である。その「もの」の粒度を示す識別子，性質を表す属性，他の「もの」との関連，状態遷移の規則などを明らかにする。「こと」はビジネス活動である。「もの」に対してどう働きかけてその状態を変えるかという観点で，活動の粒度を表す識別子，事実を表す属性などを明らかにする。概念データモデル設計では，これらをいくつか視点を変えながらモデルとして記述する。

　なお，対象世界における「関心の対象」であるが，これは必ずしも存在するもの全てを列挙しなければならない，ということではない。組織的な管理

対象物として主要なものに着眼すればよい。例えば，事務用品の類は事務用品調達・管理業務がモデル化の目的でなければ除外されるであろう。

▍モデル化の視点－4つのモデル

対象を捉えるとき，1つの視点だけでは対象を十分には表現できないことが多い。例えば建物を設計するとき，平面図だけでなく，立面図や断面図，設備図などいくつかの視点で仕様が描かれる。概念データモデル設計法では，ビジネスの対象世界を4つの見方で図式化する。

①ビジネスの対象世界の構造を捉える「静的モデル」

ビジネスの対象世界に存在する「もの」の種類と，それらの間の関連を捉える。これによって実世界の構造（構成要素と関係）が明らかになる。

②関心の対象物の振る舞いを捉える「動的モデル」

実世界に存在する「もの」がビジネス活動によって，どのように状態変化するのか，過程を明らかにする。

③組織間連携の仕組みを捉える「組織間連携モデル」

ビジネスに関与する人たちがそれぞれどのように責任を分担してビジネス活動を行い「もの」に働きかけるのか，業務連携の姿を明らかにする。

④業務機能の連鎖を記述する「機能モデル」

ビジネス活動のパターンである「機能」とそれらがどのようにつながりあうか，「もの」や情報の入出力の観点で連鎖する姿を明らかにする。機能モデルは必要な場合に補足的に用いる。

▍実世界の姿を模倣する情報システム

概念データモデル設計で，実世界の構成要素である「もの」と「こと」を捉える。それがデータの源泉である。情報システムでは「もの」「こと」に対応してデータを採取・蓄積して実世界の姿を模倣することになる。図2－1はこのようなビジネス情報システムの概念構造を表している。

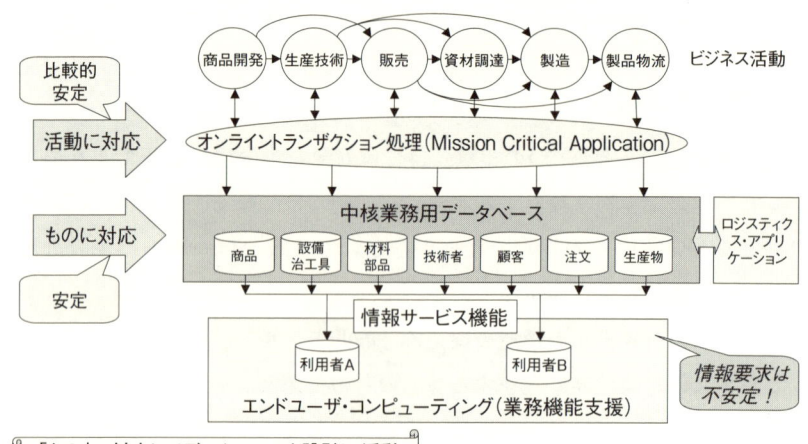

第2章　概念データモデル設計法による情報体系の設計

図2－1　ビジネス情報システムの概念構造

[図：ビジネス活動（商品開発、生産技術、販売、資材調達、製造、製品物流）→オンライントランザクション処理（Mission Critical Application）→中核業務用データベース（商品、設備治工具、材料部品、技術者、顧客、注文、生産物）→情報サービス機能→エンドユーザ・コンピューティング（業務機能支援）、利用者A、利用者B、ロジスティクス・アプリケーション。比較的安定／活動に対応、ものに対応、安定、情報要求は不安定！、「もの」に対応してデータベースを設計し、活動に対応してトランザクションデータを設計する。]

　中心に「もの」に対応してデータを蓄積する「中核業務用データベース」がある。一方，ビジネス活動，つまり「こと」に対応して「トランザクション処理」機能が用意され，「こと」の事実を捉えたトランザクションデータを採取する。そして，その「こと」によって状態を変えた「もの」に対応するデータを更新する。このようにして，実世界で行われた「こと」と「もの」の変化を写し取ることになる。このほかに，計画系の仕事などに対応する「ロジスティクス・アプリケーション」機能が用意されるであろう。

　蓄積されたデータを利用して業務を支援する情報処理機能は「情報サービス機能」として用意される。情報要求は環境変化や利用者の成長に伴って変わりやすい。利用者が欲しい情報を自ら取り出せる仕組み（エンドユーザ・コンピューティング）を用意することが極めて望ましい。

　データベースの構造とトランザクションデータの種類は「もの」と「こと」に対応している。組織が取り扱う「もの」の種類はそんなには変化しない。「こと」（活動）の種類も若干増減があったとしてもそう頻繁には変わら

ない。つまり，ビジネス情報システムの中核部分の構造はかなり「安定的」であるといえる。

2-2 概念データモデル設計法のアウトライン

概念データモデル設計の典型的手順

概念データモデリングの前提あるいは準備として「事業領域とビジネス動向の確認」を行う。対象のビジネスがどんなものであるのか，どんなことが求められているのかなどを確認する。ビジネス全体を俯瞰して理解・共有するとともに，ビジネス改革の方向に対する手掛かりを得ることができる。

ただし，最初の段階では恐らくきちんとは描けない。図2-2には示していないが，次の概念データモデリングを行った後に振り返って，できれば「事業領域とビジネス動向の確認（事業領域と使命）」を再度行ってみるとよ

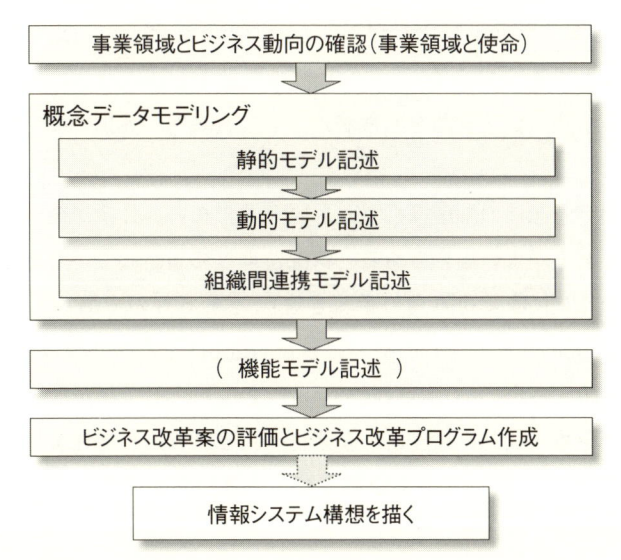

図2-2 概念データモデル設計の典型的手順

```
事業領域とビジネス動向の確認（事業領域と使命）
         ↓
概念データモデリング
    ┌─────────────────┐
    │   静的モデル記述    │
    └─────────────────┘
            ↓
    ┌─────────────────┐
    │   動的モデル記述    │
    └─────────────────┘
            ↓
    ┌─────────────────┐
    │ 組織間連携モデル記述 │
    └─────────────────┘
         ↓
   （ 機能モデル記述 ）
         ↓
ビジネス改革案の評価とビジネス改革プログラム作成
         ↓
   情報システム構想を描く
```

い。

　次に，概念データモデルの主要な要素である，「静的モデル」「動的モデル」および「組織間連携モデル」を描く。ビジネスの実世界の「もの」と「こと」に着目し，それらの要素を角度を変えて眺めながらモデルに描き表す。

　「静的モデル」はビジネス上の管理対象としての「もの」の体系を描くものである。ビジネスの実世界にどんな「もの」たちが存在し，どんな粒度で管理すべきなのか，およびそれらの「もの」同士がどう関わり合っているかを記述する。ここでは「もの」たちからなる実世界の静的な性質を捉えるという意味で静的モデルと称している。

　「動的モデル」は静的モデルで捉えた「もの」について，その振る舞いを描くものである。「もの」はビジネス活動，すなわち「こと」によってその状態を変える。発生してから消滅するまでの一連の「こと」による状態変化の姿を記述する。ここでは「もの」の動的な変化規則を捉えるという意味で動的モデルと称している。

　「組織間連携モデル」は実世界の「もの」と「こと」に加えて組織機能の観点を加味したものである。「もの」の管理責任と「こと」の実行・管理責任，および情報の伝達経路を明らかにして，組織間の連携の姿を描くことになる。

　上記のモデル記述の順序は必ずしも固定的でない。作業が後戻りしたり，順序を変えた方がよい場合もある。状況によって判断していただきたい。

　「機能モデル」は業務処理の手続きを記述するものである。業務の機能（ビジネス活動のパターン）がインプット（Input）とアウトプット（Output）によって連鎖する姿を描く。機能モデルは必要に応じて補足的に用いることにする。ビジネス改革に伴う新たな業務手続き実行の可能性を見極めておきたい場合である。なお，「事業領域とビジネス動向の確認」に用いる図の記法はこの機能モデルに相当する。

　概念データモデル設計を通して何らかのビジネス改革の姿が浮かび上が

る。「ビジネス改革案の評価とビジネス改革プログラム作成」では改革案を冷静に評価した上で，ビジネス改革を進める手順計画を立てる。

事業領域とビジネス動向の確認「事業領域と使命」

概念データモデルを設計する準備として，「事業領域とビジネス動向の確認」を行う。ビジネス環境の中で事業がどんな位置づけにあり他者とどう関わり合っているのかを明らかにし，事業がどんな具合に営まれるべきかを俯瞰しようとするものである。

図2-3は「事業領域とビジネス動向の確認」で用いる図のイメージである。中央の楕円形が事業を表しており，何らかの「製品（商品）」を生み出して「顧客層」に提供している。そして，事業を行うために外部の「資源供給者」から何らかの「外部資源」を受け入れている。こうした姿を表すことによって事業領域が明らかにされる。さらに，顧客，製品（商品），外部資源，資源供給者等の「動向」を議論しておくとよい。

事業内部には競争優位の源泉である「固有技術」や「内部資源」があり，それらを駆使しながら活動する「内部機能」を持っている。この事業が社会

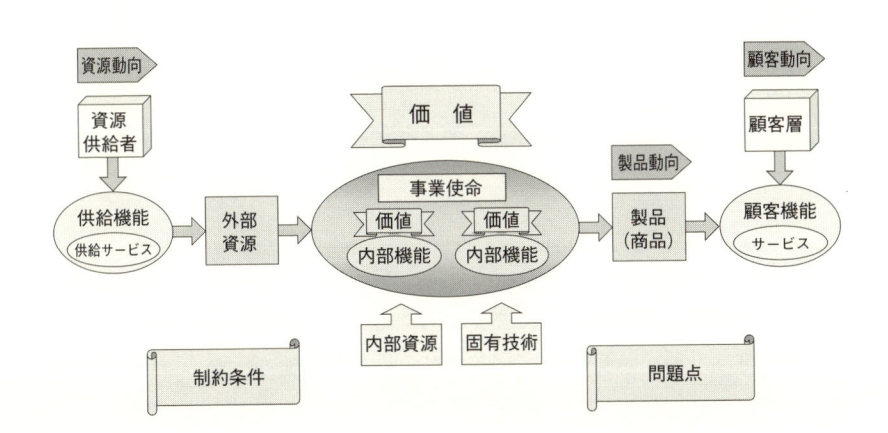

図2-3 事業領域とビジネス動向の確認「事業領域と使命」

環境の中で果たすべき役割の表明が「事業使命」である。

そして，この事業が生み出すべき「価値」（付加価値，期待効果）は何であるか，その「価値」を生むためには各内部機能がどんな「価値」を満たさなければならないかを明らかにし，さらに現在抱えている「問題点」（外部に及ぼしている迷惑）は何か，抵触してはならない「制約条件」は何かを明らかにする。

この図の記法は機能モデルを利用している。「ビジネスをシステムとして捉える」といってもよい。

この作業を通じて，ビジネス改革の方向性がある程度見えてくるであろう。それを念頭に，以降のモデリングを行うことになる。

ビジネスの対象世界の構造を捉える「静的モデル」

「静的モデル」はビジネスの対象世界に存在する「もの」の種類と，それらの間の関連を捉えるものである。これによって実世界の構造が明らかになる（図2-4）。これらの「もの」は管理対象物として意識し，おそらく「もの」の種類に対応してデータを用意することになろう。データの源泉は「もの」である。

ここでいう「もの」はいわゆる人・物・金の類であるが，複数のものからなる複合体や法人のように目に見えにくいものもある。そして，「もの」と思ったが実は「こと」を表しているとか，情報の媒体にすぎないといった現象が作業中にしばしば起きるので注意しなければならない。

人は「もの」の種類（実体種類）に名前をつけ，その中の「個」を見分けるための「識別子」を用意する。人間であれば，「氏名」が識別子になることが多い。厳密にいうと「氏名」では同姓同名があり得るために個の識別には不十分である。しかし，この段階では，あまりこだわらなくてよい。情報システム実装時に考慮することにする。

識別子は「もの」を見分ける粒度を規定するが，組織においては「管理精度」を定めることに当たる。個体で管理するのか，ある集合体で管理するの

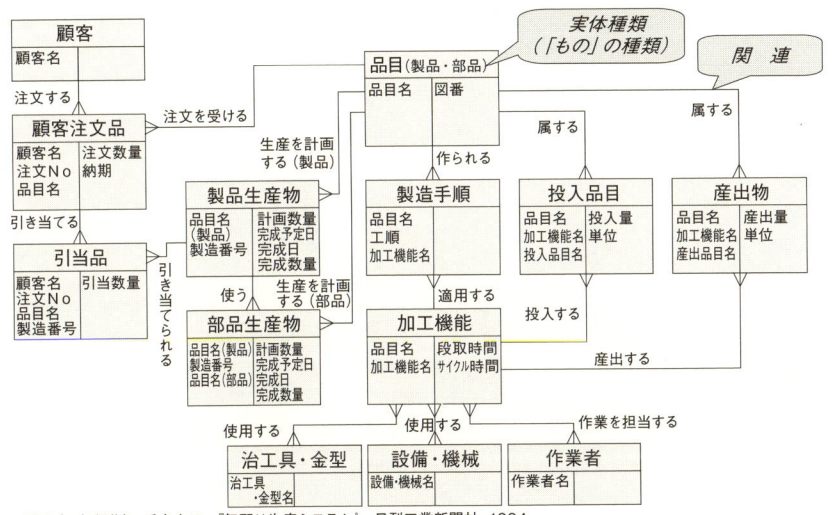

図2-4 ビジネスの対象世界の構造を捉える「静的モデル」

引用（一部編集）：手島歩三，『気配り生産システム』，日刊工業新聞社，1994．

か，ビジネス上の要件によって設定することになる。また，「もの」には状態を表す「属性」があるが，静的モデルでは主要なもののみを挙げればよい。

「関連」は基本的にビジネス機能によって生まれる。ビジネス上何かの「もの」に働きかけて別の「もの」を生み出すとか，ある「もの」と他の「もの」とを結びつける活動をするなどである。なお，関連は仕事の手順を表すものではなく，情報処理の仕方を表すものでもない。誤解しやすいので注意する必要がある。

静的モデルの文章表現による妥当性検証

静的モデルが描けたら，その妥当性を検証すべきである。つまり，描いた静的モデルが実世界の構造を捉えているかを文章で表現して確認する。まず「もの」の種類名を目的語とし，関連名を動詞として使用し文章化する。「もの」の識別の仕方も述べる。図2-5の例を見ると，右側の文章がビジネ

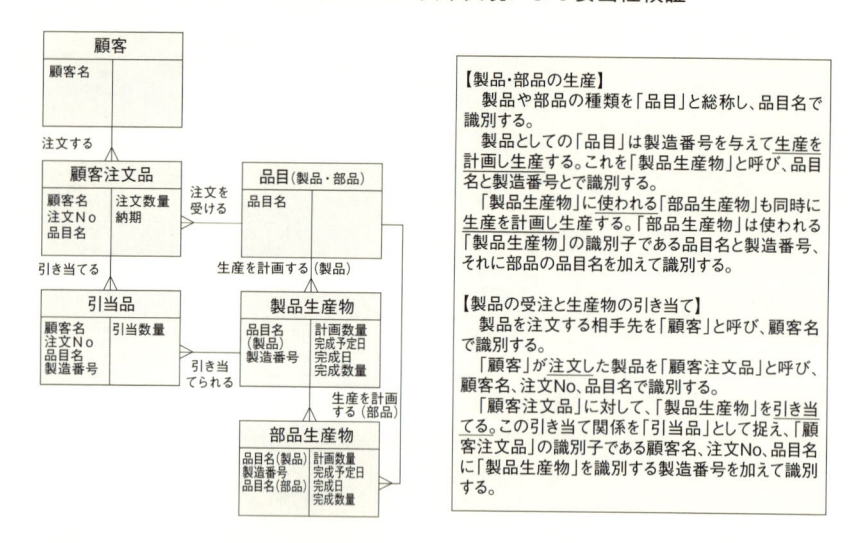

第2章　概念データモデル設計法による情報体系の設計

図2－5　静的モデルの文章表現による妥当性検証

【製品・部品の生産】
　製品や部品の種類を「品目」と総称し、品目名で識別する。
　製品としての「品目」は製造番号を与えて生産を計画し生産する。これを「製品生産物」と呼び、品目名と製造番号とで識別する。
　「製品生産物」に使われる「部品生産物」も同時に生産を計画し生産する。「部品生産物」は使われる「製品生産物」の識別子である品目名と製造番号、それに部品の品目名を加えて識別する。

【製品の受注と生産物の引き当て】
　製品を注文する相手先を「顧客」と呼び、顧客名で識別する。
　「顧客」が注文した製品を「顧客注文品」と呼び、顧客名、注文No、品目名で識別する。
　「顧客注文品」に対して、「製品生産物」を引き当てる。この引き当て関係を「引当品」として捉え、「顧客注文品」の識別子である顧客名、注文No、品目名に「製品生産物」を識別する製造番号を加えて識別する。

の説明として妥当であるか否か，関係者に評価してもらうとよい。この文章がビジネスを適切に表現していないのであれば，モデルの捉え方に問題があるといえる。問題があれば文章を直し，それに合わせて図を改訂する。

関心の対象物の振る舞いを捉える「動的モデル」

　「動的モデル」は静的モデルで捉えた「もの」の種類（実体種類）に対応して，その「もの」がどのような活動によって状態変化するか，変化の過程を明らかにするものである。つまり「もの」が生まれてから消滅するまでの振る舞いを捉える。「もの」の性質は静的モデルで描いた属性や関連のような静的な性質に加え，動的な性質である振る舞いを捉えることでより鮮明になる。同種の「もの」といえるのは，同じ識別子と属性を持ち，同じ振る舞いをするものでなければならない。

　ビジネスの実世界に存在する「もの」たちは，ビジネス活動によって取り扱われ，その状態を変える。従業員に休暇を与えれば"年休を消化した"状

態になり，昇格させれば何らかの"職位になった"状態になる。そういった捉えておきたい「状態変化の様子」とその要因である「ビジネス活動」とを明らかにする。

モデルとしては図2－6の例のように，1つの「もの」の種類（実体種類）を取り上げ，その「もの」の状態を変える（発生，消滅を含む）ビジネス活動と，それによって起きる状態変化の様子を活動識別子と属性として記述する。部品検査活動によって検査完了状態になる，などである。活動の事実を表す「活動の識別子と属性」も記述する。これらの状態変化の姿を，およその生起順に並べて配置する。このほかに，「もの」がある特定の状態になったときに何らかの行動を起こす必要がある場合がある。この場合の記述法については後述する（2-3-2参照）。

情報システムとしては，「こと」であるビジネス活動の事実をデータとし

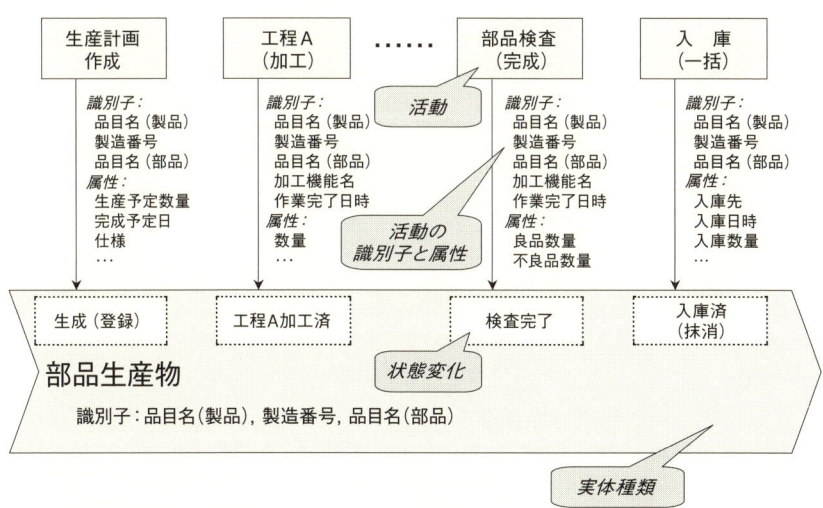

図2－6　関心の対象物の振る舞いを捉える「動的モデル」

生産計画作成	工程A（加工）	……	部品検査（完成）	入　庫（一括）
識別子：品目名(製品)製造番号品目名(部品)属性：生産予定数量完成予定日仕様…	識別子：品目名(製品)製造番号品目名(部品)加工機能名作業完了日時属性：数量…	【活動】	識別子：品目名(製品)製造番号品目名(部品)加工機能名作業完了日時属性：良品数量不良品数量	識別子：品目名(製品)製造番号品目名(部品)属性：入庫先入庫日時入庫数量…
↓	↓	【活動の識別子と属性】	↓	↓
生成（登録）	工程A加工済		検査完了	入庫済（抹消）

【状態変化】

部品生産物
　識別子：品目名(製品)，製造番号，品目名(部品)

【実体種類】

引用（一部編集）：手島歩三,『気配り生産システム』, 日刊工業新聞社, 1994.

第2章 概念データモデル設計法による情報体系の設計

て採取し,「もの」に対応するデータの状態変化を記録することになる。

組織間連携の仕組みを捉える「組織間連携モデル」

ビジネスの仕組みを捉えるための,もう1つのモデルである組織間連携モデルを描く。「組織間連携モデル」では静的モデルと動的モデルで捉えた「もの」と「こと」(活動)に加えて「組織機能の広がり」の観点を取り入れる。これによって組織連携の仕組みを捉える。図2－7はその例である。

ビジネス上取り扱う「もの」や遂行する活動（「こと」）に対しては,しかるべき機能を持つ部門が管理責任を負うはずである。各部門（現行の組織でなく機能で捉えた部門）に管理責任を持つべき「もの」（実体種類）と遂行・管理責任を持つべき「活動」とを配置し,「活動データ」とそれによって状態変化を起こす「ものデータベース」への情報伝達の姿を表現する。「もの」の管理責任が分担されることがあるが,この場合にはその「もの」の主管部門から分担管理部門への情報伝達経路も描く。こうして組織間の最

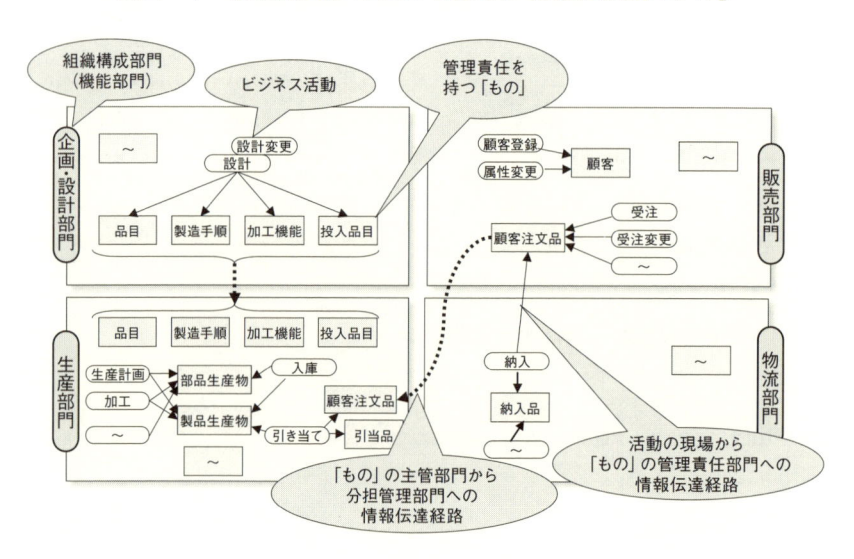

図2－7 組織間連携の仕組みを捉える「組織間連携モデル」

低限の業務連携の姿が描かれる。

　ここで，「もの」の管理責任を持つ部門は「もの」に対応するデータについて品質保証責任を持たなければならない。また，「活動」に対応するデータの品質には活動の遂行に責任がある部門が責任を持たなければならない。組織間連携モデルを描くことによって，情報管理・情報処理の分担も明らかになる。

業務機能の連鎖を記述する「機能モデル」

　「機能モデル」は業務機能の連鎖を記述するものである。業務「機能」はビジネス活動のパターンを指し，何らかの「もの」や情報をインプットして何らかの「もの」や情報をアウトプットするとして規定できる。ある機能のアウトプットが別の機能のインプットになり，その機能のアウトプットがさらに別の機能のインプットに，といった具合に連鎖していく（図2－8）。

　インプットあるいはアウトプットの中に山形矢印で表記したものがあるが，これは「データストア」と呼ばれ静的モデルで描いた実体種類に相当する。「もの」情報を眺めたり，状態変化を記録したりして活動する姿も機能

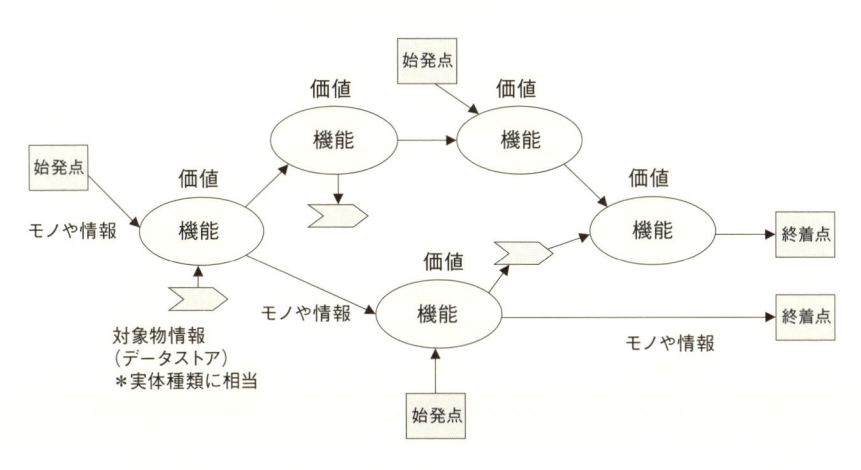

図2－8　業務機能の連鎖を記述する「機能モデル」

モデルとして描く。

業務機能はインプットを受け止めてアウトプットを生み出すことのほかに，その働きぶりとして何らかの付加価値をもたらさなければならない。それを「価値」として記述する。

「始発点」「終着点」は対象領域の外部との接点である。

ビジネス改革の可能性を確認する「改革案の評価」

概念データモデルを描いて実世界の構造を捉えると，情報や業務の歪みに気づき，その是正策としてビジネス改革案が浮かび上がる。「改革案の評価」ではその実行可能性を客観的に評価する。

改革案はいくつかの「特徴」（新しい仕組みが従来とどう異なるか）を持つであろう。その特徴ごとにその是非を評価する。

新しい仕組みの要素の中で「特徴に関わる仕組み」を指摘し，「現在の仕組み」がどうなっているかを明らかにして対比する。そして，環境整備など

図2-9 ビジネス改革の可能性を確認する「改革案の評価」

特徴（従来とどう異なるか）	もたらされる効用・便益
特徴に関わる仕組み	新たに発生する問題・損失
現在の仕組み	
新たな方法が成り立つ前提条件	新たな問題・損失に対する対策

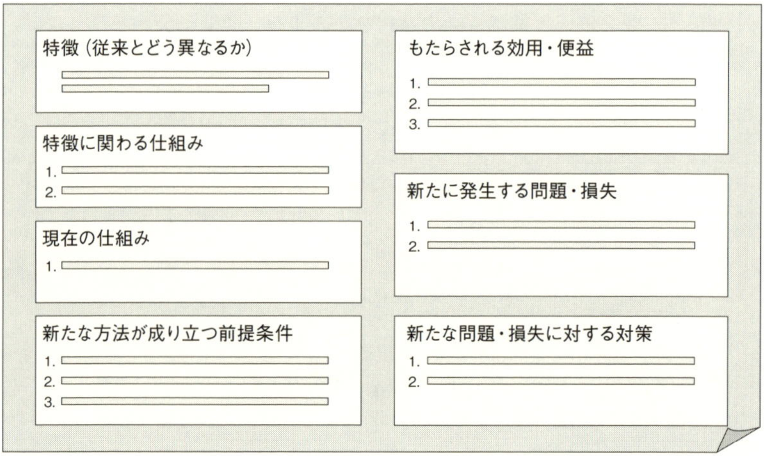

「新たな仕組みが成り立つ前提条件」があれば指摘する。

　新しい仕組みにすることによってどんな効果が期待できるかを「もたらされる効用・便益」として列挙し，一方，新しい仕組みに変えることで「新たに発生する問題・損失」が予想されるならそれらを列挙する。投資も含まれる。よいことばかり主張するのではなく，予期される副作用も明示する。問題の軽減策があるなら，「新たな問題・損失に対する対策」として挙げる。こうしてプラス面とマイナス面とを客観的に眺められる材料となる。

■ ビジネス改革を進める手順計画を立てる「ビジネス改革プログラム」

　「改革案の評価」で明らかにした要素の中に，今後実行すべき課題が現れる。新しい仕組みを整備・準備する活動，成り立つ前提条件を満たすための活動，新たな問題に対策を施すための活動などである。それらの実行課題を主要な課題（「主課題」）と付随的な課題（「副課題」）に整理・補充した上で優先順位を考察する。

　ビジネス改革を一気呵成に行うと多大な労力と費用がかかり，失敗するリスクも高い。ビジネス改革を着実に進めるために，中間目標を設けながらど

図2-10　ビジネス改革を進める手順計画を立てる「ビジネス改革プログラム」

フェーズ	目標状態	主課題	副課題
フェーズ1:〜（名称） [着手時期／達成時期]			
フェーズ2:〜 [着手時期／達成時期]			
⋮			
フェーズn:〜 [着手時期／達成時期]			

のように状況を作り上げて行くかの筋書き（シナリオ）を描いた上で，図2－10のような「ビジネス改革プログラム」を作るとよい。

およそどんな時期に（「フェーズ」）どんな「目標状態」を達成するか，そのためにはどんな課題に取り組むべきか（「主課題」と「副課題」）を検討してまとめあげる。

この過程でさらに他の実行課題に気づくこともある。情報システム要素の構築課題，データ整備課題，業務／システム移行課題，人材育成課題なども盛り込む必要がある。

この後は，ビジネス改革プログラムに沿って，実行課題に取り組む小プロジェクトをタイムリーに発足させて行くことになろう。

▎概念データモデル設計の体制

概念データモデル設計は対象のビジネスに関与する人たちが自らの手で行わなければならない。情報システム構築が次に控えているとしても，情報システム部門にこの仕事を委ねてはならない。概念データモデルはビジネスの実世界を捉えるものであり，ビジネス改革を議論する場だからである。

検討チームは，ビジネス改革の可能性を見極めるという意味で，「フィージビリティスタディ・チーム」と呼ぶことがある。メンバーは実務担当者と関連業務部門や企画部門のいわゆるキーパーソンたちで構成することが望ましい。「業務の本質が分かり，会社の将来に夢を託す人たち」であって欲しい。チームリーダーはビジネス改革のステアリングを行う総責任者から指名された，組織内で信頼の厚い人がよい。このほかに，活動の推進役としての事務局を置く。事務局の中に情報システム部門からも参画すると，実装にうまくつながりやすい。

なお，このチームの上位にビジネス改革全体のステアリングを行う機能（ステアリング・ボード）を設けることが極めて望ましい。

■ **概念データモデル設計の留意点 – 心の中のシステム化**

ここで改めて，概念データモデル設計を行う上での心構えを述べておきたい。

人はそれぞれの生い立ちや経験に基づいて，実世界を捉える枠組みを心の中に持っている。その枠組みを「スキーマ」と呼ぶ。そのスキーマを「言葉」や「記号」によって表現することになる。人によってスキーマは少しずつ違い，言葉の意味が人によって異なるのは日常茶飯事である。人々が意思疎通できるためには共通の関心対象について，「概念と言葉を共有する」必要がある。「概念スキーマ」はそのような共通の関心事について，人々が持つ共通の心の中の枠組みを指す。概念データモデル設計法では，この概念スキーマを「概念データモデル」として表現するのである。このことは，ビジネスに関与する人々の心の世界をシステム化することにほかならない。そして，「正しい概念データモデル」なるものは存在し得ない。共通事項に関して人々の認識が揃うことが肝要である。

2-3 概念データモデル

概念データモデルは「静的モデル」「動的モデル」および「組織間連携モデル」の3種類のモデルで表現する。概念データモデルを補足するモデルとして「機能モデル」を描く場合もある。以下，これらのモデルについて描く意味，描き方などを解説する。

2-3-1 静的モデル

■ **ビジネスの対象世界の構成を把握する**

ビジネス活動は実世界に存在する「もの」に働き掛け，その状態を変化させる。例えば，顧客に働き掛けて注文を取り，商品をわたし，代金を受け取

る。ビジネス活動が行われる「場の状況」を的確に捉えるために，組織はデータを採取し，データベース（あるいは帳簿）にデータを蓄積することになる。つまり，ビジネスに用いられるデータの源泉は「もの」である。

　実世界は人，物，金などの「もの」からなっていると考えられる。実世界を構成する要素としてどのような種類の「もの」があるか，それらの「もの」たちの間にどのような関係があるかを検討し記述する。これを「静的モデル」と呼ぶ。ビジネスに使用するデータベースや帳簿などの体系はビジネスの対象世界の成り立ちを表していなければならない。

捉えるべき「もの」たち

　組織がビジネス上取り扱ったり関わり合ったりする「もの」たちが組織内または組織外に存在する。それらのうち，組織が継続的に関心を持ち，その性質や状態を組織的につかんでおきたいと思う「もの」があるだろう。そのような主要な「もの」たちを捉えることにしよう。

　ここで「もの」はいわゆる人，物，金の類に属するが，従業員，器具，手形のような現物が明瞭であるものもあれば，企業，工場，地域，請求金といったように複合体や概念的にその存在を認めるものもある。ところで，図面や契約書はどうであろうか。それらの「紙」が管理対象物なのか，単なる何ものかに関する情報の媒体かを考えて欲しい。

　さて，静的モデルではビジネスに関与する人たちがその存在を認識している「もの」を捉えることになるが，往々にしてそれらの認識がずれている場合がある。人の役割によって「もの」の見方が異なったり，あるいはビジネス上の問題解決のために見方を変えるべきと思う人がいたりするかもしれない。じっくり話し合って認識を揃えることが重要である。

静的モデルの設計

　静的モデルの設計は図2-11のような思考過程をたどる。まずは組織が関心を持つ「もの」の種類（実体種類という）を想記する。そしてそれらの

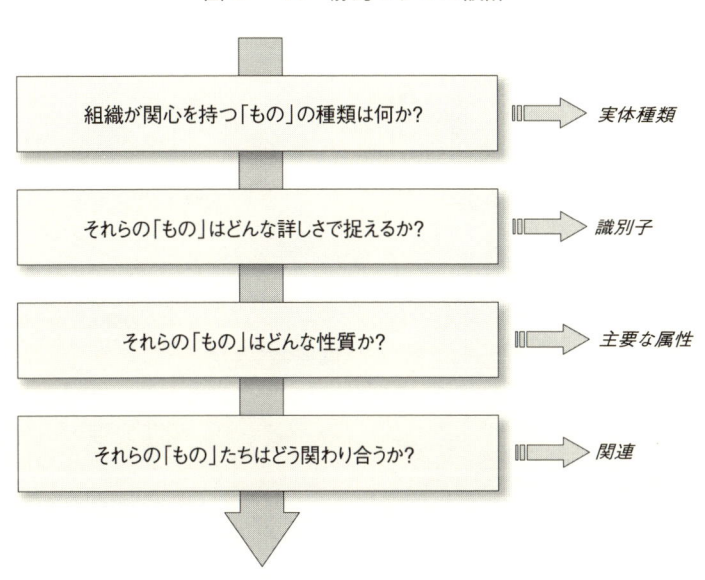

図2－11　静的モデルの設計

組織が関心を持つ「もの」の種類は何か？	⟹	*実体種類*
それらの「もの」はどんな詳しさで捉えるか？	⟹	*識別子*
それらの「もの」はどんな性質か？	⟹	*主要な属性*
それらの「もの」たちはどう関わり合うか？	⟹	*関連*

　「もの」をどんな詳しさで捉えるか，つまり同種の「もの」たちの中で「個」をどんな粒度で識別するか考えて識別子を設定する。さらに，それらの「もの」が持つ性質（属性≒データ項目）のどれにビジネス上の関心を持つか明らかにする。ただし，この段階で全ての属性を網羅する必要はない。どんな「もの」であるかをより明瞭にするための主要な属性を挙げる程度でかまわない。必要な属性を列挙する考え方については動的モデルの解説で述べる。

　「もの」の種類がある程度列挙されたら次の作業に移るとよい。「もの」たちがどう関わり合うかを検討し，「関連」として図示する。作業の仕方としては，主要な実体種類がある程度列挙されたところで関連づけを行い，さらに実体種類を補充していくとよい。実世界の構成が次第に明らかになるであろう。

　以上の作業を通じて，図2－12のような図に仕立て上げる。これが静的モデルである。このような図の記法を実体関連図（ER図：Entity-Relationship Diagram）という。

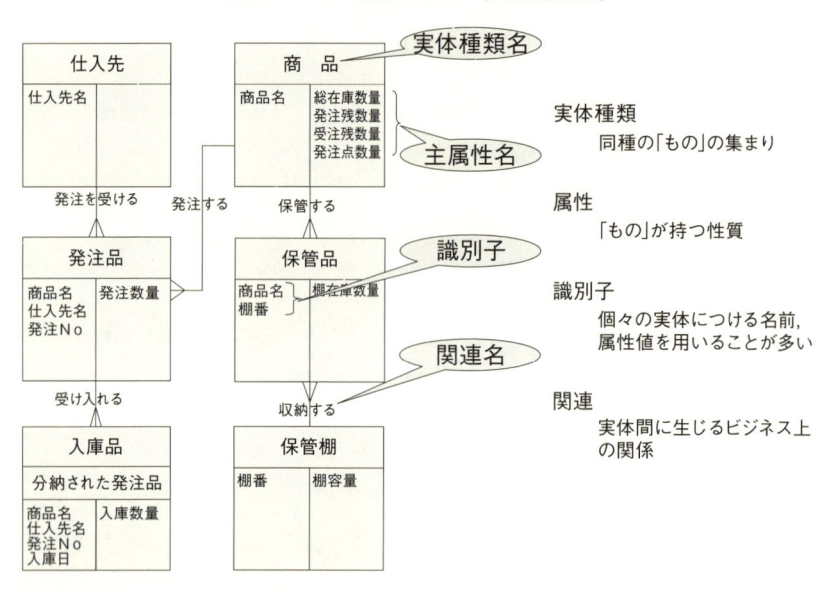

図2−12 静的モデル（実体関連図）

仕入先		商品		← 実体種類名
仕入先名		商品名	総在庫数量 発注残数量 受注残数量 発注点数量 ← 主属性名	

発注を受ける — 発注する — 保管する

発注品		保管品		← 識別子
商品名 仕入先名 発注No	発注数量	商品名 棚番	棚在庫数量	

受け入れる — 収納する ← 関連名

入庫品		保管棚
分納された発注品		棚番　棚容量
商品名 仕入先名 発注No 入庫日	入庫数量	

実体種類
　同種の「もの」の集まり

属性
　「もの」が持つ性質

識別子
　個々の実体につける名前，属性値を用いることが多い

関連
　実体間に生じるビジネス上の関係

　なお，2-3-2で述べる動的モデルの設計作業を通じて，実体種類の分割や統合の必要性に気づくことがよくある。これは静的モデルで表される「もの」たちの間の関連が動的モデルで表されるビジネス活動（「こと」）によって生じることによる。「もの」の属性と動的な性質が同じであるときに，それらを人は同種の「もの」と考えるのである。

▎実体種類

　目で見，手で触るなど観察できる「もの」を「実体」と言い，同種の実体の集まりを「実体種類」という。実世界に存在する「もの」を私たちは言葉によって表現する。多くの場合，「もの」の種類に対応して言葉が存在している。会社に雇われて働いている人たちを「従業員」と呼ぶなどである。通常は，組織内で「もの」を指すときに使われている言葉を「実体種類名」とする。

しばしば組織内で起きる注意を要する点がある。それは言葉が必ずしも同じ意味で使われていないことである。同種の「もの」に対して複数の呼び名があったり（異音同義），異なる種類の「もの」であるにもかかわらず同じ言葉で表現されていたり（同音異義）という状況があり得る。このようなときには言葉とその意味を揃える必要がある。場合によっては新たな呼び名を与えるほうがいいことがある。

「もの」の役割

「もの」の種類を捉えるとき，その「役割」に注目する必要がある。例えば，同じ取引先企業が「仕入先」であるとともに「顧客」でもあるようなケースである。ここで「仕入先」や「顧客」はその企業が果たす役割を表している。

このような場合，「取引先」としてまとめるか，「仕入先」と「顧客」を別の実体種類とするかは役割の重要性，ビジネス上のわかりやすさ等を勘案して決めればよい。いずれの観点も必要なら，「仕入先」も「顧客」も「取引先」に含まれるとして，後で述べる「関連」でその役割を表現してよい。

属性

同種の「もの」は同じ種類の性質を持っている。それらの名称を属性名として挙げる。ビジネスでは1つの「もの」に対して複数種類の属性に関心があるのが普通である。例えば従業員に対しては，氏名，性別，職種，職位などの属性に関心を持つであろう。ただし，この段階では主要な属性を挙げれば十分である。属性の設定は動的モデルを描いた後で行うことにする。

識別子

同じ種類に属する「もの」の1つひとつ（個）を見分ける（識別する）ために，何らかの名前や番号を与える必要がある。これを「識別子」という。多くの場合，主要な属性（またはその組み合わせ）の値によって個々の「も

の」を識別するであろう．例えば，従業員であれば氏名で識別，同種のものが複数台あるような設備であれば設備名と設備連番や号機で識別，といった具合である．

　識別子を設定するとき，コード類などを安易に採用しない方がよい．コード化した理由や視点が忘れられるとその意味が不明瞭になり，人によって解釈が異なってしまうなどの弊害を起こしやすい．例えば，取引先コードといったとき，それは企業を指しているか，事業所までを指しているか，あるいは部署までを指しているのかが分からない．データ設計以前のこの段階では，人工的な属性はできるだけ避けることが望ましい．

　ここでいう「個」は単体とは限らず，集合であることもある．それはビジネス上の「もの」の管理の仕方に関わっている．作っている製品は1個1個単体で管理するのか，ロットで管理するのか，製品種類で管理することで十分か，ビジネス上の要件に則って議論する必要がある．このように，識別子は「もの」を捉える「粒度」すなわち「管理精度」を表わすものであり，ビジネスの仕組みに深く関わっている．

▍実体種類の表記法

　静的モデルを描くときの実体種類の表記法は特に厳密には定めない．実体種類名，識別子，主属性が書き表わされていればよい．他に，実体種類の意味を説明しておくとさらによい．図2－13に表記例を示す．

▍関連

　ビジネス活動によって関心の対象物の間に何らかの関係が生じる．それを「関連」と呼ぶ．例えば，商品を顧客に販売するという活動が行われる．この場合，「商品」と「顧客」との間に関連「販売する」があることになる．このような実体種類間の関連をモデルに表現する．そして関連にもその意味を表す名前，関連名をつけることにする．上記の例では「販売する」を採用する．ここで，「商品を顧客に販売する」のようにビジネスとしての機能表

3 概念データモデル

図2－13 実体種類の表記法

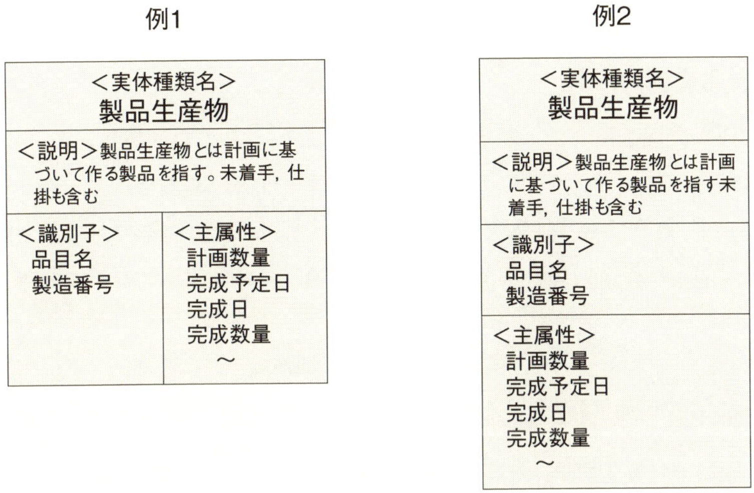

例1

＜実体種類名＞
製品生産物
＜説明＞製品生産物とは計画に基づいて作る製品を指す。未着手，仕掛も含む
＜識別子＞品目名　製造番号 ／ ＜主属性＞計画数量　完成予定日　完成日　完成数量　～

例2

＜実体種類名＞
製品生産物
＜説明＞製品生産物とは計画に基づいて作る製品を指す未着手，仕掛も含む
＜識別子＞品目名　製造番号
＜主属性＞計画数量　完成予定日　完成日　完成数量　～

現ができることにお気づきだろう。また，「顧客」が「商品」を「購入する」ともいえるが，どちらでもよい。一般的には事業主体側の立場で関連名を与える方が分かりやすい。

一般的に関連はビジネス活動によって生まれる。その他に，「もの」の間の包含関係を表すこともある。「部」は「課」で構成する，「市区町村」は「都道府県」に含まれる，ある種の「セット商品」はいくつかの単体の「商品」で構成する，などである。なお，2つの実体種類間に異なる種類の関連が複数存在することもある。

関連の複雑性

関連において個々の「もの」に着目したとき，それらの間の対応の複雑性を表すことにする。一方の実体種類に属する個としての「もの」と他方の実体種類に属する「もの」との対応関係を考えてみる。例えば，学校のクラスには複数の生徒たちが所属する。逆に1人の生徒は1つのクラスにしか所属しない。この場合，「クラス」と「生徒」との関連「所属する」には1対多

数という複雑性があることになる。

図2－14に関連の表記法を示す。

関連従属の属性

関連が属性を持つことがある。例えば，図2－15の左で関連「購入契約」では契約を結んだ日やこの契約に対する各種条件等があるだろう。これらは「商品」の属性でも「仕入先」の属性でもなく，両者の関係の上で存在する属性である。多くの場合，多数対多数の関連において関連従属属性があり，

図2－14　関連の表記法

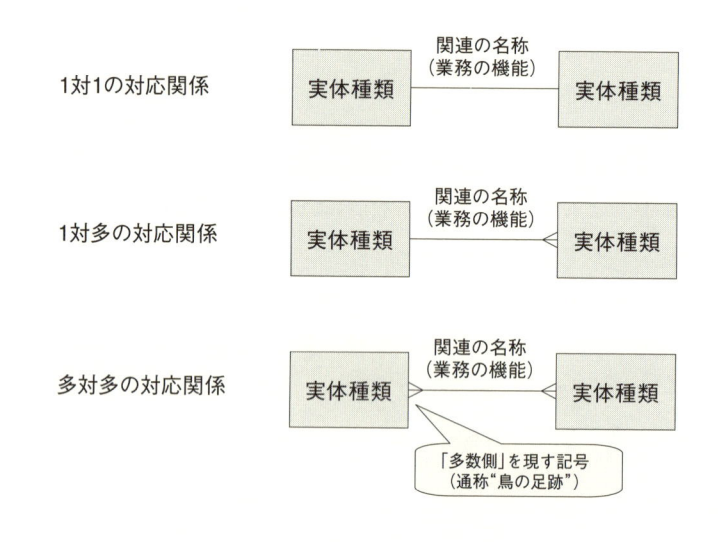

1対1の対応関係　実体種類ー関連の名称（業務の機能）ー実体種類

1対多の対応関係　実体種類ー関連の名称（業務の機能）ー＜実体種類

多対多の対応関係　実体種類＞ー関連の名称（業務の機能）ー＜実体種類

「多数側」を現す記号（通称"鳥の足跡"）

図2－15　関連の属性

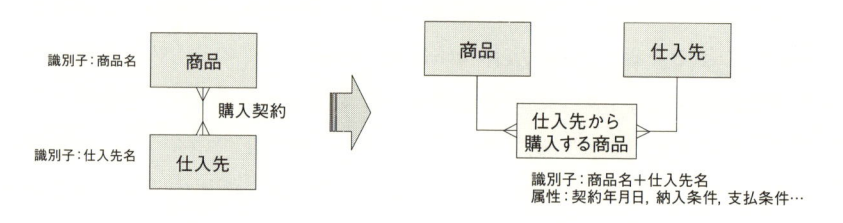

識別子：商品名　商品
　　　　購入契約
識別子：仕入先名　仕入先

→

商品　仕入先
　仕入先から購入する商品
識別子：商品名＋仕入先名
属性：契約年月日，納入条件，支払条件…

1対多数の関連においても時々存在する。関連の属性は関連名のそばに書いてもよい。

いくつもの関連従属属性があるとき，その関連を「実体」として捉える方がよい場合がある。図2－15右のように関連従属属性を「仕入先から購入する商品」として捉えると，契約年月日，納入条件，支払条件などの属性を保持する。これは関連，特に多数対多数の関連の裏に「もの」が存在することが多いからである。これらの「もの」に先に気づくこともあるだろう。

▍データのレイヤー

静的モデルを設計するに際し，データのレイヤーについて理解しておきたい。静的モデルの対象世界を表すデータには大きく2つの層がある。

1つ目の層は「対象世界の構造を表すデータ」である。これは対象物およびそれらの間の関係を規定するマスターデータに相当する。製品アーキテクチャ（製品構造と製造プロセス），組織構造，サービス要素とそれらの組み立て方などがこの例である。これらのデータは計画データの生成や現物データの品質チェックなどに用いられることになる。

もう1つの層は「対象世界の実在物を表すデータ」である。これは対象世界の実現を表す計画・現物データに相当する。生産物（計画から完成物まで），発注品（発注から入荷まで），保管場所にある現物，ユーザーが利用したサービスなどがこの例である。情報システムにおいてこれらのデータはマスターデータに基づいて導出されるものである。

▍静的モデルの例

図2－16に静的モデルの例を示す。この例は部品加工を伴ってある種の製品を生産している製造業を想定している。顧客の使用予定と同期して自律的に生産する形態をとっている。モデル図の右半分は製造の仕方を含む部品表（ものづくり技術データ）であり，左半分は顧客注文と生産まわりの管理対象物を表している。

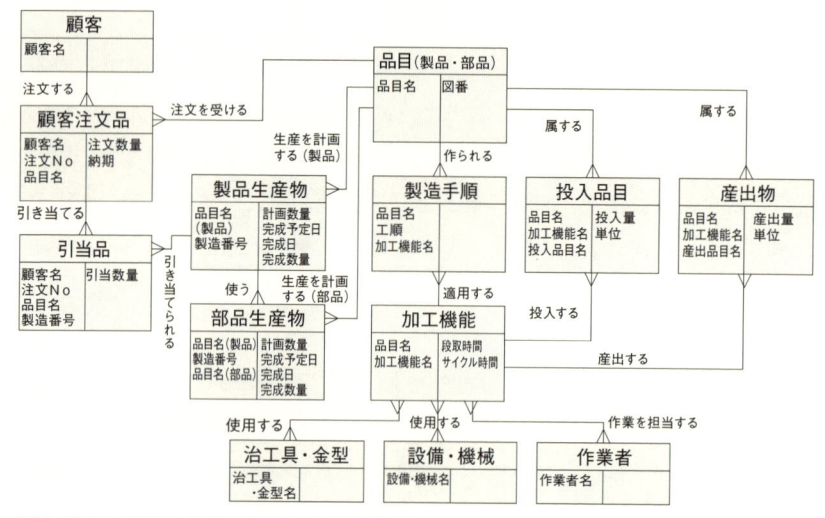

第2章 概念データモデル設計法による情報体系の設計

図2－16 静的モデルの例

(図：静的モデル。顧客、顧客注文品、引当品、製品生産物、部品生産物、品目（製品・部品）、製造手順、加工機能、投入品目、産出物、治工具・金型、設備・機械、作業者などの実体と関連を示す）

引用（一部編集）：手島歩三、『気配り生産システム』、日刊工業新聞社、1994.

■静的モデルによるビジネスの説明（静的モデル説明文）

　静的モデルを描いたとき，それがビジネスの対象世界の構造を適切に表現しているかどうかを確認する必要がある。その手段として「実体種類名」を目的語とし，「関連名」を動詞として文章表現する。対象物の管理精度を表す「識別子」や複雑な「対応関係」の説明も加えることにする。このほかに重要な部分について，実体種類の捉え方の説明，従来の捉え方との違いの解説，捉える粒度（管理精度）の説明などの補足説明があるとさらによい。

　文章化する際には，ビジネスの仕組みで関係が深い部分ごとに小見出しを付けると分かりやすい説明文ができあがるであろう。第三者に説明する材料としても大変役に立つ。図2－17に記述例を示す。

　説明文を読んだとき，それがビジネスの内容を適切に表しているようであれば，描いた静的モデルは妥当であろうといえる。文章を読んで何か疑問を感じるなら，モデルに何らかの問題があるはずである。

　なお，静的モデル説明文は動的モデルを描いた後で書いてもよい。「もの」

3 概念データモデル

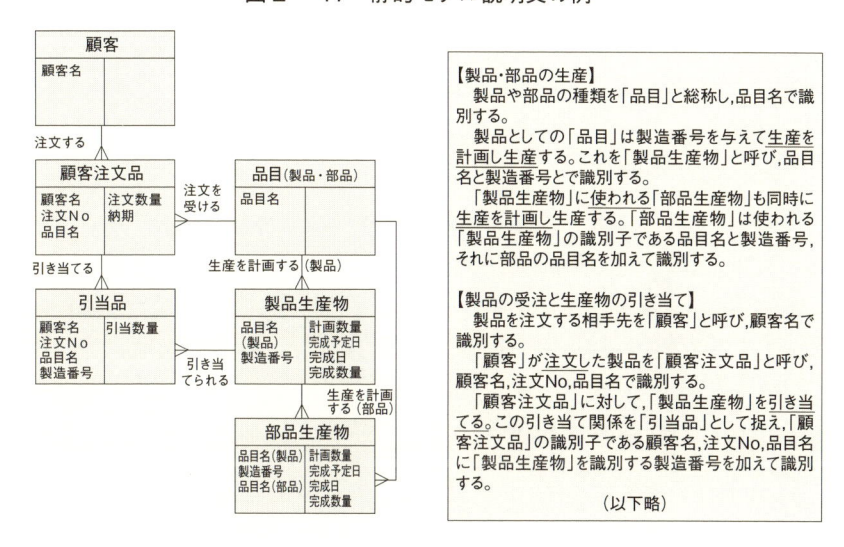

図2−17 静的モデル説明文の例

```
顧客
顧客名

注文する

顧客注文品
顧客名
注文No
品目名
注文数量
納期

引き当てる

引当品
顧客名
注文No
品目名
製造番号
引当数量

注文を受ける

品目(製品・部品)
品目名

生産を計画する(製品)

製品生産物
品目名(製品)
製造番号
計画数量
完成予定日
完成日
完成数量

引き当てられる

生産を計画する(部品)

部品生産物
品目名(製品)
製造番号
品目名(部品)
計画数量
完成予定日
完成日
完成数量
```

【製品・部品の生産】
　製品や部品の種類を「品目」と総称し,品目名で識別する。
　製品としての「品目」は製造番号を与えて生産を計画し生産する。これを「製品生産物」と呼び,品目名と製造番号とで識別する。
　「製品生産物」に使われる「部品生産物」も同時に生産を計画し生産する。「部品生産物」は使われる「製品生産物」の識別子である品目名と製造番号,それに部品の品目名を加えて識別する。

【製品の受注と生産物の引き当て】
　製品を注文する相手先を「顧客」と呼び,顧客名で識別する。
　「顧客」が注文した製品を「顧客注文品」と呼び,顧客名,注文No,品目名で識別する。
　「顧客注文品」に対して,「製品生産物」を引き当てる。この引き当て関係を「引当品」として捉え,「顧客注文品」の識別子である顧客名,注文No,品目名に「製品生産物」を識別する製造番号を加えて識別する。
(以下略)

の動的性質をも説明文に加えると,モデルの意味がより鮮明になる。

2-3-2　動的モデル

関心の対象物の振る舞いの把握

　動的モデルは静的モデルに現れた「もの」の種類(実体種類)ごとに,その「振る舞い」を描くモデルである。

　ビジネスに関わる「もの」は何らかのビジネス活動によって関心の世界に「出現」し,様々な活動によって「状態が変化」し,最後に何らかの活動によって「消滅」する。このような一連のビジネス活動による「もの」の状態変化過程,すなわち振る舞いを明らかにする。

　ビジネスでは同じ識別子と属性を持つことに加えて,同じ振る舞いをする「もの」たちを「同種」とみなす。実体種類の変化過程は同種の「もの」に関するビジネス規則にほかならない。

第2章　概念データモデル設計法による情報体系の設計

　動的モデルは静的モデルで明らかにした実体種類のうち主要なもの，特に様々に状態を変えるものについて描けば十分である。ほとんど状態を変えないものについてはこの作業を省略しても誤解がない。

■「もの」の動的性質

　静的モデルでは「もの」の静的性質を描いたが，今度は動的性質に着目する。図2－18で「静的な説明」と「動的な説明」を見比べてみよう。動的な説明でコーヒーカップの性質が大変よく分かるはずである。この動的性質を明らかにするのが動的モデルの役割である。

■「もの」の状態遷移規則

　「もの」の状態変化過程の例を見てみよう（図2－19）。例えば何らかの「設備」があったとして，「新設」され，繰り返し「運転」されて時に「休止」する。どこかの時点で「メンテナンス」に入り，といったようにライフサイクルとして状態が移り変わる。ここには規則性がある（「状態遷移規則」）。動的モデルでは状態遷移規則を厳密に描くことはせず，粗くおおよそ

図2－18　「もの」の動的性質

静的な説明
コーヒーカップは直径約8cmの半球形または竹筒を切断した形の容器にとってをつけた金属あるいは陶器です。ソーサーと組になっています。

動的な説明
コーヒーカップは店で買ってき洗って棚にしまっておきます。コーヒーを注いでソーサーに載せ,お客様に出します。お客様はカップを持って飲みます。飲み終えると洗います。

3 概念データモデル

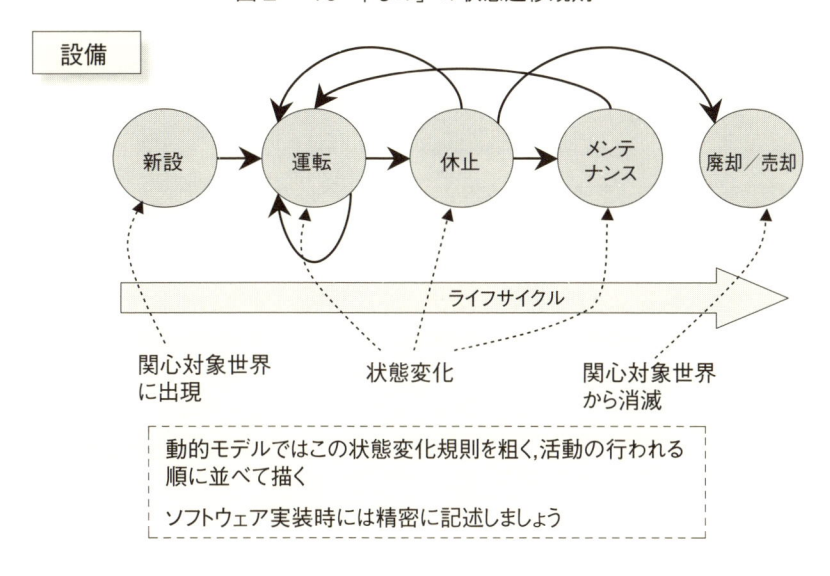

図2－19 「もの」の状態遷移規則

の順序を描くことにする。

動的モデルの設計

　動的モデルの設計は一般的に図2－20のような思考過程をたどる。まずその実体種類に属する「もの」はどんな状態変化を起こすか，そしてその要因であるビジネス活動は何か，そのビジネス活動を個々に見分ける識別子と活動の事実を表す属性は何かを明らかにする。この作業を状態変化ごとに繰り返す。また「もの」が特定の状態になったとき起こすべきビジネス活動があればそれも図示する（活動の起動）。

　作業の仕方としては，まず全体の状態遷移（活動の順序）を描いてから，活動属性を明らかにするとよい。

　以上の作業を通じて，実体種類ごとに図2－21のような図に仕立て上げる。これが動的モデルである。図の記法を実体変化過程図（Entity Lifecycle History Diagram）と呼ぶ。

第2章　概念データモデル設計法による情報体系の設計

図2－20　動的モデルの設計

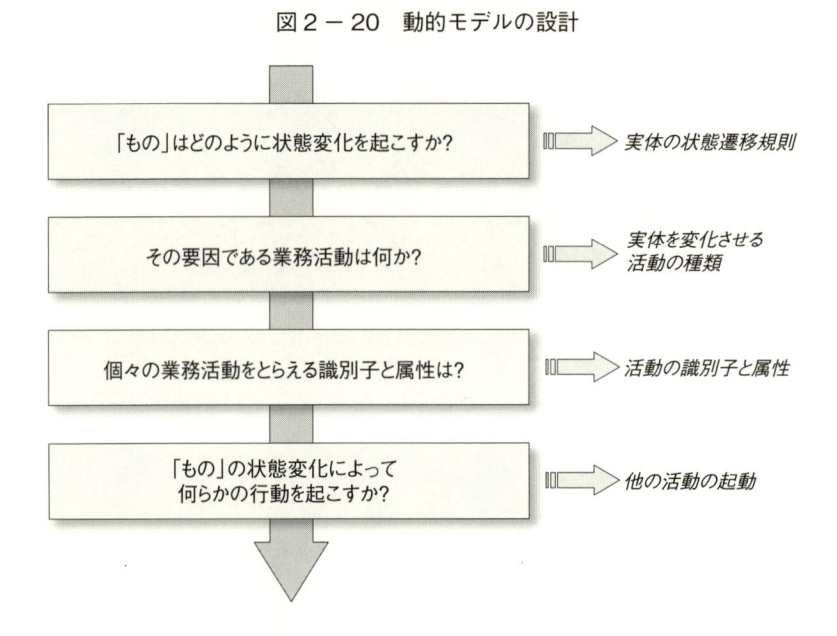

- 「もの」はどのように状態変化を起こすか？ ⇒ 実体の状態遷移規則
- その要因である業務活動は何か？ ⇒ 実体を変化させる活動の種類
- 個々の業務活動をとらえる識別子と属性は？ ⇒ 活動の識別子と属性
- 「もの」の状態変化によって何らかの行動を起こすか？ ⇒ 他の活動の起動

　なお，動的モデルを描くと，途中で「もの」の識別子が変わることに気づいたり，実体種類中のグループで振る舞いが異なるものがあることに気づいたりする。このときには実体種類の設定が妥当でない可能性があるので再検討を要する。

「もの」の状態変化の過程を記述する

　ビジネスの関心の対象世界に「もの」が出現し，状態が変化し，消え去るまでの一連の活動を実体変化過程図で図示しよう。
　通常のビジネスでは計画的に行動を起こす。したがって，ある「もの」について計画を立てたとき，関心の対象世界にその「もの」が出現すると考えられる。また，ある「もの」について，組織が責任を持つべき活動が全て終了したとき，その「もの」が関心の対象世界から消え去ると考えられる。

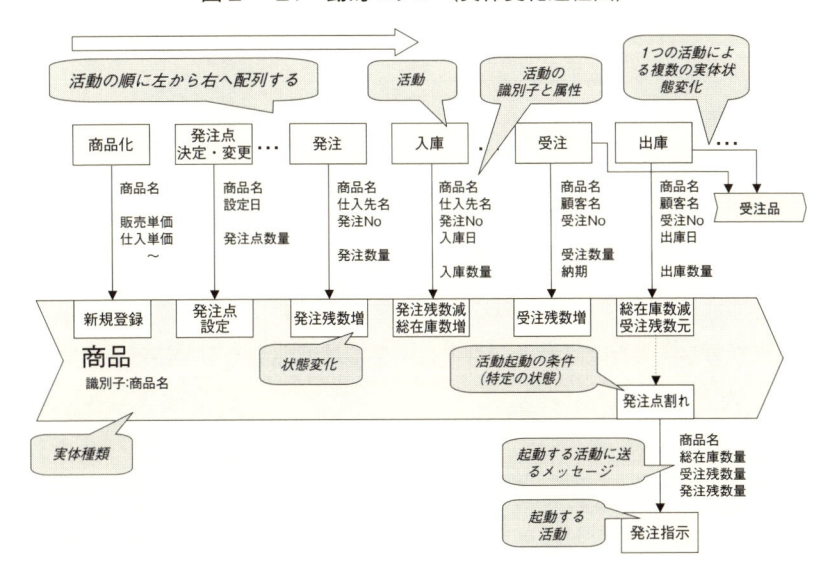

図2－21　動的モデル（実体変化過程図）

（図中のラベル）
- 活動の順に左から右へ配列する
- 活動
- 活動の識別子と属性
- 1つの活動による複数の実体状態変化

活動：商品化／発注点決定・変更／…／発注／入庫／…／受注／出庫／…

- 商品化：商品名、販売単価、仕入単価〜
- 発注点決定・変更：商品名、設定日、発注点数量
- 発注：商品名、仕入先名、発注No、発注数量
- 入庫：商品名、仕入先名、発注No、入庫日、入庫数量
- 受注：商品名、顧客名、受注No、受注数量、納期
- 出庫：商品名、顧客名、受注No、出庫日、出庫数量

状態変化：
- 新規登録
- 発注点設定
- 発注残数増
- 発注残数減／総在庫数増
- 受注残数増
- 総在庫数減／受注残数元（減）

商品　識別子：商品名
実体種類

活動起動の条件（特定の状態）：発注点割れ
起動する活動に送るメッセージ：商品名、総在庫数量、受注残数量、発注残数量
起動する活動：発注指示

受注品

活動の順序規則

「もの」を出現させ，状態を変化させ，消滅させる一連のビジネス活動を，左から右に発生順に列挙する。いくつかの活動に関して順不同（どちらが先でもよい），選択（行われない場合がある），反復（繰り返し）など，複雑な順序関係を持っている場合が少なからずある。その順序規則をこの実体変化過程図では完全に記述することはできない。概念データモデル設計段階では，およそ妥当と思える程度に順序づけすることでかまわない。後でソフトウエアを実装するとき，この順序規則を検査する仕組みが用意されるであろうが，そのときに厳密に記述すればよい。厳密な記法例として，第4章（4-4）で述べるジャクソン・ツリー法などがある。

活動

ビジネス活動は「もの」の状態を変化させる。情報システムでは，その変

化内容をデータとして採取し、「もの」に対応するデータベースを更新することになる。この実体種類に属する「もの」の状態を変化させるビジネス活動を列挙する。

活動属性

活動により「もの」の状態が変化したとき、その活動の事実を表す内容を活動属性として観察・採取することになる。活動属性は実際には変化させた「もの」の属性値が大半を占める。対象物の識別子と変化したことを示す属性の値である。また、活動そのものに関する属性値もある。活動が行われた「時刻」などである。

活動識別子

活動の「個」を見分ける識別子を明らかにする。つまり、同種の活動が日常的に何回も行われている中で、各々の活動を識別するための属性である。状態を変えた「もの」の識別子と活動が行われた「時刻」で活動を識別することが多い。

状態変化に伴う処理

活動によって「もの」が状態変化したとき、「ものデータ」に伝える処理を記述する。「もの」の発生、消滅以外は「もの」の属性の値を変えることになる。ソフトウエア技術でいう「メソッド」に相当するが、この段階ではそこまで詳細には記述しない。変化の様子が分かればよい。

動的モデルの表記法

動的モデルは実体種類ごとに実体変化過程図として描く。図2－22のように大きな山形矢印を実体種類として書く。実体種類名とその識別子を書き添えておくとよい。状態変化を起こす活動名を上部に、およその生起順に並べて、山形矢印に向かって矢印を引く。その先に状態変化の様子を書く。活

3 概念データモデル

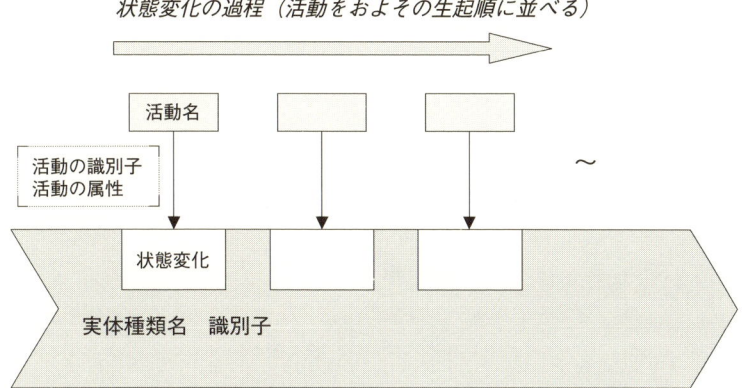

図 2 − 22 動的モデルの表記法

状態変化の過程（活動をおよその生起順に並べる）

活動名
活動の識別子
活動の属性
状態変化
実体種類名　識別子

動からの矢印の脇に活動の識別子と属性とを配置する。実体変化過程図の表記法も厳密には規定しない。全体の「もの」の振る舞いが分かりやすく読み取れればよい。

実体の状態に基づく活動の起動（ビジネス活動の連携）

「もの」が状態変化を起こしてある特定の状態に達したとき，何らかの活動を起動させたい場合がある。例えば，商品の在庫量が発注点以下に減ったときに発注指示を出す（発注点方式による在庫管理の場合の例）などである。このような活動の起動は，ビジネスの規則として，「もの」の状態変化と関連する活動との連動を図ろうとすることにほかならない。

表記としては図 2 − 23 のように，活動を起動する条件，起動する活動，および特定状態に達したことを活動に伝えるメッセージ（主要な属性）を記述する。

動的モデルの例

動的モデルの記述例（実体変化過程図）を図 2 − 24 に示す。この例は先

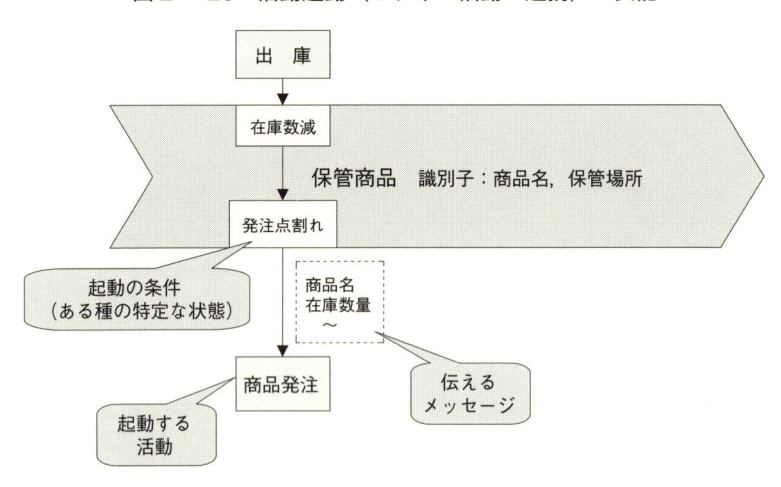

図2−23　活動起動（ビジネス活動の連携）の表記

[図：出庫→在庫数減（保管商品　識別子：商品名，保管場所）→発注点割れ→商品発注、商品名・在庫数量～（伝えるメッセージ）、起動の条件（ある種の特定な状態）、起動する活動]

に図2−16で示した静的モデルの例の中の「部品生産物」について描いたものである。生産計画作成という活動によって生まれ（生成），各工程の加工開始状態，部品検査完了状態のように一連の状態変化を起こし，最後に一括入庫することでその部品生産物からは関心がなくなるということを意味している。

1つの活動による複数実体の同時変化

複数種類の「もの」の状態を同時に変化させる活動が少なからずある。例えば，「納品する」という活動では「納入品」が生成されると同時に「受注品」が納入済みの状態に変わる。この様子を実体変化過程図では表記しにくいので，図2−25の例1に示すようにコメント的に記入することにする。あるいは，例2のように実体種類を並べて記述してもかまわない。

動的モデルから実体種類の属性を設定する

静的モデルでは実体種類の属性は主要なもののみを挙げることにした。その理由は，あの時点では属性を列挙する根拠がまだ見えないことによる。実

3 概念データモデル

図2−24 動的モデルの例

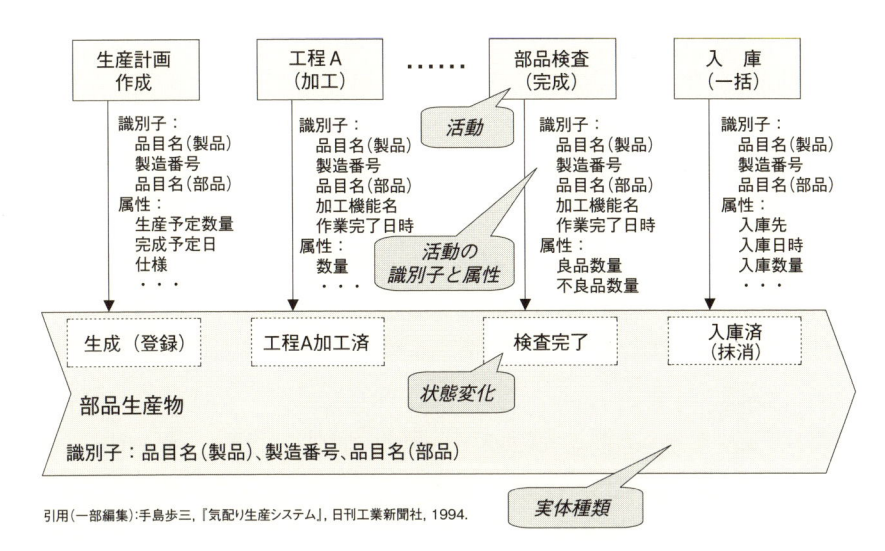

```
┌─────────┐      ┌─────────┐           ┌─────────┐      ┌─────────┐
│ 生産計画 │      │  工程A  │ ……        │ 部品検査 │      │  入 庫  │
│  作成   │      │ (加工)  │           │ (完成)  │      │ (一括)  │
└────┬────┘      └────┬────┘           └────┬────┘      └────┬────┘
識別子：          識別子：          [活動]   識別子：          識別子：
 品目名(製品)      品目名(製品)              品目名(製品)      品目名(製品)
 製造番号          製造番号                  製造番号          製造番号
 品目名(部品)      品目名(部品)              品目名(部品)      品目名(部品)
属性：             加工機能名                加工機能名        属性：
 生産予定数量      作業完了日時              作業完了日時       入庫先
 完成予定日       属性：      [活動の       属性：             入庫日時
 仕様              数量      識別子と属性]   良品数量          入庫数量
 ・・・                                      不良品数量        ・・・
     │                │                       │                 │
     ▼                ▼                       ▼                 ▼
 ┌──────┐        ┌────────┐              ┌──────┐         ┌──────┐
 │生成  │        │工程A加工済│             │検査完了│         │入庫済 │
 │(登録)│        │         │  [状態変化]  │      │         │(抹消)│
 └──────┘        └────────┘              └──────┘         └──────┘
  部品生産物
  識別子：品目名(製品)、製造番号、品目名(部品)
                                         [実体種類]
```

引用(一部編集)：手島歩三,『気配り生産システム』, 日刊工業新聞社, 1994.

図2−25 1つの活動による複数実体の同時変化

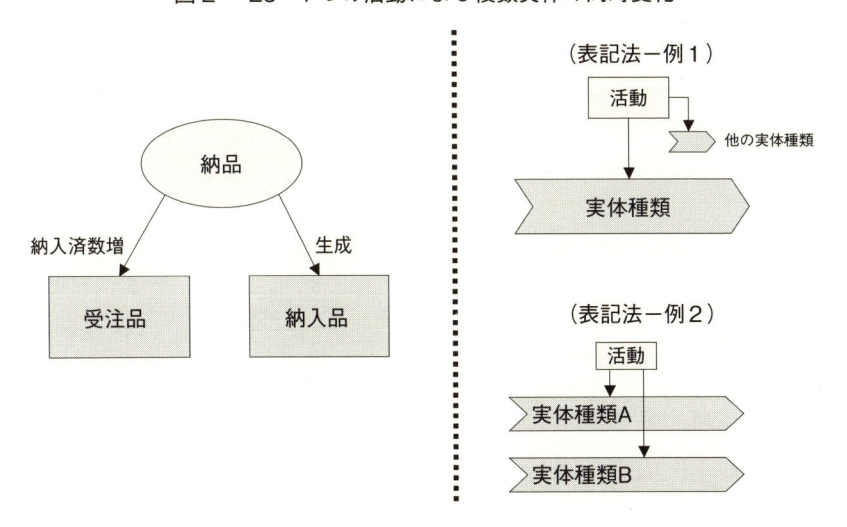

```
        ┌────┐
        │納品│
        └─┬──┘
    ┌─────┴─────┐
納入済数増          生成
    │               │
    ▼               ▼
 ┌──────┐      ┌──────┐
 │受注品│      │納入品│
 └──────┘      └──────┘
```

(表記法−例1)
```
      ┌────┐
      │活動│────┐
      └─┬──┘    │
        │        ▼
        │    ┌──────────┐
        │    │他の実体種類│
        ▼    └──────────┘
   ┌──────┐
   │実体種類│
   └──────┘
```

(表記法−例2)
```
   ┌────┐
   │活動│
   └─┬──┘
     │
     ▼
 ┌────────┐
 │実体種類A│
 └────────┘
 ┌────────┐
 │実体種類B│
 └────────┘
```

体種類の属性は動的モデルを眺めることで明瞭になるのである。

　ビジネス活動によって「もの」の状態が変化するとき，その活動の事実をデータ（属性値）として採取する。そして，「もの」の状態を表す属性の値を更新することになる。このことは動的モデルで記述した活動群の識別子と属性が，実体種類が持つべき属性を示唆していることにほかならない。極論を言えば，図2－26に示したように，活動の識別子と属性を集めれば，それが実体種類の属性候補である。ただし，活動属性が実体属性の値の設定や更新に使われることもある。例えば，入庫活動の「入庫数量」は商品実体の「在庫数量」に加算する，などである。このようなことを勘案して実体種類の属性を設定する。

　なお，値が変化することが常態である動的な属性のほかに，基本的には変化しない（あるいは変化しにくい）静的な属性がある。例えば顧客の「所在地」「代表者名」等々である。このような属性に対するデータは大抵，実体を生成（発生）する活動によって意図的に採取するだろうから，動的モデルでは網羅できるとは限らない。現在のデータ体系などを参考にて補充を検討して欲しい。

　重要なことは，「欲しいデータ」を設計するのではなく，観察できるデータつまり「ビジネス活動の事実を把握するデータ」を設計することである。

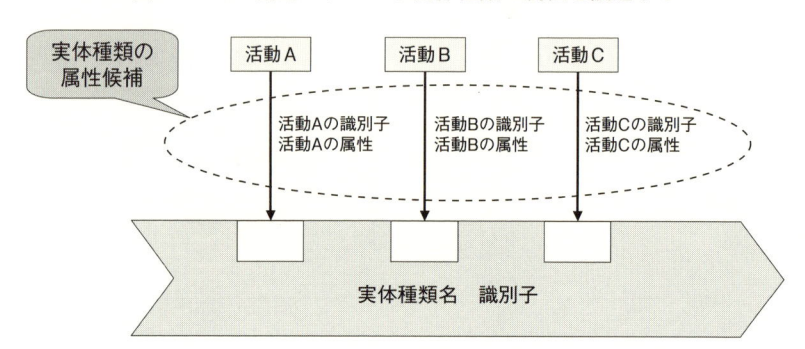

図2－26　動的モデルから実体種類の属性を設定する

2-3-3　組織間連携モデル

▍組織間連携の仕組みを表現する

　ビジネス上取り扱う「もの」や遂行する「活動」は，しかるべき組織が管理責任を持たなければならない。組織間連携モデルでは組織が管理責任を持つべき「もの」と「ビジネス活動」とを明らかにし，それに動的モデルに現れるビジネス活動の連携を併せると，組織構成部門間で行うべき最小限の業務連携の仕組みが浮かび上がる。これによって，組織部門の分権と統合の構造を明らかにし，自律・協調（統合）・分散の可能性を読みとれるようにする。

　そして組織間連携モデルを描くと，組織構造にふさわしい情報伝達経路と情報管理・情報処理の分担が明らかになる。本格的な統合・分散情報システム構想を描き，情報技術の適正な使い分けを図る根拠が得られる。

　組織間連携モデルを描いてみると，現在の組織機能の歪みに気づくことがある。本来果たすべき機能と管理責任とが，曖昧であったり狂っていたりする。このようなとき，「もの」や「こと」の組織間連携モデルを描くことが組織構造見直しの契機となる。

▍組織間連携モデルの設計

　組織間連携モデルの設計は図2－27のような思考過程をたどる。まず，組織の機能に着目して大きく部門を捉えた上で，静的モデルで明らかにした「もの」の種類（実体種類）に対する管理責任を考察する。そして，実体種類を管理責任を持つべき部門に配置する。次に動的モデルを眺めながら，部門が責任を持って行うべき活動を配置し，その活動によって状態変化を起こす実体種類との関係を示す。さらに，「もの」の管理責任の委譲を考察して部門間に「もの」情報伝達の経路を設定するとともに，活動の現場と「もの」の管理責任とが別部門である場合の情報伝達の経路を設定する。これによって，部門間の協調の姿が描かれる。

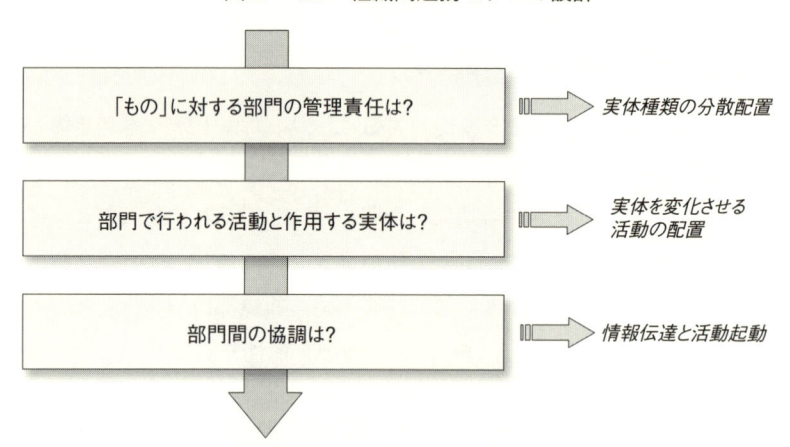

第2章　概念データモデル設計法による情報体系の設計

図2−27　組織間連携モデルの設計

「もの」に対する部門の管理責任は？　⇒　実体種類の分散配置

部門で行われる活動と作用する実体は？　⇒　実体を変化させる活動の配置

部門間の協調は？　⇒　情報伝達と活動起動

■「もの」の管理責任とデータの品質保証責任

　ビジネス上の関心の対象物すなわち静的モデルで捉えた「もの」の種類（実体種類）について，どの部門が管理責任を持つのかを考える。

　「もの」の管理責任を持つ部門は，その「もの」に関する情報についても管理責任を持つ必要がある。いま「もの」がどのような状態になっているか，「もの」を管理している部門がその「もの」の状態を表すデータについて内容の妥当性を保証しなければ，データの品質を保証する手立てはない。決して情報処理担当部門の責任ではない。すなわち，「もの」の管理責任とデータの品質保証責任とは一致しなければならないのである。

■管理責任の分担

　同じ「もの」について，ある状態になったときに，そこから先は別の部門に管理責任と権限とを委ねる必要がある場合がある。例えば，製造部門が製品を出荷するとき，管理責任が製造部門から物流部門に移管される。

　このように管理責任を分担して連携している様子も組織間連携モデルで表現する。

■ 機能部門

　ここで，「部門」というのは現行の組織名ではなく，部門が果たすべきビジネス機能で捉えるものとする。例えば，製品製造部門，販売部門，商品企画部門といった具合である。機能のレベルは大まかでよく，作業中に必要性を感じたら細分化することでよい。

　組織構造は業務量の変化や従業員の成長などに伴って頻繁に変更される。機能部門（あるいは主管部門）を想定し，実際の組織上の部門と対応づけることで，安定した「もの」の管理体制とデータの品質保証体制を組むことができる。

■ 情報伝達経路

　「もの」の管理責任が他の部門にあるが，自部門の活動によってその「もの」の状態を変える権限がある場合，活動の現場から「もの」の管理責任部門に活動の事実を伝える情報伝達経路を設けることにする。また，「もの」の管理責任を別の部門に委ねる場合，「もの」の主管部門から委託先部門に「もの」情報を移す情報伝達経路を設ける。

■ 組織間連携モデルの例

　組織間連携モデルの記述例を図2−28に示す。この例は先のモデル例（図2−16，図2−24）に関して描いたものである（一部省略している）。4つの機能部門があり，それぞれが責任を持つ「もの」（実体種類）と，実行責任を持つ活動が配置されており，各活動が作用する（状態を変える）「もの」との関わりを矢印で表現している。活動の現場から「もの」の管理責任部門への情報伝達経路，および「もの」の主管部門から分担責任部門への情報伝達経路（点線矢印）も描かれている。

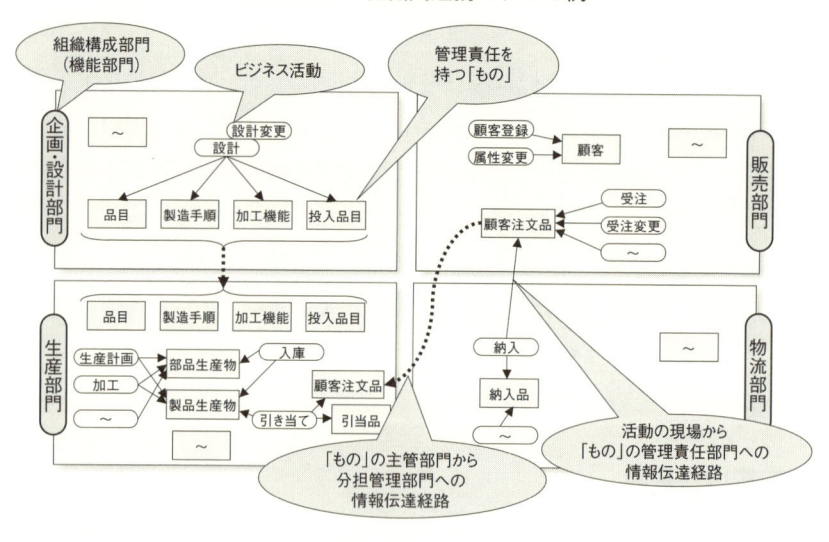

第 2 章　概念データモデル設計法による情報体系の設計

図 2 － 28　組織間連携モデルの例

2-4　ビジネス改革案の評価とビジネス改革プログラム

2-4-1　ビジネス改革案の評価

■ ビジネス改革の可能性を確認する

　概念データモデル設計によりビジネスの関心対象となる物事を捉えることによって，ビジネスの仕組みを写し取った情報体系を描いてきた。この過程を通じて，ビジネス全体を俯瞰し，現行の仕組を変える必要性に気づく。ここではそれらのビジネス改革の可能性について確認する。何が変わるか，何を変えないで済ませるかを明確にするのである。

　変えたいと思う要素があっても，単に変えればよいというものではない。変えることによって副作用を起こす場合もある。効用だけではなく，新たに起きる問題をも明らかにしてビジネス改革の効果を評価する必要がある。そして，関係する人々が改革に同意するかどうかが鍵となる。抵抗勢力が散在

していては改革の成功はおぼつかない。

改革案評価の記述例

　図2-29は改革案評価のワークシート例である。1つひとつの改革案の「特徴」ごとにこのシートを作る。シートの左半分の記述は改革案がどのようなものであるか、新しい仕組みを見直してみることに当たり、右側はその新しい仕組みを冷静に評価しようというものである。

特徴（従来とどう異なるか）を挙げる

　描いた概念データモデルによって、新しいビジネスの仕組みが描かれている。新しいビジネスの仕組み全体を俯瞰して、従来の仕組みに比べてどのような特徴があるかを考えてみる。いくつかの要素を組み合わせて1つの特徴が生み出されこともあれば、1つの要素によって複数の特徴が生まれる場合もある。改革案が受け入れられれば、この特徴を実現するために、設備投資や情報システム要素の構築などの実装活動を行うことになる。

図2-29　改革案の評価

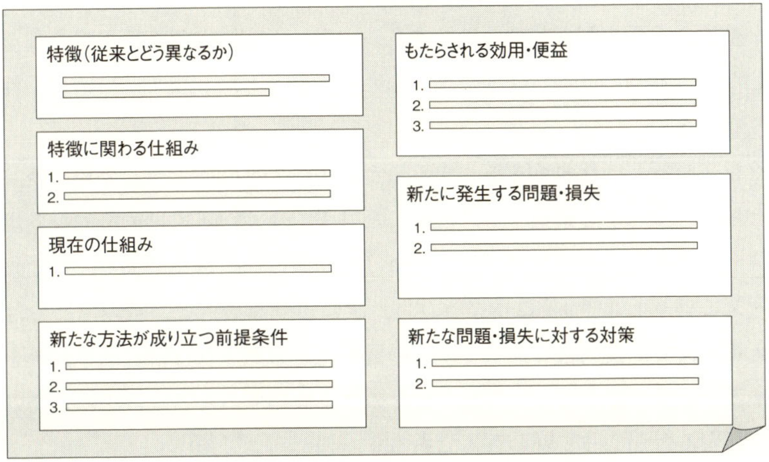

特徴(従来とどう異なるか)	もたらされる効用・便益
特徴に関わる仕組み 1. 2.	1. 2. 3.
現在の仕組み 1.	新たに発生する問題・損失 1. 2.
新たな方法が成り立つ前提条件 1. 2. 3.	新たな問題・損失に対する対策 1. 2.

できあがったビジネスの仕組みを多くの人たちに理解していただく，というつもりでこの作業を行って欲しい。新しい仕組みを紹介するために特徴に名前をつけるとさらによい。

新しい仕組みと現在の仕組みを比較する

新しいビジネスの仕組みの中で，この特徴に深く関わっている要素を列挙する。例えば，「もの」（実体種類）や業務機能などである。また，アプリケーション（業務用システム）の必要性が浮かび上がっているなら，それらも列挙する。後でこれらの要素を実装することで特徴が実現される。

新しいビジネスの仕組みと対比して，現在の仕組みがどうなっているのかを説明する。何がどう変わるかが分かる程度で十分である。ここで，現在の仕組みの欠陥を指摘するなどの否定的な表現は厳禁であり，客観的に事実を述べることが肝要である。現在の仕組みの欠点指摘は人を傷つけ抵抗を招く。考案時点ではそれでよかったのかもしれない。

新たな方法が成り立つ前提条件ともたらす効果を指摘する

特徴に関わる仕組みが期待通りに働くための前提として何らかの条件があれば，それを明記する。例えばビジネス上の基準やルールの新設・変更，データ整備，人員の配置転換，等である。ただし，成立し得ない前提条件を想定した案は無効である。注文が倍増したら，などという虫のいい前提条件は成り立たない。

そして，新しい仕組みを導入することによって，どのような効用や便益がもたらされるのかを指摘する。飛躍した効果でなく，まずは直接的な効用・便益を列挙する。その後で，ここで挙げた効果の間接的な効果（波及効果）も考えて列挙しよう。「こうなったら，次にこうなる」と，数段階に分けて考える。後で間接効果について，案の貢献度を考慮すれば計数的な効果を算出することも可能となる。自分で自分の案を評価するとき，針小棒大な効果を主張するとかえって疑われるであろう。

新たに発生する問題・損失と対策を考える

　新しい仕組みがもたらす効果だけに目を向けていると，思いがけない落とし穴に陥るおそれがある。ここで，新しい仕組みを導入することによって発生する新たな問題をしっかりと挙げておくことが重要である。できれば計数的に損失を把握しておくと，案の妥当性を主張できる。意思決定者にとって適切な判断根拠を提供することが肝要である。「よい案を作ったと思ったが，問題点が多いので，不採用にすべきです」と提案する勇気を持ちたい。ともかく，冷めた目で案を評価すること（Assessment）が肝要である。

　問題や損失が大きいとき，適切な対策を立てておけば，それを軽減できる可能性がある。対策は，仕組みが成り立つ前提条件を作ることにほかならない。一般的にコンピュータの利用はこの段階で考慮することになろう。また，前提条件を確実に成立させるための対策も考えておくとよい。

2-4-2　ビジネス改革プログラム（改革を進める手順計画を立てる）

ビジネス改革を着実に進める

　組織が抱える全ての問題を一気呵成に解決することは極めて難しい。準備に時間が掛かるし，人々が新しい仕組みを理解し，熟練するまでの期間はもっと長い。その間に問題がこじれて経営が悪化しないとも限らない。問題の症状に応じて着実に問題解決が進展するよう，ビジネス改革シナリオを描く必要がある。

　そのうえで，シナリオに沿ってビジネス改革活動を実行する課題を当てはめ，ビジネス改革のフェーズプランを作成することが望まれる。そのフェーズプランの中に，情報システム構築・再構築課題も織り込むことになる。

ビジネス改革／情報システム構築の課題抽出

　ビジネス改革の可能性を評価したときに，これから何を為さねばならない

か，つまり「実行課題」が浮かび上がっている。特徴をもたらすための仕組みの実現，前提条件の整備，対策の実行などが実行課題となる（図2－30参照）。これらの課題について実行のためのプロジェクトを発足させなければならない。

また，新しい仕組みと既存の仕組みを結合する活動，新しい仕組みへの移行を行う活動を列挙して，ビジネス改革／情報システム構築課題に加える必要がある。

従来と同じでよい部分を無理に改革課題に挙げると混乱をまねく。また，解決策がまだ明らかでない問題が残っているかもしれない。そのような問題については問題解決の可能性を調べるプロジェクト（フィージビリティスタディ・プロジェクト）を起こすよう計画する。

抽出した実行課題を図2－31のようにまとめるとよい。主要な課題を「主課題」に，それに付随する課題を「副課題」に挙げる。副課題は主課題に含まれるあるいは補強する小課題や，主課題のために事前に取り組むべき準備課題などである。

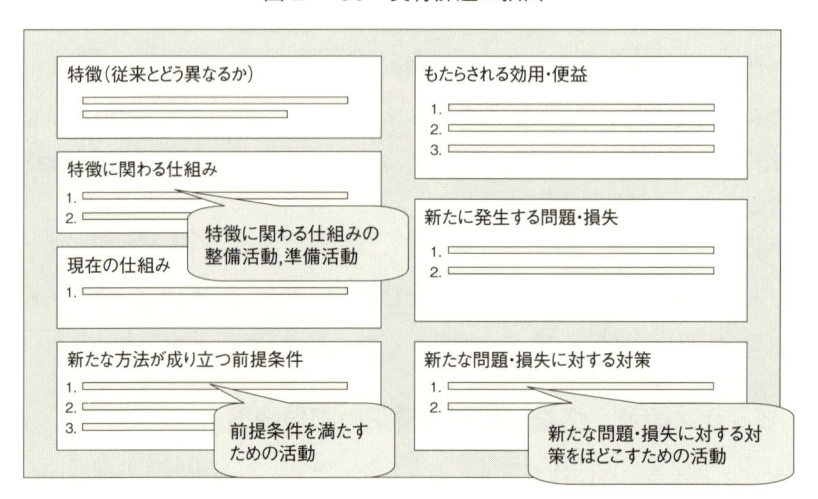

図2－30　実行課題の抽出

■ ビジネス改革のシナリオ作り

　ビジネス改革の状況をどう作り上げていくか，その筋書きを描いてみよう。段階的な改革に伴ってビジネスの姿がどう変わっていくかのシナリオである。

　まず，列挙したビジネス改革／情報システム構築課題の中で最も重要なものはどれかを考えてみる。次に，最重要課題に取り組む状況作りのために，準備として取り組むべき主要な課題はどれかを考えよう。そして，最重要課題が実現されたとき，早く大きな利益・効果を上げるために取り組むべき主要な課題はどれかを考える。

　このように，準備から最重要課題への挑戦，そして成果の取り入れへ，といったシナリオを作りたい。図2-32に記述の仕方の例を示す。例1のような物語風のシナリオが状態をイメージしやすいかもしれない。なお，シナリオ案は複数できることが望ましい。ビジネス改革の途中で状況が予想外に変わったとき用意したほかのシナリオに切り換えることができる。

■ ビジネス改革プログラムをまとめる

　シナリオに沿って，ビジネスがどのような状態に変わっていくのか，いくつかの節目としての中間目標状態と最終目標状態を設定する。そして，その

図2-31　実行課題のまとめ

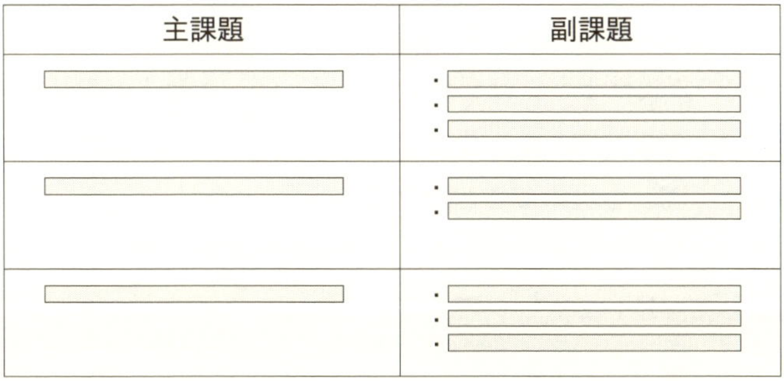

主課題	副課題
	・ ・ ・
	・ ・
	・ ・ ・

図2－32　シナリオの記述例

例1
まず入出庫実績と在庫量を把握する仕組みを確立し，次に売れ筋商品とその傾向を分析して商品体系の整理を図る。チェーン店の企画を早急に開始し，少なくとも第1期にテストショップをXX地域に出店する。商品体系の整理が終了すると本格的なチェーン店をYY地域から始め，全体に展開する。

例2
第1期
　製造技術データを整備し，共通品と固有品とを明確に区分した生産体制をとる。

第2期
　スケジューリング技術を導入し，工場の負荷と資材の投入時期を見極めた実行可能な生産計画を立てる。

第3期
　～

数段階の目標状態について，いつ頃までに達成すべきか，達成できるか，およその時期を当てはめる。こうして「フェーズプラン」を立てる。

フェーズプランに対して，先に整理したビジネス改革／情報システム構築課題を当てはめる。それを「ビジネス改革プログラム」といい，図2－33のようにまとめるとよい。

まず主課題を当てはめ，その主課題に含まれる小課題を副課題として配置する。主課題に対応する準備課題は，いつまでに準備すべきかを考えて適切なフェーズに配置する。こうした中で人材育成など新たな課題に気づくこともある。その場合には追記してよい。

1つの課題の規模は小さいほうがよい。例えば，2週間から長くて3カ月以内で実現できる規模である。また，直近のフェーズの課題についてはプロジェクト・リーダーを決めることが望ましい。

なお，実行課題には情報システム構築課題も含まれるが，これは表中で別の欄を用意して記述してもいいだろう。

図2－33　ビジネス改革プログラムのまとめ

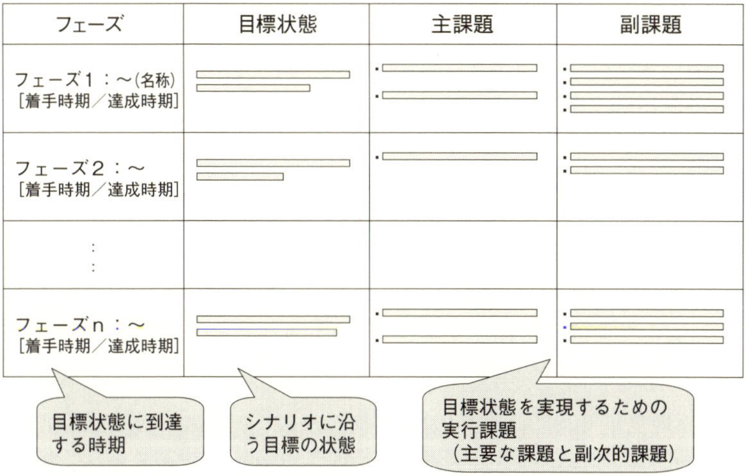

フェーズ	目標状態	主課題	副課題
フェーズ1：～(名称) [着手時期／達成時期]			
フェーズ2：～ [着手時期／達成時期]			
⋮			
フェーズn：～ [着手時期／達成時期]			

- 目標状態に到達する時期
- シナリオに沿う目標の状態
- 目標状態を実現するための実行課題（主要な課題と副次的課題）

2-5　事業領域とビジネス動向の確認

▎概念データモデルを描く準備

　本節で述べる「事業領域とビジネス動向の確認（事業領域と使命）」は通常，概念データモデルを描く準備として，対象のビジネスがどのようなものであるかを確認するために用いる。対象実世界の境界，対象実世界に存在する「もの」やビジネス機能を俯瞰できるし，何よりもビジネスの仕組みを整備する方向を示すものとして役に立つ。ステークホルダの存在やビジネスの動向を眺め，現在抱える問題点をどう解消するか，外部からの期待をどう受け止めるか，などを含むビジネス改革の手掛かりを得られるだろう。概念データモデルを描く前に取り組んだとしても，概念データモデルを描いた後で，もう一度ここに立ち返って議論するとよい。

　事業領域とビジネス動向の確認に用いる図のイメージを図2－34に示す。

第2章　概念データモデル設計法による情報体系の設計

顧客と製品（商品）

　顧客がいなければビジネスは成り立たない。日常・表面的に組織が接触する顧客のほかに、ビジネスに影響を及ぼす複数の顧客がいる。流通経路である商社などが顧客になる場合があるように、需要の源泉となる顧客と、直接的な取引対象となっている顧客とは必ずしも一致しない。それらの顧客を氏名や社名など具体名でなく「顧客層」として捉えてみる。

　顧客は何らかの活動を行うが、その活動を「顧客機能」として捉える。顧客機能に対して組織は製品やサービスを提供する。それが顧客機能に貢献するとき、顧客との間で取引関係が成立するのである。

　「製品（商品）」は顧客機能に対して何らかのサービスを提供するものでなければならない。例えば自動車部品メーカーは製品（自動車部品）によって自動車の働きを助けるサービスを提供する。また、自動車メーカーの自動車生産機能に部品供給サービスを提供している。どの製品（商品）をどの顧客層の顧客機能に提供するかを記述する。

　そして、顧客層と製品（商品）について、ビジネス上の動向や技術的な動向を把握・検討して記述するとよい。

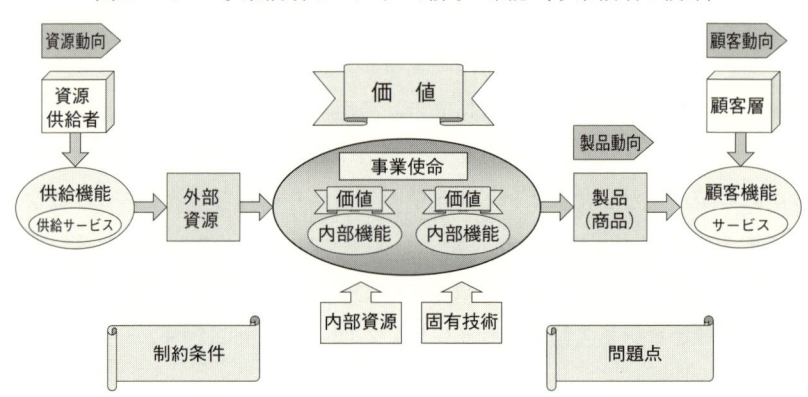

図2-34　事業領域とビジネス動向の確認（事業領域と使命）

外部資源とその供給者

　組織は事業を行うために「外部資源」を何らかの方法で調達する。材料やエネルギー，サービス，技術，情報等々である。外部資源を所有する人や組織，社会など，その資源を供給する外部組織が「資源供給者」である。ここでも流通経路を意識しよう。

　資源とともに資源にまつわるサービスを受ける場合がある。品質保証や納期保証も重要なサービスである。それらを「供給サービス」と考える。

　そして，取り入れる資源に対する資源供給者の要求や資源供給者そのものの動向，あるいは外部資源に関わる技術等の動向を検討して記述するとよい。

固有技術と内部資源

　組織が寄って立つ競争優位の源泉となる技術（「固有技術」）は何であろうか。それらを挙げよう。固有技術を活かすために組織は事業を行う，と考えてもよいだろう。手段としての技術なら外部の力を借りてもかまわないはずである。

　設備や機械など組織が内部に保有する重要な資源を「内部資源」として挙げる。固有技術はしばしば設備／機械やソフトウエアに形を変えている。さらにそれらを駆使する技術が蓄積されている。

　固有技術を理解し，設備機械類を駆使するのは従業員である。従業員も組織にとって重要な内部資源である。

事業領域と事業使命

　顧客層と製品（商品），外部資源と資源供給者を検討することを通して「事業領域」（Business Domain）を確認することができる。"Domain"は生き物が生息する領域を意味しており，事業領域は組織がビジネスを展開する社会環境である。競争相手が少ない事業領域を見つけると「棲み分け戦略」

に成功する可能性が高まるだろう。

　生息領域の中に競争相手がいる場合，生き物は自分の能力にふさわしい役割（Mission）を獲得する。ビジネス組織も社会環境の中でしかるべき役割すなわち「事業使命」を獲得する必要がある。組織が社会の中で果たすべき役割の表明として，事業使命を簡潔な文章で述べてみよう。

価値連鎖と機能

　外部資源とサービスが持つ価値と，顧客に提供する製品（商品）とサービスが持つ価値とを比較して，後者の方が大きいとき，組織は付加価値を生み出していることになる。ここで事業全体として生み出すべき「価値」を列挙する。「こうなっていればよろしい」という外部からの評価基準に当たる事柄である。例えば，「翌日配達の厳守」とか「直ちに納期回答」といった具合である。現在その価値を生み出していないようなら，ビジネス改革の要件として取り組むことになる。

　企業ネットワークによりビジネスを遂行するとき，組織は取引先や顧客が生み出す価値の連鎖の中で，しかるべき価値を生み出していかなければならない。そのような価値の連鎖を「外部価値連鎖」と呼ぶ。

　価値を生み出すために組織は何らかの活動を行う。それらの活動を総合して「機能」を果たしていると考えられる。組織内部の部門は組織全体の機能の一部分を分担している。内部機能がつながり，総合すると組織全体の機能が全うされることになる。部門ごとぐらいの粗さで「内部機能」を明らかにする。

　組織を構成する各部門は何らかの機能を果たし，何らかの価値を生み出さなければならない。内部機能にも「価値」を設定する。これによって「内部価値連鎖」を表現することになる。

問題点と制約条件

　現在の組織は何らかの「問題点」を抱えている可能性がある。それらを列

挙しよう。ここで，問題点とは「組織が外部環境に及ぼしている迷惑であって，組織の責任で解決すべき事柄」のことをいうと規定しておく。

ビジネス改革にあたって問題点を解消することが求められる。多くの場合，問題点の多くは外部価値連鎖に関して組織の貢献が十分でないことである。また，内部価値連鎖で抱える問題点で重要な事柄があれば指摘しておく。

「制約条件」はビジネス改革案を作るとき，組織または社会環境が指定する手段のことをいう。必ず採用すべき手段あるいは採用してはならない手段であって，法令等による規制や社会的制約，経営方針などで明示されている事柄である。

2-6 機能モデル

ビジネス活動の連鎖を記述する

機能モデルはビジネス活動の基本形を「機能」として捉え，一連の機能の連鎖を描くものである。概念データモデルを描いている中で，業務手続き改善の必要性に気づいたときに用いる。

組織が行う活動のパターンを「機能」という。その機能が何に働きかけてどのような結果を得るべきか，「もの」や「情報」の事前状態（Input：インプット）と事後状態（Output：アウトプット）によって機能を規定する。さらに，その機能が持つべき「価値」も明らかにする。「価値」はビジネス活動の評価基準，あるいはビジネス活動を通して挙げるべき付加価値に当たる。

そして，インプットとアウトプットを介してそれらの機能がどうつながりあうか，ビジネス機能の連鎖を記述する。これによって，組織構造にふさわしい情報伝達経路と情報管理・情報処理の分担を明らかにすることになる。

図2－35に機能モデルの表記法を示す。

第2章　概念データモデル設計法による情報体系の設計

■ 機能とその範囲

「機能」はビジネス活動のパターンである。図の上では活動の種類名を書く。その機能のインプットとアウトプットを記述するが，それによって機能範囲が規定される。活動種類名は「〜を〜する」のように表現するとよい。「〜を」は働きかける対象物あるいは成果物，「〜する」は行為を表す他動詞である。機能を捉えるレベル（大きさ）は通常，まず粗く捉え，必要に応じて詳細化するのがよい。機能の詳細化ついては後述する。

■ 価値（期待効果／付加価値）

その機能が働くことによる効果や外部からの期待を表し，いわば働きに対する評価基準にあたる。成果物の品質，資源の消費，時間的な要件などが指摘されるだろう。このような「価値」を持つ機能の連鎖が「内部価値連鎖」である。内部価値連鎖を調整することにより，働く人々の協調の仕方を適正に方向づけることができる。

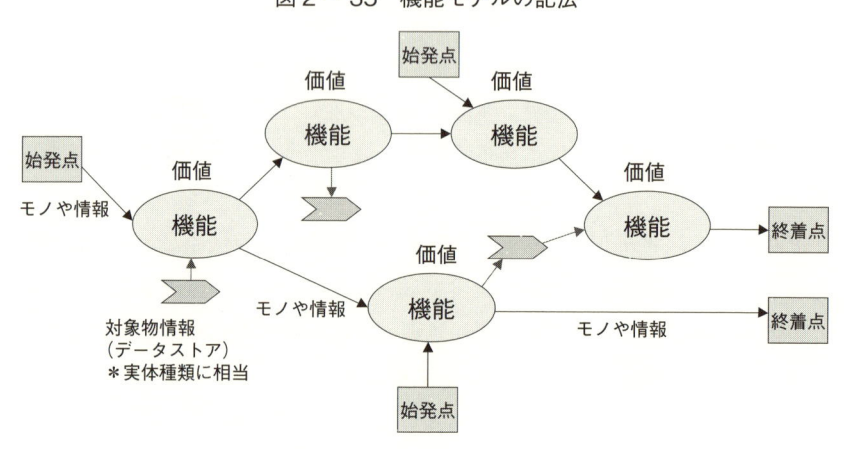

図2－35　機能モデルの記法

■ インプット／アウトプット

インプットとアウトプットは「もの」または「情報」である。インプットは働きかける対象物や活動を起動する「もの」／情報などであり，アウトプットは活動の成果物や活動の事実を表す情報などである。主要なものを挙げれば十分である。

■ 対象物情報（データストア）

実体種類に対応して蓄積・保管する「もの」情報を表す。「もの」の状態を眺めながら活動するとか，活動の事実を記録するといった姿を描く。あるいは「もの」が特定状態に達したときに活動が起動される（動的モデル参照）様子も描く。

■ 機能の連鎖

ある機能のアウトプットが他の機能のインプットになることを示すことによって，業務機能のつながりを表す。製造ビジネスの現場は一般的に「もの」の流れとしてつながっている。しかし，保管することによって，「もの」の滞留を作ることも可能である。情報はしばしばデータストアに蓄えられ，後で参照する形でつながる。その理由は，現場で活動中の人に直ちに情報を伝えても，その作業が終わるまで対応できないことが多いためである。

■ ビジネス活動の同期

機能モデルではビジネス活動の連鎖を表現できるが，同期連携の仕組みは表現できない。組織間の必要最小限の同期連携の仕組みは「組織間連携モデル」によって表現できる。しかし，実際の同期連携は働く人や設備・機械が空く時間を待つ「遅れ同期（Asynchronous）」になることが多い。待っている間に急ぎの仕事が飛び込み，仕事の優先順位が変わることがあり，対応方法は一様でない。したがって，ビジネス・アーキテクチャの一環として独自

の同期連携方式を組み立てることが多い．製造ビジネスでいうと，トヨタ自動車の「かんばん」[26]や，E. M. ゴールドラットのDBR（Drum Buffer Rope）[24]，「かんばん」なしの「気配り生産」[28]などがその例である．ビジネス活動に必要な「もの」たちが実行できる状態になっているかどうか，必要最小限のチェックも機能モデルでは表現できない．したがって，概念データモデル設計法では動的モデルによって，「もの」の状態の変化規則を表現し，どのような状態のとき，どの活動を受け入れることができるか表現している．また，組織間連携モデルではその状況を総合的に表現している．機能モデルの限界を理解して使い分けていただきたい．

始発点と終着点

この対象領域の外部との接点を示す．資源の供給元や製品やサービスの行き先などである．

機能の規定

あるビジネス機能を改革しようとするとき，その機能をきちんと規定するとよい．図2－36のように記述する「インプット」「アウトプット」「価値」に加えて，「制約条件」と「問題点」とを明らかにする．この記法は2-5で述べた「事業領域の確認」で用いた．

機能の詳細化

捉えた機能が粗く実行の目処がつかないとき，機能をさらに詳細化する必要がある．このとき，一気に詳細を描かずに段階的に詳細化を行うべきである．いきなり細部を議論すると全体を見失いがちだからである．

手順としては先に述べた「機能の規定」を行った後に詳細化したほうがよい．実行の目処がつくとか業務担当者に案作りをまかせればよいといった状況になったなら，詳細化を止める．過度に詳しくしすぎないほうがよい．業務担当者の工夫の余地をなくしてしまうことになる．

6 機能モデル

図2－36　機能の規定

```
          ＜価　値＞
          ─────
          ～
```

＜インプット＞　　　　機　　能　　　　＜アウトプット＞

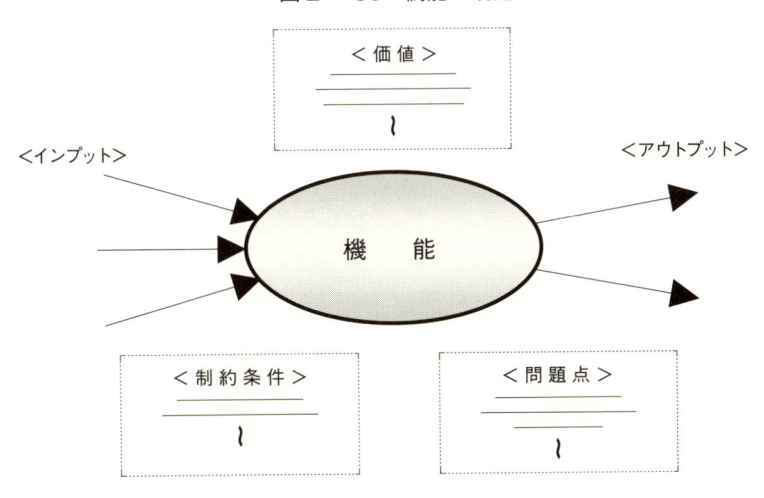

```
 ＜制約条件＞            ＜問題点＞
 ─────             ─────
 ～                  ～
```

図2－37　機能の詳細化

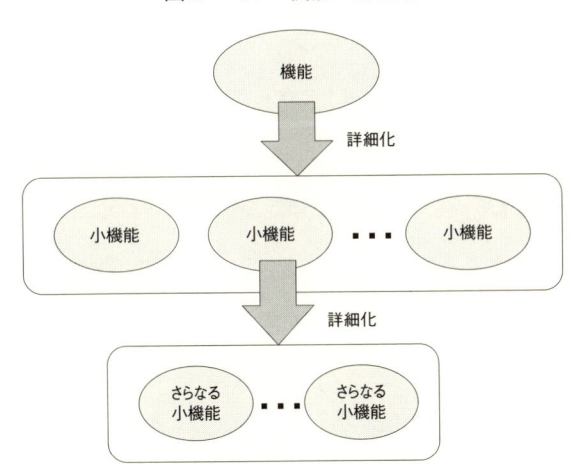

機能
↓詳細化
小機能　小機能　…　小機能
↓詳細化
さらなる小機能　…　さらなる小機能

103

第3章 概念データモデルと情報システム・アーキテクチャ

　この章では読者としてビジネスの仕組みと情報システム全体の整合を図る役割を持つ方々，例えば，CIO（情報管掌役員），ビジネス改革＆情報システム構造改革ステアリング・ボード，情報システム・アーキテクト，情報基盤アーキテクトを主たる対象としている。利用部門の管理者（情報品質保証責任部門の管理者や情報の利用者），アプリケーション・プログラマにも参考になるであろう。

3-1　ビジネス・アーキテクチャと情報システム構造の整合

3-1-1　情報システムの統合・分散構造

　バブル経済が崩壊した1990年代初頭まで，情報処理形態を集中にすべきか，分散にすべきか，実現手段の側から議論してきた。コンピュータの価格が高い時代は集中処理，価格がある程度下がり中小型コンピュータが普及すると分散処理，オンライン・リアルタイム処理が有力になると集中処理，通信技術が民間に普及しリモートバッチやディマンド処理などの分散処理形態が可能になると分散処理が注目された。悪いことに，情報処理の集中・分散の構造はビジネス組織の統合・分散構造に強く影響を及ぼす。コンピュータの使い方を契機として組織内でしばしば権力闘争が発生した。

　当然のことであるが，技術の側から組織構造を議論することは妥当でない。ビジネス組織の構造は固定できるものでなく，内外の状況に応じて頻繁

に変化する。変化するビジネス組織を支援できる構造をビジネス情報システムは持っていなければならない。ビジネス組織の変化に従属して表面的に情報システムを変更するのでは労力と時間が掛かり，常時バックログ（変更要求の山）の解消に追われ続ける。

ビジネス・アーキテクチャに着目して安定部分と変動部分を適切に見分け，変更しやすい構造にすべきである。組織の統合・分散構造に関していうと，表面的な組織構造でなく「もの」と「こと」の管理責任に着目して機能的な組織を想定し，その統合分散構造に対応してデータベースの配置やトランザクション処理機器配置など情報システムの統合分散構造を設計すべきである。

概念データモデル設計法では組織間連携モデルとして「もの」と「こと」の管理責任に着目して組織構造を把握する。各々の組織構成要素に対して業務形態にふさわしい情報処理が行えるよう情報基盤を配置する必要がある。安いという理由で安易にIT商品を配置すると後で苦い思いをするであろう。

3-1-2 情報処理形態

ビジネス情報システムを構築するとき考慮すべき情報処理形態を紹介しておく。IT商品はそれぞれの処理形態とその処理で取り扱うデータ（情報）の性質を想定して開発されており，分野ごとの高度な専門技術が駆使されている。1つの商品で全ての処理形態に対応できる「オール・イン・ワン」商品なるものをアナウンスするソフトウエア・ベンダーがいるが，眉に唾をつけて聞く必要がある。某遊園地はオール・イン・ワンの言葉を信じてエンドユーザー・コンピューティング用のソフトウエアを採用し，基幹系システムを構築したが数年を経ずしてソフトウエア保守困難に陥り，全てを再構築しなければならなくなった。エンドユーザー・コンピューティングの道具はデータ品質保証やソフトウエア保守の仕組みをほとんど持っていないので，基幹系システムに適用するのは適切でない。

形態が異なるビジネス情報処理（アプリケーション分類：Application Portfolio）として，基幹系，情報系，オフィス支援系，対外接続系を挙げておく。このほかに製品開発にまつわる LA（Laboratory Automation）や生産設備を制御する FA（Factory Automation）などの情報処理分野があるが，ビジネスデータを取り扱う面は少なく，専門分野独自の仕組みや道具が用意されている。概念データモデル設計法の対象分野でないので割愛する。

■ 基幹系

基幹系は，ビジネスの関心対象世界の事実をデータとして採取し，データベースに蓄積する情報処理分野である。ビジネス情報システムにおいてこの分野で情報品質を保証することが肝要である。ユーザー要求に基づいて基幹系を組むのは妥当でない。ビジネスの対象世界の事実を捉える仕組みをビジネス基盤として構築することが極めて望ましい。

基幹系は概念データモデルに表れる「もの」に対応する「実体オブジェクト」と「こと」に対応する「活動エージェント」の相互作用系である（図3−1）。

■ 情報系

情報系は，基幹系で採取・蓄積したデータを利用者の手元に配布し（情報サービス），利用者が自らの手で分析・加工して欲しい情報を取り出す（エンドユーザー・コンピューティング）など，アウトプット要求に応対する情報処理分野である（図3−1）。例えば，会計は金銭の出入りを扱うので，基幹系に属する。これに対して経理は金銭の動きだけでなく，物や人の動き全体を金額換算して捉え経営に必要なバランスシートや損益計算書を作成するので情報系に属する。実際，経理の方針は様々であり幾通りもの管理会計が提唱されている。

この分野では多様な情報検索や高速なデータ分析が要求されるので，かなり高度な情報技術を駆使したソフトウエア商品（データウエアハウス，デー

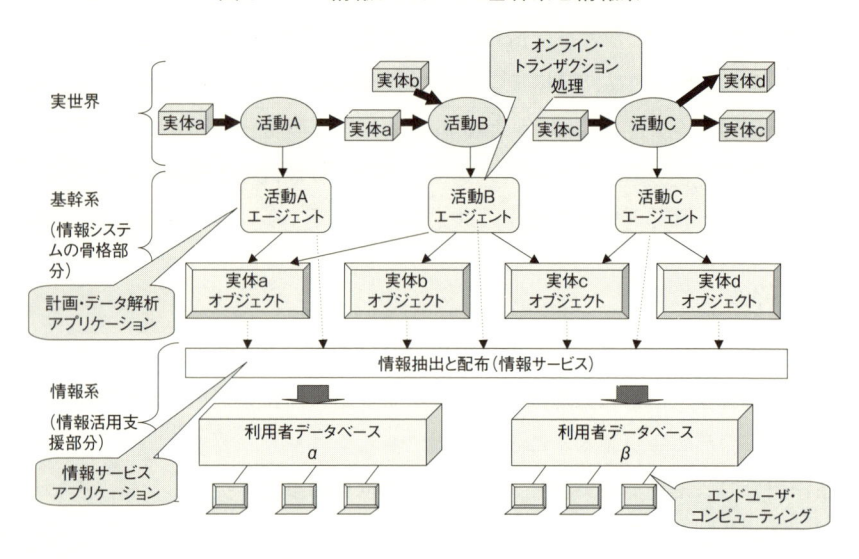

第3章 概念データモデルと情報システム・アーキテクチャ

図3－1 情報システムの基幹系と情報系

```
実世界:
  実体a → 活動A → 実体a → 活動B → 実体c → 活動C → 実体d
                    実体b ↗         オンライン・      実体c
                                    トランザクション
                                    処理

基幹系（情報システムの骨格部分）:
  活動Aエージェント  活動Bエージェント  活動Cエージェント
  実体aオブジェクト  実体bオブジェクト  実体cオブジェクト  実体dオブジェクト
  計画・データ解析アプリケーション

情報系（情報活用支援部分）:
  情報抽出と配布（情報サービス）
  利用者データベースα   利用者データベースβ
  情報サービスアプリケーション         エンドユーザ・コンピューティング
```

タマート，意思決定支援システムなど）を使うことになる。また計算処理結果を分かりやすい形式で表示することも求められるので，目的に合う小道具（表計算ツール類）を選ぶほうがよい。いくつかの道具を組み合わせて情報系の基盤ソフトウエアを用意することが肝要である。

　ユーザー企業が情報系アプリケーションを「開発」することはお勧めしない。アウトプット要求は問題があれば発生し，解決すると不要になり，問題の進展に応じて内容や形式も頻繁に変動する。「開発」してしまうと，ソフトウエア保守の仕組みが不十分な道具であるので，混乱が生じやすい。むしろ利用者ごとに用意する，使い捨ての仕組みと考えるほうがよい。その中に一貫した管理を行うための経理や経営管理のための定型的アウトプットデータを作成する仕組みが出現する。

情報の流れ，基幹系から情報系へ

情報系システムと基幹系システムの間には明確な壁を設ける必要がある。

すなわち，情報の参照権を適正に設定して情報サービスの仕組みを介して基幹系から情報系にデータをわたすことが第1の壁であり，情報品質保証のために，情報系から基幹系に直接的にはデータを逆流させないことが第2の壁である。

この壁を設けた上で，利用者達が「情報を取りに行く」ことが肝要である。「情報をよこせ」という利用者を安易に許してはいけない。情報要求は多様であり，しかも内容が頻繁に変動する。基幹系システムに蓄積した原始データを参照権に基づいて利用者に開示し，あとは利用者自身が自らの手で欲しいデータを抽出・加工することが望ましい。当然のことであるが，利用者がビジネスの仕組みを理解していることが前提である。ビジネスの仕組みを理解していない利用者の情報要求に対応する情報システムを構築することは不可能である。

オフィス支援系

基幹系や情報系では概念データモデルで記述できる定型データを扱う。内容や形式は決められており，解釈も「もの」や「こと」に対応すると決められている。しかし，ビジネスで取り扱う情報の中には非定型で，意味も変動する情報が大半を占める。そのような情報は音声や図形，文章などで表現される。情報の内容は意味や解釈の仕方について議論するものが多い。

オフィス支援系はそのような非定型の意味に関する情報を扱う仕組みである。ワードプロセッサ，表計算，プレゼンテーション資料作成，電子メール，電子会議，ワークフロー管理など様々なオフィス活動を支援するソフトウエア商品が出回っている。これらを用いて基幹系や情報系の仕組みを構築する企業も少なくない。しかし，情報品質保証の視点でいうと，十分な処置を組み込めないので薄氷を踏む状況になり，しばしば情報流出や情報破壊などでパニック状態に陥る。

いまでは，オフィス支援系から基幹系や情報系のアプリケーション・ソフトウエアや道具類を呼び出せる仕組みが整備されている。ワークフロー管理

システムがその典型である。そのことが基幹系システム構造の抜本的な改革を可能にした。すなわち，固定した業務手続きを行う集中管理型の仕組みを基幹系に構築する必要がなくなった。基幹系サービスのモジュール類を用意しておき，ワークフロー管理側からそのモジュールを呼び出すことにすると，「業務手続きの鉄鎖」や「標準の足枷」からビジネス活動の現場で働く人たちを解放できる。すなわち，業務手続きを決めなくても，基幹系アプリケーションを構築できるし，利用者ごとに働きやすい業務手続きを考えて基幹系や情報系のモジュールを呼び出すよう，ワークフローに登録すればよい。業務マニュアルをどのように工夫して作っても，あらゆるタイプのトラブルを網羅することはできないし，記載できていない緊急事態にマニュアルどおりに働くと問題を悪化させる恐れがある。むしろ，利用者自身が自分の仕事の仕組みを組み立て，改良することにより，仕事の意味や組み立て方を理解することが重要である。そうであれば，緊急事態において適切に対処できる。「治にありて乱を思う」賢い利用者を育成することをお勧めする。

対外接続系

通信技術が発達してビジネス組織間をつなぐ新しい種類のアプリケーションが次々と現れている。古くはVAN（Value Added Network）から始まって様々な電子市場が現れ，いまでは商品の取引だけでなくサービスも提供する対外接続系アプリケーションが出回っている。大手の企業では独自の対外接続系システムを構築し，外部企業にも提供するケースが少なくない。

商品やサービスの販売，裏返すと商品やサービスの購入に関わる仕組みをこの対外接続系システムとして構築する，あるいは，他社が作った対外接続系システムを利用することが現在のビジネスには欠かせない。

対外接続系システムに関してはハッカーの侵入や偽物のポータルサイトなど，破壊や犯罪の恐れがあるので，要注意である。少なくとも個人認証や企業認証などの仕組みを組み込む必要がある。また，商品コードの体系が異なるために，変換・読替が必要になるので，ある程度のカスタマイズが必要に

なる場合が多い。

対外接続系アプリケーションではインタフェース仕様やコード体系などに関して業界標準あるいは世界標準を設定する必要がある。標準化に関して無関心でいると，新興国に後れを取る恐れがあるので注意していただきたい。

3-2 基幹系の情報処理形態

3-2-1 実体オブジェクトと活動エージェントの相互作用系

■ 実世界のシミュレーション

ビジネス活動の事実を捉え，関心対象物がどのような状態になっているか把握することが基幹系情報システムの使命である。これはビジネス情報システムにおいて自動化と省力以前の最重要かつ中心の課題である。その処理形態はかつて行われてきたような大量データの一貫処理ではない。また，大規模データベースを中心とするリアルタイム処理でもない。基幹系のデータ処理形態に関して発想転換していただきたい。

実世界に存在する主要な「もの」（実体）に対応して「実体オブジェクト」を情報システムの中に構築する（図3－2）。実体オブジェクトは「もの」の状態を捉え，要請があればその状態を「メッセージ」として回答する。また，「もの」にまつわる活動の順序規則を知っており，規則違反があれば検出する。もしも「もの」が特定の状態になったときしかるべき活動を起動させる必要があれば，メッセージを活動主体に送る。

実世界で行う主要なビジネス活動に対応して「活動エージェント」を情報システムの中に構築する（図3－2）。活動エージェントはビジネス活動を支援するための情報を提供し，必要であればデータ処理を行い，活動の事実をデータとして採取し，活動によって状態変化した「もの」に対応する実体オブジェクトに状態変化を伝える。

実ビジネスでは人や機械などの「もの」が様々な「もの」に働き掛け，

「もの」の状態を変化させる。ビジネス活動に関与する「もの」がしかるべき状態になっていないと，活動を行うことができない。ビジネスの実世界は「もの」たちの間で行われる相互作用の系統（相互作用系）である。

実体オブジェクトと活動エージェントはその状況をそのまま模倣する。情報システムの基幹系は実世界で行うビジネス活動を情報システムの中で模擬実行するものにほかならない。

図3－2a　活動と実体の関係

- 1つの活動が複数の実体の状態を変える
- 1つの実体が複数の活動により状態を変える

図3－2b　活動エージェントと実体オブジェクト

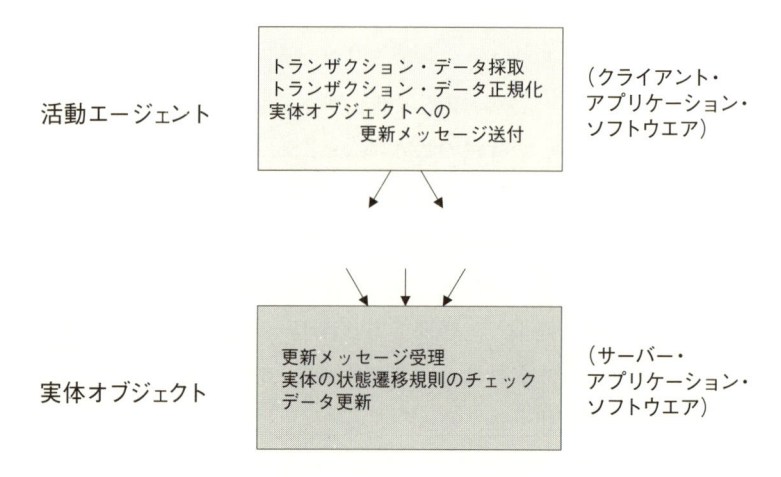

活動エージェント：
トランザクション・データ採取
トランザクション・データ正規化
実体オブジェクトへの更新メッセージ送付
（クライアント・アプリケーション・ソフトウエア）

実体オブジェクト：
更新メッセージ受理
実体の状態遷移規則のチェック
データ更新
（サーバー・アプリケーション・ソフトウエア）

情報システムの利用者にとって実体オブジェクトは目に見えにくいが，活動エージェントはビジネス活動の道具として直接的に使用され，目につきやすい。ビジネス活動の内容を改善・改良するとき活動エージェントを変更・改良するケースがかなり多いと思う。ビジネス活動の形態にふさわしい情報処理形態を持つ活動エージェントを構築する必要がある。

ビジネス活動が1つの「もの」に働き掛け，その状態を変化させる場合，情報処理形態としてオンライン・トランザクション処理と呼ばれる。その実装形態としては会話型処理あるいはリアルタイム処理が行われる。利用者にとって会話型であるか，リアルタイム処理であるか区別がつかないと思う。ここでは双方の実装の仕組みを紹介する。

ビジネス活動が多数の「もの」の状態を変化させる場合は，一括処理（Batch Process）と呼ばれる。分析や計画，優先順位づけなどがその例である。

3-2-2　オンライン・トランザクション処理
　　　　（会話型処理あるいはリアルタイム処理）

オンライン・トランザクション処理はある1件の「活動」を行うとき，その「活動」に必要な情報を提供し，活動の事実をデータとして採取し，活動によって状態が変化した「もの」に対応する実体オブジェクトのデータを更新する処理である。

例えば，製造業の受注生産型の組み立て作業では，複数種類の部品を集めて組み立て，製品を作る。組立エージェントは顧客の注文に基づいて集めるべき部品を作業者に報せ，組み立てたとき，誰が，いつ，どの製品（製造番号付き）を組み立てたか記録する。必要であれば，部品を取り上げる順序を指定することもできる。

オンライン・トランザクション処理のアプリケーションは一般に3層に分けて構築される（図3-3）。

第3章　概念データモデルと情報システム・アーキテクチャ

図3－3　オンライン・トランザクション処理および会話型処理の3層構造

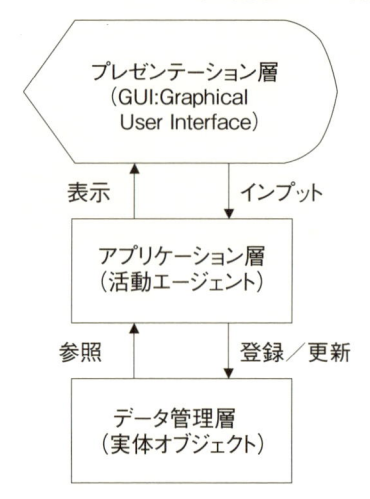

```
        ┌─────────────────┐
        │ プレゼンテーション層 │
        │  (GUI:Graphical  │
        │  User Interface) │
        └─────────────────┘
           ↑         ↓
          表示     インプット
        ┌─────────────────┐
        │ アプリケーション層  │
        │  (活動エージェント) │
        └─────────────────┘
           ↑         ↓
          参照      登録／更新
        ┌─────────────────┐
        │  データ管理層     │
        │ (実体オブジェクト)  │
        └─────────────────┘
```

「プレゼンテーション層」は利用者にデータを表示し，また利用者がデータをインプットするための利用者にとって目に見える層である。表示するデータは実体オブジェクトあるいはマスターデータが持っている。現在のソフトウエア技術では，利用者ごとに画面の形式や表示内容を変えることができる（カスタマイズ）。したがって，源泉となるデータが何であるか明らかにすることが肝要である。

ビジネス活動の進行に応じていくつかの画面を順次表示する画面遷移に関してはアプリケーション層の算法に従うので，利用者ごとのカスタマイズはある程度制約される。

話が少し横道に逸れるが，要求分析・要求定義と称して，情報システム構築のごくはじめの段階で要求画面を調査することは本末転倒である。画面に表示すべきデータの源泉である実体オブジェクトやマスターデータを明らかにすることが先決である。それは概念データモデルの静的モデル（実体関連図）と動的モデル（実体変化過程図）を描くことにほかならない。

画面の類を表示する現在の GUI（Graphical User Interface）は特定のアプ

リケーションから独立する構造になっており，利用者ごとに自由にカスタマイズできる（図3－4）。アプリケーションができあがり，動き始めた後で利用者に細かな要求を聞けば十分である。

「アプリケーション層」は活動内容に沿ってデータを加工・処理する層である。実体オブジェクトに要請してデータを受け取ってプレゼンテーション層に送るとか，何らかの計算や変換を行う，インプットデータの内容を実体オブジェクトやマスターデータに照らして品質チェックする，「もの」の状態変化に基づいて実体オブジェクトにデータ更新を要請するなどの処理を行う。この層ではデータ品質保証が極めて重要である。

一般に，この層の要素は「活動エージェント」として実装される。図3－5にオンライン・トランザクション処理の「活動エージェント」の構造を示す。

「データ管理層」は実体オブジェクトやマスターデータなど，一般にデータベースと呼ばれる層である。ただし，単にデータを保管し，検索要求に対

図3－4　ヒューマン・インタフェース

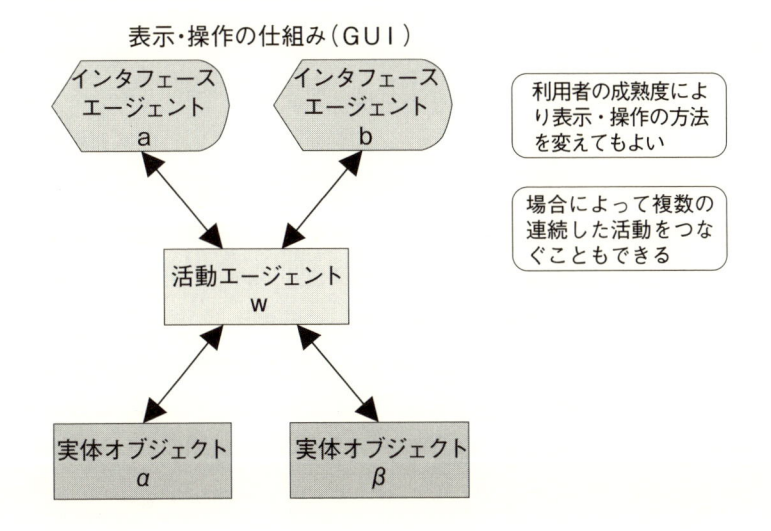

表示・操作の仕組み（GUI）

インタフェースエージェント a
インタフェースエージェント b

利用者の成熟度により表示・操作の方法を変えてもよい

場合によって複数の連続した活動をつなぐこともできる

活動エージェント w

実体オブジェクト α
実体オブジェクト β

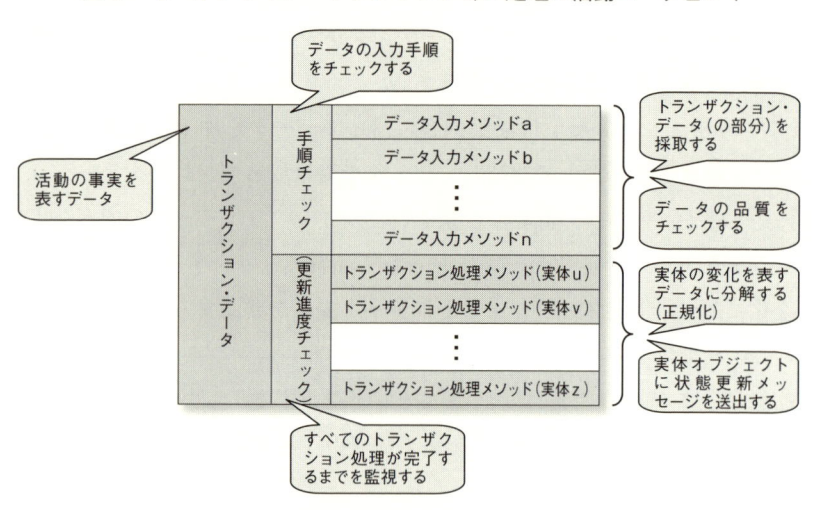

第3章　概念データモデルと情報システム・アーキテクチャ

図3－5　オンライン・トランザクション処理の活動エージェント

```
                    ┌─データの入力手順─┐
                    │  をチェックする   │
                    └─────────┬─────┘
   ┌─────────┐       ┌──┬──────────────┐      ┌─トランザクション・┐
   │ 活動の事実を │ ト  │手 │ データ入力メソッドa │    ╲│ データ（の部分）を│
   │  表すデータ  │─ラ─│順 ├──────────────┤─────│    採取する    │
   └─────────┘ ン  │チ │ データ入力メソッドb │    ╱└──────────┘
                 ザ  │ェ ├──────────────┤
                 ク  │ッ │      ⋮       │      ┌──────────┐
                 シ  │ク │              │      │ データの品質を │
                 ョ  │   │ データ入力メソッドn │─────│ チェックする  │
                 ン  ├──┼──────────────┤      └──────────┘
                 ・  │（ │トランザクション処理メソッド（実体u）│
                 デ  │更 ├──────────────┤     ┌─実体の変化を表す─┐
                 ー  │新 │トランザクション処理メソッド（実体v）│────│  データに分解する │
                 タ  │進 ├──────────────┤     │   （正規化）   │
                     │度 │      ⋮       │     └──────────┘
                     │チ │              │
                     │ェ │トランザクション処理メソッド（実体z）│     ┌─実体オブジェクト─┐
                     │ッ │              │─────│  に状態更新メッ  │
                     │ク │              │     │  セージを送出する │
                     └──┴──────────────┘     └──────────┘
                       │
                  ┌─すべてのトランザ─┐
                  │  クション処理が完了す │
                  │  るまでを監視する    │
                  └──────────┘
```

応するデータベース管理とは異質である。

　実体オブジェクトは「もの」の名前（識別子）と「もの」の状態を表すデータ項目（属性）を持っている（図3－6）。また，「もの」の状態を変化させる出来事に対応して，属性値を更新する小機能（メソッド）を持っており，さらに「もの」の状態変化の順序規則を知っており，規則違反を検出するメソッドも持っている。違反があれば，要請元のアプリケーションに対してエラーであると報(しら)せる。実体オブジェクトは要請に応じて情報を提供するメソッドも備えており，「もの」がある状態になったとき，必要であればほかの実体オブジェクトや「活動エージェント」に何らかの処理を要請するメソッドも持っている。さらに，実体関連図に基づいて，実体間の関連が適正であるかどうかチェックする仕組みも持っている。

　「もの」にまつわるビジネス規則のかなり多くの部分がデータ管理層に組み込まれる。そうすることによって，アプリケーション層のデータ品質保証の仕組みが大幅に簡素化される。

　活動の結果は「トランザクションデータ」として記録・蓄積し，後で利用

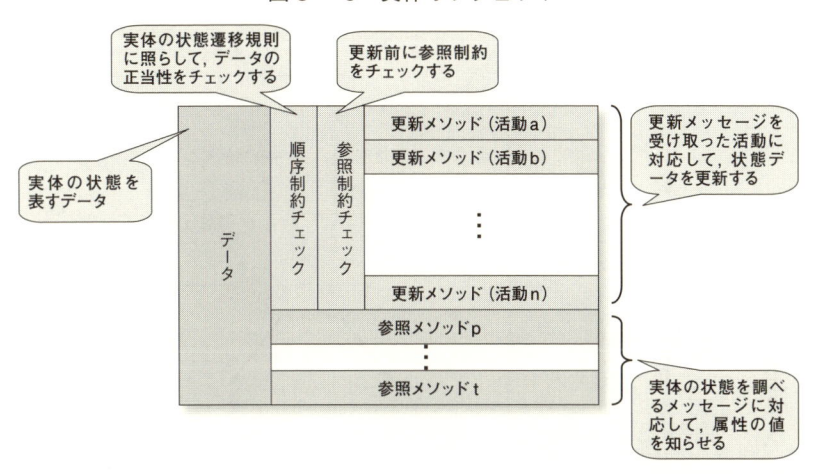

図3－6 実体オブジェクト

[図：実体オブジェクトの構造。「データ」「順序制約チェック」「参照制約チェック」の領域と、「更新メソッド（活動a）」「更新メソッド（活動b）」…「更新メソッド（活動n）」「参照メソッドp」…「参照メソッドt」が並ぶ。注釈：「実体の状態を表すデータ」「実体の状態遷移規則に照らして、データの正当性をチェックする」「更新前に参照制約をチェックする」「更新メッセージを受け取った活動に対応して、状態データを更新する」「実体の状態を調べるメッセージに対応して、属性の値を知らせる」]

するためにデータベースに保管される。これはいわゆる大福帳あるいは総勘定元帳に相当する。

3-2-3　一括処理（バッチ処理）

バッチ処理は大量のデータを一括して処理するタイプのデータ処理である（図3－7）。そのとき、処理要求を持つデータ（処理対象データ）と処理に必要な参照データがインプットデータと呼ばれ、処理結果をアウトプットデータと呼ぶ。ただし、参照データを更新する場合がある。その場合は、参照データはインプットであり、更新結果はアウトプットデータである。これはデータベースの更新処理にしばしば見られる。

活動エージェントとしてバッチ処理プログラムを作るとき、抽象的に見ると、バッチ処理はデータ集合を取り扱う。したがって、バッチ処理プログラムの算法はデータ集合の構造に基づいて導出・決定される。データが実世界の構造に対応して設計されているなら、バッチ処理プログラムに実世界の構

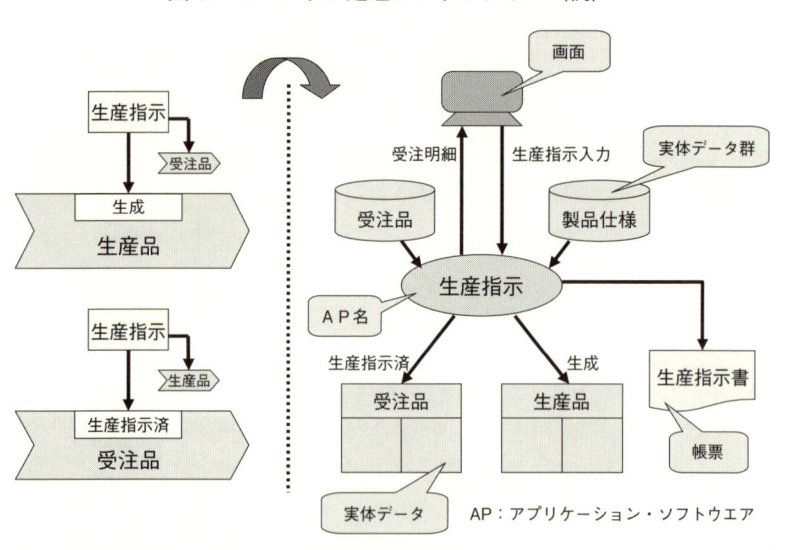

第3章　概念データモデルと情報システム・アーキテクチャ

図3－7　バッチ処理のアウトライン（例）

造が反映される。決して機能構造によって算法を定めてはいけない。

　バッチ処理でも実体オブジェクトの内部構造はオンライン・トランザクション処理と同一である。オンライン・トランザクション処理は，処理対象データが1件だけのバッチ処理と見なすことができる。ただし，1つの活動により複数の実体オブジェクトに状態変化を伝える必要がある。しかもそのとき，エラーチェックの一種として実体オブジェクトのどれかで状態変化規則の違反があると，元に戻す必要がある（ロールバック）。

　バッチ処理は大量のデータを取り扱うので，処理に要する時間（Turn Around Time: 処理開始から終了までの時間）が長くなる傾向がある。例えば，昼休みに生産スケジューリングなどを行うと，休憩時間の間には終了しない恐れがある。ビジネス活動の頻度に制約が生じる場合があるので注意していただきたい。

3-2-4　基幹系アプリケーションのレイヤー構造

■ ビジネス・アーキテクチャとアプリケーションのレイヤー構造

　ビジネス組織の構造は都市に似ている。交通網，上下水道などの基盤構造があり，その上にオフィス街や商業街，住宅街などが目的別に建設され，ビジネス組織や住民が入居する。都市はこのようにレイヤー構造を有する。ビジネス組織も同様にレイヤー構造を持っている。以下では，具体的なレイヤー構造を，製造業の例を挙げながら示す。

　製造業のビジネス情報システムを構築してみると，情報システムのアプリケーション（適用業務）がビジネス・アーキテクチャのレイヤー構造に対応していることに気づく。まず，ビジネスにまつわる技術を取り扱う層があり，その上に「もの」を取り扱う層が構築され，さらにその上にビジネス活動を取り扱う層が構築される。さらにその上にビジネスプロセスが形成され，ビジネスプロセスのパターンとしてビジネスモデルが形成される。複数のサプライチェーンに参画し，しかるべき役割を獲得するために事業部門は幾通りかのビジネスモデルを使い分ける。

　情報システムの立場でいうと，情報品質保証のために技術データ管理層，現物管理層，活動制御層を意識して構築する必要がある。すなわち，技術データに基づいて計画を具体化し，計画に則って現物を調達し，品質保証された現物を用いて製造・販売などのビジネス活動を行うよう制御情報を提供する。

■ 技術データ管理層

　製造業では製品を作るための技術を蓄積している。製品や部品，原材料の仕様や，製造方法を登録・管理するための技術データ管理アプリケーションを最初に構築する必要がある。この技術に基づいて原材料を購入し，部品を調達し，製品を作る。製造だけでなく販売やアフターサービス，経理，予算編成など多数の業務においてこのデータを参照する。

製品の品質を保証しようと思うなら，技術データ管理層においてデータの品質を十分に検査する必要がある。

技術データにおいて，主要なビジネスプロセス（製造方法）を正確に表現することが肝要である。プロセスにおいて様々な「もの」が関連づけられ，製品構造が実現される。

現物データ管理層

技術データを参照して製造やサービスの計画を立て，計画の実行に必要な「もの」の調達を計画する。計画の実行結果は現物でなければならない。言い換えると，現物に結びつかない計画は立てる意味がない。需要に基づいて製品の生産を計画するなら，計画に則らない原材料・部品・中間製品などの現物は存在を許してはいけない。これらは余剰であるか不良品であるに違いない。余剰品を抱え込むと品質が劣化する恐れがある。製品仕様が変わると余剰品は使う当てのない死蔵品に変わる。余剰品を使い切るために製品仕様変更をためらうと，技術的に遅れた製品を市場に供給し続けることになり，売れ行きが止まり値下げせざるを得なくなる。

計画に則らない「もの」（人や企業も含む）に関していうと，ビジネスプロセスにおいてしかるべき役割を持つかどうか技術データに照らして審査し，ビジネスプロセスに関わらない「もの」の存在を許してはいけない。

情報と現物の1対1対応が肝要である。ただし，現物をどのような詳しさで捉えるかは，ビジネス・アーキテクチャにより異なる。トヨタ生産方式では「『かんばん』は「もの」だと思え」と情報を記載した「かんばん」と現物の1対1対応を強調している。

現物管理がなおざりになっていると，ビジネス活動を計画しても必要な「もの」がないため実行できない恐れがある。実行可能な活動を指示するためには現物供給の裏づけが必須である。

活動制御層

　オンライン・トランザクション処理においてビジネス活動の事実をデータとして採取するとき，その活動が計画に則って行われているか，また技術データに則って行われているかチェックする必要がある。

　ビジネス活動の制御方法によって業績が大きく左右される。顧客を待たせない，設備・機械や技術・技能者の稼働率を高める，設備・機械や治工具・金型の予防保全を適切に行う，働く人々が適度な休養をとる，など顧客満足度向上，価格競争力向上，品質向上につながる効果を挙げることができる。現在の経営では稼働率の平準化が重要である。平準化できると設備や要員の遊休が少なくなり，無駄な投資が少なくて済ませられる。

　E. M. ゴールドラットの「制約条件の理論」に沿う先進生産スケジューリング（Advanced Planning & Scheduling）など新しいスケジューリング技術[24][29]を生産活動制御のために導入する企業が少なくない。ところが，導入後5年も経たないうちにスケジューラを使用停止する企業がかなり多い。使っていても，参考程度にとどまっている。その理由を調べてみると，スケジュールどおりには現物が供給されない，スケジューリングの基礎データに設計変更や工程変更が反映されないなど，現物管理や技術データ管理の問題が山積している。

　ビジネスプロセス改革と称していきなりビジネス活動制御（生産スケジューリングなど）を行おうとしても，成功する可能性は低い。例えば，トヨタ生産システムの「かんばん」による生産活動のジャスト・イン・タイム制御の背後には，部品の供給を可能にするための3カ月資材調達計画が存在し，さらにその背後には製品構造と製造プロセスを統合表現する工程部品表（基準工程表と呼ぶこともある）が存在する。あまり知られていないが，トヨタ自動車の社長だった豊田喜一郎氏（1894〜1952年）の時代から，トヨタは基準工程表の整備を重視している。2009年末からトヨタの品質トラブルが社会問題になっている。品質保証部が主張する5S（整理，整頓，清掃，清

潔，しつけ）だけでは品質を保証できない。代替部品を採用するとき，それがほかの部品との関係においてどのように作動するか確認する必要がある。そのためには工程部品表に戻って現物を使い，テストすべきである。情報による品質保証について再考していただきたい。

3-2-5　情報品質保証アプローチ

　製造ビジネス情報システムを構築するとき定石ともいうべきアプリケーション構築・本稼働移行の順序がある。それは都市の建設と同様に，基盤構造から順に構築することである。手順を間違えると，ソフトウエア開発工数が増え作業期間が延びるだけでなく，ビジネスの現場で働く人たちを混乱させる。ERPパッケージ業者が主張するビッグバン・アプローチが「ユーザーの責任でデータ作成に失敗した」と報道されるケースの多くがこの定石無視に起因している。

　その手順は単純である。技術データ管理システムを最初に立ち上げ，技術データの品質を徹底して検査することが肝要である。続いて，ビジネス活動に必要な「もの」（資源類）の供給を計画し，現物を用意することである。そうすればビジネス活動の制御を適切に行うことができる。

　読者はもうお気づきであろう。情報品質アプローチは基幹系アプリケーションのレイヤー構造の下層から順に実現することである。建物の建設のように目標成果物の構想ができあがるとまず，土地の基礎を固め，その上に建物の土台と上下水道や配線，進入路などの基礎工事を行い，骨組みを組み立て，壁作りと詳細な配線・配管を行い，内装に取り掛かる。

　日本で一般に行われている要求分析・要求定義から始めるソフトウエア開発アプローチを情報システム構築に適用してはいけない。いきなり壁紙（画面や帳票に相当する）の要求を聞いても，要求内容の妥当性さえも保証できない。無理矢理要求された情報を表示するソフトウエアを開発・導入しても，源泉で情報品質が保証できなければ，画餅に帰する結果を招く。

3-3 概念データモデルとデータベースの実装

3-3-1　3層スキーマ概念

ソフトウエアとしてのデータ

　第二次世界大戦の間に実用化されたノイマン型アーキテクチャのコンピュータ出現以来の短い情報技術の歴史を振り返ると，顧客囲い込みを策するITベンダーと，囲い込みから逃れようとするユーザー企業の技術的駆け引きが繰り返されている。ベンダーは業界標準を獲得しようとし，ユーザー団体は世界標準を守れと主張する。

　その理由は情報システムにまつわる様々な資産を使い続けようとするユーザー企業と，資産の買い換えあるいは作り替えにビジネスチャンスを求めるベンダーの駆け引きが存在する。ソフトウエアと一言でいうが，それが何か適正に理解している人は意外に少ない。「ソフトウエアとはデータ処理の算法を既述したコンピュータ・プログラムのことである」と，愚かなことを教えている大学も散見される。コンピュータ・プログラム（以下，プログラムと略記）はデータが存在しないなら，存在意義がない。データを採取あるいは創造する場合でも，データ仕様が必須である。ソフトウエアにはデータとデータ仕様と，プログラムが含まれる。その他にデータの作り方やプログラムの使い方説明書も含まれる。

　プログラムは業務内容が変わると変更される。変更・改良が容易なプログラムであることが極めて望ましい。変更・改良が困難なプログラムは業務改革の実行時期を遅らせ，しかも業務改革費用を予想外に嵩上げする。「プログラムは資産というよりもう負債ですね」と某大手企業のCIO（情報管掌役員）が嘆くのも当然のことである。

第3章 概念データモデルと情報システム・アーキテクチャ

■ 経営資産としてのデータ

　構造が悪化して変更・改良が困難になったプログラムは捨てて，手間と費用を掛ければ新たに作り直すことができる。しかし，データは採取時点でのビジネスの事実を表しているので，捨てることは許されない。経理・会計関連のデータであれば7年間は保存しなければならない。製品の品質保証に関わるデータであればさらに長く，アフターサービスを考慮すると製品寿命が尽きるまで保存しなければならない。

　蓄積したデータを活用すれば経営・管理に役立つ情報を抽出できる可能性がある。あるいは新製品や新サービスを創造するためのヒントも得られる。ビジネス組織にとってプログラムは必ずしも資産でなく，負債に変わる可能性があるが，データは明らかに資産である。

　ビジネス組織の基盤構造としてデータベース管理システムを構築することが極めて望ましい。そのシステムの中に機密保持や情報参照権の管理の仕組みを組み込んでおく必要がある。

■ データとプログラムの独立性

　プログラムとデータは切り離して独立性を保つべきであると，1970年代にデータベース管理技術者たちが主張した。これはいささか誤解を招く表現である。プログラムはデータ処理の算法をコンピュータ言語で記述したものであるから，プログラムとデータを切り離すことはできない。この主張は，「処理（プログラム）の手段としてデータを設計してはいけない」と言い替えるべきである。データはプログラムから独立しており，プログラムはデータに従属する。

　初期のデータベース管理システムではデータ仕様が変更される都度，コンピュータ・プログラムを手直ししなければならなかった。少なくともリコンパイルする必要があり，手間と費用が問題になった。データ仕様が変更されても，プログラムに影響を及ぼさない方策が必要である。

ANSI/SPARC DBMS Model の 3 層スキーマ

1975 年に米国標準化協会（ANSI: American National Standard Institute）は解決策を提示した。コンピュータのデータ管理システムが想定するデータ仕様を「内部スキーマ」とする。プログラムが想定するデータ仕様を「外部スキーマ」とする。内部スキーマと外部スキーマの間にデータ仕様を変換（Mapping）するモジュールを挿入すると，データ仕様を変更したときプログラムに及ぼす影響を最小限に食い止めることができる。すなわち，マッピング・モジュールだけ変更すればよい。

しかしこの方法（2 層スキーマ）ではマッピング・モジュールは内部スキーマと外部スキーマの対応関係ごとに必要になるので，幾何級数的に増加する。データ仕様の変更の都度マッピング・モジュールを変更する作業が大きな負担になってしまう。

この問題を抜本的に軽減するために ANSI/SPARC DBMS Model[30] では「概念スキーマ」を導入した（図 3 − 8）。概念スキーマは特定のデータベース管理システムや特定のプログラムに依存しないデータ仕様である。マッピングをこの概念スキーマに照らして行うことにすると，内部スキーマの数と外部スキーマの数だけマッピング・モジュールを作ればよく，負担は大幅に軽減される。

1985 年に ISO と ANSI の共同作業グループから概念スキーマ記述言語が提案されたが残念ながら，国際標準としては認知されなかった。本書で扱う「概念データモデル」はこの概念スキーマの代替案である。

3-3-2　情報システム構造改革の都市計画アプローチを可能にする

データ構造改革

3 層スキーマにおいて特定のコンピュータのためのデータの持ち方や，特定の業務用プログラムのためのデータ仕様に依存しないデータ仕様「概念ス

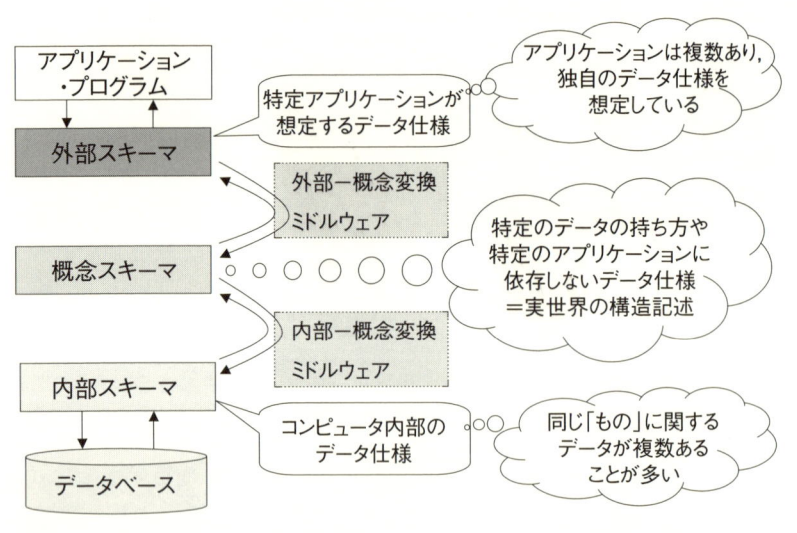

第3章 概念データモデルと情報システム・アーキテクチャ

図3−8 3層スキーマ概念

出所:Donald A. Jardine, *The ANSI/APRAC DBMS Model*, North- Holland, 1977, を参照し解釈を加えた。

キーマ」を設計することが肝要であることが認知された。ISO/ANSIの共同報告書によると，ビジネスに関与する人々の関心対象世界に存在する「もの」と，行われる「こと」の事実をあるがままに捉えるデータを設計すればよい。そうすれば，データ構造には実世界の構造が反映される。

業務用プログラムとデータベース管理システムとの間でデータを受け渡しするとき，概念データモデルに沿うデータ仕様を用いることにすると，利用者にとって分かりやすいし，データ構造の複雑性を必要最小限に押さえることができる。データ構造が簡素であれば，それを取り扱うプログラムの構造も簡素になる。実世界の構造が変化したとき，データ構造も変更しなければならない。その結果としてプログラムの構造のどの部分を変更すべきか，利用者が的確に指摘できる。

情報システムが取り扱うデータをこの理想的な構造に改革することによる利益は計り知れない。

3 概念データモデルとデータベースの実装

■ 段階的再構築

データ構造を理想的なものに改革するまでは理想的な構造のプログラムを開発できない，と諦める必要はない。既存のデータ仕様を是認して内部スキーマとして既述し，概念スキーマの形式に編集するマッピング・モジュール「内部―概念変換」を用意すれば，理想的な構造のプログラムを開発できる（図3－9）。

「内部―概念変換」に頼ると変換の処理効率がよくないので，機会を捉えて既存データの仕様を変更し内部スキーマを理想型に近づけることが望ましい。そうすると，そのデータを参照している既存プログラムが動かなくなる。そこで，概念スキーマから特定の既存プログラムのためのデータ仕様を「外部スキーマ」として表現し，「概念―外部変換」を行うマッピング・モジュールを挿入するとよい。

図3－9　三層スキーマを利用するデータとプログラムの段階的構造改革

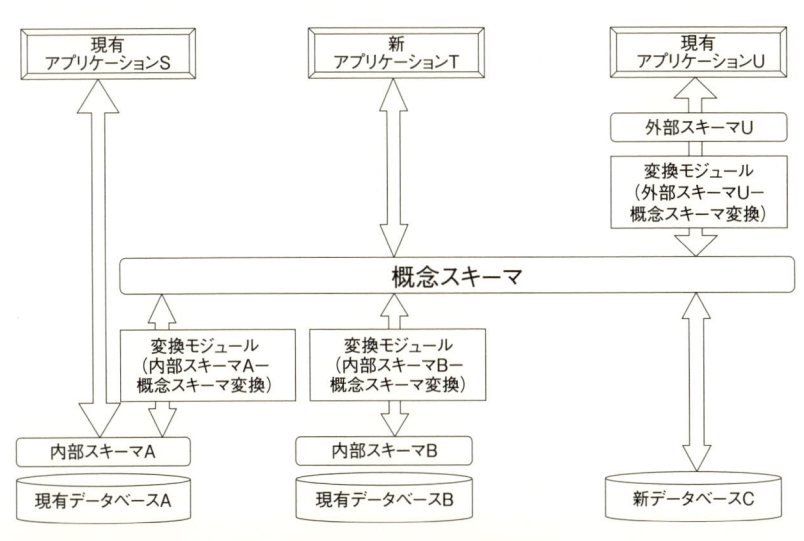

出所：手島歩三,「企業情報システム,統合の進め方」,日経コンピュータ, 2002年9月9日号。

このような方法を用いると，データベースとプログラムを段階的に理想的な構造に再構築できる。例えば，企業合併に伴うシステム統合のおりにこのアプローチを応用して着実に情報システム構造を改革することができる。詳しくは経営情報学会システム統合特設研究部会編の『成功に導くシステム統合の論点』[31] を参照していただきたい。

情報システムはビジネス組織にとって基盤構造の重要な一部分を占める。そこで取り扱う情報は人々の認知モデルと深く関わっており，その変更を一気呵成に行おうとしても，認知モデルが変わりビジネス組織に定着するまでに年単位の時間が掛かる。ビッグバン・アプローチでは情報システム統合は不十分であり，その失敗が経営危機に直結するおそれがある。

都市計画においてビジネス組織や住民への影響を最小限に押さえながら再構築すると同様なアプローチを情報システム構造改革にも応用していただきたい。

3-4 情報システムの段階的構造改革:ソフトウエアJIT

3-4-1 プログラミングの基礎

■ コンピュータ・プログラムとソフトウエア

コンピュータを用いてデータを処理するとき，処理の内容をコンピュータ言語（コンピュータに理解できる人工言語）を用いて既述したものがプログラムである。プログラムを作る作業をプログラミングと呼び，作る人をプログラマと呼ぶ。

日本ではソフトウエアと「プログラム」を混同している人が少なくない。もしも同じであれば，名前を統一する方がよい。ソフトウエアの最重要部分はデータであり，データ仕様が不可欠である。「プログラム」はそのデータを取り扱う道具である。

「プログラム」がビジネスに役立つためには，データがビジネスの事実を

捉えていなければならない。そのために概念データモデル設計法ではビジネス組織が関心を持つ実世界の事実を捉えるよう，データを設計しデータ仕様を定める。

構造化プログラミング

　役に立つ「プログラム」は変更されると，2001年に休刊になってしまったbit誌のコラムに書かれていた。実際，ビジネス内容が変わると，データ仕様が変わる，あるいは処理要求が変わる。変更できないソフトウエアはビジネス改革の足枷となり，しばしば経営を悪化させる。「プログラム」を組んだ人がいなくなると，変更不可能になるようでは困る。第三者に理解でき，変更できるような「プログラム」を作る技術が必須である。

　1970年代によい「プログラム」を作るための原理が提唱された。誰でもが同じ方針で「プログラム」を構造化すべきである。構造化の指針として「データ構造に基づいてプログラム構造を導き出すべきである」[32]とソフトウエア工学の基礎が確立された。実際，データを処理する算法（Algorism）をインプットデータの構造とアウトプットデータの構造の対応関係に基づいて導き出すことは理に叶っている。そのとき，インプットデータ構造とアウトプットデータ構造の対応関係に崩れがあるなら，そこに何らかの計算処理が必要である。もしも，インプットデータの構造とアウトプットデータの構造が同じであれば，データをコピーすればよい。

　日本では残念ながらこの基礎的な方法を教えないまま，いきなりプログラムコードを書かせるプログラミング教育が行われている。情報システムが取り扱う情報の品質を保証しようと思うなら，質のよいプログラムを作る技術者が必須である。構造化プログラミングを十分に身につけた技術者とそうでない人との腕の差は隔絶している。誤りのないプログラムを作る視点でいうと，10倍から20倍の差がある[15]。むしろ，腕の悪い人たちはバグの残ったソフトウエアを「完成品」として納品し，その後の改善・改良・変更は別の費用で引き受ける「保守サービス・ビジネス」で稼ごうとする。構造化プ

ログラミング技術に則って作ったプログラムであれば，他の人が変更・改良を加えて使い続けることができる。筆者たちが1975年に開発した製番管理とタイムバケットを組み合わせたMRPシステム（2010年現在のERPパッケージの中核に相当）は期間3カ月，プログラマ6人でCOBOL言語を用いて開発したが，企業合併により使われなくなるまで19年間変更・改良され続けた。

「プログラミングはプログラマに任せるべきである，任せた後は作り方に発注者は口を挿んではいけない」とソフトウエア業者は主張するが，そのようなことはない。ビジネスを支える重要なプログラムがずさんな方法で作られることを見逃すようでは，ビジネスパーソンとして失格である。個人住宅を建てるとき，腕のよい人は丁寧に素早く作るので現場で見てもらっても平然としている。手抜きする人は建築主が現場に入ることを嫌う。ソフトウエア工学の初期から，利用者がプログラミングのできるだけ深いところまで参画すべきであると有識者たちは主張し続けている。

■ テスト指向開発

製造ビジネスにおいて，できあがった「もの」をどのように検査しても品質を完全に保証することは難しい。第1に，検査できるような「もの」を設計しなければならない。その上で，作る過程で構成要素を1つひとつ，適切な工法で作る必要がある。工法が適切でなければ，成果物がよいものになる確率が低くなる。製造業では「工程で品質を造り込め」と工程を重視する。ソフトウエア開発においても，テストだけで品質を保証することはほとんど不可能である。テストできるようソフトウエアを構造化し，テストしながら仕上げる「テスト指向開発」アプローチを採用することが肝要である。

プログラムや，プログラム・モジュール品質をテストしようと思うなら，テストデータが必須である。インプットするテストデータを設計し，処理結果がどのようなものになるかアウトプットデータも設計する必要がある。

テストデータ作成には手間が掛かる。テストデータ生成用のプログラムを

作るほうがよい場合が少なくない。そうなると，プログラム開発計画の中にテストデータ生成プログラムの開発も組み込むべきである。

日本では「プログラム開発が終わったらテスト計画を立てる」と大学などで教える先生方がいる。これではソフトウエア開発計画時の見積が狂うのは当然のことである。ソフトウエア開発計画の中にテスト計画は含まれなければならない。

移行計画

少なからぬプロジェクトが開発完了後，本稼働に移行するところで失敗している。「ユーザー責任でデータを作成できなかった」「利用者に対する運用教育が十分でなかった」「ソフトウエアにバグがあり，トラブルになった」「関連するシステムとの間のデータの連携がうまく行かなかった」など様々な理由が報道される。

ソフトウエアも情報システムを人工物である。人間はしばしば誤りを犯すので，エラーを完全に起きなくすることはほとんど不可能である。それは建物の建設でも同様である。エラーが起きたとき，それを的確に発見し，重大なトラブルに陥らないように対策を講じることが肝要である。「腕のよい大工は小さなミスを犯すが，全体が失敗するような事態には決して陥らない」と聞く。情報システム構築でもそのような技術が必須である。

情報システム構築や改善・改良・変更はビジネスの仕組みに影響を及ぼす。変更前の仕事の仕方を新しい方法に切り替えることはビジネスの現場で働く人々にとってリスクがあるだけでなく，頭が切り替わるまでかなりの時間を要する。一気呵成に新しい情報システムを立ち上げるとビジネス組織全体が混乱に陥り，取り返しが付かないトラブルが発生する危険性がある。企業倒産を避けるための合併などの緊急事態でない限り，一気呵成の情報システム移行すなわち「ビッグバン・アプローチ」を採用すべきでない。

情報システム構成要素を「もの」と「こと」に対応する独立性が高い小さな単位に分解し，ビジネス課題に合わせて選択し，素早く移行することが肝

要である。小さい単位であれば，短期間で実現できる。ビジネス改革に関していうと，実行して初めて分かる事柄が少なくない。新しい課題が早く見つかれば，早い時期に対策を立てることができる。全体を一気に本稼働させようとすると，切替時期が遅くなり，多数の課題を抱え込んで人手不足や時間切れの憂き目に遭う。

移行計画では，旧システム（人手も含む）からデータを取り込むことが肝要である。データがなければ，プログラムは存在意義がない。変更しない周囲のシステムとの間でデータをやりとりする仕組みを組み込む必要がある。そのために新しいソフトウエアの開発を計画する必要がある。また，本稼働開始後，順調に動くと確認できた後で旧システム要素を取り除く必要がある。放置すると操作ミスなどの原因になりがちである。そのような撤去のためのプログラムが必要であれば，これも開発計画に組み込むべきである。

テスト計画の前に移行計画を立てる必要がある。面白いことに，移行計画で開発を計画したプログラムのかなり多くの部分がテスト計画でそのまま役立つことに気づくであろう。

現在の日本の情報システム構築方法論では，開発が全て終わった段階で移行計画を立てるよう指導している。これは全くおかしい。私たちは移行すなわち，ビジネス改革を実行するために情報システムを構築している。

3-4-2　階層的情報システム構築プロセス

ビジネス改革と情報システム構造改革の同期

従来，情報システム開発の都合に合わせてビジネス改革の実行（業務切り替え）を計画する傾向があった。これは本末転倒である。ビジネス改革の実行計画に合わせて情報システム構築を計画すべきである。情報システムが完全にできあがらないと怖くて本稼働に踏み切れないと考える人がいる。そうであれば，テストが完了した部分であれば，本稼働に移行できるはずである。巨大な情報システムを構築するおりでも，テストは小さな単位に分割し

て行う。プログラム・モジュールのテストが終わると，それらを組み立てたアプリケーション・プログラムをテストする。アプリケーション・プログラムができあがるとそれらをつないで一貫テストを行う。一貫テストが終わると，ほかの情報システム構成要素と同時並行に働かせて並行テストを行う。

　テストをできるだけ本稼働環境で行うなら，完了次第本稼働に移行できる。従来の方法は密室でプログラムを開発することを前提としている。利用者とともにソフトウエアを作ることにすれば，開発途中でプログラマの誤解や，設計者のミス，要求の誤りに気づき素早く訂正・軌道修正できる。ソフトウエア品質を向上させようと思うなら，利用者の参画が肝要である。

　ソフトウエア開発に参画できる要員を利用部門から捻出することは容易でない。実現を急ぐ重要な課題について辛うじて要員を割り当てられる。したがって，多数あるビジネス改革課題の中から急ぐ，重要な課題を取り上げ，その課題の達成に関わる情報システム要素を実現するよう，ビジネス改革＆情報システム構築計画（以下「ビジネス改革プログラム」と略記）を策定することをお勧めする。急がない課題について早々と情報システムを開発しても，後で事情が変わり，計画やソフトウエアが無駄になることが多い。ビジネス改革と情報システム構築（ソフトウエア開発を含む）を同期させることが肝要である。

　概念データモデル設計法では情報システム構成要素を「もの」と「こと」の単位に分割している。これ以上小さく分割すると，ビジネスの現場で混乱が起きる。構成要素が小さければ，短い期間と少ない労力で実現できる。ソフトウエア開発でも「分数是なり」（孫子），あるいは「分割統治」が有効である。

▍情報システム構築課題

　ビジネス改革課題に対応する「もの」と「こと」が選ばれたとき，それらの事実を表すデータを供給するように，情報システム構成要素を実現しなければならない。現在の情報技術では「もの」に対応して「実体オブジェク

ト」を作り，「こと」を支援する「活動エージェント」を用意する。「実体オブジェクト」は実体の状態を表すデータを持ち，データベース上に実装される。ただし，実体の状態変化をデータベースに反映させるための小さなプログラム・モジュールすなわち，「メソッド」を合わせて持っている（図3-6参照）。

「実体オブジェクト」の構造は，「もの」に関わる「こと」たちとその順序規則によって決定される。

「活動エージェント」はビジネス活動によって変化した「もの」の状態を把握し，「もの」に対応する「実体オブジェクト」に状態変化を伝える仕組みを持っている。そのほかに活動を支援するための情報提供や情報処理も行う。「活動」が1つの「もの」ごとに個別に行われる場合は，情報処理形態としてはオンライン・トランザクション処理が採用される（図3-5参照）。「活動」が多数の「もの」を一括して取り扱う場合は，情報処理形態としてバッチ処理が採用される。ソフトウエアの内部構造は処理形態により異なっている。

オンライン・トランザクション処理の「活動エージェント」の構造は「こと」に関わる「もの」たちの役割と変化規則によって決定される。

バッチ処理は，データ集合の構造すなわち，「もの」の集合の構造によって決定される。インプットデータの構造とアウトプットデータの構造の対応関係を明らかにしその対応関係を調べ，対応関係の崩れを埋めるように処理機能を埋め込む（図3-10）。

このほかに情報システムに蓄積された「もの」や「こと」のデータを加工して，利用者が求める情報を取り出す情報系アプリケーションがある。経営・管理のための統計・分析資料類や管理会計資料などがその例である。この種のアプリケーションは材料となるデータがなければ実現できない。したがって，「実体オブジェクト」や「活動エージェント」を先に実装する必要がある。あるいは，既存システムが持つデータや人手で作成したデータを取り込むことも考えるほうがよい。

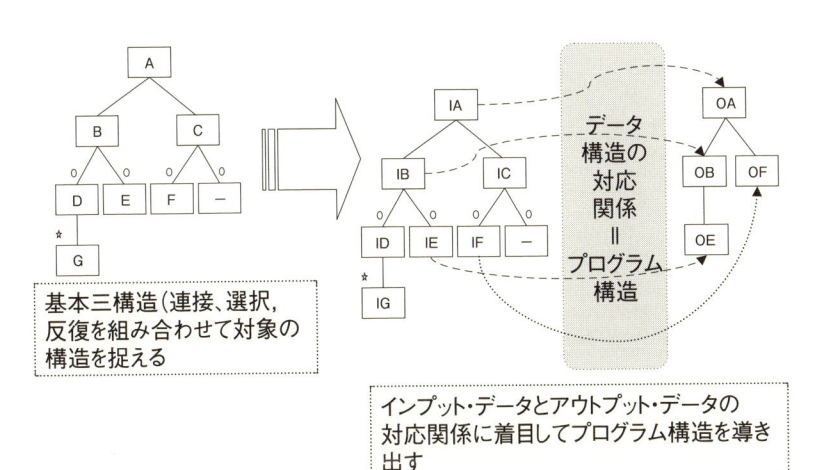

図3-10 データ集合の構造表記（例）

基本三構造（連接、選択、反復を組み合わせて対象の構造を捉える

インプット・データとアウトプット・データの対応関係に着目してプログラム構造を導き出す

　情報系アプリケーションに関していうと，多数の汎用ソフトウエアが販売されている。新たに作るよりもそれらを購入する方がよい。高度なデータ解析やデータ加工，図形表示などの道具が意外に安い価格で入手できるので，それらの選択と購入をお勧めする。

　ビジネス改革プログラム（ビジネス改革課題に優先順位づけした手順計画）の各課題の達成に必要な上記のような情報システム構成要素を明らかにし，急ぐ課題について移行計画を策定する必要がある。

移行計画と移行

　情報システム構築課題の中に複数の情報システム構成要素があると，それらについて手順よく移行する計画を立てる必要がある。手順の良し悪しはビジネス改革の進展に影響を及ぼす。ビジネス改革の戦術が必須である。

　業務の切り替えについては多様すぎるので言及できない。ここでは情報システムの切り替えすなわち移行について述べる。情報システムを本稼働させようと思うなら，テスト完了したソフトウエアが必要である。ソフトウエア

の中にはデータと，データ仕様とプログラムが含まれることはすでに述べた。「データ品質はユーザーの責任」と主張するのは無責任である。データ品質チェックモジュールを用意して，データ品質を高める責任は情報システム部門側にある。新たに動き始める情報システム構成要素に必要なデータを取り込むことを計画すると同時に，データをチェックする必要がある。

また，新しいシステム要素と周囲のシステムをつなぐデータ連携の仕組みを設計する必要がある。その仕組みの実装手段としてソフトウエアを設計することも欠かせない。

移行計画で使用すると決めたソフトウエア（データとデータ仕様およびプログラム）についてテスト計画を立てる必要がある。移行計画の中に複数のソフトウエアが含まれていると，その各々についてテスト計画を立てる必要がある。テストする手順を工夫するとテスト環境整備やテストデータ作成の手間を大幅に省くことができる。もちろん，テスト作業の効率と精度も大幅に向上する。適切なテスト手順を計画していただきたい。一般に人海戦術で一気呵成にテストしようとすると，作業の重複と食い違いが生じ爆発的に工数が増え，かつ予想以上に作業が遅れる。途中で打ち切ると品質保証できないソフトウエアを本稼働に使用する事態に陥る。

後で述べるとおり，テスト計画の中にプログラム開発が含まれる。したがって，移行プロジェクトは図3－11のような入れ子構造を持つことになる。

■ テスト計画とテスト

情報システムにおいてテストは，想定したデータを与えたとき，期待通りの処理結果がでてくるかどうか確認することである。想定外のデータを与えたとき，エラーとして検出し，しかるべき責任者に対処を求める必要がある。そのほかに，データが極めて少ないとか，使用頻度が極めて高いなど極限状態についてもテストする必要がある。

テストするためには，プログラムが必要である。プログラムとして既存の市販パッケージを用いてもよいし，自社製の既存プログラムでもよい。求め

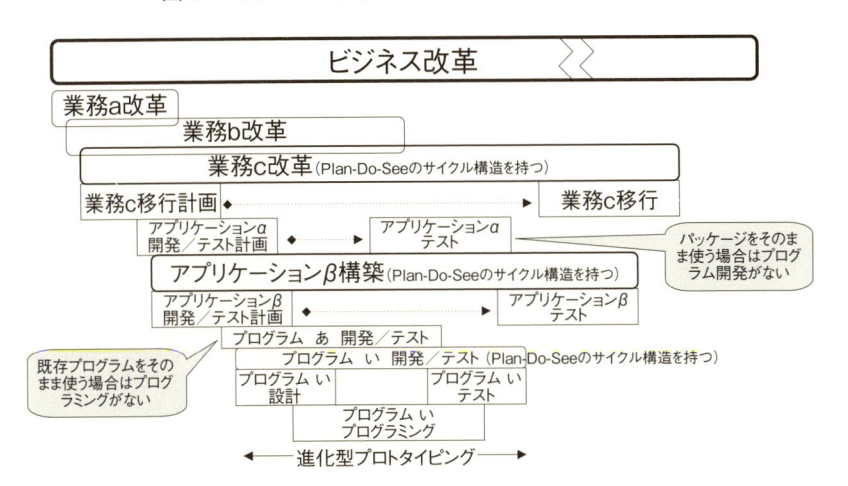

4 情報システムの段階的構造改革:ソフトウエアJIT

図3−11 ソフトウエアJITのプロジェクト構造

```
ビジネス改革
  業務a改革
    業務b改革
      業務c改革(Plan-Do-Seeのサイクル構造を持つ)
      業務c移行計画 ◆―――――――――――――◆ 業務c移行
        アプリケーションα     アプリケーションα
        開発/テスト計画        テスト         [パッケージをそのま
                                              ま使う場合はプログ
                                              ラム開発がない]
        アプリケーションβ構築(Plan-Do-Seeのサイクル構造を持つ)
          アプリケーションβ      アプリケーションβ
          開発/テスト計画         テスト
            プログラム あ 開発/テスト
[既存プログラムをその  プログラム い 開発/テスト(Plan-Do-Seeのサイクル構造を持つ)
 まま使う場合はプログ   プログラム い       プログラム い
 ラミングがない]       設計              テスト
                      プログラム い
                      プログラミング
            ◆―――進化型プロトタイピング―――◆
```

るデータを処理でき,余計なことをするものでなければ十分である。既存のプログラムであれば新たに開発する必要がないので一般に安くて済ませられるし,プログラム開発期間も短い。その上,使用実績に応じたバグ潰しもできているので優利である。既存のプログラムがないとき,新たに開発することになる。

テスト計画ではテストデータ作成が肝要である。テストデータを正しく作れなければ,ソフトウエアをテストできない。データ仕様(データ構造を含む)を理解している人がテストデータを作ることが肝要である。したがって,テスト計画作業に利用者が参画することが極めて望ましい。テストデータを作るためのプログラムも必要である。そのプログラムも開発しなければならない場合が多い。

テスト計画の中で,多数のプログラム開発計画を立てることになる。もちろん,テスト作業手順を決め,その手順に沿って,急ぐプログラムから順にできあがるようにプログラム開発手順を定める必要がある。プログラム開発者が手順を守らないと,テスト作業が大幅に遅れる。したがって,プログラム開発計画の中で作業工数と期間の見積を適切な方法で行うことが極めて望

ましい。「プログラム一式」型の見積は役に立たない。

■ プログラム開発

　プログラムを開発するとは，インプットデータ構造とアウトプットデータ構造を確認し，構造の崩れ部分に対応して計算処理の方法（算法：Algorism）をコンピュータ言語で記述することである。その内部構造についてはこの節ですでに紹介した。データが実世界の構造（「もの」や「こと」たちとそれらの間の関係）に基づいて設計されているなら，プログラムの構造には実世界の構造が反映される。プログラムの骨格部であれば，利用者も理解できることが多い。

　細かな計算内容は詳細部として記述する。この部分は多様であり，しかも変化することが多い。市販パッケージを利用する場合，詳細部をカスタマイズできるものを選ぶことをお勧めする。詳細部をいきなり正確に設計することは極めて難しい。利用者は存在していないソフトウエアに対して正確に要求を述べられないだけではなく，要求を持つことさえもできない。したがって，利用者から適切な方法で要求を引き出すアプローチを採用することをお勧めする。以下に述べる進化型プロタイピングは筆者の古巣のコンピュータ会社が用いてきた方法である。

■ 進化型プロトタイピング（プログラミングを含む）

　開発すべきプログラムのデータ構造を読んでプログラムの骨格部を作成し，詳細部については仮モジュールを作成する。正常状態用のテストデータを使用してこれをプロトタイプとして利用者に説明し，実際に試用していただく。

　第1回目は利用者にプログラムの意味と内部構造を理解していただくことが肝要である。そのとき，プログラム開発者がデータの意味や構造を正しく理解しているかどうか確認することも欠かせない。その後で，画面や計算内容などの詳細部について要求を聞き出す。現在のプログラミング環境であ

れば，画面や計算処理内容をその場で手直しできるものが多い。データベースに関わる部分は時間をおいて第2回目のプロトタイピングまでに訂正する。

要求に基づいて詳細部を手直しし，第2回目のプロトタイピングを行う。利用者要求をプログラム開発者が正確に理解しているかどうか確認することが肝要である。利用者がプログラムの内容についてより深く理解することが望ましい。

誤解部分を手直しし，確認のために第3回目のプロトタイピングを行う。

プロトタイピングの過程で利用者と開発者のプログラムに対する理解が一致し，しかも深まることが肝要である。しばしば，プログラム開発途中でビジネスに変化が生じ，プログラム仕様を変更しなければならない事態が発生する。データ構造に基づいてプログラムの骨格部を定めて進化型プロトタイピングを行っている場合は通常の要求確認と同じプロセスで変更を受け止めることができる。

進化型プロトタイピングによって開発したプログラムは本稼働後に同じアプローチで変更・拡張できる。進化型プロトタイピングを担当したプログラマが変更・拡張を引き受けるなら，さらに効率がよいであろう。

3-5 メタシステム

3-5-1 情報システムの構築と運用の環境

■ メタシステム

情報システムを作り，運用するとき基本ソフトウエアやミドルウエアと呼ばれる様々なソフトウエアが必要である。それらはシステムのためのシステムであるので，「メタシステム」と呼ばれる。

メタシステムは対象システムの構造を一定の物の見方に沿って抽象化し，一般型として捉えデータとして表現し，そのデータを取り扱うためのデータ

処理機能を持っている。情報システムでいうと，オペレーティングシステム（OS）やコンパイラ，データベース管理システムなどはメタシステムに属する。

メタシステムの統合分散構造

現在の情報システムはビジネスの実世界の構造に対応する統合分散構造を持つ。その構成要素を実装する情報技術のハードウエアのほかに基本ソフトウエアなどのメタシステムも分散配置される。それらのメタシステムたちが連携できるように技術的に整合していないと，情報システムの孤島が生じる。

情報システムが孤立すると，それを利用するビジネス組織も現在の社会環境ではほとんど孤立する。安いとか，長い取引関係があるなどの理由でメタシステムを安易に構築すると，組織を危うくする。

標準準拠

メタシステムに関しては標準に準拠して情報技術商品を調達することが極めて望ましい。標準には2つのタイプがある。1つは業界標準であり，もう1つは国際標準である。業界標準はシェアの最も大きい商品に合わせて商品仕様を定めるやり方で決められる。シェア争いに敗れるまでは標準が定まらず，しばしば先行投資が裏目に出る恐れがある。国際標準は，争いを取りまとめるために，標準インタフェースに重点をおいて設定される。標準インタフェースを守りさえすれば，商品の内容は自由であり，様々な工夫，改善・改良が可能である。国際標準設定が望ましいけれど，その前に激論が続くので最近は業界標準よりも時間が掛かる傾向がある。IT分野では1970年代に技術発展を方向づけする質の高い国際標準が設定された。

なお，ERPパッケージと既存の生産情報システム，APSパッケージなどを連携させるための標準インタフェースを，日本のものづくりAPS推進機構/PSLXフォーラムが"PSLX仕様"（http://www.pslx.org/jp/about/about.

html）として提案し，その多くの部分が国際標準として認定されている。これは特定のパッケージ業者によるユーザー囲い込みの防止とシステム連携を目指している。

　残念ながら，情報システムの構築・運用環境要素の重要部分について国際標準が設定されていないので困る面がかなりある。日本のユーザー企業も関心を持っていただきたい。

3-5-2　データ辞書とディレクトリ

■ データ辞書

　データ辞書は情報システムが取り扱うデータと，そのデータと取り扱うプログラムおよびそれらの間の関係を登録する辞書である。実際にはデータベース（メタデータベース）として構築されることが多い。データ構造やプログラム構造もメタデータベースを利用して登録・管理される。

　情報システム構成要素を変更するときデータ辞書を参照して影響範囲を調べ，変更漏れが起きないようにチェックすることが極めて望ましい。

　データ辞書は特定の情報技術商品から独立している。残念ながらデータ辞書に関して現在は国際標準が確立していない。そのために様々な情報技術商品の中にバラバラにデータ辞書が構築される仕組みになっており，重複と食い違いのために情報システム構造の管理が煩雑になり，手間が掛かるだけでなく，ミスを犯しやすい状況になっている。

■ ディレクトリ

　ディレクトリは，オペレーティングシステムが実際に存在するデータ・ファイルを実在するハードウエアのどこで扱うか，登録・管理するための辞書である。ノイマン型コンピュータではソフトウエア（データ，データ仕様，プログラム）がデータとして表現され，ディレクトリで管理される。

　データ辞書とディレクトリの間が関係づけられていることが極めて望まし

い。残念ながら，現在のオペレーティングシステムのディレクトリは標準化されていないので，必ずしもうまく連携できていない。

3-5-3　開発環境と運用環境

▎開発環境

　ソフトウエア開発には様々な道具が必要である。ハードウエアのほかに基本ソフトウエア類，コンパイラやエディタだけではソフトウエアを開発できない。前述のデータ辞書とディレクトリのほかにソースコード管理，テストベッドなど多様な道具が必要である。さらにプログラミング技術者たちは細かな道具を手作りしてツールボックスに納めている。

　よく整備された開発環境があればソフトウエア開発の生産性が飛躍的に高くなる。ただし，建設工事の足場と同様に課題に合わせてチューニングする必要がある。開発環境整備を情報システム構築課題の中に加えておくことをお勧めする。

　開発環境はソフトウエア開発だけでなく，ソフトウエアの変更・拡張，トラブル調査（トラブル・シューティング）など運用保守段階でも使用する。整備費用を惜しむと後で後悔することになる。

▎運用環境

　情報処理を実行するためにハードウエアや基本ソフトウエア類を組み立てて運用環境を構築する。一般に，運用環境と開発環境は別物と考えられている。それはプログラム開発を外注（アウトソーシング）することに起因している。ソフトウエア・ハウスでプログラムを作り，それを実行環境に持ち込めば情報システムが無事に動くと考えるのは早計である。

　開発環境で用いる基本ソフトウエア類と実行環境のそれが微妙に食い違い，できあがったはずのプログラムがうまく作動しない事態が頻発する。したがって，テストは必ず実行環境で行う必要がある。

開発環境と運用環境を密接に連携させる必要がある。プログラムの変更時にタイムリーに変更したソフトウエアを開発環境から実行環境に移し,テストし,誤りがあれば訂正し,円滑に実行させるために,密接な連携が欠かせない。しばしば報道される情報システム・トラブルの多くはこの部分で発生している。

ソフトウエア開発費用を削減するために開発環境と運用環境の整備を手抜きすると,後で苦い思いをする恐れがある。

第4章 概念データモデルに基づく情報システムの実装

この章では情報システムの実装に携わるプロジェクトマネージャ，情報システム・アーキテクト，SE，アプリケーション・プログラマ，ソフトウエアを発注する利用部門の方々を読者として想定している。技術に関心がない方は読み飛ばしていただきたい。

4-1 情報システムの全体構想

4-1-1 統合分散情報システム構想

■ サービス指向コンピューティング

概念データモデルでは，ビジネスの関心対象世界に存在する「もの」と「こと」を写し取るデータを設計している。併せて，データ内容が更新される理由を明らかにしている。それは情報処理形態として「オブジェクト指向コンピューティング」を想定することにほかならない。

オブジェクト指向コンピューティングはオブジェクト間でサービスを要求するメッセージと回答メッセージをやりとりしながら情報処理が進行する。少し奇妙なことを想像していただきたい。人がコンピュータを持って活動する。人が仕事に使う道具や働き掛ける原材料・部品などの「もの」にもコンピュータがついており，それらのコンピュータがメッセージをやりとりしながら，人の仕事を支援するよう，情報処理を行う。ICタグの代わりに極小コンピュータを用いることができるなら，そのような情報処理も不可能では

ない。実際，ロボットはそのような考え方で作られる。

　概念データモデルでいうと，「もの」は「実体オブジェクト」，「こと」は「活動エージェント」として実装される。実世界では人が「もの」に働き掛け，その状態を変化させる。情報システムでは利用者が「活動エージェント」を呼び出して仕事を支援させ，その結果として実績を把握しインプットする。「活動エージェント」は「実体オブジェクト」の持つ情報を提供し，作業結果である「もの」の状態変化を「実体オブジェクト」に伝え，データを更新させる。

　このような利用者と「実体オブジェクト」と「活動エージェント」の対話あるいは交信によって情報処理が進行する。現在ではオブジェクト指向コンピューティングという言葉は使われなくなった。代わりに「サービス指向アーキテクチャ（SOA）」が普及している。「オブジェクト指向コンピューティング」を「サービス指向コンピューティング」と言い換えるほうがよさそうである。

情報システムの統合分散構造

　組織間連携モデルでは，組織構成部門の役割に着目して「もの」の管理責任部門，「こと」の管理責任部門を設定する。「こと」の現場でビジネス活動の事実をデータとして採取し，「もの」の管理責任部門で保管する「もの」データを更新するようメッセージを送る。統合分散データベースと統合分散処理構想の原型でもある。

　ビジネス組織の構造と情報システム構造は整合していなければならない。この構想に沿ってコンピュータや通信のハードウエア，基本ソフトウエアを用意することが極めて望ましい。それはビジネス活動のための「情報基盤」を整備することにほかならない。

4-1-2　情報基盤整備

■ ビジネスの活動形態と情報処理形態の整合および情報処理機器の配置

　データベースの分散配置が決まると，その周りに従属するデータ処理機能を配置することになる。ビジネス活動の現場で「こと」の事実を捉えるデータを採取し，データベースに送り，状態変化した「もの」にまつわるデータを更新する処理が行われる。ビジネス活動の形態と，「こと」データ処理形態が整合することが肝要である。

　ビジネス活動が1件の要求を受けて1個の「もの」を取り扱って完了するタイプの仕事であるなら，その活動の事実を即刻トランザクションデータとして採取し，データベースに登録・更新する「オンライン・トランザクション処理」が行われる。「活動」の頻度やタイミングを考慮して，応答時間（Turn Around Time）や処理量を見積もる必要がある。

　ビジネス活動が多数の「もの」や「こと」の情報を一括して取り扱うタイプの仕事であれば，「バッチ処理」が行われる。計画業務や統計・分析などがその例である。ここでは処理要求データの量，参照データの構造と量を見積もる必要がある。

　基幹系のオンライン・トランザクション処理とバッチ処理を行うための情報処理機器を配置することになる。その周囲に情報参照権に応じて情報系の仕組みを配置する。さらに，オフィス支援系や対外接続系のアプリケーションを情報処理機器に配置する。

　このようにして情報処理機器の配置と情報処理形態が決まると，情報基盤構想の大枠が定まる。

■ 段階的情報基盤整備

　概念データモデルは一般に不完全である。将来実現したいが，経験がない，あるいは調査が不十分なために不完全な部分が存在することを避けられない。むしろ，不完全であるが故に，ビジネスが発展する余地がある。ビジ

ネス改革は不完全な状況の中で望ましい近未来の状況作りを目指して行われる。

本書の第2章で概念データモデルができあがった後でビジネス改革の手順計画（ビジネス改革プログラム）を策定することを述べた。情報基盤を整備するとき，概念データモデルに基づいて描かれる全てを一時期に実装する必要は全くない。ビジネス改革の進展に応じて，若干ビジネス改革の実行に先行するペースで情報基盤を整備すればよい。

ただし，絶えず情報基盤をいじると，継続的道路工事で市街がいつも混雑するように，利用者たちは困惑し続ける。ビジネス改革のフェーズプランにしたがって，時期を決めて段階的に情報基盤整備するほうがよい。情報技術は発展し続け，機能・性能・品質がよい商品が次々と現れ，しかも価格は急ピッチで低下する。一時期にまとめて情報基盤整備すると，古くて性能や品質が劣り，しかも高価格の商品を長期間にわたって使い続ける事態を招く。

4-2 ビジネス改革を支えるアプリケーション構築

4-2-1 アプリケーションの開発

アプリケーション・プログラム

アプリケーションは何らかの道具を用いる対象の仕事を指す。基本ソフトウエアやミドルウエア類で直接的にデータ処理を思い通りに行うことは難しい。したがって，業務用のソフトウエアすなわちアプリケーション・プログラムを用意する必要がある。

情報システム開発と称して，ソフトウエア開発アプローチ（実際にはプログラム開発アプローチ）を持ち込むシステム・インテグレータやソフトウエア・ハウスがいるが，プログラムだけでは仕事ができない。ビジネスの事実を的確に捉えるデータ仕様と，データそのものが必須である。第3章で紹介したソフトウエアJITの方法を参照して，これらを用意することが肝要で

ある。

この節ではアプリケーション・プログラムの設計と開発について述べる。

■ データベースとアプリケーションの関係

アプリケーションはデータを処理する道具であるので，アプリケーション実装の手段としてデータを設計してはいけない。特に，複数の業務で共通的に使用するデータベースに関しては，ほかのアプリケーションに影響を及ぼすので，勝手にデータ仕様を変更してはいけない。

データベースに関していうと，第3章で述べたとおり，「実体オブジェクト」として共通的に利用できるよう，更新やエラーチェックおよび参照のための小さなプログラム・モジュールと一体化（カプセル化）する必要がある。そうすることによって，アプリケーション側では安心してデータベースを利用できる。共通的なエラーチェックはアプリケーション側で考慮する必要がなく，プログラム構造が大幅に簡素になる。

■ 情報品質保証とマスターデータ

基幹系アプリケーションを設計するとき，それが採取するデータの品質をチェックし，正しいデータのみを受け入れる仕組みを設計しなければならない。「もの」に関していうと，ビジネスが取り扱うと決めた種類の「もの」以外であれば，扱ってはいけない。例えば，製造ビジネスで技術者たちが認定する品質の部品や設備・機械をマスターデータとして登録する。それらを使用して製品を作ったのであれば生産実績データを受け入れてよい。しかし，登録されていない部品や設備・機械を使って製品を作ったとなると，製品生産実績を認めることは妥当でない。エラーとして検出し，訂正を求めるかあるいは製品の詳しい品質検査を求める必要がある。

アプリケーションの機能だけ設計して情報品質保証のための仕組みをなおざりにすると，利用者から見て信用できない情報を情報システムが吐き出す結果を招く。データ品質保証についてはデータベース実装の項でもう一度説

明する。

汎用アプリケーションの処理形態とデータ管理システムの構造

　データはディスクなどの媒体上に配置される。したがって処理効率を考慮すると，ディスク上にデータが並んでいる順にアプリケーションがデータを処理することが望ましい。ところが，アプリケーションがデータを処理する順序は業務によって異なることが多い。したがって，コンピュータ内のデータ管理システム（ファイル・システムやデータベース管理システム）ではインデックスやポインタ，並べ替え（Sorting）など様々な技法を用いてしかるべき処理効率になるよう，工夫している。アプリケーションの処理形態に合わせてデータ管理システムを選ぶ必要がある。

　現在，アプリケーション機能に目を向けると，すぐにも使えそうなソフトウエア商品が多数販売されている。しかし，使い始めてみると重要なデータを参照できないとか，処理効率が極端に悪いなどの問題が起きる。急いで補完するソフトウエア商品を追加購入すると，ソフトウエア間でデータの受け渡しができない，あるいは，データ受け渡し用に特殊なプログラムを追加開発しなければならないなど，困る事態に陥る。甚だしいケースであるが，ERPパッケージのためのデータ受け渡しに業務のベテラン約50名が手入力で取り組んでいるケースがあった。これではパッケージ導入の効果は人件費で吹き飛んでしまう。

　市販の汎用アプリケーションを購入するとき，それの中に組み込まれたデータ管理システムとデータ構造について十分に調べておく必要がある。例えば，表計算ツールは表形式のデータを順処理するときは十分な機能と性能を持っている。しかし，情報品質保証に関しては極めて貧弱な仕組みしか組み込めない。オンライン・トランザクション処理アプリケーションを表計算ツールで実装することは不可能である。表計算ツールはエンドユーザー・コンピューティング用の道具である。

エンドユーザー・コンピューティング

　基幹系システムが採取・蓄積したデータを利用者データベースにわたす。利用者がその中から求めるデータを検索・抽出して欲しい情報を取り出す処理は利用者自身が自らの手で行う「エンドユーザー・コンピューティング」をぜひ導入していただきたい。

　情報要求は多様であり，しかも頻繁に変化する。全ての要求を完全に聞きだしても，半日後には変わっている。いちいち情報要求を情報技術者に説明する時間があるなら，利用者が自分でエンドユーザー・コンピューティング・ツールを用いて情報を取り出す方が早くかつ正確であり，費用も安くなることが多い。

　エンドユーザー・コンピューティングでは利用者が「情報を取りに行く」ことが肝要である。そうすることにより，基幹系情報システムが大幅に簡素化される。筆者の経験では従来型のアプローチに比べると，3分の1以下の規模に収まっている。

　エンドユーザー・コンピューティング用の汎用アプリケーション・パッケージ商品は多種・多数あるので，行いたい処理の性質に合わせて用意するとよい。これらの中に計算式や操作を登録する仕組みがあり，ある水準の「開発」を行うことができる。しかし，ソフトウエア保守（変更・改良など）のための仕組みは極めて貧弱であるので，開発しないほうがよい。エンドユーザー・コンピューティングのアプリケーションは使い捨てと割り切っていただきたい。

4-2-2　基幹系アプリケーションの開発

アプリケーション導出

　アプリケーション開発の第一歩として，ビジネス改革課題に対応する要素を概念データモデルから拾い出し，基幹系アプリケーションを導き出す。す

なわち，ビジネス改革課題に対応する「もの」と「こと」に対応して「実体オブジェクト」と「活動エージェント」をアプリケーション開発課題とする。

「実体オブジェクト」に関しては基幹系データベースの項で説明する。ここでは「活動エージェント」について述べる。

「動的モデル」と「組織間連携モデル」を見ていただきたい。「こと」に対応して一連のアプリケーションを設計することになる。1つの「こと」によって複数の「もの」の状態が変化する場合が多い。そこで，「こと」の事実をトランザクションデータとして採取し，「こと」の結果として変化した「もの」に対応する「実体オブジェクト」に状態変化を伝える情報処理が必要であると分かる。その処理のアウトラインをインプット—処理—アウトプットとして図示していただきたい（図3－7参照）。

ここまでは容易であるが，このままでは情報品質保証が欠けている。トランザクションデータの品質をチェックする仕掛けを追加しなければならない。例えば，計画に基づいて行うべきビジネス活動であれば，計画データを参照してその活動が計画どおりに行われたかチェックする必要がある。したがって，計画データを参照するプログラムを追加することになる。

計画できない活動であるが，技術規則やビジネス規則に則って行うべき「活動」であれば，技術規則・ビジネス規則を表現するマスターデータを参照してトランザクションデータの品質をチェックすることになる。例えば，これから生産指示しようとするときに受注の製品仕様が登録され，生産許可されていることを確認するために製品仕様が必要である。受注生産において，品質保証部門が生産許可しない内に生産指示すると，製品品質にトラブルが起きる恐れがある。

処理内容について若干の説明を記入しておくと，プログラマ（プログラム開発者）にとって理解しやすい。

既存プログラムの採用検討

アプリケーションのアウトラインが決まった後で既存のプログラムやアプリケーション・パッケージで使えるものがあると判断したら，それを採用したほうがよい。着眼点は「機能」でなく，「データ仕様」である。データ仕様が同じであれば，プログラムは再利用できる。データ仕様が違っているなら，そのプログラムを変更する必要がある。取り扱うデータの種類（「もの」や「こと」の種類）が違うなら，新たに開発するほうが安全である。一般に変更するよりも開発するほうが，手間がかからず安くつく。

既存プログラムやパッケージを前提としてアプリケーションを設計してはいけない。既存プログラムやパッケージに合わせてデータ仕様を変更すると，事実を表さないデータの採取・作成を利用者に押しつけることになる。その結果として情報システムで取り扱う情報の品質が保証できなくなり，業務に混乱が生じる。

4-2-3 基幹系データベース

実体オブジェクト

「もの」に対応して「実体オブジェクト」を実装する。「実体オブジェクト」のデータ項目を動的モデルに記載された活動属性（データ項目）を集めて設定する。これは，観察できる事実を集めて「もの」の状態を把握できるようにすることにほかならない。

データベースにユーザーが求めるデータ項目を盛り込むことは危険である。そのデータ項目の値がいつ，どこで，何から採取できるか，明らかになっていなければならない。人が観察できるのは「もの」以外にはない。観察するのは人から見て「もの」の状態が変化したときが大半を占める。変化しない「もの」については最初に出合ったときにデータを採取し，後は変化しているかどうか確認するために，観察する程度である。

第4章　概念データモデルに基づく情報システムの実装

　「実体オブジェクト」の属性（データ項目）には観察したとき，その状態（属性値）を書き込む処理が従属している。したがって，「実体オブジェクト」には「更新メソッド」が不可欠である。また，実体の状態変化には規則性があり，粗いが動的モデルに活動の順序規則として表現されている。それは「もの」にまつわる自然法則や技術規則，ビジネス規則の総合にほかならない。もしも規則に反する更新要求メッセージが「実体オブジェクト」に届いたなら，データインプットのミスか規則違反である可能性が高い。直ちにアプリケーションや利用者および情報システム管理者にエラー発生を伝える必要がある。この順序規則（状態遷移）によりデータをチェックする状態遷移チェック・メソッドも「実体オブジェクト」に組み込む必要がある。

　動的モデルの活動順序は単に左から右に進展するかのように記述している。実際の活動は「反復（繰り返し）」とか，状況による活動の「選択」など複雑な順序規則によって進展する場合が少なくない。「実体オブジェクト」を実装する場合，「状態遷移図」あるいは「ジャクソン・ツリー（ジャクソン法の木構造図）」（図3－10）を用いて描くことをお勧めする。

　なお，製造プロセスなどの活動順序は後で述べるマスターデータとして登録管理するほうがよいことが多い。

　「実体オブジェクト」はこのような理由で，属性（データ項目），更新メソッド，状態遷移チェック・メソッドを一体化（カプセル化）した内部構造を持っている（図3－6参照）。

　静的モデル（実体関連図）を見ると，「もの」たちの間に「関連」がある。ある「もの」が何であるかは，ほかの「もの」との「関連」によって規定される。それは自然法則や技術規則，ビジネス規則の一部分である。その「関連」が適切であれば，「もの」が出現したとき，妥当と認めてよい。例えば，車を運転する人は免許証を持っていなければならない。生まれた子供には両親がいなければならない。「実体オブジェクト」のデータをデータベースに登録するとき，この「関連」が適切であるかどうかチェックする「参照制約チェック・メソッド」が必須である。

そのほかに,「もの」の状態の問い合わせや,データ検索などを要請するメッセージが来たとき,しかるべき答えを返す「参照メソッド」も必要である。

「実体オブジェクト」のデータ実装

「実体オブジェクト」のデータは一般に「データベース管理システム」を利用してデータベース上に実装される。ところが,市販のデータベース管理商品は「カプセル化」や「実体関連」を十分には表現できないものが多い。プログラマの中には特定のデータベース管理商品しか知らない人が少なくない。その上,それらのデータベース管理商品はかなりの頻度でバージョンアップされる。したがって,「実体オブジェクト」の中で特定の「データベース管理システム」に対して直接的に登録・更新・検索・削除などの要求を出す仕組みにすると,バージョンアップの都度プログラムを組み替えなければならないとか,データの持ち方を変えなければならないなど,煩わしい事態に巻き込まれる。

したがって,「実体オブジェクト」と「データベース管理システム」との間にデータ・アクセス専用のモジュール「DAO (Data Access Object)」を用意することをお勧めする。そうすると,アプリケーション側では概念データモデルを対象としてプログラムを作成すればよいことになる。

これは特殊な方法ではない。第3章で紹介した3層スキーマ構造の「内部―概念変換」の仕組みを用意することにほかならない。

マスターデータとその管理システム

情報システムの中には「マスターデータ」と呼ばれる類のデータが多種類存在する。これらも「もの」と「こと」に関するデータであるが,重要な役割を果たすので慎重な対処が必要である。マスターデータは大きく2つに層別される。1つは現物を登録・管理するマスターデータである。取引先マスターや従業員マスター,商品在庫マスターなど馴染みのデータが多い。もう

第4章　概念データモデルに基づく情報システムの実装

1つは「もの」の種類に関する自然法則，技術規則，ビジネス規則などを表すデータである。

　前者の現物に関するマスターデータに関しては通常の「実体オブジェクト」として実装できる。ところが，後者の規則類を表すデータに関しては注意が必要である。例えば商品の仕様を表現する商品マスターは，商品現物を捉える商品在庫マスターとは異質で，登録された商品種類ごとの技術仕様を表している。商品現物は全てこの仕様を満たしていなければならない。商品マスターデータは同種と認められる商品全体（同種商品の集合）に関するデータである。商品には製造や購入，販売，取り扱いなどに関する技術規則やビジネス規則がある。その規則をデータとして表現する必要がある。このデータを「技術データ」と呼ぶことにする。

　技術データの構造も「もの」に関する技術と，「こと」に関する技術およびそれらの間の関連として表現できる。「こと」は「もの」に関するプロセスとその中で実行する「処理機能」として表現することになる。「処理機能」はインプット―処理―アウトプットおよび媒体（インプットされるが，消費されない「もの」）の関連として表現できる。

　技術データは現物を取り扱うシステムに関するメタ情報であり，技術データ管理システムは「メタ情報システム」である。

　製造業では情報技術活用の初期から技術データ管理システムを構築し，それを利用して現物や生産活動を制御する情報システムを構築してきた。ERPパッケージでいう「部品表」や「工程表」，トヨタ生産システムでいう「工程部品表（基準工程表）」とその管理システムが一般に知られている。新製品を開発し，新しい製造法を導入するとき，技術データを追加登録あるいは変更するだけで，生産情報システムには何ら変更を加えなくても業務を円滑に遂行するための情報を採取・処理・提供できる。製造業の情報システムにとって新製品や新工場は日常の運営問題として取り扱われる。これに対して日本のほかの業種では新商品，新サービス提供の都度情報システムを新規開発あるいは拡張しているようである。

様々なビジネスにまつわる規則類のかなり多くの部分が技術データとして表現できる可能性が高い。適切に技術データとその管理システムを構築すれば，ソフトウエア開発や変更・拡張の作業を画期的に削減できる。

技術データ管理支援協会は日本の製造業が多様化した製品を扱うための技術データ管理システムに関して特許を取得しており，参照モデルとしてデータ仕様とプログラムを提供している。別途「ものづくり技術データ管理システム」を用意する予定である。

4-2-4　情報系アプリケーションの実装

▋ 情報サービス

情報系システムでは「情報参照権の設定」，および利用者が「情報を取りに行く」ことが肝要であると情報システム・アーキテクチャの項で述べた。基幹系で採取し，蓄積データの参照をどの利用者に許すか，情報参照権を適切に設定する必要がある。組織間連携モデルを参照して組織構成部門がその役割にふさわしい「もの」と「こと」に関する情報を参照できるようにしていただきたい。

情報の参照権と利用者への供給を司る「データ・アドミニストレータ」を任命することが極めて望ましい（例：小説『ザ・ゴール』[27]で主人公アレックスを情報供給により支援するラルフ・ナカムラ）。

素データ（「もの」や「こと」のデータ）は量が多く，個人や取引に関わる機密情報が含まれるので，機密が漏れないよう何らかの視点で集約して利用者データベースに配布する。

この情報サービスの仕組みの実装に関しては市販の商品によってかなり異なるので，説明を省く。

▋ 情報を取りに行く

データ・アドミニストレータは利用者に概念データモデルと，利用者デー

タベースに配布するデータを紹介する。基幹系情報システムにどのような「もの」と「こと」に関する情報が採取・蓄積されているか，対象の利用者に対してどのような情報を提供（情報サービス）するか，十分に理解していただくことが最も重要な作業である。

その上で，エンドユーザー・コンピューティング用の道具（EUC Facility）にデータを取り込み，利用者自身の手で様々な形式に表示・加工してみるよう手ほどきしていただきたい。利用者がエンドユーザー・コンピューティング・ツールの操作に慣れるまで，1〜2時間要するが，後は「Help」を参照しながら自力で情報加工を楽しめるであろう。

1〜2週間後に情報を取りに行く方法と，定形化した情報抽出加工したプロセスをコマンド化して登録する方法を解説するとよい。

■ 情報参照権の拡張

初期に配布すると決めた利用者データベースの内容に，利用者が飽き足りなく思う時期が来る。そのとき，利用者個人の能力を考慮して若干質の高い情報を参照できるよう，参照権を拡張していただきたい。

参照権拡張は利用者の経営・管理に関する能力の育成の重要な手段となる。逆の見方をすると，情報を活用できない人は経営者・管理者としてはいささか能力が不足している。

■ エンドユーザー・コンピューティングは"使い捨て"で開発厳禁

エンドユーザー・コンピューティング（EUC: End User Computing）は，利用者が自らの手で利用者データベースからデータを抽出・加工し欲しい情報を取り出すことである。その仕組みを情報技術者が「開発」する「エンドユーザー開発」（EUD: End User Development）は厳禁である。開発すれば，ソフトウエアの変更要求が発生し，その対応に追われる事態に陥るので，エンドユーザー・コンピューティングでは「開発しない」ことが肝要である。しかし，日常的に使用する情報を抽出するプロセスをコマンド化して

使うことにすると，利用者個人ごとにソフトウエアができあがる。さらに，部門内部で定型的な情報抽出と加工の仕組みができあがることも珍しくない。

　この仕組みの維持あるいは保守（変更・拡張・改良）が利用部門の負担になる可能性がある。個人では保守できない複雑な仕組みを構築しないよう，歯止めを掛ける必要がある。人事異動・定年退職などの理由でその仕組みを先輩から後輩に引き継ぐことは極めて望ましくない。むしろ禁止するほうがよい。エンドユーザー・コンピューティングの仕組みは人の交替に伴って若返るであろう。それが組織に新しい風を吹き込むことにつながる。

4-3　活動エージェント（基幹系アプリケーション）の実装

4-3-1　オンライン・トランザクション処理

■ 会話型処理の3つの層

　ビジネス活動の都度その事実を把握し，活動によって状態が変化した「もの」に対応するデータベース（「実体オブジェクト」）のデータを更新する処理は一般にコンピュータと利用者が対話する形で行われる。会話型処理のプログラムはプレゼンテーション層，アプリケーション層，データ管理層の3つの層に分けて実装される（図3－3参照）。

■ 画面と画面遷移

　プレゼンテーション層は利用者に対してデータを表示し，また利用者がデータをインプットする，いわば画面を取り扱う層である。一般に，行うべき活動の仕様を画面に表示し，利用者が活動の事実をインプットする一連の画面遷移の仕組みとして実装される。1つの活動エージェントにおいて，画面の形式は利用者個人ごとに異なっていてもかまわないが，画面の遷移規則は共通にすべきである。

■ 情報提供

アプリケーション層は表示すべきデータをデータベースから抽出して画面に送る。ビジネス活動を正確に行えるように，適切な内容を適切な順序で送る工夫が必須である。

■ 実績データ採取

情報提供と組み合わせて，利用者が活動の事実をインプットすると，そのデータを取りまとめてその活動全体を表現するトランザクションデータに変換する。

■ データ品質チェック

活動が計画あるいは指示に沿って行われたか，技術規則あるいはビジネス規則に則って行われたかをチェックするために，計画データまたはマスターデータを参照する。問題があれば即刻利用者にメッセージを伝えて訂正を求める。

クリーン・データのみを情報システムが受けつけることが肝要である。

■ トランザクションデータの正規化と実体オブジェクトの更新

クリーン・データができあがったとき，活動により状態変化した「もの」ごとに状態変化を表現するデータ（更新データ）を編集し，「実体オブジェクト」に更新メッセージを送り，実体データを更新する。活動に関わる「もの」が複数ある場合，複数の更新メッセージを送ることになる。

■ ウォークバック

「実体オブジェクト」が状態遷移エラーあるいは参照制約エラーとして更新メッセージを受け付けなかった場合，その活動は異常である。その活動はなかったことにするために，その活動に関わる全ての「実体オブジェクト」

を元の状態に戻す（ウォークバック）。また，トランザクションデータをインプットした利用者に訂正を求める。

4-3-2　バッチ（一括）処理

▌「もの」や「こと」の集合を取り扱う

　バッチ処理とは，抽象的にいうと，複数の「もの」や「こと」のデータを一括して処理することである。それは「もの」の集合や「こと」の集合に対して施す処理（ビジネス活動）にほかならない。様々な視点で集合の内部構造を分析し，集計，優先順位付けなどデータを加工・生成する。
　例えば，計画策定とか，計画の詳細化・具体化，スケジューリング，解析と標準値の更新などがバッチ処理の例である。
　オンライン・トランザクション処理では１件の活動ごとに処理が始まり，終了する。活動エージェントの振る舞いは都度処理である。これに対してバッチ処理では，多数の「ものデータ」や「ことデータ」をまとめて取り扱う。データ件数はかなり多い。例えば，通信業の通話データは１日で億単位の件数になる。通話料金請求処理を通話ごとに行うと，利用者にとって甚だ迷惑である。月末に一括して請求して欲しい。したがって，請求業務はバッチ処理になる。ただし，公衆電話では都度請求・代金回収を認めなければならない。ビジネス様式と処理形態には密接な関係がある。

▌順処理と列構造

　ノイマン型コンピュータの処理機能は１件ずつデータを取り扱うようにできている。直接全体を取り扱うことはできない。人は全体を俯瞰し，関心ある部分に焦点を絞り込むことができる。コンピュータは部分の処理を積み上げて，全体の特性の一部分を辛うじて算出・把握できるにすぎない。
　コンピュータによる処理の基本形は「順処理」である。必然的に，処理対象となるデータを並び順に１件ずつ処理し，最後に全体の合計値とか，最大

値・平均値・標準偏差・最小値などをアウトプットする。全体と個の関係，例えば偏差値を知ろうと思うなら，再計算して個別の偏差値を求める必要がある。

順処理においてデータ集合（一群のデータ）内の並び順すなわち，「列構造」に注目する必要がある。並んでいる順に処理するとき処理効率は最も高い。並び順を無視すると，記憶装置のあちらこちらを読む時間が増え，飛躍的に処理時間が増大する。古い話であるが，磁気テープ装置が商品化されたとき，組立製品の部品展開を1回の処理で行えるよう，磁気テープを巻き戻しさせるプログラムを設計したコンサルタント会社があった。そうすると，製品を構成する部品が出てくるたびに磁気テープを巻き戻すので，数時間後には磁気テープのローラーが摩耗して，処理を完結できなかった。ディスク装置では巻き戻しがないが，ディスクが少なくとも1回転するまで待つので，ミリセカンド単位の遅れが生じる。

現在のコンピュータでも，順処理と列構造に着目してバッチ処理プログラムを作る必要がある。プログラムの求める列構造にデータが並んでいない場合は，データを並べ替え（Sorting）するほうが，処理効率が高くなる。

4-4　構造化プログラミング技術の一種としてのジャクソン法

1970年代に一世を風靡した「構造化プログラミング技術」では「データ構造に基づいてプログラム構造を導き出す」ことが基本である。これはノイマン型アーキテクチャのコンピュータにとって永遠に役立つ原理である。「データ構造」の意味することはかなり深く，構造主義哲学や数学基礎論の知識が必要である。

しかし，ビジネス情報システムで取り扱う列構造のデータに関してはかなり簡素で分かりやすい方法が提示されている。以下にそれを紹介する。

まず，処理対象データ（処理を要求するデータ）が一列に並んでいると考えてみよう。その1件の要素（データまたは，データの集まり）をボックス

で表す。

(1) 要素

データがない場合があるので，空のボックスも用意する。

図4－1　要素と空要素

要素名　　　－

空データ

(2) 連接

ある要素の中に複数の異なる要素がある場合があり，しかも順に並んでいる場合は「連接」と呼ぶ。

図4－2　連接要素

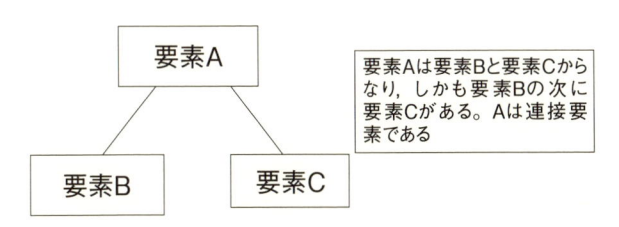

要素A
├ 要素B
└ 要素C

要素Aは要素Bと要素Cからなり，しかも要素Bの次に要素Cがある。Aは連接要素である

(3) 選択

ある要素の中は複数の異なる要素のいずれかからなる。

図4－3　選択要素

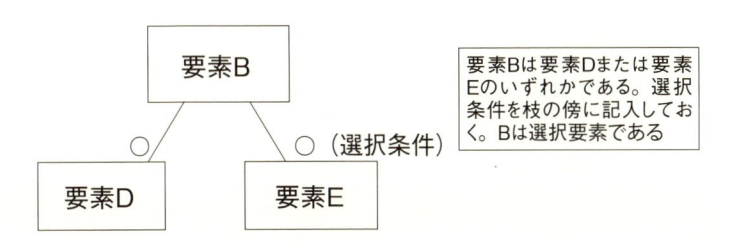

要素B
├○ 要素D
└○ 要素E　（選択条件）

要素Bは要素Dまたは要素Eのいずれかである。選択条件を枝の傍に記入しておく。Bは選択要素である

(4) 反復

ある要素は同じ種類の要素がゼロ以上，複数集まったものである。

図4－4　選択要素

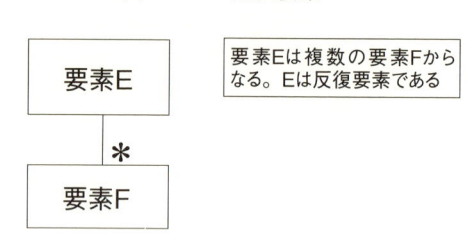

```
┌─────────┐
│  要素E   │    要素Eは複数の要素Fから
└─────────┘    なる。Eは反復要素である
     │
     *
     │
┌─────────┐
│  要素F   │
└─────────┘
```

以上の要素を組み合わせてデータの列構造を表現できる。「連接」「選択」「反復」を構造化プログラミング技術では「基本三構造」と呼ぶ。基本三構造を用いてデータ構造やプログラム構造を設計するなら，処理が有限時間で終了することが数学的に証明されている。

ジャクソン法で基本三構造を用いてデータや処理の構造を表現した図を「ジャクソン・ツリー」と呼ぶ。

(5) インプットデータとアウトプットデータの対応関係をジャクソン・ツリーで表現する（図3－10）。

(6) 処理機能の挿入

インプットデータとアウトプットデータの対応関係に崩れがあると，その部分には何らかの計算処理が必要である。対応関係の線の傍に処理名あるいは計算式を記入する。対応している場合は，データを転写（コピー）すれば十分である。

プログラム構造が気になる人は，中間にプログラムの木構造図（ツリー）を記入すると分かりやすい。

4 構造化プログラミング技術の一種としてのジャクソン法

■ テストデータ設計と作成

　ジャクソン・ツリーを眺めると，正常なインプットデータとしてどのようなデータを用意すべきか読み取ることができる。適切に用意すると，プログラム・ツリーの全ての要素を網羅するテストデータができ，テスト不足を回避できる。また，アウトプットデータがどのようなものであるべきか，も考えやすい。

　その上で，データが極端に少ないとか，ある条件部分のデータが極端に多い，などのケースを想定してテストデータを作るとよい。

　ジャクソン・ツリーを描くことはテスト計画の一部分でもある。

■ オンライン・トランザクション処理（OLTP）のための補足

　ここまで紹介したジャクソン法は大量のデータを一括して処理するいわゆる「バッチ処理」のためのJSP（Jackson Structured Progamming）である。

　JSPの中には木構造図（Jackson Tree）に沿ってプログラミング言語でプログラムを記述する「プログラム正書法」が用意されているが，特定のプログラミング言語に依存する面があるので割愛する。

　オンライン・トランザクション処理の場合は，1回の活動の事実を採取するための画面遷移と，トランザクションデータの内容を実体ごとに分解（正規化）して「実体オブジェクト」を更新する処理を行う「活動エージェント」として実装される。

　このとき「実体オブジェクト」の中には動的モデルで示す活動の順序規則（状態遷移規則）に則って，その活動の妥当性をチェックするモジュールを組み込んでおく必要がある。動的モデルでは活動順序規則をいささか粗く，直線的に描くようになっている。実際には活動間に「連接」「選択」「反復」などの関係がある。

　オンライン・トランザクション処理のためのジャクソン法JSD（Jackson System Development）ではこの活動の順序規則をジャクソン・ツリーで描

165

くことにしている。もちろん状態遷移図で代替しても構わない。ジャクソン・ツリーのよい点は，状態を遷移させる原因である「活動」が図中に明示されることである[33]。

第5章 演習事例による概念データモデル設計の実際

　本章では，第2章で解説した概念データモデル設計の方法を，実践の場で適用できるように，巻末の演習事例を基に，その考え方とやり方を具体的かつ段階的に示す。

5-1　本章の構成と意図

　概念データモデリングは，ビジネスに関与する人々が持つ諸概念を明らかにし，共通事項について言葉とその意味を共有する行為である。手法として用意された図式に文字を埋め込むだけでは，概念データモデリングとはいえない。本章では巻末の演習事例を基に，ステップごとに概念データモデリングの考え方とモデリング結果を示す。

　概念データモデル設計法を指導する人は，業務内容に介入してはいけない。人々が持つ概念を引き出すために，方法を適切に使い分ける必要がある。業務の専門家は方法に則って自分の考えを述べることにより，他の人に概念を理解してもらえるであろう。

　精緻なモデルを描く必要はない。ビジネス上急ぐ重要な事柄について，人は明確な概念を持ち，そうでない事柄は曖昧である。

■ 演習事例

　演習事例は巻末に示した架空のバルブ製造の地場産業である「畔柳（くろやなぎ）工業」の例を用いる。この演習事例は，いくつかの実際の企業の事

例を参考に代表的な課題を盛り込んで，演習の課題として作成したものである。

畔柳工業の業務改革プロジェクトでは，大田原課長の指導を受けながら宮坂係長，杉野リーダーを中心としてモデリングに取り組んだ。大田原課長は自分たちの持つ概念を押しつけないように細心の注意を払った。メンバーが自分で問題解決に取り組めるよう，継続的に情報システムを変更・改良・拡張できる能力を持つ後継者育成を目指した。

以下は，概念データモデル設計法を学んだ大田原課長の指導経過である。実際のモデリングでは順調にいかないこともある。その場で軌道修正すべき場合と，そのまま進めたほうがよい場合があるが，その例も示した。

5-2 事業領域と使命

概念データモデル（静的モデル，動的モデル，組織間連携モデル）を設計する準備として，「事業領域とビジネス動向の確認（事業領域と使命）」の図を作る。精密に描く必要はない。問題意識を持ってビジネスの実世界を眺めるとき，プロジェクト・メンバーの心に気づきが生まれ，様々な概念が浮かび上がる。

ここでは最初に顧客層や顧客機能，製品のところから検討を始めた。次に外部資源と資源供給者，さらに自社の事業の使命などを考える。メンバーは意気込んで図式の全てに思いつくことを記入した。

できあがった全体を眺めると，細かすぎて全体の意味を汲み取れない。重要なことだけを記入するほうがよい。しかし，この図はモデリングのヒントにすぎないので，改訂する必要はない。

図5-1に，畔柳工業の演習事例を基に同社の事業領域と使命を描いた。どう描いたのかを説明する。

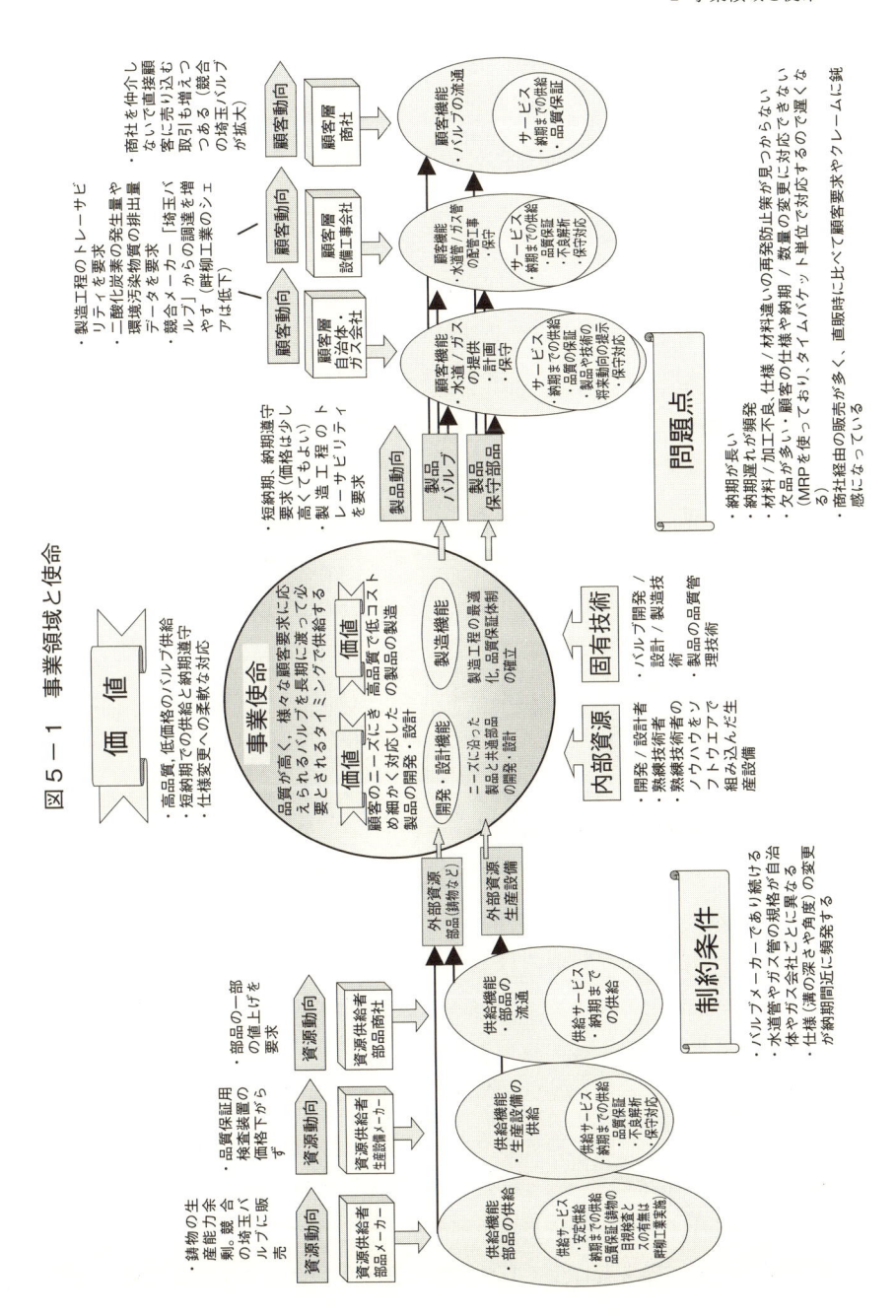

2 事業領域と使命

図5-1 事業領域と使命

価値
- 高品質、低価格のバルブ供給
- 短納期での供給と納期遵守
- 仕様変更への柔軟な対応

事業使命
品質が高く、様々な顧客要求に応えられるバルブを長期に渡って必要な納期とタイミングで必要な量を細かく対応し供給・設計

価値（開発・設計機能）
顧客のニーズにこまごと対応した製品の開発・設計
ニーズと共通部品の開発・設計

価値（製造機能）
高品質で低コストの製品の製造
製造工程の最適化、品質保証体制の確立

固有技術
- バルブ開発/設計技術/製造技術
- 製品の品質管理技術

内部資源
- 開発/設計者
- 熟練技術者のノウハウをソフトウエアで組み込んだ生産設備

外部資源（鋳物など）
外部資源（生産設備）

資源動向（資源供給者：部品商社）
- 部品の一部の値上げ要求

資源動向（資源供給者：生産設備メーカー）
- 品質保証用検査装置の価格下げ

資源動向（資源供給者：部品メーカー）
- 鋳物の生産能力余剰。競合の埼玉バルブに合販売

供給機能
- 部品の流通
- 納期までの供給

供給機能
- 生産設備の供給
- 供給サービス
- 納期までの供給
- 品質保証
- 不良解析
- 保守対応

供給機能
- 部品の供給
- 供給サービス
- 安定供給
- 納期までの供給
- 品質保証の納入検査
- 埼玉工業実施

制約条件
- バルブメーカーであり続ける
- 水道管やガス管の規格が各自治体やガス会社ごとに異なる
- 仕様（溝の深さや角度）が納期間近に頻発する変更

製品動向
- 短納期、納期遵守要求（価格は少し高くてもよい）
- 製造工程のトレーサビリティを要求

製品（バルブ）
製品（保守部品）

顧客動向（顧客層：自治体、ガス会社）
顧客機能 水道のガス供給
サービス 水道管までの供給計画、保守
- 納期までの供給、品質保証、製品の将来動向の指示、保守対応

顧客動向（顧客層：設備工事会社）
顧客機能 水道のガスの配管工事
サービス 納期までの供給、品質保証、不良解析、保守対応

顧客動向（顧客層：商社）
- 製造工程のトレーサビリティを要求
- 二酸化炭素発生量や環境汚染物質の排出量データを要求
- 競合メーカー（埼玉バルブ）からの調達を増やす（埼玉工業のシェアが低下）
- 商社を仲介しないで直接顧客に売り込むつつある（競合の埼玉バルブが拡大）

顧客機能 バルブの流通
サービス 納期までの供給、品質保証

問題点
- 納期が長い
- 納期遅れが頻発
- 材料/加工不良、仕様/材料違いの再発防止策が見つからない
- 欠品が多いうえ納期、顧客の仕様や納期/数量の変更に対応できない（MRPを使っており、タイムバケット単位での対応なので遅くなる）
- 商社経由の販売が多く、直販時に比べて顧客要求やクレームに鈍感になっている

169

第5章　演習事例による概念データモデル設計の実際

顧客層と製品およびその動向

　第2章で述べたように，直接的に組織が接触する顧客のほかに，ビジネスに影響を及ぼす様々な顧客がいる。畔柳工業の場合には，流通経路に「需要の源泉となる顧客」と「直接的な取引対象となっている顧客」がいる。

　「需要の源泉となる顧客」は，畔柳工業のバルブが組み込まれる水道管やガス管を敷設する自治体やガス会社である。ただし，「直接的な取引対象となっている顧客」は，自治体やガス会社から工事を受注している設備工事会社の場合も多い。あるいは，商社に納入することもある。

　顧客を漏れなく挙げる必要はない。基本的には取引先ごとの個別の事情は考えず，顧客層として企業名を入れずに業種を列挙する。

　顧客の事業をここでは顧客機能として捉える。自治体やガス会社であれば，水道水やガスの提供になる。ほかにも顧客機能として，料金の計算・回収などもあるはずだが，畔柳工業の製品とあまり関係がないのでここでは挙げない（ただし，料金計算のための流量を計測するバルブなどがあったとすれば，事業領域としてとらえたほうがいいかもしれない）。設備工事会社の顧客機能は，水道管やガス管の配管工事や保守サービスなどである。商社は，様々なバルブを流通させている。

　メンバーにはサプライチェーンの構造に気づいてほしいが，押し付けになるので口を挟まなかった。顧客層の順序が「自治体・ガス会社」「設備工事会社」「商社」となっているのはおかしく，「商社」「設備工事会社」「自治体・ガス会社」としたほうがよいが，ここでは我慢しておこう。サービス概念は理解されていない。後で教えることにしよう。

　顧客動向については，例えば，製品の品質を保証するために鋳込みから製品完成に至る加工ロットを追跡するトレーサビリティ，二酸化炭素発生量や環境汚染物質排出量のデータ管理などを顧客が要求するようになった。また，顧客が競合メーカーの埼玉バルブの購入量を増やし，畔柳工業のシェアが低下している。経営者に生々しい現場の泥くさいニーズを伝えることは大

切である。

　製品動向は，新素材を使った新製品のトレンドなどがすぐ思い浮かぶかもしれないが，短納期や納期遵守の製品のシェアが拡大していることも重要である。顧客動向に挙がったトレーサビリティが製品に求められていることは，製品の開発・設計・製造に大きな影響を与えるので，顧客動向と重なったとしても挙げておいたほうがよいだろう。

■ 外部資源とその供給者およびその動向

　外部資源は，原材料や部品に限らない。エネルギーやサービス，技術，情報など様々である。リストアップするときはどんどん挙げたが，図には後述する「価値」を生み出すものと，ビジネス改革に関わりそうなものを残す。資源供給者としては，メーカー以外にも商社など流通経路に重要な利害関係者がいることに気づいた。

　外部資源の供給サービスについては，鋳物や部品といったものだけでなく納期や品質の保証も重要なサービスと捉える。

　資源動向として，原材料の高騰，部品や鋳物などの値上げ要求など資源供給者の動向や原材料・製造装置の改良などの技術動向がある。

■ 固有技術と内部資源

　固有技術は，競争優位の源泉になるものである。畔柳工業にとっては，少なくともバルブの製品技術と品質管理技術が挙げられる。他のメーカーがバルブの生産に新規参入しようとしても，材料や加工の不良発生率を抑えるのに時間が掛かる。多様な製品を作り分けるのも容易ではない。

　こういった競争力を支えている内部資源は，熟練技術者だったり，固有技術を盛り込んだ生産設備/機械だったりする。機械を駆動するソフトウエアにノウハウが盛り込まれている場合もあるが，そういうものもこの図に記載する。

第5章　演習事例による概念データモデル設計の実際

■ 事業領域と使命

　事業領域は，組織がビジネスを展開する社会環境であり，顧客層と製品，外部資源と資源供給者の検討によって確認できるということは第2章で学んだ。事業領域としての記述があるわけではなく，この図全体で事業領域を示すことになる。

　畔柳工業のバルブ事業はシェアが20%で業界トップだが，競合メーカーが伸びてきており，生存競争は厳しい。このため畔柳工業は，業界でしかるべき役割（事業使命）を獲得する必要がある。

　図5-1についてメンバーは真剣に考えたが，ありきたりのきれいごとになっている。モデルができあがった後で見直すことにしよう。将来，会社を担う若者たちが経営的視点を持つことは重要だ。

■ 価値連鎖と内部機能

　外部価値連鎖は，事業全体で生み出しているものである。「こうなっていればよろしい」という外部の評価基準に当たる事柄と捉える。畔柳工業にとっては，バルブを供給することは当然だが，高品質で低価格，さらに短納期で納期遵守であることが欠かせない。注文の仕様が変わることがよくあるので，仕様変更に柔軟に対応することも求められる。畔柳工業は資源供給者と最終的な顧客（需要の源泉となる顧客）の間をつなぐ，業界の価値連鎖の1つになっているはずだ。その連鎖の中で果たすべき役割が事業使命であることに気づいてほしい。

　組織には，価値を生み出す活動を担当する部門がある。その部門が果たす機能を内部機能として挙げた。バルブの開発・設計・製造や生産管理，品質管理などがある。さらに，各内部機能が生み出す価値も列挙する。なお，メンバーは内部機能の実現方針（「ニーズに沿った製品と共通部品の開発・設計」「製造工程の最適化，品質保証体制の確立」）まで記入したが，余計なので消すように指示した。

問題点と制約条件

問題点は，組織が外部環境に及ぼしている迷惑で，組織の責任で解決すべき事柄である。畔柳工業の場合，まず納期が長い，納期遅れが頻発している，不良の再発防止策が見つからない，という問題があった。このほか，顧客の仕様・納期の変更に柔軟に対処できないことなども課題になっていた。これらは前述の業界における畔柳工業の価値をなくしてしまうものであり，こうした問題を放置すれば企業の存亡に関わることになる。

制約条件は，ビジネス改革を行うときに制度や業界慣習などの観点から必ず考慮しなければならないことである。通常は法令等による規制，経営方針などが入る。例えば，バルブ・メーカーであり続ける，という経営方針である。これを制約条件というのは違和感のある人もいるかもしれないが，ビジネス改革を行うときの枠組みになるという意味で制約条件と考える。

また，一企業では変えられない業界の慣習なども記載しておこう。例えば今回の場合，水道管やガス管の規格が自治体やガス会社ごとに異なる，工事の直前に行われる入札などによって設備工事会社が決まるまで一部の仕様が定まらない，といった問題を改革において考慮すべきだからである。

5-3 概念データモデル

5-2の「事業領域と使命」を書いたことによって，この会社の概要を理解し，その強みと弱みもある程度把握できた。次のステップとして第2章で述べた概念データモデルの解説に従って概念データモデルを描いてみる。

5-3-1　概念データモデリングの出発点

概念データモデリングにあたって

概念データモデリングの実践においては，事前に持っている知識・経験は

必要ない。演習事例を読んでみて，その範囲で得た知識を前提に以下のモデルを批判的に眺めていただきたい。これはなまじ対象領域に対しての知識・経験があると，それに当てはめて考えてしまいがちになり，素直なモデリングができなくなるためである。

また本節で示すモデルは，1つの例であり正解ではない（モデリングにおいてそもそも正解というものはない）。これらは，このように考えるとこのようなモデルが描けるという意味である。読者の皆様もこれらのモデルを参考にして，よりよいモデルを描くことを試みられると，理解を深めていただけるものと思う。

実際のモデリングでは，業務精通者が参加して行うため，「もの」の捉え方や定義に対する曖昧さは，その場で確認できる。また業務精通者からのヒアリングに基づいて行う場合においても，曖昧な点は確認できる。しかし本節においては，演習事例以上の情報はないため，これを読んでどのように解釈したかを出発点にしてモデリングを行う事とする。

視点と関心

概念データモデリングは，対象世界における「関心の対象」をモデル化する。誰の視点でモデル化するか，注意する必要がある。大森社長や杉野リーダーの視点ではモデルが偏る。トヨタ生産方式でいうように，「現地・現物」を意識して，営業や製造の第一線で働く人の身になって考えてほしい。

関心の対象については，図5－1の「事業領域と使命」として，最初の段階で把握できる範囲での全体像を描いた。このモデルに表現されている要素の中に関心の対象がかなり現れている。

実体種類の候補

実体種類の候補は，「事業領域と使命」を参考にして演習事例を確認し，関心の対象を抽出する。「事業領域と使命」は，この会社の直面する課題が表現されているはずである。その点を念頭に置いて，外部資源，内部資源，

固有技術，資源動向，製品動向，顧客動向を考慮して，実体種類の候補を挙げてみる。

最初にあまり整理しようとしないで，「もの」をカードに書き，すぐにその管理精度を考え，識別子も記入した。「事業領域と使命」の図に記入された問題点の背後に存在する「もの」も挙げるようにアドバイスした。

① 納期が長い，納期遅れが頻発
② 必要な在庫がなく（欠品），不要な在庫が多い
③ 仕掛品が多い，鋳物の未検査品が山積みされている
④ 仕様変更や納期，数量変更に対応できない
⑤ 材料加工不良，使用材料違いなどの品質問題が解決できない
⑥ 最終顧客が見えず，顧客動向に鈍感になっている

などが，その例である。これらの問題点を解決する構想をこの段階で意識してはいけない。そうするとモデルに歪みが生じるとアドバイスした。

モデルができあがった後で，これらの問題と「もの」の関係について話し合った。以下にその概要を記す。

まず①より，納期管理が問題ではあるが，④も併せて考えると計画変更がその原因の1つと考えられる。そうすると在庫のないものを受注してから生産し出荷するまでの各種のリードタイムも問題になりそうである。この点は②の在庫の問題からもうかがえる。これらの事項に関係するものとしては，受注されたバルブや，在庫としてのバルブ，および③の仕掛品としての鋳物および部品などが挙げられる。

ここで仕掛品とは何を意味するか，鋳物とは何であるかを考えなければならない。具体的には，仕掛品を「もの」として捉えるのか，それとも別の「もの」，例えば「製品」という「もの」ができあがる途中の状態として捉えるかである。

④は営業の立場から見てビジネスの収益を向上させるためには，注文の差

し替えに機動的に対応してほしいということである。半面，製造の立場からは，変更が多くてまともな製造ができないという悲鳴でもある。また仕様の変更と，納期・数量の変更とは変更の質が異なる。製品注文品としての実体種類を考えたときに，納期・数量の変更は属性の変更であるが，仕様の変更は通常識別子の変更になる。これはものが変わることを意味する。

⑤の材料加工不良，使用材料違いについては，工程管理や現場の現品管理に問題がありそうである。この点については，どうしてこのようなことが起こるのかを明らかにしなければならない。最後の⑥については，顧客には2種類あり，直接の顧客であるM社と，M社の顧客であり畔柳工業にとっては間接的な顧客である最終顧客（エンドユーザー）を分けて考えなければならない。つまりこの問題は，最終顧客が見えていないということである。

5-3-2　実体種類の抽出: 静的モデル（1）

実体種類の候補で捉えた実体種類を基に，静的モデルを描いてみる。

実体種類

言葉だけで「実体種類」としてはいけない。モデリングが言葉遊びになってしまう。「もの」の候補を挙げたとき，それは「目で見，手で触れるもの」かどうか考え，ただちに識別子を記入した。

その結果として，言葉の意味が多様であることが分かった。まず各種のバルブを総称する商品カテゴリーが考えられる。また主要な商品の代名詞として使われていることも考えられる。畔柳工業から見た商品とは，仕様を意味する場合もあるし，受注管理や在庫管理の対象としての商品（製品）を意味する場合もある。前者の場合は，顧客から見た商品の仕様を表す場合と，どのようにして製造するかを表す生産基礎情報の場合もある。後者とすると，受注した商品に関する情報を表す「顧客注文品」とか，在庫されている商品を意味する「製品在庫品」などが実体種類の候補になる。

3 概念データモデル

次に「鋳物」は，隣接する鋳物会社にとっては商品であるが，畔柳工業にとっては購入する主要な部品である。中間製品や部品は，製造過程において，購入部品や材料を用いて組み立てまたは加工されて作られるものと，購入部品の両者を意味している。仕掛品は，工程において投入されたが完成していないものの総称のようである。ここでは，下記のように捉えることになった。

①購入部品：外部から購入する部品，付属品，原材料など
②鋳物素材：隣接する鋳物工場から購入する鋳物からできた材料・部品
③仕掛品：工程に投入して，完成していない状態の製品または部品

これらの外にも実体種類として，「顧客」「加工機械」「作業員」などが挙がった。言葉（実体種類に対応）だけでは「現物」を捉えられない。メンバーは識別子の重要性に気づいた。

▎識別子を考える

抽出した実体種類について，その中の「個」としての実体を見分けるための，言い換えれば「もの」の粒度を規定するための「識別子」を設定することが必要である。識別子が同一なら，同じものであることを意味する。また識別子によって，実体種類がどのような特性を持つかが明らかになる。

例えば「顧客注文品」の場合，識別子を「商品名」「顧客名」「注文年月日」とすると，この意味は下記のようになる。

①顧客からの注文は商品ごとに受ける
②同一日に同一顧客から受けた同一商品の注文は，1つの注文として扱う

②について，別注文として扱いたいときは，年月日でなく個別の受注ごとに発番する「受注No」を用い，注文年月日は次に述べる属性の1つとして

扱う。

　同様に購入部品については，「購入先」「部品名」「発注番号」とする。「製品在庫品」の場合，識別子を「品目名（製品）」とすれば，いったん在庫になれば，全て同じものとしてみなすことになる。もしロットごとに在庫管理をしているならば，「ロット番号」が必要になる。生産計画に紐づけして管理しているならば，「生産計画番号」などが必要である。ロット番号や生産計画番号などが識別子にない場合は，製品在庫品の中はどの製品がいつ在庫されたか識別できないので，先入れ先出しの管理はできなくなる。

　なお購入部品については，発注管理をしたいという思いを込めて，今後は部品発注品と呼ぶことにする。

　このように識別子をどのように規定するかによって，管理する単位が異なってくる。そのため識別子を決めるときは，自社の管理のレベルを考え，今後どうあるべきかを十分に議論することが必要である。

▌属性を考える

　次に実体種類の主たる関心を規定する主要な属性を挙げてみる。「顧客注文品」の主要な属性として何が必要か。受注した商品というからには，「受注年月日」「数量」「納期」などは必要そうである。「部品発注品」はどうであろうか。この場合は顧客注文品と逆の立場になるので，「発注年月日」「納期」「数量」などが挙げられる。

　「製品在庫品」の場合は，「数量」であるが，良品と不良品とを区別して管理しているならば，単なる数量ではなく「良品数量」と「不良品数量」が必要になる。また引当されているかどうかを管理するためには，数量の代わりに「引当可能数量」「引当済数量」を入れておかなければならない。属性は「もの」に対するビジネス上の関心を明らかにすることであると，メンバーは気づいてくれた。

　実体種類とその識別子および主な属性を図5－2に示す。図中の品目は，宮坂係長の意見に沿って，商品と部品などを1つの括りとして表したもので

3 概念データモデル

図5-2 実体種類の記述

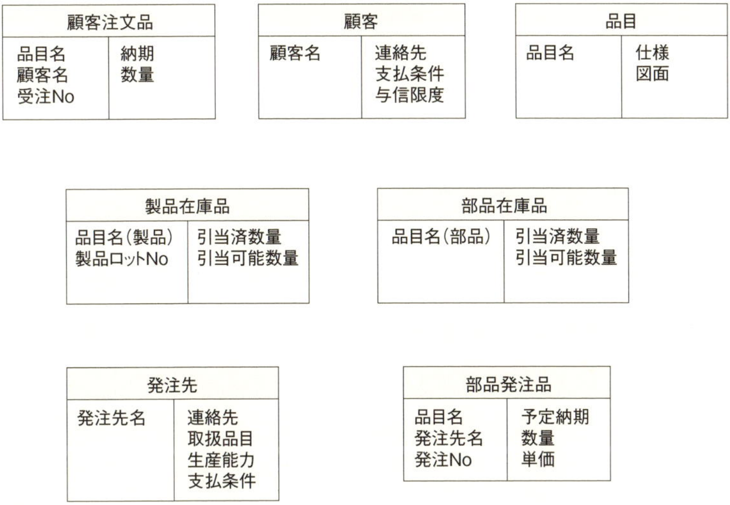

顧客注文品	
品目名 顧客名 受注No	納期 数量

顧客	
顧客名	連絡先 支払条件 与信限度

品目	
品目名	仕様 図面

製品在庫品	
品目名(製品) 製品ロットNo	引当済数量 引当可能数量

部品在庫品	
品目名(部品)	引当済数量 引当可能数量

発注先	
発注先名	連絡先 取扱品目 生産能力 支払条件

部品発注品	
品目名 発注先名 発注No	予定納期 数量 単価

ある。

図を基に,実体種類がどのような「もの」か,どのような粒度で捉えているかを簡単に説明する。

顧客注文品は,同一「顧客」からの同一「製品」について「注文ごと(注文No)」に識別し,「納期」「数量」を管理する。顧客は,「顧客名」を識別子,「連絡先」「支払条件」「与信限度」等を属性として管理する。製品在庫品は,先入れ先出しができるように「品目名(製品)」と「製造ロットNo」で識別し,「引当済数量」と「引当可能数量」とを管理する。部品在庫品に関しては,当面購入ロットは考えないこととし,「品目名(部品)」で識別し,「引当済数量」と「引当可能数量」とを管理する。以下同様に考えればよい。

5-3-3 実体種類間の関連: 静的モデル (2)

　実体種類を抽出したら，実体種類間の関連を考え，関係を生じさせる活動を関連名として表してみた。

▌関連と関連の複雑性の表現

　関連は，2-3-1 でも説明されているように，関心の対象物の間に生じた何らかの関係である。これはビジネスの機能により生まれる実体種類間の関係と考えられる。または実体種類間の構造を表す場合もある。図5－2の実体種類間の関係を生じさせる活動を関連名として表す。図5－2の顧客と顧客注文品において，「顧客は顧客注文品を発注する」という関連がある。これをこなれた文章にすると「顧客が発注したものを顧客注文品と呼ぶ」と言い換えることができる。視点を受注側にすると「顧客から受注したものを顧客注文品と呼ぶ」になり，関連名は「受注する」になる。同様に品目と顧客注文品には，注文品の仕様を「規定する」という関連がある。

　関連の複雑性は，実体種類に属する個（現物）としての「実体」と他方の実体種類に属する個としての「実体」との間の対応関係である。この対応関係を「製品」と「部品」との関連に適用すると，「製品」には複数の「部品」が使用される。一方「部品」にとっては，複数の「製品」に使用されるので，「製品」と「部品」との対応関係は，多対多になる。

　1対多の例としては，品目と部品発注品の対応関係や品目と製品在庫品の対応関係が相当する。品目として規定されているものは1つであるが，発注の都度それに対応する部品発注品は発生する。同様に製品在庫品についても，在庫製品全てについてその仕様を規定していると考えれば1対多の関係になる。このようにマスターデータに対しての各種のデータの関係は，1対多の関係になることが多い。

　多くの場合，多対多の関連においては，関連に従属する属性がある。これに意味がある場合は，関連従属属性も実体種類に準じて静的モデルに書き加

3 概念データモデル

える。例えば顧客と品目の間の関連を考える。顧客は，複数の品目を注文する可能性がある。一方，品目から見れば，同一品目は複数の顧客から注文される可能性がある。このように顧客と品目との対応関係は多対多の関係である。このとき両者の間に顧客注文品を入れると，これは特定の顧客から注文された単一の品目になる。この顧客注文品は，顧客から見れば1対多の対応関係であり，品目から見ても1対多の対応関係になる。このように多対多の対応関係を，間に関連従属の実体種類（「こと」に対応する「もの」）を挿入することにより，より理解しやすい概念データモデルを描くことができる。

以上の考察を基に，図5－2の実体種類に関連と関連の複雑性を入れた静的モデルを図5－3に示す。

このモデルにおいて，製造と描いてあるところ（雲の形で示したところ）は単一のものではない。製品生産物は，部品在庫品を用いて製造工程で加工されて完成される。この際に特定の製品生産物を完成するためには，複数の部品を用意し，それらを様々な工程で使用する必要があり，複雑な作業が介

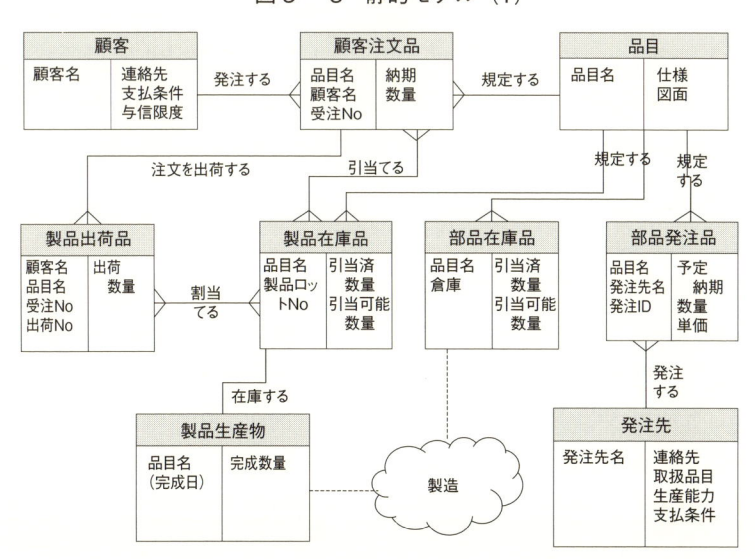

図5－3 静的モデル（1）

在しそうである。しかし今回のメンバーでは知識が足りない。これ以上の情報はないので，この段階ではとりあえずこれらを，「製造」というブラックボックスとして雲で表しておいた。製品出荷品は分納など，必ずしも注文単位と一致しないことが考えられるので，顧客注文品と分けて考える。

■ データのレイヤー

データのレイヤーとして，「対象世界の構造を表すデータ」と「対象世界の実在物を表すデータ」は異質だ，と宮坂係長が指摘した。対象世界の構造や技術を表わすデータがまず存在し，それに基づいて実在物の妥当性をチェックする必要がある。品目データや品目の構成と作り方を表すマスターデータが前者であり，顧客マスターや発注先マスターが後者である。

宮坂係長の話によると，いまのところ品目構成マスターは資材部門が管理し，製造方法マスターは製造部門が作っているが，両者の連携はうまくいっていない。「製造」（図 5 - 3 の雲）について，メンバーを追加して補う必要がある。

5-3-4　「こと」による「もの」の動的な振る舞いを把握する：動的モデル

次に，状態変化に関心を持つべき主要な実体種類について，動的モデルを描いてみる。

■ 顧客注文品の動的モデル

まず顧客注文品の変化を捉えることにした。顧客注文品は顧客から受注することにより生成する。注文内容に変更があった場合は，納期や数量が変更される。注文取消になった場合は，該当する受注は「取消」状態に変わる。納期が来て出荷した場合は，出荷数だけで出荷残数が減る。出荷残数が"0"になれば出荷終了である。その後検収されれば検収済状態になり，かつ請求可能となる。検収時に不合格品が出た場合の扱いは，その会社のビジネスル

ールにより異なる。ここでは不合格数量について再受注したものとして取り扱うこととする。これらの関係を図5−4に示す。

以上の検討により，顧客注文品の属性として図5−3の納期，数量に加えて，出荷残数と注文ステータスが必要になることが分かった。

同様に製品在庫品の動的モデルを，図5−5に示す。製品が完成すると入庫され在庫状態となる。在庫数量は，引当済の数量と引当可能（未引当）数量に分けて管理される。引当済在庫が出庫されると，引当済数量が出庫数量分だけ減る。また在庫品は通常，定期的に棚卸をされる。棚卸において帳簿残と実残との間に差異がある場合は，数量が増減することになる。

製品出荷品（図5−6）は，製品受注品に対して分納を考えている。営業からの納期情報に基づく出荷指示により生成する。該当する製品を，製品在庫品から必要数量出庫させる。それを梱包し，トラックに乗せる。これが倉庫から出ると積送中になり，配送先に届くと配送済となる。顧客の受入検査顧客の受け入れ検査（検収）が行われると，出荷品としての関心が消滅する。なおこのときに不良返品があれば，返品された現物の処分が行われる。返品分については，顧客注文品（図5−4）で述べたように，再受注扱いとなって追加出荷される。

図5−7は顧客の動的モデルである。このモデルを見ると，メンバーは動的モデルの意味を十分には理解できていないことが分かる。「データ処理」の説明になってしまっているからである。「もの」の「状態変化」の過程を述べるように指導した。

5-3-5 誰が「こと」を起こしているか，誰が「もの」の管理に責任を持っているか:組織間連携モデル

主要な実体種類について，動的モデルを記述したら，これを用いて組織間連携モデルを描いてみる。

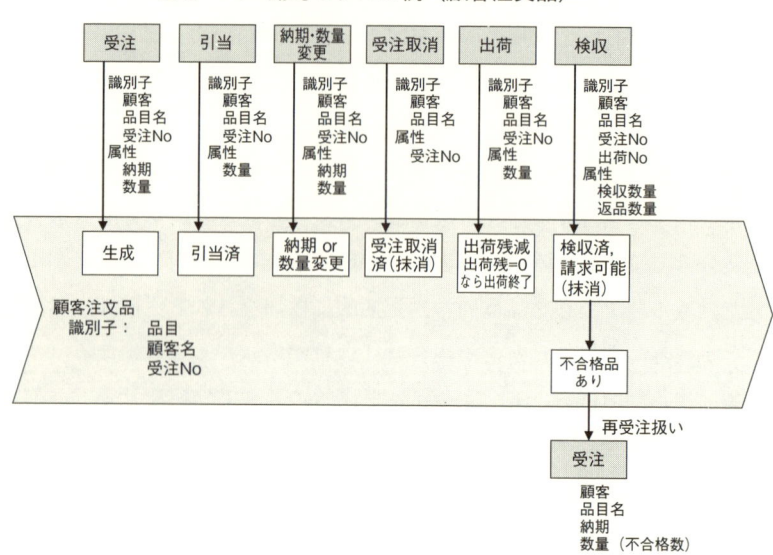

第5章 演習事例による概念データモデル設計の実際

図5-4 動的モデルの例（顧客注文品）

受注	引当	納期・数量変更	受注取消	出荷	検収
識別子 　顧客 　品目名 　受注No 属性 　納期 　数量	識別子 　顧客 　品目名 　受注No 属性 　数量	識別子 　顧客 　品目名 　受注No 属性 　納期 　数量	識別子 　顧客 　品目名 　受注No	識別子 　顧客 　品目名 　受注No 属性 　数量	識別子 　顧客 　品目名 　受注No 　出荷No 属性 　検収数量 　返品数量

| 生成 | 引当済 | 納期 or 数量変更 | 受注取消済（抹消） | 出荷残減
出荷残=0
なら出荷終了 | 検収済,
請求可能
（抹消） |

顧客注文品
識別子： 品目
　　　　顧客名
　　　　受注No

不合格品
あり

→ 再受注扱い

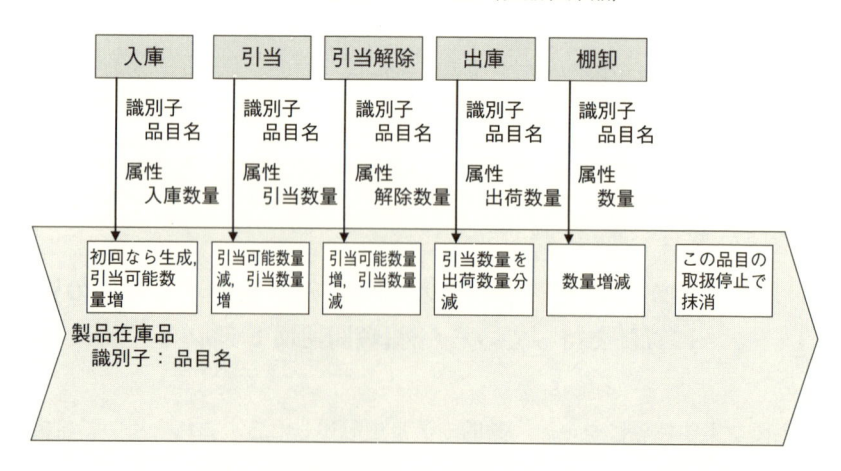

受注
　顧客
　品目名
　納期
　数量（不合格数）

図5-5 動的モデルの例（製品在庫品）

入庫	引当	引当解除	出庫	棚卸
識別子 　品目名 属性 　入庫数量	識別子 　品目名 属性 　引当数量	識別子 　品目名 属性 　解除数量	識別子 　品目名 属性 　出荷数量	識別子 　品目名 属性 　数量

| 初回なら生成,
引当可能数
量増 | 引当可能数量
減,引当数量
増 | 引当可能数量
増,引当数量
減 | 引当数量を
出荷数量分
減 | 数量増減 | この品目の
取扱停止で
抹消 |

製品在庫品
　識別子：品目名

3 概念データモデル

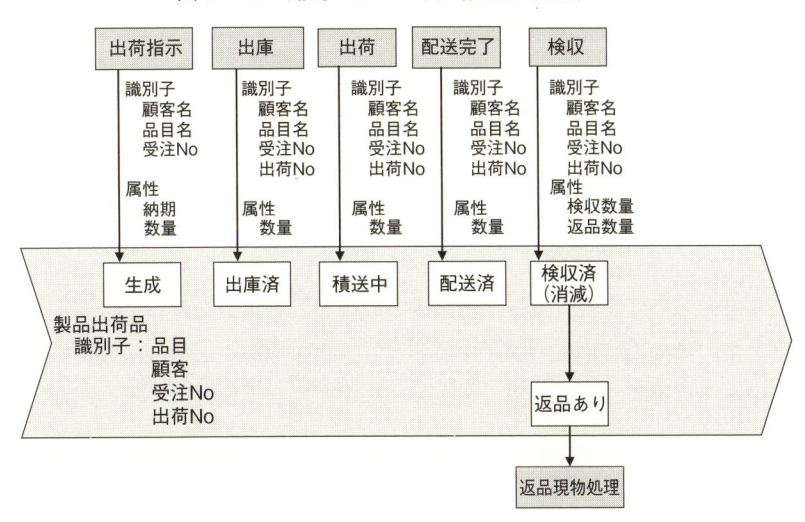

図5-6 動的モデルの例（製品出荷品）

```
  出荷指示        出庫          出荷        配送完了        検収
  識別子        識別子        識別子        識別子        識別子
   顧客名        顧客名        顧客名        顧客名        顧客名
   品目名        品目名        品目名        品目名        品目名
   受注No        受注No        受注No        受注No        受注No
                 出荷No        出荷No        出荷No        出荷No
  属性          属性          属性          属性          属性
   納期          数量          数量          数量          検収数量
   数量                                                   返品数量
    ↓            ↓            ↓            ↓            ↓
   生成         出庫済        積送中        配送済        検収済
                                                        （消滅）
  製品出荷品
   識別子：品目                                             ↓
          顧客                                          返品あり
          受注No
          出荷No                                           ↓
                                                      返品現物処理
```

図5-7 動的モデルの例（顧客）

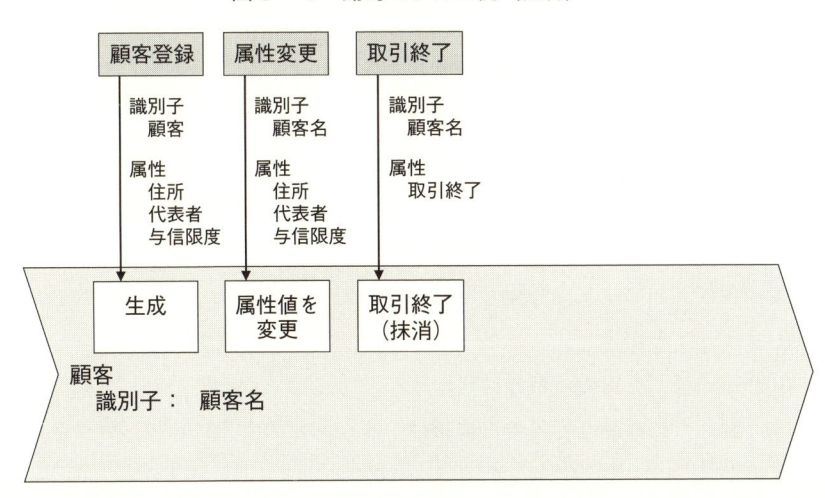

```
  顧客登録       属性変更       取引終了
  識別子        識別子        識別子
   顧客          顧客名         顧客名
  属性          属性          属性
   住所          住所          取引終了
   代表者        代表者
   与信限度      与信限度
    ↓            ↓            ↓
   生成         属性値を       取引終了
               変更          （抹消）
  顧客
   識別子： 顧客名
```

組織間連携モデルを描く

　動的モデルにおいて,「誰」が「こと」を実行するのか,「誰」が「もの」の管理に責任を持っているのかに着目して,「誰」に相当する機能組織を想定し動的モデルを配置したものが組織間連携モデルである。この段階で未検討の主要な実体種類について,発生と主たる変化を表わす動的モデルを補充した。

　この作業ではまず,実体種類について誰が管理責任を持っているかを洗い出した。その上で図5-8のように,「こと」の発生元から「もの」の管理責任部門へ矢印を描いて行く。このように組織間連携モデルは,基本的には動的モデルを集成し,組織（人）に着目して再構成したモデルである。

　もし「もの」の管理責任が,途中で別の組織に変わる場合は,それぞれの組織に実体種類のボックスを描き,それぞれの組織で行う「こと」の矢印を描き分け動的モデルを分割した。分離された実体種類に関しては,同じものから構成されていることを示すために,点線で接続しておく。

　組織間連携モデルを描くことによって,企業の中で誰が「こと」を発生させ誰が「もの」を管理しているのかが分かった。またモデリングの途中の段階で,情報の品質保証や機密保持の体制をあいまいにしてきたことが分かった。

　この図において,いくつかの違和感を持つ人もいた。まず「もの」や「こと」がうまく連携していない。必要な「もの」や「こと」が欠落している。例えば,

　①顧客注文品に注文を登録しても,在庫引当ができない（在庫がない）場合どうするか？
　②部品の補充を決める情報は何か？
　③「製造」に部品を投入する情報は,誰が,どのようにして,いつ決めるのか？

などである。そこで次々とビジネス改革案が出始めた。

3 概念データモデル

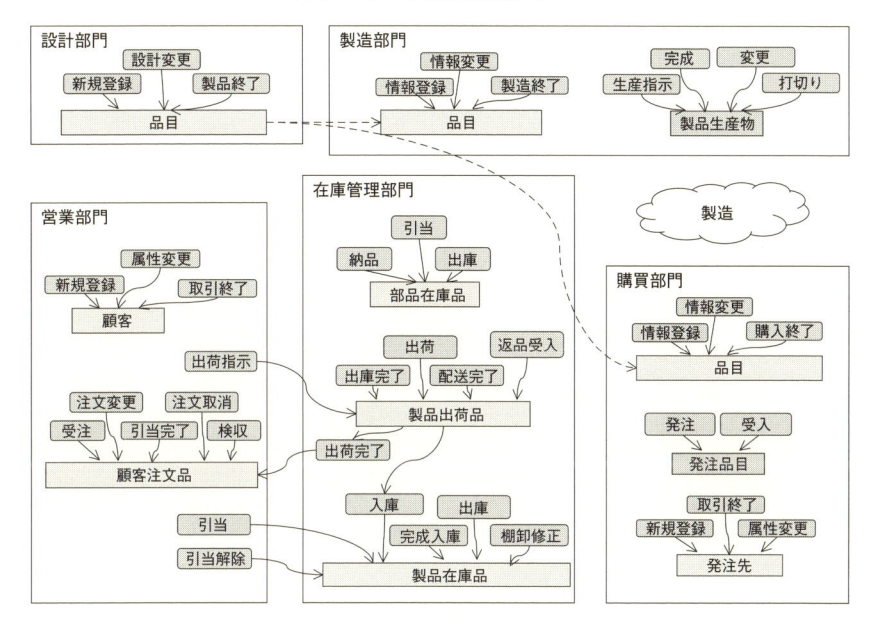

図5−8 組織間連携モデル

①に関しては，在庫状況を見ながら生産計画（製造指示）に結びつける「もの」と「こと」が必要になりそうである。標準品に関して，発注点方式をとっているので，品目（製品）の属性に「発注点在庫数量」が必要になる。なお発注点方式とは，一定量の在庫を維持できるように補充（製造）数量を決定する方式のことである。

②については，生産計画に紐づけてリードタイムごとの必要数量を計算し，在庫数量を考えて正味の補充数量を求める方式が考えられる。③は生販機能であり，生販会議などで生産計画を決め，それに基づいて日時の製造投入計画を策定することである。組織間連携図によって全体像が見え，ビジネスの問題点や解決策が自然に浮かび上がった。

187

5-3-6　現有システムの見直し

宮坂係長は現在用いている MRP システムについて皆の理解を得たいと思い，この部分について概念データモデルを描いた。演習事例の「顧客の注文から納品日までは平均すると 2 週間である。自治体からの注文は数千個から数万個まとまってくるが，その中の 1,000 個単位で溝の深さ，斜度が突然変更される。どうやら工事業者が決まるまで，溝の仕様が決まらないらしい」という問題点に対応できるか皆と考えたかった。

▍タイムバケット

MRP システムの本に書かれている「MRP システムでは同じ中間製品や部品に関する所要量をタイムバケット単位に合計し在庫引当し，正味所要量について生産オーダを発行する仕組み」を考えて，該当する静的モデルを描いてみる。なおタイムバケットとは，図 5 − 9 にそのイメージを示すが，生産計画を立案するくくりの単位期間を意味する。

この図で基準 BKT（「バケット 3」）から 2 つ先のバケットの製品生産計画を確定する運用ルールになっているとすれば，バケット 5 の生産数量を確定することになる。また調達リードタイムの長い部品については，バケット 6 以降の情報を使用することになる。ただしこれらの数値は，計画確定区間であるタイムフェンスの外側であるため，確定された情報ではなくあくまでも参考情報である。そのため，次のバケットになったときには，その情報は変更されることがありうる。そのため確定情報に基づく製品生産品と，タイムバケットの外側の生産予定品とは別のものとして扱わねばならず，識別子は異なってくる。

▍静的モデル

次に以上を基にして，計画から部品発注までの静的モデルを描いた。MRP 部品表（BOM）は，品目間の親子関係とその構成数量を示すものであ

3 概念データモデル

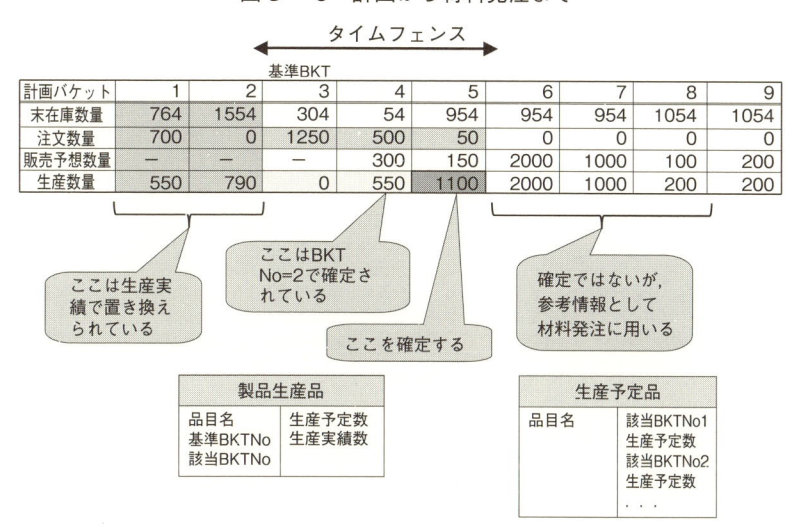

図5-9 計画から材料発注まで

計画バケット	1	2	3	4	5	6	7	8	9
末在庫数量	764	1554	304	54	954	954	954	1054	1054
注文数量	700	0	1250	500	50	0	0	0	0
販売予想数量	−	−	−	300	150	2000	1000	100	200
生産数量	550	790	0	550	1100	2000	1000	200	200

タイムフェンス / 基準BKT

ここは生産実績で置き換えられている
ここはBKT No=2で確定されている
ここを確定する
確定ではないが、参考情報として材料発注に用いる

製品生産品
品目名　生産予定数
基準BKTNo　生産実績数
該当BKTNo

生産予定品
品目名　該当BKTNo1
　　　　生産予定数
　　　　該当BKTNo2
　　　　生産予定数
　　　　・・・

る。このBOMと親品目の数量より、その親品目を作るのに必要とされる子品目の数量が「所要部品明細品」として計算される。これを子品目のレベルに集約し、部品在庫数量を引当ることにより、「正味所要部品」になる。これを発注ロットでまとめて、発注先ごとにまとめたものが「部品発注品」になる。これらの関係を図5-10に示す。

動的モデル

静的モデルを描いたところで、なぜ注文変更が入ると滞留品が出てしまうのかを、動的モデルで考察する。そのために、製品生産品の動的モデルを描いてみる（図5-11）。

この図だけではあまりイメージできないかもしれないが、個別のものを考えると分かる。図5-9において、バケット3でバケット5の品目Aの生産数量を1,100個として確定した。しかしバケット4になって、この生産数量の元になっている注文の1つが変更になり、Aの注文500個が取り消され、Aとは溝の深さや斜度の異なる品目Bに変更されたとする。しかしバ

第 5 章　演習事例による概念データモデル設計の実際

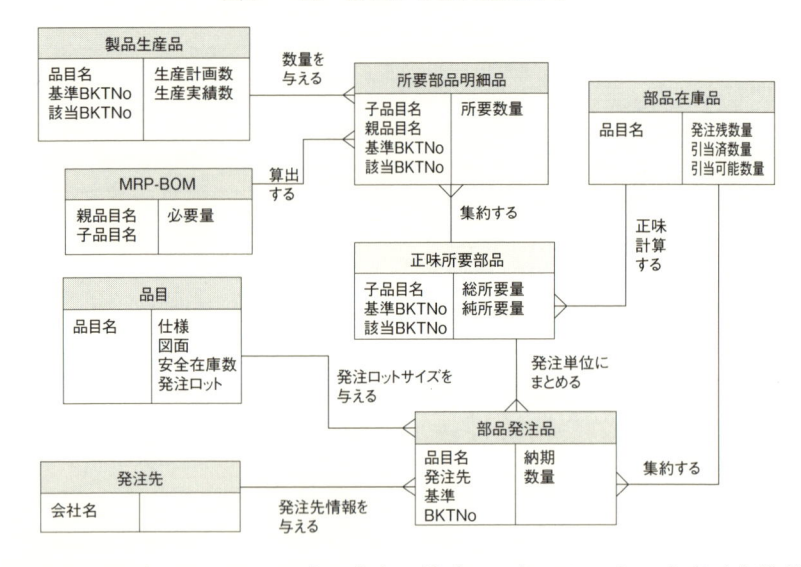

図 5 − 10　計画から材料発注まで

ケット 5 はタイムフェンスの中であり，注文 No とバケットの生産予定数量とは，紐づいていないため計画数量の変更はできないことになる。このため A は予定通り製造され，また不足する B の注文は，バケット 6 に新規注文として反映されることになる。

このことは，不要の 500 個の A を造り，かつ本来バケット 5 で完成し納品する予定のもの（B）が，納期遅れで完成されることとなる。その上，B についての部品手配はできていないため，B で使用された部品を使用する他の品目が部品不足で製造できないことも予想される。

見直しの結果

MRP システムでは仕様を確定しないと，部品や材料の調達を計画できない。現在のビジネスの実情に合わないことを宮坂係長は明確に認識した。

杉野リーダーが提案した少ロット生産では仕様変更の被害が小さくなる。これに，あるコンピュータ雑誌に掲載されていた多様性を扱う部品表を組み合わせると，もっとよくなるかもしれない。

4 ビジネス改革案の評価とビジネス改革プログラムの策定

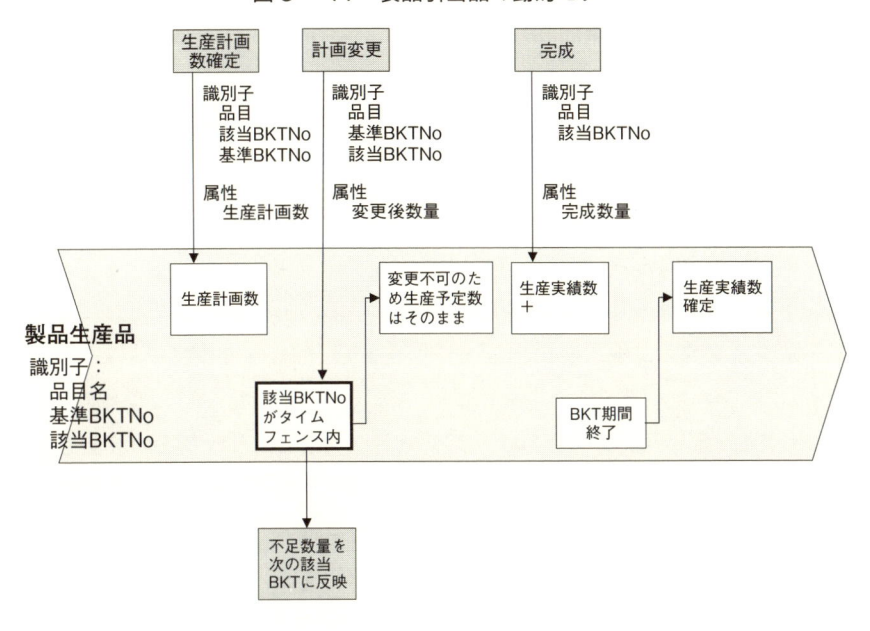

図5-11 製品引当品の動的モデル

```
[生産計画         [計画変更]        [完成]
 数確定]
 識別子           識別子            識別子
   品目            品目              品目
   該当BKTNo      基準BKTNo         該当BKTNo
   基準BKTNo      該当BKTNo
 属性            属性              属性
   生産計画数      変更後数量        完成数量
```

製品生産品
識別子：
　品目名
　基準BKTNo
　該当BKTNo

- 生産計画数
- 変更不可のため生産予定数はそのまま
- 生産実績数＋
- 生産実績数確定
- 該当BKTNoがタイムフェンス内
- BKT期間終了
- 不足数量を次の該当BKTに反映

　また紙面の都合で割愛したが，生産するための工程や工程能力などについても，概念データモデルを基に考察すると，今後の畔柳工業のあるべき姿が見えてくる。

5-4 ビジネス改革案の評価とビジネス改革プログラムの策定

　概念データモデル設計を通して，浮かび上がってきたビジネス改革の可能性を確認し，その評価を行う。

5-4-1　ビジネス改革案の評価

　下記のビジネス改革案が挙がったとする。

①標準品以外の製品を個別受注生産方式に変更する。またそのために汎用性のある仕掛品を中間品として定義し，同一の中間品を用いる製品（品目）を品目群としてグループ化する

②現品管理の精度向上と，先入れ先出し（FIFO: First In First Out）できる仕組みを導入する

③変更の多い工程をなるべく後ろに移動し，変更に適応できやすい生産体制を作るとともに，そのための工場のレイアウト変更を行う

④小ロット生産をしても段取り替えロスを少なくし，品質を安定させる製造方式を導入する

これらについて図2-29のワークシートを利用して，改革案の評価を行う。上記①について行った例を図5-12に示す。残りの全ての改革案についても，図5-12と同様に記述する。この図を描くと，良いことも悪いことも明確になり，関係者間の共通の認識ができてくる。このように，実行可能性を検討するのがフィージビリティスタディである。特徴の実現，仕組みの変更，前提条件の整備，対策実行などが実行課題の候補である。

5-4-2　実行課題のまとめとフェーズプラン

図2-31で示した表に従って実行課題のまとめを行う。これを図5-13に示す。

またこれらをすぐに取り掛かれる課題，検討の必要な課題，中長期的な課題等に区分して，優先順位づけしシナリオに沿って実行計画を策定するのがフェーズプランである（例を省略）。

5-5　情報システムの実装に向けて

最後に簡単に概念データモデルを設計し，これを情報システムとして実装

図5−12　改革案①の評価

特徴（従来とどう異なるか）	もたらされる効用・便益
・見込生産に代えて，確定受注を受けてから製造する方式に変更する ・同一の中間品を使用する製品を製品群として定義する	・必要なもののみ製造する ・見込が外れても，付加価値の低い中間品または部品の在庫負担で済む
特徴に関わる仕組み	**新たに発生する問題・損失**
・確定受注を受けたら製造オーダーを発行する ・必要とする部品・材料は予め用意しておく	・調達リードタイムが不足する ・負荷が集中すると，ボトルネック工程のキャパシティが不足する恐れがある ・小ロット生産に起因する諸問題が発生する
現在の仕組み	**新たな問題・損失に対する対策**
・基本はMRP方式による見込生産であるが，注文変更に対応するためにタイムフェンスの中での変更が頻発している	①汎用性の高い仕掛品を中間品として定義する ②その為に必要な工程順位の変更と，それに伴う技術的な課題の対策を行う ③生産計画は製品群として立案し，中間品はそれに基づいて製造する ④部品・材料は製品群の見込生産計画数に基づいて見込発注する ⑤ボトルネック工程のキャパシティを有効活用するスケジューリングの仕組みを検討し導入する
新たな方法が成り立つ前提条件	
①総リードタイムが納期以内でなければならない ②必要な中間品，部品などがリードタイム内に手配できる	

するための考え方の概略を述べる。

概念データモデルの詳細化

5-4のフェーズプランを作成し，できる範囲から情報システム化をする事に決定したとする。これまで描いてきた概念データモデルは，基本的にユーザー部門の人たちが自分たちのビジネス・アーキテクチャをどのように捉えたかを表現しているものである。そのため情報システムの出発点にするためには，少なくとも最初のフェーズの課題について曖昧な点を明確にしなければならない。またビジネス環境の状況変化にも対応できなければならない。

これらの諸点を考えて，対象領域を絞った上で，より詳細で明確なモデルを描かなければならない。このモデルを前提として，第4章で述べた方法により，アプリケーションの概略設計を行う。

図5-13 実行課題のまとめ

主課題	副課題
・中間品と製品群概念を導入する	・何を中間品とするか検討し定める ・BOMの洗い替えを行う ・実体種類「品目」に品目群を追加する ・中間品の汎用性を高めるためには，工程順位を変更する ・そのための技術的検証を行う
・製品および製品群，中間品の生産計画，製造オーダーの仕組みを構築する	・製品群と製品の生産計画の関係を明確にする ・それらと中間品の生産計画との関係を明確にする ・製造オーダーのルールと実行可能性の保証を検討する
・部品・材料の購買計画と発注ルールを作成する	・汎用中間品用の部品発注の仕組みを作る ・それ以外の個別部品の発注の仕組みを作る ・緊急発注時のルール化を行う

■ 情報品質保証の実装

　情報システムにおいて重要な資産は，プログラムではなく情報の源泉としてのデータである。そのため情報システムを設計・構築するには，当初から情報品質を保証できる仕組みを実装しておくことが必要である。

　情報品質保証については，1-4 および 3-2-4，4-2 などに書かれているように，ビジネスに関与する人々が自己の役割や職務にふさわしい有限の責任を持って検査し，保証できるようにする必要がある。そのためには，情報の管理部署と発生部署が一覧できる組織間連携モデルを活用することは有用である。実装にあたっては，この点を考えておくことが必要になる。

■ 演習のおわりに

　この章では技術データ管理支援協会がこれまで行った演習の実情をできるだけ写し取るよう試みた。モデリング指導者の参考として，この演習から得た知見をまとめておく。

① 概念データモデルには正解がない。業務担当者たちが持つ諸概念を共有することが肝要である。指導者が持つ概念を押しつけてはいけない。
② 業務担当者たちが実世界（トヨタ生産システムでいう現地・現物）をどう捉えるべきか語り合う場を概念データモデル設計では提供している。
③ 思うことを無理に描こうとしてはいけない。難解なモデルは概念共有を困難にする（例：MRP システムのタイムバケットに関する動的モデル）。
④ 全ての概念をすぐに明瞭なモデルにすることはできない。モデルの幾つかについては曖昧さを認め，いつ頃，明瞭になるか考えて，ビジネス改革＆情報システム構造改革プログラムの中に課題として残す方がよい。
⑤ 上記のプログラムは人々の認識が変わり，合意が進んで組織体質が変わることを促す計画であると考えるほうがよい。
⑥ 業務担当者たちが概念データモデルを描くには方法の指導を受けるだけで十分である。しかし，モデリングを指導する人は情報システム・アーキテクチャや実装方法，背後にある理論などを学んでおく必要がある。

概念データモデル設計法の指導者は，以上の点を考慮してモデリングを進めてほしい。

演習事例 「地場産業の苦境:畔柳工業」

1. 事業概要と生産情報システムの歴史

　畔柳（くろやなぎ）工業は海から200kmほど離れた平野の名門企業の1つである。大正年間に地場産業に鋳物を供給する工場として設立された。昭和に入って軍需に応じるため鋳物だけでなく，機械加工部品生産も行うようになり，事業が発展した。戦後の復興期には機械加工部品の需要は激減し，ガス・水道敷設のためのバルブの生産で窮地を凌いだ。

　1965年頃に経営不振に陥ったとき，大手商社M社の支援を受け入れ，状況が一転した。大手商社は全国に取引先を持っているので，その販路を利用して売れ行きが一気に伸びた。高度成長と相まって，バルブの売上が多くなったので，鋳物生産は地場産業に外注し，バルブの専業メーカーとしての体制を整えた。

　1975年頃，地域のもう1つの精密工業で資材所要量計画（MRP: Material Requirements Planning）システムの稼働が始まったのを契機に，経理部門出身の情報システム課長大田原氏は，生産情報システム構築に関心を持った。地元で開催された生産管理研究会で会った情報技術会社の技術者大杉氏に相談したところ，情報システム課に生産管理技術者を配置して，生産情報システムについて調査する方がよいとアドバイスされた。

　大田原氏はさっそく，社長にお願いし，資材調達部門の係長宮坂氏を生産情報システム担当係長として配属してもらった。宮坂氏は畔柳工業の資材調達を20年担当し，遣り繰りのベテランとして知られていた。

　所要量計画の必要性に気づいた宮坂氏は早速パッケージ導入に踏み切った。さらに，在庫把握のための入出庫実績把握，作業指示に伴う材料払出指示，現場の生産管理担当者の要望を満たすアプリケーションを開発し，1980年に本稼働した。しかし，多数の問題が発生して，情報システム課は

対応に追われ続けた。納期遅れが頻発し，商社だけでなく顧客から直接クレームが来るようになった。それにもかかわらず製品在庫量は増加し，2年分ほど製品倉庫に眠っている。欲しいものがなく，要らないものが溢れていると酷評された。

悪いことに，強力なライバルが出現した。1975年頃に畔柳工業の中堅管理職が中途退職し，バルブの専業企業「埼玉バルブ」を興した。畔柳工業の鋳物外注先の能力が余っているので，規格品用の材料を大量に発注し，安い価格で仕入れて大量生産し，商社のルートを通さないで直接顧客に売り込んだ。徐々に畔柳工業の市場シェアは下がり，1995年には業界1位とは言いながら，20%台に落ち込んだ。

1996年にM社は畔柳工業の梃子入れのため，部品セクターの部長大森氏を社長として送り込んだ。

2．業務改革プロジェクト

1970年代に1,000人以上いた従業員の3分の1は外注先に移り，業績悪化に伴って希望退職を募ったので，いまでは340人になっている。売上高は250億円から190億円に低下して表面的には横ばいであるが，漸減傾向が明らかである。原料高騰により利益がほとんど出なくなり，放置すると廃業に追い込まれかねない。

大森氏は生産管理学会で知り合った大学教授に相談し，業務改革プロジェクトを編成した。プロジェクト・リーダーとして若手で元気のよい杉野部長代理を選んだ。杉野氏は入社直後に工場で生産管理課に配属され，明るい人柄を見込まれて販売部門に移り，顧客や工場からの信頼も厚い。

製品仕様と製造方法

畔柳工業の製品は10万種類にも上るほど多様化している。ガスと水道では鋼材の種類が違う。パイプの太さだけでなく，溝の深さや角度が違う。ガス会社や市町村ごとに設定している標準が異なるので，迂闊に生産を打ち切

れない。

　大森氏は生産品目を売れ筋商品に絞り込めば利益率を高められると考え，プロジェクト・リーダーの杉野氏に検討を依頼した。

　－なぜ業績が漸減するのか？
　－なぜ一気に経営悪化しないのか？
　－生産品目を絞り込めば利益体質に変わるか？
　－業績を低下させないで，利益体質に切り替える方策はないのか？

　鋳物の外注工場は畔柳工業に隣接しており，工場の門はそれぞれに分かれているが，中はつながっている。未検収の鋳物が山のように積まれており，その中から良品を目視検査して受け入れている。目視検査の折に鋳物を金槌で叩いて鬆が入ってないか外注側でチェックするので，熟練者が必要であり，時間も掛かる。宮坂氏が組んだ所要量計画システムに基づいて発注しているが，飛び込みや注文変更が頻発して，材料（鋳物素材）で遅れが起こりがちである。ただし，鋳物は外形・内径・曲率，材質に着目すると多数の製品に共通であり，転用が利く。若干加工時間が増えることを覚悟すれば，肉厚品を使えばよいので，致命的な事態には至らない。
　バルブ本体の製造工程はおよそ，9工程に分かれている。

　内面旋削，内面溝切り，外面削り，穴空け，酸洗，塗装，組立，検査，梱包

　品目によって外面削りや穴空け工程を省略することもある。
　付属品は多様である。約2,000種類の70%は部品商社を通して購入している。残りは，本体と同じ設備を用いて加工し，組立工程で本体に組みつける。部品を組みつけない簡単な構造のバルブが種類では7%であるが，売上高の45%を占めている。

品質保証のため，全品水圧検査を要求されており，設備が高価で台数が少ないせいもあって，仕掛が貯まり，納期遅れを招きがちである。

杉野リーダーは多品種少量生産がこの工場に適しているか疑問を持った。

3．現物管理と品質保証

製品在庫の欠品や納期遅れの頻発の原因をたぐって行くと，ほとんどが品質問題にぶつかって解決が困難であると気づく。材料不良，加工不良，仕様違い，材料間違いなど様々な原因があり，再発防止策が見つからない。

製造現場には鉄かごに入れた仕掛品が山積みになっており，現品票がついてはいるものの，砂埃をかぶって読みにくくなっている。作業に取り掛かる準備として，フォークリフトを用いて現物を探し出している。「先入れ先出し」を徹底するよう指示しているが，必ずしも守られていない。ときどき，現物を間違えて段取りし，加工時間が指示書と違うので気がついてやり直すことがあるようだ。

また，MRPシステムでは同じ中間製品や部品に関する所要量をタイムバケット単位に合計して在庫引当し，正味所要量について生産オーダを発行する仕組みになっている。SFC（Shop Floor Control）では段取り替え時間が少なくなるよう，しかし，ほかの注文も適当に割り込めるように，中間製品や部品の生産オーダのロットサイズを最大5,000個，最小5個に設定している。したがって，顧客から大幅な納期変更，数量変更が来たとき，中間製品や部品のどの生産ロットを変更すべきか分からない。やむなく，次の計画サイクルまで待って，余剰品を他の製品生産オーダに引当ることにしているが，加工してしまった中間製品や部品を転用できないので「長期滞留品」になってしまうことが多い。

顧客の中には製品の品質保証のために鋳込みから製品完成に至る加工ロットを追跡するトレーサビリティを要求するケースが増えてきた。また，二酸化炭素発生量や環境汚染物質の排出量に関するデータの提出を要求されることもある。

MRPシステムでは製品構造を「親子関係」で表示する。それは組立工程では有効であるが，加工中に発生する二酸化炭素や環境汚染物質を表現することはできない。
　杉野リーダーは現在のMRPシステムには根本的な問題があると気づいた。

4．生産計画方式と仕掛在庫

　杉野リーダーが小ロット生産計画方式を生販会議で発表したところ，多数の問題点を指摘された。
　顧客の注文から納品日までは平均すると2週間である。自治体からの注文は数千個から数万個でまとまって来るが，その中の千個単位で溝の深さ，斜度が突然変更される。どうやら工事業者が決まるまで，溝の仕様が決まらないらしい。このような状況では小ロット生産計画方式の意味がない。むしろ，従来のように共通の鋳物をまとめて生産手配するほうがよいのではないか。
　小ロット生産にすると段取り替え作業が頻発し，生産性が下がるとの意見も多数出た。段取り替え後品質が安定するまである程度加工する必要があるので，小ロットでは不良率も高くなりそうである。
　現在の工場のレイアウトは規格品を大量製造していたときに設計されたも

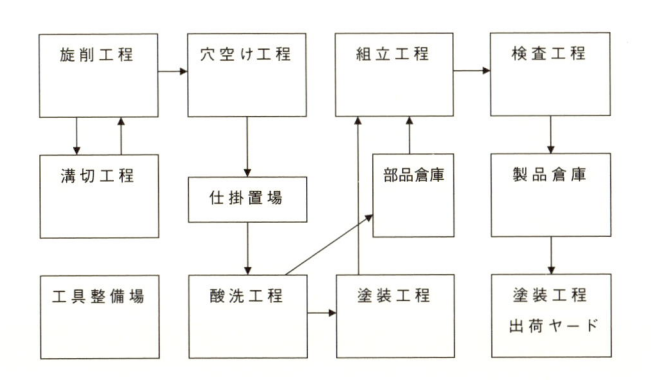

ので，ほとんど変わっていない。

　杉野リーダーはこのレイアウトを変更する方がよいのではないかと考えた。トヨタ生産方式でいう「付加価値を後工程で組み込む」を実践するには，顧客の要望に合わせるための「溝切り」を「酸洗」の前に移してもよいのではないか。

　そうすると，前工程は必ずしも小ロット生産にする必要がない。建前は小ロット生産としても，顧客要望に合わせる「溝切り」の前は多くの製品で共通である。そうすると，完全紐づけ型の生産計画は前工程では合わないと，杉野リーダーは思った。

5．納期管理

　畔柳工業では長い間工場納期回答を遵守できなかった。飛び込みの注文に追われ，回答時には確実と信じている生産オーダがいつの間にか納期遅れになる。そこで督促を掛けると今度はほかのオーダが遅れる。頻繁に督促を掛け，飛び込み注文に対応していると，現場の生産性が下がるので，ある程度の納期遅れはやむを得ないと現場の監督者たちは考えている。生産性が向上すれば，その分だけ製品生産量が増加し，納期遅れも減少するに違いない，全体最適を考えるべきだと皆が主張する。

　杉野リーダーが調べてみると，ライバルの「埼玉バルブ」は畔柳工業よりも少し高い価格でバルブを引き取ってもらっている。納期に関しては明らかに短く，遵守率も高そうである。

　納期が短くて，納期回答が正確であれば，少々高くても売れる。「埼玉バルブ」の好業績の要因はそこにある。畔柳工業も回答納期を保証する仕組みを構築する必要がある。そのため総合的な仕組みを考えることが，当面の目標であることに杉野リーダーは気がついた。

あとがき

　本書では筆者らが所属する特定非営利活動法人・技術データ管理支援協会（通称 MASP アソシエーション）が提供する「概念データモデル設計法」について解説した。この協会は 1998 年に MASP コンソーシアムとして発足し，「日本の製造業の長所を強化するための情報技術整備と普及」を使命と考えて活動している。従来型の ERP パッケージでは日本の製造業の得意とする多品種少量生産を十分には支援できないので，パッケージの中核となる部品表管理システム（BOM）を抜本的に改革する「ものづくり技術データ管理システム」を開発し，防衛的特許を取得した。2010 年現在はその上に製造業用のビジネスアプリケーションを開発している。利用者に理解できる「ホワイトボックス型」でカスタマイズが容易であり，導入後の変更拡張が容易な「所要量計画」や「生産スケジューリング」の道具を用意した。

　これらの道具を利用していただくとき利用者が主体性を持って道具を使いこなすだけでなく，道具の改善・改良して下さることを期待している。そのための基礎的な技術として本書で紹介するデータ設計技術や情報システム・アーキテクチャが役立つと思っている。

　コンピュータが発明されて 60 年を超えたいまも情報と通信の技術は発達し続けている。古い技術は忘れ去られ，新技術も数年の内に古くなってしまう。新技術を追いかけていると，ビジネス組織にはがらくたの山が残り，システム構築への投資回収は夢となる。残念ながら日本社会では「ウォータフォール」と呼ばれる使い捨て型のソフトウエア開発技術が大勢を占めており，それによって収入を得ようとする業界の仕組みができあがっている。

　これではいけない。技術の側からでなく，人間の側から情報と通信の技術を使いこなす方法を用意しよう，と私たち NPO メンバーは考えた。情報システムには個々のビジネス組織が持つ固有の知識と知恵がデータやソフトウ

あとがき

エアとして組み込まれる。これを活かし，持続的に改善・改良できるようにすることがその目的である。

2010年代に入り日本社会では高齢・少子化が進み，成熟社会に変わろうとしている。労務費の安い新興国と規格品大量生産分野で戦うのは無駄な努力である。それよりも世界の製造ビジネスにおいて日本は従来とは異質の役割を獲得し，持続的に反映できる仕組みを構築する必要がある。継続的な改善・改良が可能な，確固たる骨組みを持つビジネス情報システムを構築することに概念データモデル設計法を役立てて下さることを願っている。

参考文献

[1] 手島歩三,「自社の強みを捨てるな」, 日経コンピュータ, 2002年4月8日号, pp.144-149, 2002.

[2] 手島歩三,「"第3次ソフトウエア危機"を克服せよ」, 日経コンピュータ, 2002年4月22日号, pp.176-181, 2002.

[3] 手島歩三,「ソフトウエア危機脱出の処方箋」, 日経コンピュータ, 2002年5月6日号, pp.126-132, 2002.

[4] 手島歩三,「崩壊するコード体系の改革を急げ」, 日経コンピュータ, 2002年5月20日号, pp.150-157, 2002.

[5] 手島歩三,「経営の操縦桿となるAPSシステム」, 日経コンピュータ, 2002年6月3日号, pp.182-188, 2002.

[6] 手島歩三,「ERPの質を見極めてから導入せよ」, 日経コンピュータ, 2002年6月17日号, pp.166-173, 2002.

[7] 手島歩三,「ERPによる業務"改悪"を避けよ」, 日経コンピュータ, 2002年7月1日号, pp.182-187, 2002.

[8] 手島歩三,「経営戦略に沿ったシステム再構築手法」, 日経コンピュータ, 2002年7月15日号, pp.164-170, 2002.

[9] 手島歩三,「自社の強みを生かすシステム構築事例」, 日経コンピュータ, 2002年7月29日号, pp.164-169, 2002.

[10] 手島歩三,「SCMの問題点を根底から見直す」, 日経コンピュータ, 2002年8月12日号, pp.134-137, 2002.

[11] 手島歩三,「悩み深い情報システム部門の再生策」, 日経コンピュータ, 2002年8月26日号, pp.172-177, 2002.

[12] 手島歩三,「企業情報システム,統合の進め方」, 日経コンピュータ, 2002年9月9日号, pp.144-150, 2002.

参考文献

[13] 手島歩三,「情報システム改革における経営者の責任」, 日経コンピュータ, 2002年9月10日号, pp.184-192, 2002.

[14] C. バーナード（山本安次郎訳）,『新訳　経営者の役割』, ダイヤモンド社, 1968.

[15] マイケル A. クスマノ（サイコムインターナショナル訳）,『ソフトウエア企業の競争戦略』, ダイヤモンド社, 2004.

[16] 手島歩三, 小池俊弘, 遠藤清三,『概念データモデル設計によるソフトウェアのダウンサイジング』, 日本能率協会マネジメントセンター, 1994.

[17] 南波幸雄,『企業情報システムアーキテクチャ』, 翔泳社, 2009.

[18] J. J. van Griethuysen and M. H. King（ed）, *Assessment Guidelines for Conceptual Schema Language Proposals*, ISO/TC 97/SC 21/WG 5-3, 1985.

[19] 手島歩三, 岩田裕道, 大塚修彬,『情報システムのパラダイム・シフト』, オーム社, 1996.

[20] 藤本隆宏, 青島矢一, 武石彰,『ビジネス・アーキテクチャ―製品・組織・プロセスの戦略的設計』, 有斐閣, 2001.

[21] 藤本隆宏,『能力構築競争―日本の自動車産業はなぜ強いのか 』, 中央公論新社, 2003.

[22] 青木昌彦, 安藤晴彦,『モジュール化―新しい産業アーキテクチャの本質』, 東洋経済新報社, 2002.

[23] G. M. エーデルマン（金子隆芳訳）,『脳から心へ―心の進化の生物学』, 新曜社, 1995.

[24] Eliyahu M. Goldratt, *The Haystack Syndrome: Sifting Information Out of the Data Ocean*, North River Press, 1991.

[25] 茂木健一郎,『クオリア入門　心が脳を感じるとき』, 筑摩書房, 2006.

[26] 大野耐一,『トヨタ生産方式』, ダイヤモンド社, 1978.

[27] Eliyahu M. Goldratt, *The Goal*, Gower Publishing, 1984（エリヤフ・ゴールドラット（三本木亮訳）,『ザ・ゴール ― 企業の究極の目的とは何か』, ダイヤモンド社, 2001.）.

[28] 手島歩三,『気配り生産システム』, 日刊工業新聞社, 1994.

[29] 西岡靖之,『APS—先進的スケジューリングで生産の全体最適を目指せ』, 日本プラントメンテナンス協会, 2001.

[30] Donald A. Jardine, *The ANSI/SPARC DBMS Model*, North-Holland, 1977.

[31] 経営情報学会システム統合特設研究部会編,『成功に導くシステム統合の論点—ビジネスシステムと整合した情報システムが成否の鍵を握る』, 日科技連出版社, 2005.

[32] N. Wirth, *Algorithms + Data Structure =Programs*, Prentice-Hall, 1976.

[33] Michael Jackson, *System Development*, Prentice Hall, 1983.

索　引

欧　文

DAO（Data Access Object）	155
DFD（Data Flow Diagram）	38
ER 図（Entity-Relationship Diagram）	67
ICT（Information & Communication Technology）	21
JIT（Just in Time）	26
JSD（Jackson System Development）	165
JSP（Jackson Structured Programming）	165
MRP（Material Requirement Planning）	27, 42
SDLC（Software Development Life Cycle）	19
UML（Unified Modeling Language）	30

あ　行

アプリケーション層	115
アプリケーションのレイヤー構造	119
移行計画	131
意思疎通	1, 21
ウォータフォール	19
オフィス支援系	109
オブジェクト指向	146
オンライン・トランザクション処理	113

か　行

概念	32
概念スキーマ	125
概念データモデル	17
外部資源	97
価値	98
価値連鎖	98
活動	3, 79
活動エージェント	111
活動識別子	80
活動制御層	121
活動属性	80
かんばん	26
関連	70
関連従属	72
関連の複雑性	71
基幹系	1, 107
気配り生産	102
技術データ	156
技術データ管理層	119
機能	99
機能部門	87
機能モデル	54, 99
協働の体系	4
クオリア	43

索　引

現物データ管理層	120
構造化プログラミング	129, 164
顧客機能	96
顧客層	96
こと	3, 50
固有技術	97

さ　行

サービス指向アーキテクチャ	146
3層スキーマ	125
識別子	69
事業使命	97
事業領域	97
資源供給者	97
事後状態	99
事前状態	99
実体オブジェクト	111, 153
実体関連図	67
実体種類	68
実体変化過程図	77
ジャクソン法	164
主課題	94
順処理	161
状態遷移規則	76
情報系	2, 107
情報伝達経路	87
情報品質保証	35
進化型プロトタイピング	138
生産スケジューリング	38
静的モデル	54, 65
静的モデル説明文	74
制約条件	99
属性	69
組織間連携モデル	54, 85

た　行

ディレクトリ	141
データ管理層	115
データ辞書	141
データストア	101
データのレイヤー	73
テスト計画	136
テスト指向開発	130
動的モデル	54, 75
トヨタ生産システム	26, 121

な　行

内部資源	97

は　行

バッチ処理	117
ビジネス・アーキテクチャ	11, 26, 119
ビジネス改革案	88
ビジネス改革プログラム	91
ビジネスモデル	11
標準	13
フェーズプラン	94
副課題	94
プレゼンテーション層	114

ま 行

メタシステム	139
メッセージ	111
目標状態	93
もの	3, 50, 66
ものづくり技術データ	10
問題点	98

ら 行

列構造	161

■監修・執筆者紹介

■監修・執筆者

手島　歩三（てしま　あゆみ）　　序章，第1章，第3章，第4章，第5章，あとがき

1940年，岡山県生まれ。1962年岡山大学理学部卒業。同年，日本レミントン・ユニバック（現・日本ユニシス）入社。SEとして勤務しながら，情報システムの企画・開発の方法論を体系化。1995年，ビジネス情報システム・アーキテクト設立，同社代表。概念データモデルをベースにしたコンサルティングを行う。製造業や通信業，金融業，流通業，政府・自治体などの企業情報システム構築を支援。製造業の分野では，部品表の抜本的構造改革を起点として生産管理パッケージの構造改革に取り組む。「かんばん」なしのJIT生産が可能な「気配り生産方式」を提唱。特定非営利活動法人技術データ管理支援協会理事。
著書：『気配り生産システム』（日刊工業新聞社，日本規格協会より1994年度標準化文献奨励賞受賞），『情報システムのパラダイム・シフト』（共著，オーム社），『ゼロから分かるオブジェクト指向の世界』（共著，日刊工業新聞社），『ERPとビジネス改革』（共著，日科技連出版社），『成功に導くシステム統合の論点』（共著，日科技連出版社）など多数。

■執筆者

小池　俊弘（こいけ　としひろ）　　第2章

1970年，日本ユニバック（現・日本ユニシス）入社。製造業などのSEサービス，データベース設計技術整備，概念データモデル設計ほかシステム構築方法論整備，システム・コンサルティングなどに従事。2002年からオフィスコラボ代表，概念データモデル設計の指導を中心にコンサルティング実施。特定非営利活動法人技術データ管理支援協会会員。
著書：『ソフトウェアのダウンサイジング』（共著，日本能率協会マネジメントセンター），『やわらか情報戦略ブック』（共著，オーム社）など。

松井　洋満（まつい　ひろみつ）　　第4章

1944年，三重県生まれ。1968年，東北大学工学部原子核工学科卒業。同年，日本ユニバック（現・日本ユニシス）入社。システム・エンジニアとしてリアルタイム制御システムの開発に従事してRTCP（RTP control protocol），DBMS（DataBase Management System），ネットワーク技術などを担当。その後，流通業や運輸業，サービス業，地方自治体などの業務システム構築に従事する。一方で，システム開発方法論の開発や整備，普及活動に携わり，業務経験と方法論をベースにシステム化計画やIT戦略立案，概念データベース設計等のコンサルティング業務を手掛ける。2002年，コンサルタントとして独立。コンサルティングを行った業種は，運輸（鉄道，航空）業，電力事業，通信事業，ホテル業，地方自治体，流通業など。特定非営利活動法人技術データ管理支援協会会員。

南波　幸雄（なんば　ゆきお）　　はじめに，第5章

1972年，東京工業大学大学院理工学研究科修了。同年，ソニー入社。磁気テープの研究，開発，製造技術，生産技術を担当後，生産管理システム，製版物流プロジェクトなどに従事。1990年以降は，経営技術情報システム本部で主としてインフラや情報技術整備に携わる。2000年，マネックス証券のCIOに就任，オンライン証券システムの企画と運用に従事。2005年から，エスバーグ・コンサルティング技術顧問。2006年から，産業技術大学院大学教授。特定非営利活動法人技術データ管理支援協会理事。
著書：『企業情報システムアーキテクチャ』（翔泳社），『成功に導くシステム統合の論点』（共著，日科技連出版社），『CIOのための情報・経営戦略』（共著，日科技連出版社）。

安保　秀雄（あんぽ　ひでお）　　第5章

1985年，早稲田大学大学院理工学研究科修了。同年，日経マグロウヒル社（現・日経BP社）入社。日経エレクトロニクス副編集長，日経コンピュータ副編集長，日経ITプロフェッショナル編集長などとして，企業情報システムやエレクトロニクス分野の雑誌編集に従事。概念データモデルに関する記事の執筆・編集を担当。2010年，エスエーシー代表。特定非営利活動法人技術データ管理支援協会会員。

■働く人の心をつなぐ情報技術
　――概念データモデルの設計　　　　　　　〈検印省略〉

■発行日――2011年5月26日　初版発行

■監修・著者――手島　歩三

■著　者――小池　俊弘・松井　洋満
　　　　　　南波　幸雄・安保　秀雄

■発行者――大矢栄一郎

■発行所――株式会社　白桃書房
　〒101-0021　東京都千代田区外神田5-1-15
　☎03-3836-4781　FAX03-3836-9370　振替00100-4-20192
　http://www.hakutou.co.jp/

■印刷・製本――萩原印刷

© Ayumi Teshima, Toshihiro Koike, Hiromitsu Matsui,
Yukio Namba, and Hideo Ampo 2011 Printed in Japan
ISBN 978-4-561-24558-2 C3034

本書のコピー，スキャン，デジタル化等の無断複製は著作権法上での例外を除き禁じられています。本書を代行業者等の第三者に依頼してスキャンやデジタル化することは，たとえ個人や家庭内の利用であっても著作権法上認められていません。

JCOPY〈(社)出版者著作権管理機構　委託出版物〉
本書の無断複写は著作権法上での例外を除き禁じられています。複写される場合は，そのつど事前に，(社)出版者著作権管理機構（TEL 03-3513-6969，FAX 03-3513-6979，e-mail:info@jcopy.or.jp）の許諾を得て下さい。

落丁本・乱丁本はおとりかえいたします。

好評書

内山研一【著】
現場の学としてのアクションリサーチ　　　本体 5500 円
―ソフトシステム方法論の日本的再構築

M.イースターバイ=スミス他【著】木村達也他【訳】
マネジメント・リサーチの方法　　　本体 2800 円

平本健太【著】
情報システムと競争優位　　　本体 2300 円

井上達彦【著】
情報技術と事業システムの進化　　　本体 3400 円

喜田昌樹【著】
ビジネス・データマイニング入門　　　本体 2700 円

藤野仁三・江藤　学【編著】
標準化ビジネス　　　本体 2381 円

進藤美希【著】
インターネットマーケティング　　　本体 3600 円

松島桂樹【編著】
IT投資マネジメントの発展　　　本体 2500 円
―IT投資効果の最大化を目指して

岩谷昌樹【著】
トピックスから捉える国際ビジネス　　　本体 2600 円

C.D.マッコーレイ他【著】金井壽宏【監訳】
リーダーシップ開発ハンドブック　　　本体 4700 円

――――――――東京　**白桃書房**　神田――――――――

本広告の価格は本体価格です。別途消費税が加算されます。

好評書

坂下昭宣【著】
組織シンボリズム論 本体 3000 円
　―論点と方法

加護野忠男・坂下昭宣・井上達彦【編著】
日本企業の戦略インフラの変貌 本体 2600 円

岸田民樹【著】
経営組織と環境適応 本体 4700 円

寺本義也【著】
コンテクスト転換のマネジメント 本体 4400 円
　―組織ネットワークによる「止揚的融合」と「共進化」に関する研究

沼上　幹【著】
行為の経営学 本体 3300 円
　―経営学における意図せざる結果の探究

稲垣保弘【著】
組織の解釈学 本体 3200 円

高尾義明【著】
組織と自発性 本体 2100 円
　―新しい相互浸透関係に向けて

葉山彩蘭【著】
企業市民モデルの構築 本体 2800 円
　―新しい企業と社会の関係

マイケル D.ハット他【著】笠原英一【解説・訳】
産業財マーケティング・マネジメント【理論編】 本体 9000 円

────── 東京　**白桃書房**　神田 ──────
本広告の価格は本体価格です。別途消費税が加算されます。

好 評 書

平野秀輔【著】
財務会計【第3版】　　　　　　　　　　　　　　　本体 3300 円

W.H.ビーバー【著】伊藤邦雄【訳】
財務報告革命【第3版】　　　　　　　　　　　　　本体 3300 円

H.T.ジョンソン・R.S.キャプラン【著】鳥居宏史【訳】
レレバンス・ロスト　　　　　　　　　　　　　　　本体 3500 円
　―管理会計の盛衰

R.L.ワッツ・J.L.ジマーマン【著】須田一幸【訳】
実証理論としての会計学　　　　　　　　　　　　　本体 6000 円

S.H.ペンマン【著】杉本徳栄・井上達男・梶浦昭友【訳】
財務諸表分析と証券評価　　　　　　　　　　　　　本体 7000 円

三菱UFJ信託銀行FAS研究会【訳】
米国の企業年金会計基準　　　　　　　　　　　　　本体 3800 円

須田一幸【著】
財務会計の機能　　　　　　　　　　　　　　　　　本体 6000 円
　―理論と実証

須田一幸【編】
会計制度の設計　　　　　　　　　　　　　　　　　本体 6200 円

狭間義隆【著】
会計思想史　　　　　　　　　　　　　　　　　　　本体 4200 円

八田進二【編】
21世紀 会計・監査・ガバナンス事典　　　　　　　本体 2381 円

―――――――――― 東京 **白桃書房** 神田 ――――――――――

本広告の価格は本体価格です。別途消費税が加算されます。